机械设计手册

第6版

单行本

润　　滑
密　　封

主　编　闻邦椿

副主编　鄂中凯　张义民　陈良玉　孙志礼

宋锦春　柳洪义　巩亚东　宋桂秋

机械工业出版社

《机械设计手册》第6版 单行本共26分册，内容涵盖机械常规设计、机电一体化设计与机电控制、现代设计方法及其应用等内容，具有系统全面、信息量大、内容现代、突显创新、实用可靠、简明便查、便于携带和翻阅等特色。各分册分别为：《常用设计资料和数据》《机械制图与机械零部件精度设计》《机械零部件结构设计》《连接与紧固》《带传动和链传动 摩擦轮传动与螺旋传动》《齿轮传动》《减速器和变速器》《机构设计》《轴 弹簧》《滚动轴承》《联轴器、离合器与制动器》《起重运输机械零部件和操作件》《机架、箱体与导轨》《润滑 密封》《气压传动与控制》《机电一体化技术及设计》《机电系统控制》《机器人与机器人装备》《数控技术》《微机电系统及设计》《机械系统概念设计》《机械系统的振动设计及噪声控制》《疲劳强度设计 机械可靠性设计》《数字化设计》《工业设计与人机工程》《智能设计 仿生机械设计》。

本单行本为《润滑 密封》。"润滑"主要介绍常用润滑油、润滑脂、固体润滑剂的牌号、性能及应用等，常用润滑件（油杯、油枪、油标）的基本形式与尺寸，常用润滑系统（稀油集中润滑系统、润滑脂集中润滑系统、油雾润滑、油气润滑等）及装置的设计等内容；"密封"主要介绍常用垫片密封、胶密封、填料密封、机械密封、迷宫密封、浮环密封、螺旋密封、离心密封、磁流体密封等的特点及应用、结构型式、尺寸规格、设计计算等内容。

本书供从事机械设计、制造、维修及有关工程技术人员作为工具书使用，也可供大专院校的有关专业师生使用和参考。

图书在版编目（CIP）数据

机械设计手册. 润滑 密封/闻邦椿主编. —6版. —北京：机械工业出版社，2020.1（2021.9重印）

ISBN 978-7-111-64748-5

Ⅰ.①机… Ⅱ.①闻… Ⅲ.①机械设计-技术手册②机械-润滑-技术手册③机械密封-技术手册 Ⅳ.①TH122-62②TH117.2-62③TH136-62

中国版本图书馆CIP数据核字（2020）第024366号

机械工业出版社（北京市百万庄大街22号 邮政编码100037）
策划编辑：曲彩云 责任编辑：曲彩云 高依楠
责任校对：徐 强 封面设计：马精明
责任印制：常天培
北京机工印刷厂印刷
2021年9月第6版第2次印刷
184mm×260mm · 15.5印张 · 378千字
1501—2500册
标准书号：ISBN 978-7-111-64748-5
定价：55.00元

电话服务 网络服务
客服电话：010-88361066 机 工 官 网：www.cmpbook.com
010-88379833 机 工 官 博：weibo.com/cmp1952
010-68326294 金 书 网：www.golden-book.com
封底无防伪标均为盗版 机工教育服务网：www.cmpedu.com

出版说明

《机械设计手册》自出版以来，已经进行了5次修订，2018年第6版出版发行。截至2019年，《机械设计手册》累计发行39万套。作为国家级重点科技图书，《机械设计手册》深受广大读者的欢迎和好评，在全国具有很大的影响力。该书曾获得中国出版政府奖提名奖、中国机械工业科学技术奖一等奖、全国优秀科技图书奖二等奖、中国机械工业部科技进步奖二等奖，并多次获得全国优秀畅销书奖等奖项。《机械设计手册》已成为机械设计领域的品牌产品，是机械工程领域最具权威和影响力的大型工具书之一。

《机械设计手册》第6版共7卷55篇，是在前5版的基础上吸收并总结了国内外机械工程设计领域中的新标准、新材料、新工艺、新结构、新技术、新产品、新的设计理论与方法，并配合我国创新驱动战略的需求编写而成的。与前5版相比，第6版无论是从体系还是内容，都在传承的基础上进行了创新。重点充实了机电一体化系统设计、机电控制与信息技术、现代机械设计理论与方法等现代机械设计的最新内容，将常规设计方法与现代设计方法相融合，光、机、电设计融为一体，局部的零部件设计与系统化设计互相衔接，并努力将创新设计的理念贯穿其中。《机械设计手册》第6版体现了国内外机械设计发展的新水平，精心诠释了常规与现代机械设计的内涵、全面荟萃凝练了机械设计各专业技术的精华，它将引领现代机械设计创新潮流、成就新一代机械设计大师，为我国实现装备制造强国梦做出重大贡献。

《机械设计手册》第6版的主要特色是：体系新颖、系统全面、信息量大、内容现代、突显创新、实用可靠、简明便查。应该特别指出的是，第6版手册具有较高的科技含量和大量技术创新性的内容。手册中的许多内容都是编著者多年研究成果的科学总结。这些内容中有不少依托国家“863计划”“973计划”“985工程”“国家科技重大专项”“国家自然科学基金”重大、重点和面上项目资助项目。相关项目有不少成果曾获得国际、国家、部委、省市科技奖励、技术专利。这充分体现了手册内容的重大科学价值与创新性。如仿生机械设计、激光及其在机械工程中的应用、绿色设计与和谐设计、微机电系统及设计等前沿新技术；又如产品综合设计理论与方法是闻邦椿院士在国际上首先提出，并综合8部专著后首次编入手册，该方法已经在高铁、动车及离心压缩机等机械工程中成功应用，获得了巨大的社会效益和经济效益。

在《机械设计手册》历次修订的过程中，出版社和作者都广泛征求和听取各方面的意见，广大读者在对《机械设计手册》给予充分肯定的同时，也指出《机械设计手册》卷册厚重，不便携带，希望能出版篇幅较小、针对性强、便查便携的更加实用的单行本。为满足读者的需要，机械工业出版社于2007年首次推出了《机械设计手册》第4版单行本。该单行本出版后很快受到读者的欢迎和好评。《机械设计手册》第6版已经面市，为了使读者能按需要、有针对性地选用《机械设计手册》第6版中的相关内容并降低购书费用，机械工业出版社在总结《机械设计手册》前几版单行本经验的基础上推出了《机械设计手册》第6版单行本。

《机械设计手册》第6版单行本保持了《机械设计手册》第6版（7卷本）的优势和特色，依据机械设计的实际情况和机械设计专业的具体情况以及手册各篇内容的相关性，将原手册的7卷55篇进行精选、合并，重新整合为26个分册，分别为：《常用设计资料和数据》《机械制图与机械零部件精度设计》《机械零部件结构设计》《连接与紧固》《带传动和链传动　摩擦轮传动与螺旋传动》《齿轮传动》《减速器和变速器》《机构设计》《轴　弹簧》《滚动轴承》《联轴器、离合器与制动器》《起重运输机械零部件和操作件》《机架、箱体与导轨》《润滑　密封》《气压传动与控制》《机电一体化技术及设计》《机电系统控制》《机器人与机器人装备》《数控技术》《微机电系统及设计》《机械系统概念设计》《机械系统的振动设计及噪声控制》《疲劳强度设计　机械可靠性设计》《数字化设计》《工业设计与人机工程》《智能设计　仿生机械设计》。各分册内容针对性强、篇幅适中、查阅和携带方便，读者可根据需要灵活选用。

《机械设计手册》第6版单行本是为了助力我国制造业转型升级、经济发展从高增长迈向高质量，满足广大读者的需要而编辑出版的，它将与《机械设计手册》第6版（7卷本）一起，成为机械设计人员、工程技术人员得心应手的工具书，成为广大读者的良师益友。

由于工作量大、水平有限，难免有一些错误和不妥之处，殷切希望广大读者给予指正。

机械工业出版社

前　　言

本版手册为新出版的第 6 版 7 卷本《机械设计手册》。由于科学技术的快速发展，需要我们对手册内容进行更新，增加新的科技内容，以满足广大读者的迫切需要。

《机械设计手册》自 1991 年面世发行以来，历经 5 次修订，截至 2016 年已累计发行 38 万套。作为国家级重点科技图书的《机械设计手册》，深受社会各界的重视和好评，在全国具有很大的影响力，该手册曾获得全国优秀科技图书奖二等奖（1995 年）、中国机械工业部科技进步奖二等奖（1997 年）、中国机械工业科学技术奖一等奖（2011 年）、中国出版政府奖提名奖（2013 年），并多次获得全国优秀畅销书奖等奖项。1994 年，《机械设计手册》曾在我国台湾建宏出版社出版发行，并在海内外产生了广泛的影响。《机械设计手册》荣获的一系列国家和部级奖项表明，其具有很高的科学价值、实用价值和文化价值。《机械设计手册》已成为机械设计领域的一部大型品牌工具书，已成为机械工程领域权威的和影响力较大的大型工具书，长期以来，它为我国装备制造业的发展做出了巨大贡献。

第 5 版《机械设计手册》出版发行至今已有 7 年时间，这期间我国国民经济有了很大发展，国家制定了《国家创新驱动发展战略纲要》，其中把创新驱动发展作为了国家的优先战略。因此，《机械设计手册》第 6 版修订工作的指导思想除努力贯彻“科学性、先进性、创新性、实用性、可靠性”外，更加突出了“创新性”，以全力配合我国“创新驱动发展战略”的重大需求，为实现我国建设创新型国家和科技强国梦做出贡献。

在本版手册的修订过程中，广泛调研了厂矿企业、设计院、科研院所和高等院校等多方面的使用情况和意见。对机械设计的基础内容、经典内容和传统内容，从取材、产品及其零部件的设计方法与计算流程、设计实例等多方面进行了深入系统的整合，同时，还全面总结了当前国内外机械设计的新理论、新方法、新材料、新工艺、新结构、新产品和新技术，特别是在现代设计与创新设计理论与方法、机电一体化及机械系统控制技术等方面做了系统和全面的论述和凝练。相信本版手册会以崭新的面貌展现在广大读者面前，它将对提高我国机械产品的设计水平、推进新产品的研究与开发、老产品的改造，以及产品的引进、消化、吸收和再创新，进而促进我国由制造大国向制造强国跃升，发挥出巨大的作用。

本版手册分为 7 卷 55 篇：第 1 卷　机械设计基础资料；第 2 卷　机械零部件设计（连接、紧固与传动）；第 3 卷　机械零部件设计（轴系、支承与其他）；第 4 卷　流体传动与控制；第 5 卷　机电一体化与控制技术；第 6 卷　现代设计与创新设计（一）；第 7 卷　现代设计与创新设计（二）。

本版手册有以下七大特点：

一、构建新体系

构建了科学、先进、实用、适应现代机械设计创新潮流的《机械设计手册》新结构体系。该体系层次为：机械基础、常规设计、机电一体化设计与控制技术、现代设计与创新设计方法。该体系的特点是：常规设计方法与现代设计方法互相融合，光、机、电设计融为一体，局部的零部件设计与系统化设计互相衔接，并努力将创新设计的理念贯穿于常规设计与现代设计之中。

二、凸显创新性

习近平总书记在 2014 年 6 月和 2016 年 5 月召开的中国科学院、中国工程院两院院士大会上分别提出了我国科技发展的方向就是"创新、创新、再创新"，以及实现创新型国家和科技强国的三个阶段的目标和五项具体工作。为了配合我国创新驱动发展战略的重大需求，本版手册突出了机械创新设计内容的编写，主要有以下几个方面：

（1）新增第7卷，重点介绍了创新设计及与创新设计有关的内容。

该卷主要内容有：机械创新设计概论，创新设计方法论，顶层设计原理、方法与应用，创新原理、思维、方法与应用，绿色设计与和谐设计，智能设计，仿生机械设计，互联网上的合作设计，工业通信网络，面向机械工程领域的大数据、云计算与物联网技术，3D打印设计与制造技术，系统化设计理论与方法。

（2）在一些篇章编入了创新设计和多种典型机械创新设计的内容。

"第11篇　机构设计"篇新增加了"机构创新设计"一章，该章编入了机构创新设计的原理、方法及飞剪机剪切机构创新设计，大型空间折展机构创新设计等多个创新设计的案例。典型机械的创新设计有大型全断面掘进机（盾构机）仿真分析与数字化设计、机器人挖掘机的机电一体化创新设计、节能抽油机的创新设计、产品包装生产线的机构方案创新设计等。

（3）编入了一大批典型的创新机械产品。

"机械无级变速器"一章中编入了新型金属带式无级变速器，"并联机构的设计与应用"一章中编入了数十个新型的并联机床产品，"振动的利用"一章中新编入了激振器偏移式自同步振动筛、惯性共振式振动筛、振动压路机等十多个典型的创新机械产品。这些产品有的获得了国家或省部级奖励，有的是专利产品。

（4）编入了机械设计理论和设计方法论等方面的创新研究成果。

1）闻邦椿院士团队经过长期研究，在国际上首先创建了振动利用工程学科，提出了该类机械设计理论和方法。本版手册中编入了相关内容和实例。

2）根据多年的研究，提出了以非线性动力学理论为基础的深层次的动态设计理论与方法。本版手册首次编入了该方法并列举了若干应用范例。

3）首先提出了和谐设计的新概念和新内容，阐明了自然环境、社会环境（政治环境、经济环境、人文环境、国际环境、国内环境）、技术环境、资金环境、法律环境下的产品和谐设计的概念和内容的新体系，把既有的绿色设计篇拓展为绿色设计与和谐设计篇。

4）全面系统地阐述了产品系统化设计的理论和方法，提出了产品设计的总体目标、广义目标和技术目标的内涵，提出了应该用IQCTES六项设计要求来代替QCTES五项要求，详细阐明了设计的四个理想步骤，即"3I调研""7D规划""1+3+X实施""5（A+C）检验"，明确提出了产品系统化设计的基本内容是主辅功能、三大性能和特殊性能要求的具体实现。

5）本版手册引入了闻邦椿院士经过长期实践总结出的独特的、科学的创新设计方法论体系和规则，用来指导产品设计，并提出了创新设计方法论的运用可向智能化方向发展，即采用专家系统来完成。

三、坚持科学性

手册的科学水平是评价手册编写质量的重要方面，因此，本版手册特别强调突出内容的科学性。

（1）本版手册努力贯彻科学发展观及科学方法论的指导思想和方法，并将其落实到手册内容的编写中，特别是在产品设计理论方法的和谐设计、深层次设计及系统化设计的编写中。

（2）本版手册中的许多内容是编著者多年研究成果的科学总结。这些内容中有不少是国家863、973计划项目，国家科技重大专项，国家自然科学基金重大、重点和面上项目资助项目的研究成果，有不少成果曾获得国际、国家、部委、省市科技奖励及技术专利，充分体现了本版手册内容的重大科学价值与创新性。

下面简要介绍本版手册编入的几方面的重要研究成果：

1）振动利用工程新学科是闻邦椿院士团队经过长期研究在国际上首先创建的。本版手册中编入了振动利用机械的设计理论、方法和范例。

2）产品系统化设计理论与方法的体系和内容是闻邦椿院士团队提出并加以完善的，编写者依据多年的研究成果和系列专著，经综合整理后首次编入本版手册。

3）仿生机械设计是一门新兴的综合性交叉学科，近年来得到了快速发展，它为机械设计的创新提供了新思路、新理论和新方法。吉林大学任露泉院士领导的工程仿生教育部重点实验室开展了大量的深入研究工作，取得了一系列创新成果且出版了专著，据此并结合国内外大量较新的文献资料，为本版手册构建了仿生机械设计的新体系，编写了“仿生机械设计”篇（第50篇）。

4）激光及其在机械工程中的应用篇是中国科学院长春光学精密机械与物理研究所王立军院士依据多年的研究成果，并参考国内外大量较新的文献资料编写而成的。

5）绿色制造工程是国家确立的五项重大工程之一，绿色设计是绿色制造工程的最重要环节，是一个新的学科。合肥工业大学刘志峰教授依据在绿色设计方面获多项国家和省部级奖励的研究成果，参考国内外大量较新的文献资料为本版手册首次构建了绿色设计新体系，编写了“绿色设计与和谐设计”篇（第48篇）。

6）微机电系统及设计是前沿的新技术。东南大学黄庆安教授领导的微电子机械系统教育部重点实验室多年来开展了大量研究工作，取得了一系列创新研究成果，本版手册的“微机电系统及设计”篇（第28篇）就是依据这些成果和国内外大量较新的文献资料编写而成的。

四、重视先进性

（1）本版手册对机械基础设计和常规设计的内容做了大规模全面修订，编入了大量新标准、新材料、新结构、新工艺、新产品、新技术、新设计理论和计算方法等。

1）编入和更新了产品设计中需要的大量国家标准，仅机械工程材料篇就更新了标准126个，如GB/T 699—2015《优质碳素结构钢》和GB/T 3077—2015《合金结构钢》等。

2）在新材料方面，充实并完善了铝及铝合金、钛及钛合金、镁及镁合金等内容。这些材料由于具有优良的力学性能、物理性能以及回收率高等优点，目前广泛应用于航空、航天、高铁、计算机、通信元件、电子产品、纺织和印刷等行业。增加了国内外粉末冶金材料的新品种，如美国、德国和日本等国家的各种粉末冶金材料。充实了国内外工程塑料及复合材料的新品种。

3）新编的“机械零部件结构设计”篇（第4篇），依据11个结构设计方面的基本要求，编写了相应的内容，并编入了结构设计的评估体系和减速器结构设计、滚动轴承部件结构设计的示例。

4）按照GB/T 3480.1～3—2013（报批稿）、GB/T 10062.1～3—2003及ISO 6336—2006等新标准，重新构建了更加完善的渐开线圆柱齿轮传动和锥齿轮传动的设计计算新体系；按照初步确定尺寸的简化计算、简化疲劳强度校核计算、一般疲劳强度校核计算，编排了三种设计计算方法，以满足不同场合、不同要求的齿轮设计。

5）在“第4卷　流体传动与控制”卷中，编入了一大批国内外知名品牌的新标准、新结构、新产品、新技术和新设计计算方法。在“液力传动”篇（第23篇）中新增加了液黏传动，它是一种新型的液力传动。

（2）“第5卷　机电一体化与控制技术”卷充实了智能控制及专家系统的内容，大篇幅增加了机器人与机器人装备的内容。

机器人是机电一体化特征最为显著的现代机械系统，机器人技术是智能制造的关键技术。由于智能制造的迅速发展，近年来机器人产业呈现出高速发展的态势。为此，本版手册大篇幅增加了“机器人与机器人装备”篇（第26篇）的内容。该篇从实用性的角度，编写了串联机器人、并联机器人、轮式机器人、机器人工装夹具及变位机；编入了机器人的驱动、控制、传感、视角和人工智能等共性技术；结合喷涂、搬运、电焊、冲压及压铸等工艺，介绍了机器人的典型应用实例；介绍了服务机器人技术的新进展。

(3) 为了配合我国创新驱动战略的重大需求，本版手册扩大了创新设计的篇数，将原第6卷扩编为两卷，即新的“现代设计与创新设计（一）”（第6卷）和“现代设计与创新设计(二)”（第7卷）。前者保留了原第6卷的主要内容，后者编入了创新设计和与创新设计有关的内容及一些前沿的技术内容。

本版手册“现代设计与创新设计（一）”卷（第6卷）的重点内容和新增内容主要有：

1）在“现代设计理论与方法综述”篇（第32篇）中，简要介绍了机械制造技术发展总趋势、在国际上有影响的主要设计理论与方法、产品研究与开发的一般过程和关键技术、现代设计理论的发展和根据不同的设计目标对设计理论与方法的选用。闻邦椿院士在国内外首次按照系统工程原理，对产品的现代设计方法做了科学分类，克服了目前产品设计方法的论述缺乏系统性的不足。

2）新编了“数字化设计”篇（第40篇）。数字化设计是智能制造的重要手段，并呈现应用日益广泛、发展更加深刻的趋势。本篇编入了数字化技术及其相关技术、计算机图形学基础、产品的数字化建模、数字化仿真与分析、逆向工程与快速原型制造、协同设计、虚拟设计等内容，并编入了大型全断面掘进机（盾构机）的数字化仿真分析和数字化设计、摩托车逆向工程设计等多个实例。

3）新编了“试验优化设计”篇（第41篇）。试验是保证产品性能与质量的重要手段。本篇以新的视觉优化设计构建了试验设计的新体系、全新内容，主要包括正交试验、试验干扰控制、正交试验的结果分析、稳健试验设计、广义试验设计、回归设计、混料回归设计、试验优化分析及试验优化设计常用软件等。

4）将手册第5版的“造型设计与人机工程”篇改编为“工业设计与人机工程”篇（第42篇)，引入了工业设计的相关理论及新的理念，主要有品牌设计与产品识别系统（PIS）设计、通用设计、交互设计、系统设计、服务设计等，并编入了机器人的产品系统设计分析及自行车的人机系统设计等典型案例。

(4)“现代设计与创新设计（二）”卷（第7卷）主要编入了创新设计和与创新设计有关的内容及一些前沿技术内容，其重点内容和新编内容有：

1）新编了“机械创新设计概论”篇（第44篇)。该篇主要编入了创新是我国科技和经济发展的重要战略、创新设计的发展与现状、创新设计的指导思想与目标、创新设计的内容与方法、创新设计的未来发展战略、创新设计方法论的体系和规则等。

2）新编了“创新设计方法论”篇（第45篇)。该篇为创新设计提供了正确的指导思想和方法，主要编入了创新设计方法论的体系、规则，创新设计的目的、要求、内容、步骤、程序及科学方法，创新设计工作者或团队的四项潜能，创新设计客观因素的影响及动态因素的作用，用科学哲学思想来统领创新设计工作，创新设计方法论的应用，创新设计方法论应用的智能化及专家系统，创新设计的关键因素及制约的因素分析等内容。

3）创新设计是提高机械产品竞争力的重要手段和方法，大力发展创新设计对我国国民经济发展具有重要的战略意义。为此，编写了“创新原理、思维、方法与应用”篇（第47篇）。除编入了创新思维、原理和方法，创新设计的基本理论和创新的系统化设计方法外，还编入了29种创新思维方法、30种创新技术、40种发明创造原理，列举了大量的应用范例，为引领机械创新设计做出了示范。

4）绿色设计是实现低资源消耗、低环境污染、低碳经济的保护环境和资源合理利用的重要技术政策。本版手册中编入了“绿色设计与和谐设计”篇（第48篇）。该篇系统地论述了绿色设计的概念、理论、方法及其关键技术。编者结合多年的研究实践，并参考了大量的国内外文献及较新的研究成果，首次构建了系统实用的绿色设计的完整体系，包括绿色材料选择、拆卸回收产品设计、包装设计、节能设计、绿色设计体系与评估方法，并给出了系列典型范例，这些对推动工程绿色设计的普遍实施具有重要的指引和示范作用。

5）仿生机械设计是一门新兴的综合性交叉学科，本版手册新编入了“仿生机械设计”篇（第50篇），包括仿生机械设计的原理、方法、步骤，仿生机械设计的生物模本，仿生机械形态与结构设计，仿生机械运动学设计，仿生机构设计，并结合仿生行走、飞行、游走、运动及生机电仿生手臂，编入了多个仿生机械设计范例。

6）第55篇为“系统化设计理论与方法”篇。装备制造机械产品的大型化、复杂化、信息化程度越来越高，对设计方法的科学性、全面性、深刻性、系统性提出的要求也越来越高，为了满足我国制造强国的重大需要，亟待创建一种能统领产品设计全局的先进设计方法。该方法已经在我国许多重要机械产品（如动车、大型离心压缩机等）中成功应用，并获得重大的社会效益和经济效益。本版手册对该系统化设计方法做了系统论述并给出了大型综合应用实例，相信该系统化设计方法对我国大型、复杂、现代化机械产品的设计具有重要的指导和示范作用。

7）本版手册第7卷还编入了与创新设计有关的其他多篇现代化设计方法及前沿新技术，包括顶层设计原理、方法与应用，智能设计，互联网上的合作设计，工业通信网络，面向机械工程领域的大数据、云计算与物联网技术，3D打印设计与制造技术等。

五、突出实用性

为了方便产品设计者使用和参考，本版手册对每种机械零部件和产品均给出了具体应用，并给出了选用方法或设计方法、设计步骤及应用范例，有的给出了零部件的生产企业，以加强实际设计的指导和应用。本版手册的编排尽量采用表格化、框图化等形式来表达产品设计所需要的内容和资料，使其更加简明、便查；对各种标准采用摘编、数据合并、改排和格式统一等方法进行改编，使其更为规范和便于读者使用。

六、保证可靠性

编入本版手册的资料尽可能取自原始资料，重要的资料均注明来源，以保证其可靠性。所有数据、公式、图表力求准确可靠，方法、工艺、技术力求成熟。所有材料、零部件、产品和工艺标准均采用新公布的标准资料，并且在编入时做到认真核对以避免差错。所有计算公式、计算参数和计算方法都经过长期检验，各种算例、设计实例均来自工程实际，并经过认真的计算，以确保可靠。本版手册编入的各种通用的及标准化的产品均说明其特点及适用情况，并注明生产厂家，供设计人员全面了解情况后选用。

七、保证高质量和权威性

本版手册主编单位东北大学是国家211、985重点大学、“重大机械关键设计制造共性技术”985创新平台建设单位、2011国家钢铁共性技术协同创新中心建设单位，建有“机械设计及理论国家重点学科”和“机械工程一级学科”。由东北大学机械及相关学科的老教授、老专家和中青年学术精英组成了实力强大的大型工具书编写团队骨干，以及一批来自国家重点高校、研究院所、大型企业等30多个单位、近200位专家、学者组成了高水平编审团队。编审团队成员的大多数都是所在领域的著名资深专家，他们具有深广的理论基础、丰富的机械设计工作经历、丰富的工具书编纂经验和执着的敬业精神，从而确保了本版手册的高质量和权威性。

在本版手册编写中，为便于协调，提高质量，加快编写进度，编审人员以东北大学的教师为主，并组织邀请了清华大学、上海交通大学、西安交通大学、浙江大学、哈尔滨工业大学、吉林大学、天津大学、华中科技大学、北京科技大学、大连理工大学、东南大学、同济大学、重庆大学、北京化工大学、南京航空航天大学、上海师范大学、合肥工业大学、大连交通大学、长安大学、西安建筑科技大学、沈阳工业大学、沈阳航空航天大学、沈阳建筑大学、沈阳理工大学、沈阳化工大学、重庆理工大学、中国科学院长春光学精密机械与物理研究所、中国科学院沈阳自动化研究所等单位的专家、学者参加。

在本版手册出版之际，特向著名机械专家、本手册创始人、第1版及第2版的主编徐灏教授致以崇高的敬意，向历次版本副主编邱宣怀教授、蔡春源教授、严隽琪教授、林忠钦教授、余俊教授、汪恺总工程师、周士昌教授致以崇高的敬意，向参加本手册历次版本的编写单位和人员表示衷心感谢，向在本手册历次版本的编写、出版过程中给予大力支持的单位和社会各界朋友们表示衷心感谢，特别感谢机械科学研究总院、郑州机械研究所、徐州工程机械集团公司、北方重工集团沈阳重型机械集团有限责任公司和沈阳矿山机械集团有限责任公司、沈阳机床集团有限责任公司、沈阳鼓风机集团有限责任公司及辽宁省标准研究院等单位的大力支持。

由于编者水平有限，手册中难免有一些不尽如人意之处，殷切希望广大读者批评指正。

主编　闻邦椿

目　　录

出版说明
前言

第19篇　润　　滑

第1章　润滑的作用及类型

1　润滑的作用 …… 19-3
2　润滑的类型 …… 19-3

第2章　润　滑　油

1　润滑油的主要质量指标 …… 19-5
2　润滑油的组成 …… 19-9
2.1　基础油 …… 19-9
2.1.1　矿物基础油 …… 19-9
2.1.2　天然气合成油（GTL） …… 19-9
2.2　合成润滑油 …… 19-9
2.3　添加剂 …… 19-10
2.3.1　添加剂的类型 …… 19-10
2.3.2　常用添加剂 …… 19-10
3　润滑油的选用 …… 19-12
3.1　内燃机油 …… 19-12
3.1.1　内燃机油黏度牌号的选择 …… 19-12
3.1.2　柴油机油的选用 …… 19-12
3.1.3　汽油机油的选用 …… 19-13
3.2　齿轮油 …… 19-36
3.2.1　按油温、环境温度及齿轮负载的分类 …… 19-36
3.2.2　齿轮油应具备的主要性能 …… 19-36
3.2.3　工业齿轮油 …… 19-37
3.2.4　车辆齿轮油 …… 19-42
3.3　液压油 …… 19-44
3.3.1　液压油分类 …… 19-44
3.3.2　液压油的选用 …… 19-44
3.4　压缩机油 …… 19-53
3.5　冷冻机油 …… 19-59
3.6　机床用油 …… 19-65
3.6.1　轴承油（L-FC）、主轴油（L-FD） …… 19-67
3.6.2　导轨油 …… 19-69
3.7　风力发电机用油 …… 19-71
3.7.1　齿轮箱润滑油 …… 19-71
3.7.2　发电机轴承润滑脂 …… 19-71
3.7.3　偏航系统轴承和齿轮用润滑脂 …… 19-71
3.7.4　液压制动系统润滑油 …… 19-71
3.7.5　大型风力发电机润滑油品应具备的条件和主要性能 …… 19-71
3.8　真空泵油 …… 19-71
3.9　L-AN全损耗系统用油 …… 19-73
3.10　链条油 …… 19-74
3.11　润滑油与橡胶密封材料的相容性 …… 19-74
3.11.1　相容性 …… 19-74
3.11.2　橡胶密封材料的性能及其与润滑油的相容性 …… 19-74
3.12　部分国内外油品牌号对照 …… 19-75

第3章　润　滑　脂

1　润滑脂的主要质量指标 …… 19-78
2　润滑脂的选用 …… 19-78
2.1　润滑部位的工作温度 …… 19-78
2.2　润滑部位的负载 …… 19-79
2.3　润滑部位的速度 …… 19-79
2.4　润滑部位的环境及接触的介质 …… 19-79
2.5　润滑脂加注方法 …… 19-79
3　钙基润滑脂 …… 19-79
4　钠基润滑脂 …… 19-79
5　锂基润滑脂 …… 19-79
6　复合锂基润滑脂 …… 19-81
7　脲基润滑脂 …… 19-82
8　高碱值复合磺酸钙基脂 …… 19-83
9　高温润滑脂 …… 19-84
10　部分国内外润滑脂牌号对照 …… 19-85

第4章 固体润滑剂

1 固体润滑剂应具备的基本性能 …………… 19-88
2 常用的固体润滑剂 ………………………… 19-89
2.1 石墨 ……………………………………… 19-89
2.2 二硫化钼（MoS_2） ………………… 19-90
2.3 聚四氟乙烯（PTFE） ………………… 19-92
2.4 三聚氰胺-氰脲酸络合物（MCA） … 19-93
3 固体润滑剂的选用 ………………………… 19-94

第5章 典型零部件的润滑

1 齿轮传动的润滑 …………………………… 19-96
1.1 闭式齿轮传动 ………………………… 19-96
1.2 开式齿轮传动 ………………………… 19-97
2 蜗杆传动的润滑 …………………………… 19-97
3 轴承的润滑 ………………………………… 19-97
3.1 滚动轴承用润滑油（脂）的选择 …… 19-97
3.2 滑动轴承用润滑油 …………………… 19-98
4 导轨的润滑 ………………………………… 19-98
5 链传动的润滑 ……………………………… 19-98

第6章 润滑方法和润滑装置

1 润滑方法和润滑装置的分类及应用 …… 19-100
2 润滑件 …………………………………… 19-101
2.1 油杯 …………………………………… 19-101
2.2 油枪 …………………………………… 19-103
2.3 油标 …………………………………… 19-103
3 稀油集中润滑系统的设计 ……………… 19-104
3.1 稀油集中润滑系统设计的任务 …… 19-104
3.2 稀油集中润滑系统设计步骤 ……… 19-104
4 稀油集中润滑系统的主要设备 ………… 19-105
4.1 润滑油泵及油泵装置 ……………… 19-105
4.2 稀油润滑装置 ……………………… 19-109
5 润滑脂集中润滑系统的设计 …………… 19-113
5.1 润滑脂集中润滑系统的设计计算步骤 …………………………………… 19-114
5.2 自动润滑脂集中润滑站能力的确定 … 19-115
6 润滑脂集中润滑系统的主要设备 ……… 19-116
7 油雾润滑 ………………………………… 19-119
7.1 油雾润滑的工作原理 ……………… 19-119
7.2 油雾润滑系统和装置 ……………… 19-119
8 油气润滑 ………………………………… 19-121
8.1 油气润滑的工作原理 ……………… 19-121
8.2 油气润滑系统 ……………………… 19-122
8.3 油气润滑装置 ……………………… 19-123
8.4 油气润滑与稀油循环式润滑的比较 … 19-124
8.5 油气润滑与油雾润滑的比较 ……… 19-125

第7章 润滑维护

1 维修体制的发展 ………………………… 19-127
2 油品清洁度 ……………………………… 19-127
3 油液清洁度的净化处理 ………………… 19-130
4 液压润滑系统的过滤 …………………… 19-130
参考文献 ………………………………… 19-132

第20篇 密 封

第1章 概 述

1 密封的分类、特点及应用 ………………… 20-3
1.1 密封的分类 …………………………… 20-3
1.2 密封的选型 …………………………… 20-7
2 常用密封材料 ……………………………… 20-7

第2章 垫片密封

1 垫片密封的特点及应用 …………………… 20-9
1.1 垫片密封的泄漏 ……………………… 20-9
1.2 密封垫片的选用 ……………………… 20-9
1.3 常用垫片类型及应用 ………………… 20-10
2 高压设备密封 ……………………………… 20-16
3 超高压设备密封 …………………………… 20-19
4 真空静密封 ………………………………… 20-20
5 高温、低温条件下的密封 ………………… 20-22
5.1 高温密封 ……………………………… 20-22
5.2 低温静密封 …………………………… 20-22

第3章 胶 密 封

1 密封胶的类型、特点及应用 ……………… 20-23
2 聚硫橡胶密封胶 …………………………… 20-23
3 硅橡胶密封胶 ……………………………… 20-24
4 非硫化型密封胶 …………………………… 20-24
5 液态密封胶 ………………………………… 20-24
5.1 液态密封胶的种类 …………………… 20-24
5.2 液态密封胶的性能和选用 …………… 20-25
6 厌氧胶 ……………………………………… 20-26
7 热熔型密封胶 ……………………………… 20-27

8　密封胶的应用 …… 20-28

第4章　填料密封

1　软填料密封 …… 20-29
1.1　软填料的结构型式和材料选用 …… 20-29
1.2　填料腔结构设计 …… 20-31
1.2.1　常用填料腔的结构 …… 20-31
1.2.2　填料腔尺寸的确定 …… 20-31
2　硬填料密封 …… 20-32
3　成型填料密封 …… 20-33
3.1　O形橡胶密封圈 …… 20-33
3.2　V_D 形橡胶密封圈 …… 20-42
3.3　往复运动用密封圈 …… 20-45
3.4　U形内骨架橡胶密封圈 …… 20-54
3.5　聚四氟乙烯密封圈 …… 20-55
3.6　皮革密封圈 …… 20-56
4　油封与防尘密封 …… 20-56
4.1　油封 …… 20-56
4.1.1　油封的结构 …… 20-56
4.1.2　油封的材料 …… 20-57
4.1.3　油封密封的设计 …… 20-57
4.1.4　用作油封的旋转轴唇形密封圈 …… 20-58
4.2　毡圈油封 …… 20-60
4.3　防尘密封 …… 20-60
4.3.1　非标准橡胶和金属防尘密封 …… 20-60
4.3.2　防尘密封圈的形式和尺寸系列 …… 20-61
5　真空动密封 …… 20-64

第5章　机械密封

1　机械密封的分类及应用范围 …… 20-71
2　机械密封结构的选用 …… 20-73
3　常用机械密封材料 …… 20-74
3.1　摩擦副材料及选择 …… 20-74
3.2　辅助密封圈材料 …… 20-74
3.3　弹簧和波纹管材料及选择 …… 20-74
3.4　金属构件材料及选择 …… 20-74
4　机械密封的设计和计算 …… 20-76
4.1　设计顺序 …… 20-76
4.2　主要零件结构型式的确定 …… 20-76
4.3　主要零件尺寸的确定 …… 20-78
4.4　弹簧比压和端面比压的选择 …… 20-78
5　机械密封的辅助系统 …… 20-79
5.1　冲洗（直接冷却） …… 20-79
5.2　几种冷却方式 …… 20-80
5.3　杂质清除方式 …… 20-81
6　特殊工况下的机械密封 …… 20-82
7　机械密封与其他密封的组合密封 …… 20-82
8　机械密封的尺寸系列 …… 20-83
9　机械密封的有关标准 …… 20-86

第6章　非接触式密封

1　迷宫密封 …… 20-89
1.1　迷宫气体密封 …… 20-89
1.2　迷宫液体密封 …… 20-91
2　浮环密封 …… 20-92
2.1　工作原理 …… 20-92
2.2　浮环密封装置的结构型式 …… 20-92
3　螺旋密封 …… 20-93
3.1　普通螺旋密封 …… 20-93
3.1.1　螺旋密封的结构分类 …… 20-93
3.1.2　螺旋密封的设计计算 …… 20-93
3.2　螺旋迷宫密封 …… 20-94
4　离心密封 …… 20-94
4.1　离心密封的类型 …… 20-94
4.2　离心密封的典型结构 …… 20-95
4.3　离心密封的结构设计 …… 20-95
4.4　离心密封的承压能力 …… 20-95
4.5　离心密封的功率消耗 …… 20-95
5　磁流体密封 …… 20-96
5.1　磁流体 …… 20-96
5.2　磁流体密封结构 …… 20-97
5.3　磁流体密封性能 …… 20-97
5.3.1　密封能力 …… 20-97
5.3.2　功率损耗 …… 20-97
5.3.3　磁流体密封应用 …… 20-98
参考文献 …… 20-99

第 19 篇　润　　滑

主　编　丁津原
编写人　丁津原　马先贵
　　　　胡俊宏　金映丽
审稿人　鄂中凯　孙志礼

第 5 版
润　　滑

主　编　丁津原
编写人　丁津原　马先贵　胡俊宏　金映丽
审稿人　鄂中凯　孙志礼

第 1 章　润滑的作用及类型

1　润滑的作用

润滑的目的是在机械设备摩擦副相对运动的表面间加入润滑剂，以降低摩擦阻力和能源消耗；减少表面磨损，延长使用寿命，保证设备正常运转。润滑的作用有以下几方面：

1）降低摩擦。在摩擦副相对运动的表面间加入润滑剂后，形成润滑剂膜，将摩擦表面隔开，使金属表面间的摩擦转化成具有较低抗剪强度的油膜分子之间的内摩擦，从而降低摩擦阻力和能源消耗，使摩擦副运转平稳。但对于汽车自动变速装置和制动器等，润滑的作用则是控制摩擦。

2）减少磨损。在摩擦表面形成的润滑剂膜可降低摩擦并支承载荷，因此可以减少表面磨损及划伤，保持零件的配合精度。

3）冷却作用。采用液体润滑剂循环润滑系统，可以将摩擦时产生的热量带走，避免机器温度过高。

4）防止腐蚀。摩擦表面的润滑剂膜可以隔绝空气、水蒸气及腐蚀性气体等环境介质对摩擦表面的侵蚀，防止或减缓生锈。目前，有不少润滑油脂中还添加有防腐蚀剂或防锈剂，可起减缓金属表面腐蚀的作用。

此外，某些润滑剂，可以将冲击、振动的机械能转变为液压能，起阻尼、减振或缓冲作用。随着润滑剂的流动，可将摩擦表面上污染物、磨屑等冲洗带走。有的润滑剂还可起密封作用，防止冷凝水、灰尘及其他杂质的侵入。

润滑剂的种类、组成、理化性能（特别是黏度、稠度等）的不同，其所起润滑作用也有所不同。

2　润滑的类型

机械摩擦副间的润滑类型或状态，可根据润滑膜的形成机理和特征分为以下五种：

1）流体动压润滑。

2）弹性流体动压润滑。

3）流体静压润滑。

4）边界润滑。

5）无润滑或干摩擦状态。

1）~3）有时又称流体润滑。

这五种类型的润滑状态，通常可根据所形成的膜厚比 λ，借助斯特里贝克（Stribeck）摩擦曲线，判断其润滑状态。膜厚比为

$$\lambda=\frac{h_{\min}}{R} \tag{19.1-1}$$

式中　$h_{\min}$——最小润滑剂膜厚度；

R——表面粗糙度综合值，$R=(R_1^2+R_2^2)^{1/2}$，其中 R_1 与 R_2 为两对偶表面的相应表面粗糙度值 Ra 或 Rz。

图 19.1-1 所示为典型的斯特里贝克曲线与润滑类型关系图。由图可以看出，根据两对偶表面粗糙度综合值 R 与润滑剂膜厚度 h 的比值关系，可将润滑的类型区分为流体润滑区、混合润滑区和边界润滑区。表面粗糙度综合值可以根据 R_1 与 R_2 计算。

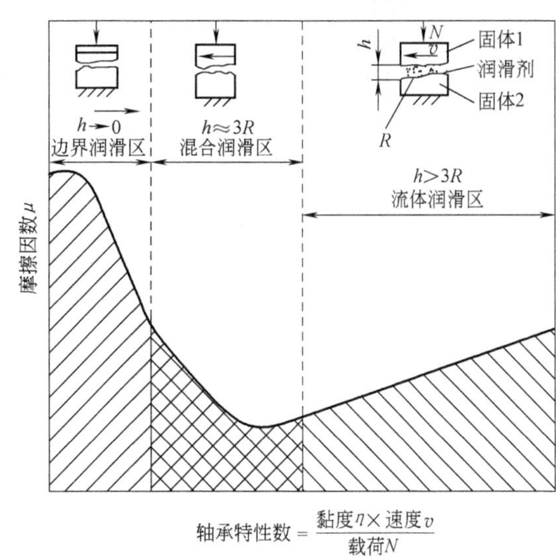

图 19.1-1　斯特里贝克曲线与润滑类型关系图

1）流体润滑。包括流体动压润滑、流体静压润滑和弹性流体动压润滑，相当于曲线右侧一段。在流体润滑状态下，润滑剂膜厚度 h 和表面粗糙度综合值 R 的比值 λ 约大于 3，典型润滑剂膜厚度 h 约为 1~100μm。对弹性流体动压润滑，典型润滑剂膜厚度 h 约为 0.1~1μm。摩擦表面完全被连续的润滑剂膜分隔，由低摩擦的润滑剂膜承受载荷，磨损轻微。

2）混合润滑。几种润滑状态同时存在，相当于曲线中间一段，比值 λ 约为 3，典型润滑剂膜厚度 h 小于 1μm。此状态摩擦表面的一部分被润滑剂膜分

隔开，承受部分载荷，也会发生部分表面微凸体间的接触，以及由边界润滑剂膜承受部分载荷。

3）边界润滑。边界润滑相当于曲线左侧一段，比值 λ 趋于0（小于0.4~1），典型润滑剂膜厚度 h 为0.05~0.001μm。在此状态下，摩擦表面微凸体接触较多，润滑剂的流体润滑作用减少，甚至完全不起作用，载荷几乎全部通过微凸体以及润滑剂和表面之间相互作用所生成的边界润滑剂膜来承受。

4）无润滑或干摩擦。当摩擦表面之间的流体润滑作用已经完全不存在，载荷全部由表面上存在的氧化膜、固体润滑膜或金属基体承受时，这种状态称为无润滑或干摩擦状态。一般金属氧化膜的厚度小于0.01μm。

由图19.1-1可以看出，随着工况参数的改变，可能导致润滑状态的转化。润滑剂膜的结构特征发生变化，摩擦因数也随之改变，处理问题的方法也不同。例如，在流体润滑状态下，润滑剂膜为流体效应膜，主要是计算润滑剂膜的承载能力及其他力学特征；在弹性流体润滑状态时，还要根据弹性力学和润滑剂的流变学性能，分析在高压力下的接触变形和有序润滑剂膜的特性；而在干摩擦状态下，主要是应用弹塑性力学、传热学、材料学、化学和物理学等来考虑摩擦表面的摩擦与磨损过程。

20世纪50~60年代以前主要研究的是流体润滑。黏度是润滑剂的决定性参数；雷诺方程是润滑的理论基础；润滑剂膜厚度是润滑剂的重要指标。选润滑剂的主要依据是润滑剂的黏度。载荷大，就得用黏度大的润滑剂；速度高就应当用黏度小的润滑剂；在寒区使用的机械设备，要求冬、夏定期换润滑剂。齿轮、蜗轮和滚动轴承的选润滑剂计算主要计算润滑剂膜厚度，比较膜厚比。

随着科学技术的迅速发展，机器向着体积小、质量小、功率大和寿命长的方向发展；运动副上的载荷成倍增长，远远超过传统油品所能承受的极限。接触面上不再存在流体润滑剂膜。目前的润滑材料，从基础油到添加剂，都上了一个新台阶，承载能力不再靠黏度，而主要靠添加剂的吸附膜和反应膜；润滑剂在金属表面上的吸附，不再靠黏度，主要靠化学吸附，化学吸附的吸附强度比靠黏度的物理吸附提高了5~10倍。润滑剂的黏度不再是决定性的指标；绝大多数接触面上，无法形成完整的流体润滑剂膜。

第2章　润　滑　油

1　润滑油的主要质量指标（见表19.2-1）

表19.2-1　润滑油的主要质量指标

质量指标	说　明
黏度	黏度就是液体的内摩擦，是润滑油受到外力作用而发生相对移动时，油分子之间产生的阻力，其阻力的大小称为黏度。它是润滑油的主要技术指标；绝大多数润滑油的牌号是根据其黏度确定的，黏度是各种机械设备选油的主要依据 黏度的度量方法分为绝对黏度和相对黏度两大类。绝对黏度分为动力黏度、运动黏度两种；相对黏度有恩氏黏度、赛氏-弗氏黏度和雷氏黏度等几种表示方法，见表19.2-2、表19.2-3和图19.2-1
黏度指数	润滑油的黏度随着温度的升高而减小，随着温度的降低而增大，这就是润滑油的黏温特性 评价油品的黏温特性，普遍采用黏度指数（Ⅵ）来表示，这也是润滑油的一项重要指标。黏度指数高，表示润滑油的黏温性能好
酸值（总酸值、中和值）	润滑油的酸值是表征润滑油中有机酸总含量（在大多数情况下，油品不含无机酸）的质量指标。中和1g石油产品所需的氢氧化钾毫克数称为酸值，单位是mgKOH/g 润滑油酸值大小对润滑油的使用有很大的影响。润滑油酸值大，表示润滑油中的有机酸含量高，有可能对机械零件造成腐蚀，尤其是当有水存在时，这种腐蚀作用可能更明显。另外，润滑油在贮存和使用过程中，会氧化变质，酸值也会逐渐增大，常用酸值变化的大小来衡量润滑油的氧化安定性，或作为换油指标
总碱值	在规定的条件下滴定时，中和1g试样中全部碱性组分所需高氯酸的量，以相当的氢氧化钾毫克数表示，称为润滑油或添加剂的总碱值。总碱值表示试样中含有有机和无机碱、氨基化合物、弱酸盐（如皂类）、多元酸的碱性盐和重金属的盐类。内燃机油的总碱值则可间接表示所含清净分散添加剂的多少，一般以总碱值作为内燃机油的重要质量指标。在内燃机油的使用过程中，经常取样分析其总碱值的变化，可以反映出润滑油中添加剂的消耗情况
水溶性酸和碱	用一定体积的中性蒸馏水和润滑油，在一定温度下相混合、振荡，使蒸馏水将润滑油中的水溶性酸和碱抽出来，然后测定蒸馏水溶液的酸性和碱性，称为润滑油的水溶性酸和碱 润滑油的水溶性酸指润滑油中溶于水的低分子有机酸和无机酸等；润滑油中的水溶性碱指润滑油中溶于水的碱和碱性化合物。润滑油水溶性酸和碱不合格将腐蚀机械设备
闪点	在规定的条件下加热润滑油，当油温达到某温度时，润滑油的蒸气和周围空气的混合气一旦与火焰接触即发生闪火现象。最低的闪火温度称为该润滑油的闪点 润滑油的闪点是润滑油的贮存、运输和使用的一个安全指标，同时也是润滑油的挥发性指标。闪点低的润滑油，挥发性高，容易着火，安全性较差 石油产品的安全性是根据其闪点的高低来分类的：闪点小于45℃的产品是易燃品，闪点大于45℃的产品为可燃品
倾点和凝点	油品在标准规定的条件下冷却，能够继续流动的最低温度称为倾点。油品在规定的试验条件下，冷却到液面不移动时的最高温度称为凝点 润滑油的凝点和倾点是润滑油的低温流动性能的重要质量指标。倾点或凝点高的润滑油，不能在低温下使用，否则由于润滑油在低温下失去流动性，堵塞油路，不能保证润滑。对于低温下使用的机械设备，选用润滑油时要考虑润滑油的倾点或凝点
机械杂质	润滑油中不溶于汽油或苯的沉淀物和悬浮物经过滤而分出的杂质称为机械杂质 润滑油的机械杂质主要是润滑油在使用、贮存和运输中，混入外来物，如灰尘、泥沙、金属碎屑、金属氧化物和锈末等 润滑油中机械杂质的存在将加速机械零件的研磨、拉伤和划痕等磨损，而且堵塞油路油嘴和滤油器，造成润滑失效。变压器油中有机械杂质会降低其绝缘性能

（续）

质量指标	说 明
灰分	润滑油的灰分是润滑油在规定的条件下完全燃烧后剩下的残留物(不燃物),以质量分数表示 润滑油的灰分主要由润滑油完全燃烧后生成的金属盐类和金属氧化物所组成。含有添加剂的润滑油中的灰分较高 润滑油中灰分的存在使润滑油在使用中积炭增加,润滑油的灰分过高时,将造成机械零件的磨损
水分	水分表示油品中含水量的多少,用质量分数表示。油品中应不含水分 润滑油中如果有水分存在,将破坏润滑油膜,使润滑效果变差,加速润滑油中有机酸对金属的腐蚀作用。水分还造成对机械设备的锈蚀,并导致润滑油的添加剂失效,使润滑油的低温流动性变差,甚至结冰,堵塞油路,妨碍润滑油的循环及供油。当水分存在时,润滑油乳化的可能性加大;当温度高到一定程度时,水分将汽化形成气泡,不但破坏油膜,危及润滑,而且还因气阻影响润滑油的循环和供油。对于变压器油,水分会使变压器油的耐电压性能急剧下降,危害更大,因此润滑油在使用前,必须检查有无水分,如有,必须设法脱水
抗乳化性	测定油品与水分离的能力称为抗乳化性试验 抗乳化性好的润滑油遇水后,虽经搅拌、振荡也不易形成乳化液,或虽然形成乳化液但是不稳定,易于迅速分离 润滑油的抗乳化性与其洁净度关系较大,若润滑油中的机械杂质较多,或含有皂类、酸类及生成的油泥等,在有水存在的情况下,润滑油就容易乳化而生成乳化液。抗乳化性差的油品,其抗氧化安定性也差 抗乳化性是汽轮机油的一个重要质量指标
抗泡性	润滑油在实际使用中,由于受到振荡、搅动等作用,使空气进入润滑油中,以致形成气泡。因此,要求评定油品生成泡沫的倾向及泡沫的稳定性 抗泡性也是润滑油的一项重要使用性能。如果润滑油的抗泡性不好,在润滑油系统中形成了很多泡沫,而且不能迅速破除,则将影响润滑油的润滑性,加速它的氧化速度,导致润滑油的损失,而且阻碍润滑油在循环系统中的传送,使供油中断,妨碍润滑,对液压油则影响其压力传递
蒸发度 (蒸发损失)	所有液体在受热时都会蒸发。液体的蒸发度是表示在给定的压力和温度条件下的蒸发程度和速度。润滑油在使用过程中蒸发会造成润滑系统中润滑油量逐渐减少,使黏度增大,影响供油。液压液体在使用中蒸发,还会产生气穴现象和效率下降,可能对液压泵造成损害,因此必须对润滑油和液压液体的蒸发度进行控制
腐蚀性	腐蚀试验是测定润滑油在一定温度下对金属的腐蚀作用 腐蚀是在氧气(或其他腐蚀性物质)和水分同时与金属表面作用时发生的,因此防止腐蚀的措施在于防止这些物质侵蚀金属表面。除了防止由外部条件(如潮湿,海上运输等)引起的腐蚀外,还必须防止来自机械本身的腐蚀,如发动机的腐蚀。首先是来自酸性的氧化产物和燃烧产物,然后是来自含铅汽油中的氯化物和溴化物等
氧化安定性	润滑油在加热和在金属的催化作用下抵抗氧化变质的能力称为润滑油的抗氧化安定性。润滑油的抗氧化安定性是反映润滑油在实际使用、贮存和运输中氧化变质或老化倾向的重要特性 润滑油的抗氧化安定性主要决定于其化学组成。此外,也与使用条件,如温度、氧压、接触金属、接触面积和氧化时间等有关。因而评价各种润滑油的抗氧化安定性的氧化试验条件各不相同,均须根据润滑油的使用情况来选择合适的试验条件 任何润滑油的氧化安定性都是至关重要的质量指标 一般将润滑油的氧化安定性作为润滑油使用寿命或老化程度的一个衡量指标
苯胺点	试管中同体积的油和苯胺互溶成单一液体的最低温度称为苯胺点 苯胺点是用以测量润滑油中芳香烃的含量。因为芳香烃能溶解橡胶,会使橡胶密封件胀大、变质,所以苯胺点越高越好
承载能力 (四球法)	评定润滑油的承载能力,包括最大无卡咬负载 P_B(又称临界负载或 P_K 点)、烧结负载 P_D、综合磨损值 *ZMZ*(又称平均赫兹负载、负载磨损指数)三项指标
承载能力 (梯姆肯法)	评定润滑油的抗擦伤能力,用OK值作为评定指标。所谓OK值是在试验机上,当钢制试件的纯滑动摩擦面上不出现擦伤时,负载杠杆砝码盘上所加的最大负载
承载能力 (FZG法)	在试验机上可测定润滑油的抗胶合能力,分为正常试验法和特殊试验法。评定润滑油承载能力为12级,级数越大,表明润滑油的抗胶合能力越高

表 19.2-2　各种黏度换算

运动黏度 /mm² · s⁻¹	雷氏 1 号黏度 /s	赛氏-弗氏黏度 （通用） /s	运动黏度 /mm² · s⁻¹	雷氏 1 号黏度 /s	赛氏-弗氏黏度 （通用） /s
(1.0)	28.5		(7.0)	43.5	48.7
(1.5)	30		(7.5)	45	50.3
(2.0)	31	32.6	(8.0)	46	52.0
(2.5)	32	34.4	(8.5)	47.5	53.7
(3.0)	33	36.0	(9.0)	49	55.4
(3.5)	34.5	37.6	(9.5)	50.5	57.1
(4.0)	35.5	39.1	10.0	52	58.8
(4.5)	37	40.7	10.2	52.5	59.5
(5.0)	38	42.3	10.4	53	60.2
(5.5)	39.5	43.9	10.6	53.5	60.9
(6.0)	41	45.5	10.8	54.5	61.6
(6.5)	42	47.1	11.0	55	62.3

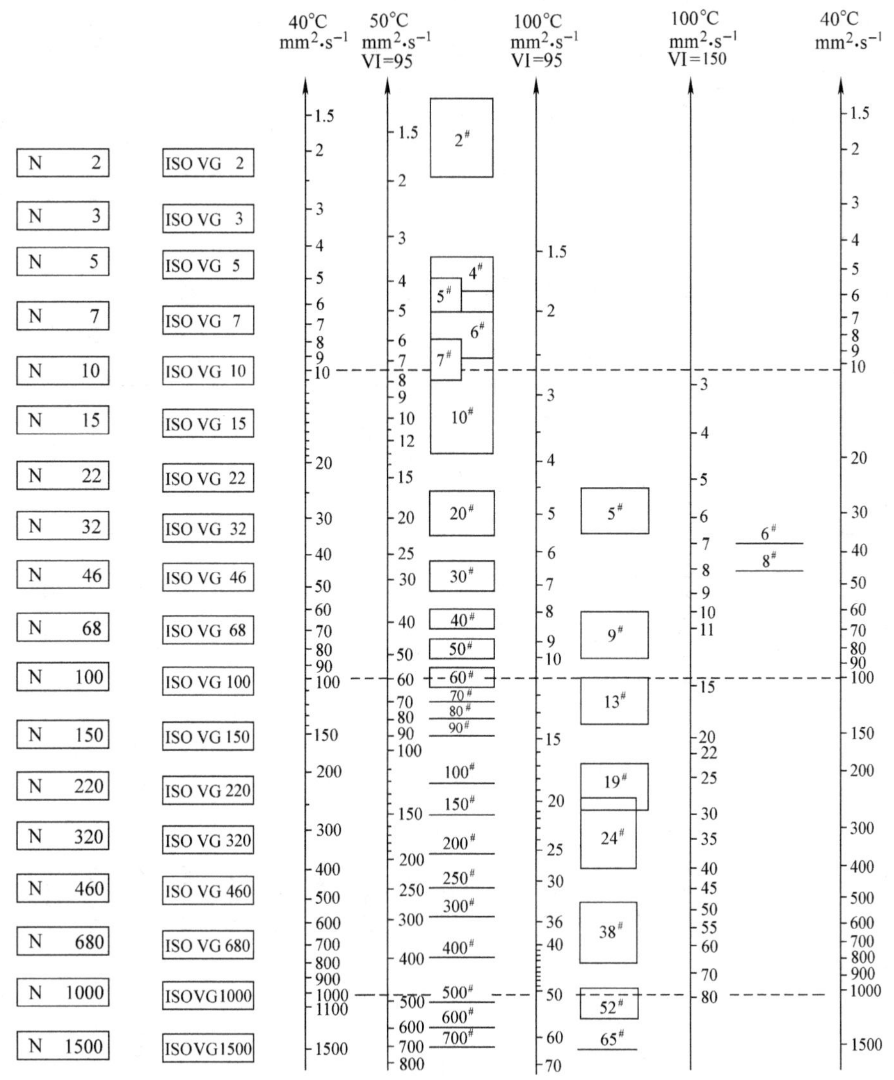

图 19.2-1　工业用润滑油新旧黏度牌号对照参考

表 19.2-3 不同的黏度指数在各种温度下具有相应的运行黏度的 ISO 黏度分类（摘自 GB/T 3141—1994） （$mm^2 \cdot s^{-1}$）

ISO 黏度等级	运行黏度范围	不同的黏度指数在其他温度时运动黏度近似值								
		黏度指数(VI)=0			黏度指数(VI)=50			黏度指数(VI)=95		
	40℃	20℃	37.8℃	50℃	20℃	37.8℃	50℃	20℃	37.8℃	50℃
2	1.98~2.42	(2.82~3.67)	(2.05~2.52)	(1.69~2.03)	(2.87~3.69)	(2.05~2.52)	(1.69~2.03)	(2.92~3.71)	(2.06~2.52)	(1.69~2.03)
3	2.88~3.52	(4.60~5.99)	(3.02~3.71)	(2.37~2.83)	(4.59~5.92)	(3.02~3.70)	(2.38~2.84)	(4.58~5.83)	(3.01~3.69)	(2.39~2.86)
5	4.14~5.06	(7.39~9.60)	(4.38~5.38)	(3.27~3.91)	(7.25~9.35)	(4.37~5.37)	(3.29~3.95)	(7.09~9.03)	(4.36~5.35)	(3.32~3.99)
7	6.12~7.48	(12.3~16.0)	(6.55~8.05)	(4.63~5.52)	(11.9~15.3)	(6.52~8.01)	(4.68~5.61)	(11.4~14.4)	(6.50~7.98)	(4.76~5.72)
10	9.00~11.0	20.2~25.9	9.73~12.0	6.53~7.83	19.1~24.5	9.68~11.9	6.65~7.99	18.1~23.1	9.64~11.8	6.78~8.14
15	13.5~16.5	35.5~43.0	14.7~18.1	9.43~11.3	31.6~40.6	14.7~18.0	9.62~11.5	29.8~38.3	14.6~17.9	9.80~11.8
22	19.8~24.2	54.2~69.8	21.8~26.8	13.3~16.0	51.0~65.8	21.7~26.6	13.6~16.3	48.0~61.7	21.6~26.5	13.9~16.6
32	28.8~35.2	87.7~115	32.0~39.4	18.6~22.2	82.6~108	31.9~39.2	19.0~22.6	76.9~98.7	31.7~38.9	19.4~23.3
46	41.4~50.6	144~189	46.6~57.4	25.5~30.3	133~172	46.3~56.9	26.1~31.3	120~153	45.9~56.3	27.0~32.5
68	61.2~74.8	242~315	69.8~98.8	35.9~42.8	219~283	69.2~85.0	37.1~44.4	193~244	68.4~83.9	38.7~46.6
100	90.0~110	402~520	104~127	50.4~60.3	356~454	103~126	52.4~63.0	303~383	101~124	55.3~66.6
150	135~165	672~862	157~194	72.5~85.9	583~743	155~191	75.9~91.2	486~614	153~188	80.6~97.1
220	198~242	1080~1390	233~286	102~123	927~1180	230~282	108~129	761~964	226~277	115~138
320	288~352	1720~2210	341~419	144~172	1460~1870	337~414	151~182	1180~1500	331~406	163~196
460	414~506	2700~3480	495~608	199~239	2290~2930	488~599	210~252	1810~2300	478~587	228~274
680	612~748	4420~5680	739~908	283~339	3700~4740	728~894	300~360	2880~3650	712~874	326~393
1000	900~1100	7170~9230	1100~1350	400~479	5960~7640	1080~1330	425~509	4550~5780	1050~1290	466~560
1500	1350~1650	11900~15400	1600~2040	575~688	9850~12600	1640~2010	613~734	7390~9400	1590~1960	676~812
2200	1980~2420	19400~25200	2460~3020	810~970	15900~20400	2420~2970	865~1040	11710~15300	2350~2890	950~1150
3200	2880~3520	31180~40300	3610~4435	1130~1355	25360~32600	3350~4360	1210~1450	18450~24500	3450~4260	1350~1620

注：括号内数据为概略值。

2　润滑油的组成

绝大多数润滑油是由基础油与添加剂调制而成。

2.1　基础油

基础油有两种：一种是经过炼制和精制的天然矿物油，另一种是合成油。

2.1.1　矿物基础油

矿物基础油由常规的Ⅰ类向非常规的Ⅱ类和Ⅲ类发展，其目的是满足润滑油升级换代的需要。Ⅱ/Ⅲ类基础油的质量优于Ⅰ类基础油，主要体现在：

（1）黏度指数高

现代润滑油要求在保持黏度大致稳定的同时，还能在较宽的温度范围内充分发挥润滑功能。实现这个要求的最好方法就是选用高黏度指数基础油消除对黏度指数改进剂的依赖。

（2）低硫/无硫

过去认为基础油中的硫是一种天然的极压添加剂和抗氧剂。现在认识到，硫与添加剂会相互作用，会使添加剂配方难以优化，因此不希望基础油中含硫。而且，硫对催化转化器脱除尾气中的污染物有负面影响。

（3）挥发性低

润滑油的挥发性与延长换油期及控制排放直接有关。基础油挥发性小，有利于选用黏度级别较低的基础油，降低发动机油黏度，从而减少流体摩擦，降低运动部件摩擦的能量消耗；基础油挥发性小，还能长期保持油品具有稳定的黏度，满足延长换油期的要求。

（4）黏度低

降低黏度有助于提高发动机的燃料效率。此外，要求润滑油有较好的冷流动性质，也必然要降低黏度，因此低黏度基础油是发展趋势。

（5）氧化安定性好

延长润滑油寿命、延长换油期、降低油消耗量都要求基础油有良好的氧化安定性。因此，提高氧化安定性就成了基础油升级的重要指标之一。

（6）环境友好

使用基础油的前提条件就是要进一步降低芳烃特别是稠环芳烃含量。还要求在基础油生产和润滑油再生过程中，不会对人体健康造成危害。对全损耗润滑油和在环境敏感地区使用的润滑油，除要求在水中和地上无毒外，还要求能生物降解。

2.1.2　天然气合成油（GTL）

由天然气经过费—托合成工艺生产的基础油。由天然气生产合成气（CO和H_2的混合物）；合成气采用低温法合成液体烃；由合成液体烃加工成润滑油基础油产品和其他石化产品。从生物降解性能看，天然气合成油Ⅲ类基础油大于石油基Ⅲ、Ⅱ、Ⅰ类基础油。

2.2　合成润滑油

根据合成润滑油基础油的化学结构，已工业化生产的合成润滑油分为下列六大类：

1）有机酯，包括双酯、多元醇酯和复酯。

2）合成烃，包括聚α-烯烃、烷基苯、聚异丁烯和合成环烷烃。

3）聚醚（又名聚亚烷基醚，聚乙二醇醚）。

4）聚硅氧烷（硅油），包括甲基硅油、乙基硅油、甲基苯基硅油和甲基氯苯基硅油。

5）含氟油，包括氟碳、氟氯碳、全氟聚醚和氟硅油。

6）磷酸酯。

每类合成油都有其独特的化学结构，特定的原材料和制备工艺，特殊的性能和应用范围。具体内容见表19.2-4～表19.2-8。

表19.2-4　各类合成油的闪点、自燃点及热分解温度（℃）

类别	闪点	自燃点	热分解温度
矿物油	140～315	230～370	250～340
双酯	200～300	370～430	283
多元醇酯	215～300	400～440	316
聚α-烯烃	180～320	325～400	338
二烷基苯	130～230	—	—
聚醚	190～340	335～400	279
磷酸酯	230～260	425～650	194～421
硅油	230～330	425～550	388
硅酸酯	180～210	435～645	340～450
氟碳化合物	200～280	>650	—
聚苯醚	200～340	490～595	454

表19.2-5　合成油的黏度指数及倾点

类别	黏度指数	倾点/℃
矿物油	50～130	-45～-10
双酯	110～190	<-70～-40
多元醇酯	60～190	<-70～-15
合成烃	50～180	-70～-40
聚醚	90～280	-65～5
磷酸酯	30～60	<-50～-15
硅油	110～500	<-70～10
硅酸酯	110～300	<-60
氟碳化合物	-200～-100	<-70～65
聚苯醚	-100～10	-15～20

表 19.2-6 各类合成油的性能比较

性能	矿物油	双酯	多元醇酯	聚醚	聚 α-烯烃	硅油	氟油	磷酸酯
黏温特性(Ⅵ)	4	2	2	2	2	1	4	1
低温特性(倾点)	5	1	2	3	1	1	3	1
液体范围	4	2	2	3	2	1	1	3
氧化稳定性	4	2~3	2	3	2	2	1	4
热稳定性	4	3	2	3	4	2	1	3
蒸发损失(挥发性)	5	1	1	3	2	2	1	2
抗燃性(闪点)	1	4	4	4	5	3	1	1~2
水解稳定性	1	4	4	3	1	3	1	3
耐蚀性	3	4	4	3	1	3	5	4
密封材料相容性	1	4	4	3	2	3	1	5
涂料和漆相容性	1	4	4	4	1	3	2	5
与矿物油混溶性	—	2	2	5	1	5	5	4
添加剂溶解度	1	2	2	4	2	5	5	1
润滑性,承载能力	3	2	2	2	3	5	1	3
毒性	3	3	3	3	1	1	1	4~5
生物可降解性	4	1~2	1~2	1~2	5	5	5	2
相对矿物油价格	1	4~10	4~10	6~10	3~5	30~100	500	5~10

注：1—优良；2—很好；3—好；4——般；5—差。

表 19.2-7 不同酯类油的可生物降解性 (%)

酯类油类型	OECD 301B(20d)	CEC L 33A 93(21d)	酯类油类型	OECD 301B(20d)	CEC L 33A 93(21d)
单酯	30~90	70~100	直链多元醇酯	50~90	80~100
双酯	10~80	70~100	支链多元醇酯	0~40	0~40
苯二甲酸酯	5~70	40~100	复合酯	60~90	70~100
偏苯三酸酯	0~40	0~70			

表 19.2-8 各种燃气轮机油的氧化试验结果 (175℃，72h)

项目		矿物油	聚 α-烯烃	二烷基苯	双酯	多元醇酯	磷酸酯
黏度/$mm^2 \cdot s^{-1}$	99℃	5.27	6.0	5.41	4.08	5.00	4.08
	-18℃	2600	1200	1220	228	600	4600
黏度指数		100	140	105	165	125	0
倾点/℃		-29	-59	-57	-59	-54	-23
氧化后黏度变化(%)		38.2	2.61	17.5	3.0	9.03	6.71
沉淀/mL·$(100mL)^{-1}$		2730	0.5	0.3	0.5	1.0	7.9

2.3 添加剂

在基础油中加入某些物质，虽然数量很少，却对提高润滑油的使用性能效果显著，这些物质被称为添加剂。加入添加剂的目的主要有补充必要的性能，提高已有性能，增加新的性能。

2.3.1 添加剂的类型

1）保护金属表面的添加剂。其目的是降低摩擦、减少磨损，提高接触表面的使用寿命。其中包括油性剂、极压剂、抗腐剂、极压抗磨剂、防锈剂、清净剂、分散剂。

2）扩大润滑油使用范围的添加剂。包括黏度指数改进剂、降凝剂和破乳剂。

3）延长润滑油使用寿命的添加剂。包括抗氧剂和抗泡剂。

2.3.2 常用添加剂（见表 19.2-9）

表 19.2-9　润滑油常用添加剂

添加剂主要类型及名称	应　用	作　用
清净剂、分散剂 1）低碱度石油磺酸钙（T101） 2）中碱度石油磺酸钙（T102） 3）高碱度石油磺酸钙（T103） 4）烷基酚钡 5）烷基酚钙 6）硫磷化聚异丁烯钡盐（T108） 7）烷基水杨酸钙（T109） 8）聚异丁烯丁二酰亚胺（无灰分散剂）（T151～T155）	与抗氧抗腐剂复合使用于内燃机油、柴油机油和船用气缸油。一般汽油机油和柴油机油中清净分散剂的添加量为 3%；高级汽油机油和增压柴油机油中的添加量要增加，具体数量及配方需通过试验确定；船用气缸油的添加量为 20%～30%。在使用过程中，常将各种具有不同特性的清净分散剂复合使用	1）清净分散作用。清净分散剂吸附在燃料及润滑油的氧化产物（胶质）上，悬浮于油中，防止在油中产生沉淀和在活塞、气缸中形成积炭。这些沉淀和积炭会造成气缸部件黏结，甚至卡死，影响发动机正常运转 2）中和作用。中和含硫燃料燃烧后生成的氧化硫及其他酸性物质，避免机器部件的腐蚀
抗氧抗腐剂 1）二芳基二硫化磷酸锌（T201） 2）二烷基二硫代磷酸锌（T202） 3）硫磷化烯烃钙盐	与清净分散剂复合用于发动机油中，一般汽油机油及柴油机油中的用量为 0.5%～0.8%，用于高级内燃机油中也不超过 1.5%	1）分解润滑油中由于受热氧化产生的过氧化物，从而减少有害酸性物的生成 2）钝化金属表面，使金属在受热情况下减缓腐蚀 3）与金属形成化学反应膜，减少磨损
抗氧化剂 1）2,6-二叔丁基对甲酚（T501） 2）芳香胺（T531） 3）双酚（T511） 4）苯三唑衍生物（T551） 5）噻二唑衍生物（T561）	主要用于工业润滑油，如变压器油、汽轮机油、液压油、仪表油等，添加量为 0.2%～0.6%。当工作温度较高时，双酚型抗氧化剂较为有效	润滑油在使用过程中不断与空气接触发生连锁性氧化反应。抗氧化剂能使连锁反应中断，减缓润滑油的氧化速度，延长油的使用寿命
油性、极压剂 1）酯类（油酸丁酯、二聚酸乙二醇单酯及动植物油等） 2）酸及其皂类（油酸、二聚酸、硬脂酸铝等）（T402） 3）醇类（脂肪醇） 4）磷酸酯、亚磷酸酯（磷酸三乙酯、磷酸三甲酚酯、亚磷酸二丁酯等）（T304 等） 5）二烷基二硫代磷酸锌（T202） 6）磷酸酯、亚磷酸酯、硫代磷酸酯的含氮衍生物（T308 等） 7）硫化烯烃（硫化异丁烯、硫化三聚异丁烯 T321） 8）二苄基二硫化物（T322） 9）硫化妥尔油脂肪酸酯 10）硫化动植物油或硫氯化动植物油（T405、T405A） 11）氯化石蜡（T301、T302） 12）环烷酸铅（T341）	用于汽车齿轮油、工业极压齿轮油、金属加工油（轧制油、切削油等）、导轨油、抗磨液压油、极压汽轮机油、极压润滑脂及其他工业用油。添加量为 0.5%～10%，有的甚至在 20% 以上。在使用中，有单独使用，也有复合使用，根据各种油品的性能要求确定	1）油性添加剂在常温条件下吸附在金属表面上形成边界润滑膜，防止金属表面的直接接触，保持摩擦面的良好润滑状态 2）极压添加剂在高温条件下分解出活性元素与金属表面起化学反应，生成一种低抗剪强度的金属化合物薄层，防止金属因干摩擦或在边界摩擦条件下而引起的黏着现象
降凝剂 1）烷基萘（T801） 2）醋酸乙烯酯与反丁烯二酸共聚物 3）聚 α-烯烃（T803） 4）聚甲基丙烯酸酯（T814） 5）长链烷基酚	广泛应用于各种润滑油，如内燃机油、齿轮油、机械油、变压器油、液压油、汽轮机油和冷冻机油等。添加量为 0.1%～1%	降凝剂能与油中的石蜡产生共晶，防止石蜡形成网状结构，使润滑油不被石蜡网状结构包住，并呈流动液体状态存在而不致凝固，即起降凝作用

（续）

添加剂主要类型及名称	应 用	作 用
增黏剂 1)聚乙烯基正丁基醚(T601) 2)聚甲基丙烯酸酯(T602) 3)聚异丁烯(T603) 4)乙丙共聚物(T611) 5)分散型乙丙共聚物(T631)	用于配制冷起动性能好、黏温性能好,可以四季通用、南北地区通用的稠化机油、液压油和多级齿轮油等。一般用量为3%~10%,有的更多	1)改善润滑油的黏温特性 2)对轻质润滑油起增稠作用 加有增黏剂的润滑油高温不易变稀,低温不易变稠
防锈剂 1)石油磺酸钠(T702) 2)石油磺酸钡(T701) 3)二壬基萘磺酸钡(T705) 4)环烷酸锌(T704) 5)烯基丁二酸(T746) 6)苯骈三氮唑(T706) 7)烯基丁二酸咪唑啉盐(T703) 8)山梨糖醇单油酸酯 9)氧化石油脂及其钡皂(T743) 10)羊毛脂及其皂 11)N-油酰肌胺酸十八胺(T711)	广泛用于金属零件、部件、工具、机械发动机及各种武器的封存防锈油脂(长期封存防锈油脂、工作封存两用油脂薄层油等),在使用中要求一定防锈性能的各种润滑油脂(汽轮机油、齿轮油、机床用油、液压油、切削油和仪表油脂等)、工序间防锈油脂等。在使用过程中,常将各种具有不同特点的防锈剂复合使用,以达到良好的综合防锈效果。添加量随防锈性能的要求不同而不同,一般为0.01%~20%	防锈剂与金属表面有很强的附着能力,在金属表面上优先吸附形成保护膜,或与金属表面化合形成钝化膜,防止金属与腐蚀介质接触,起到防锈作用
抗泡剂 1)二甲基硅油 2)丙烯酸酯与醚共聚物(T911)	用于各种循环使用的润滑油。添加量为百万分之几。应用时先用煤油稀释,最好用胶体磨或喷雾器分散于润滑油中	润滑油在循环使用过程中,会吸收空气,形成泡沫,抗泡剂能降低表面张力,防止形成稳定的泡沫

3 润滑油的选用

3.1 内燃机油

内燃机油应具备的主要性能为:适当的黏度和良好的黏温性能;较强的热安定性和抗高温氧化安定性;优异的高温清净分散性和低温油泥分散性;良好的高温状态下的抗磨损性;良好的防腐和抗锈蚀性。

3.1.1 内燃机油黏度牌号的选择

黏度是划分内燃机油牌号的重要依据。黏度的选择要根据发动机工作环境温度、热载荷和机械载荷来确定,其中环境温度是最重要的依据。环境温度与黏度牌号的选择见表19.2-10。

表19.2-10 环境温度与黏度牌号的选择

温度范围/℃	SAE黏度等级	温度范围/℃	SAE黏度等级
-30~-25	5W	-20~30	15W-30
-30~30	5W-20或5W-30	-15~-5	20W
-25~-20	10W	-15~30	20W-30
-25~30	10W-30	-10~30	20
-20~-15	15W	0~30	30
-20~20	15W-20	10~50	40

注:W表示冬季。

3.1.2 柴油机油的选用

(1)依据柴油机的单位容积载荷和受热状况用强化系数K和第一环槽温度选油

$$K = P_c C_m Z$$

式中 P_c——平均有效压力(N/cm²);

C_m——活塞平均速度(m/s);

Z——冲程系数(四冲程机,$Z=0.5$;二冲程机,$Z=1.0$)。

强化系数K小于30的为普通柴油机,当上部活塞区的温度为230~250℃时,可选用CC级柴油机油。

对强化系数K为30~50的柴油机,当上部活塞环区的温度为230~250℃时,可选用CC级柴油机油。

强化系数K大于50、活塞平均速度大于9m/s的是高强度柴油机,上部活塞区温度大于250℃,可选用CD级柴油机油。

(2)依据柴油机油容量大小选油

柴油机油容量越小,油品受热强度越高,对油品要求相应苛刻。例如,法国进口内燃机车,其强化系数达85左右,增压压力0.29MPa。由于柴油机油量很大,一次装油达646L,所以可以选用CC级柴油机油。

(3)依据燃油质量好坏选油

柴油质量差、含硫高,对内燃机油的质量要求就苛刻。例如,规定可以使用某级柴油机油的轻负载柴油机,若使用含硫的质量分数大于0.5%的柴油时,要改用高一级的柴油机油。

3.1.3 汽油机油的选用

（1）黏度

汽油发动机选用的油品黏度等级对维护发动机的正常运转是至关重要的。黏度的高低直接影响发动机的磨损、降温、吸振和密封等。选择合适的黏度和高黏度的油品，使其既具有足够的高温黏度来保证发动机在运转时的润滑和密封，又能在低温条件下有足够的黏度来保证低温起动性能。黏度通常是按温度条件选择（见表19.2-10），同时还要考虑载荷的大小、转速的高低或发动机磨损程度等因素。

应选用多级油。多级油是一种黏温性能好、工作温度宽和节能效果显著的油品，具有低温黏度油和高温黏度油的双重特性。通常情况下，黏度等级的选择原则就是在满足使用的条件下，黏度越低越好，这样对发动机的节能是非常有益的。

（2）品种

汽油发动机汽车要选用汽油机油。它的质量等级主要根据汽油发动机的压缩比、曲轴箱是否装有正压通风装置、是否有废气再循环装置及是否装有涡轮增压废气催化转化器等为主要考虑依据。发动机压缩比在7.0左右，并装有曲轴箱正压通风装置，可选择SE级以上质量级别的汽油机油；一般轿车发动机的压缩比大于8，可选SF级以上质量级别的汽油机油；若压缩比大于8.5，则发动机功率大、体积小，工作条件更苛刻，应选SG以上质量级别的汽油机油；如果汽车装有废气再循环装置及废气催化转化器，为防止催化剂中毒，同时还要求油中的磷含量不超过0.14%。对电子点火燃油喷射发动机，应该选择SH或SJ、SL和GF等更高质量级别的汽油机油。

汽车或发动机制造商在用户使用手册中注明了该车型或发动机的用油要求，用户要严格按照所推荐的质量规格来选择汽油机油的质量等级。

二冲程汽油机油与四冲程汽油机油相比，一些主要性能要求高得多，如高温清洁性和分散性等；另一些性能可能要求低一些，还有一些特有的要求，如混溶性等。所以，一般四冲程汽油机油用于二冲程汽油机润滑是不恰当的，会影响发动机的正常运转及使用寿命，因此必须选用专用的二冲程汽油机油。

表19.2-11～表19.2-27列出了各种汽油机油和柴油机油的质量指标。表19.2-28～表19.2-31列出了专用的二冲程汽油机油的质量指标。

表19.2-11 GF-4汽油机油质量指标

项 目		质量指标	试验方法
泡沫性（泡沫倾向/泡沫稳定性）/mL·mL^{-1}			ASTM D892
程序Ⅰ	不大于	10/0	
程序Ⅱ	不大于	50/0	
程序Ⅲ	不大于	10/0	
程序Ⅳ	不大于	100/0	ASTM D6082
磷含量（质量分数，%）	不小于	0.06～0.08	ASTM D4951
硫含量（质量分数，%）			
0W和5W多级油	不大于	0.5	ASTM D4951
10W多级油	不大于	0.7	ASTM D2622
EOFT减小（%）	不大于	50	ASTM D6795
过滤性试验（EOWTT）流量降低（%）			ASTM D6794
加0.6%的水	不大于	50	
加1.0%的水	不大于	50	
加2.0%的水	不大于	50	
加3.0%的水	不大于	50	
高温沉积物TEOST（MHT4）总沉积物/mg	不大于	35	ASTM D6335

（续）

项 目		质量指标	试验方法
均匀性和混溶性		通过	ASTM D6922
凝胶指数	不大于	12	ASTM D5133
蒸发损失（质量分数，%）			
Noack（250℃）	不大于	15	ASTM D5800
GCD（371℃）	不大于	10	ASTM D6417
球锈蚀试验（BRT）			ASTM D6557
平均灰度值评分	不小于	100	
程序ⅢG			ASTM 程序ⅡG 试验
100h 黏度增长（%）	不大于	150	
平均活塞沉积物评分	不小于	3.5	
热黏环		无	
凸轮和挺杆磨损平均值/μm	不大于	60	
程序ⅢGA 老化油的低温黏度		满足原来油品或下一个更高级别的要求	ASTM D4684
程序ⅣA			ASTM D6891
平均凸轮磨损/μm	不大于	90	
程序ⅤG			ASTM D6593
平均发动机油泥评分	不小于	7.8	
摇臂盖油泥评分	不小于	8.0	
平均活塞裙部漆膜评分	不小于	7.5	
平均发动机漆膜评分	不小于	8.9	
油环堵塞率（%）	不大于	20	
热黏环		无	
冷黏环		报告	
机油滤网堵塞率（%）	不大于	报告	
随动针磨损平均值/μm		报告	
间隙增加/μm		报告	
油环破裂区域（%）		报告	
程序ⅥB	不小于		ASTM D6837
0W/20 和 5W/20（%） FEI1/FEI2		2.3/2.0	
0W/30 和 5W/30（%） FEI1/FEI2		1.8/1.5	
10W/30 和其他黏度级别（%） FEI1/FEI2		1.1/0.8	

表 19.2-12 SE 汽油机油质量指标（摘自 GB 11121—2006）

项目		质量指标					试验方法
黏度等级		5W-30	10W-30	15W-40	30	40	
运动黏度(100℃)/$mm^2 \cdot s^{-1}$		9.3～<12.5	9.3～<12.5	12.5～<16.3	9.3～<12.5	12.5～<16.3	GB/T 265
低温动力黏度/mPa·s	不大于	3500(-25℃)	3500(-20℃)	3500(-15℃)	—	—	GB/T 6538
边界泵送温度/℃	不高于	-30	-25	-20	—	—	GB/T 9171
黏度指数	不小于	—	—	—	75	80	GB/T 1995 GB/T 2541
闪点(开口)/℃	不低于	200	205	215	220	225	GB/T 3536
倾点/℃	不高于	-35	-30	-23	-15	-10	GB/T 3535
泡沫性(泡沫倾向/稳定性)/$mL \cdot mL^{-1}$							GB/T 12579
24℃	不大于	25/0					
93.5℃	不大于	150/0					
后 24℃	不大于	25/0					
机械杂质(%)①	不大于	0.01					GB/T 511
水分(体积分数,%)	不大于	痕迹					GB/T 260
酸值/$mgKOH \cdot g^{-1}$		报告					SH/T 0251
硫酸盐灰分(%)①		报告					GB/T 2433
硫(%)①		报告					SH/T 0172
氮(%)①		报告					SH/T 0656
磷(%)①		报告					SH/T 0296
L-38 发动机试验							SH/T 0265
轴瓦失重/mg	不大于	40					
剪切安定性							SH/T 0265
100℃运动黏度/$mm^2 \cdot s^{-1}$		在本等级油黏度范围之内(适用于多级油)					GB/T 265
程序ⅡD 发动机试验							SH/T 0512
发动机锈蚀平均评分	不小于	8.5					
挺杆黏结数		无					
程序ⅢD 发动机试验							SH/T 0513
黏度增长(40℃、40h)(%)	不大于	375					SH/T 0783
发动机平均评分(64h)							
发动机油泥平均评分	不小于	9.2					
活塞裙部漆膜平均评分	不小于	9.1					
油环台沉积物平均评分	不小于	4.0					
环黏结		无					
挺杆黏结		无					
擦伤和磨损(64h)							
凸轮或挺杆擦伤		无					
凸轮加挺杆磨损/mm							
平均值	不大于	0.102					
最大值	不大于	0.254					
程序ⅤD 发动机试验							SH/T 0514
发动机油泥平均评分	不小于	9.2					SH/T 0672
活塞裙部漆膜平均评分	不小于	6.4					
发动机漆膜平均评分	不小于	6.3					
机油滤网堵塞(%)	不大于	10.0					
油环堵塞(%)	不大于	10.0					
压缩环黏结		无					
凸轮磨损/mm							
平均值		报告					
最大值		报告					

① 百分数为质量分数。

表 19.2-13 SF 汽油机油质量指标（摘自 GB 11121—2006）

项目		质量指标					试验方法
黏度等级		5W-30	10W-30	15W-40	30	40	
运动黏度(100℃)/$mm^2 \cdot s^{-1}$		9.3~<12.5	9.3~<12.5	12.5~<16.3	9.3~<12.5	12.5~<16.3	GB/T 265
低温动力黏度/mPa·s	不大于	3500(-25℃)	3500(-20℃)	3500(-15℃)	—	—	GB/T 6538
边界泵送温度/℃	不高于	-30	-25	-20	—	—	GB/T 9171
黏度指数	不小于	—	—	—	75	80	GB/T 1995
闪点(开口)/℃	不低于	200	205	215	220	225	GB/T 3536
倾点/℃	不高于	-35	-30	-23	-15	-10	GB/T 3535
蒸发损失(诺亚克法,250℃、1h)(%)		25	20	18	—	—	SH/T 0059
模拟蒸馏法(371℃馏出量)(%)		20	17	15	—	—	SH/T 0558
泡沫性(泡沫倾向/稳定性)/$mL \cdot mL^{-1}$							GB/T 12579
24℃	不大于	25/0					
93.5℃	不大于	150/0					
后 24℃	不大于	25/0					
机械杂质(%)①	不大于	0.01					GB/T 511
水分(体积分数,%)	不大于	痕迹					GB/T 260
酸值/$mgKOH \cdot g^{-1}$		报告					SH/T 0251
硫酸盐灰分(%)①		报告					GB/T 2433
硫(%)①		报告					SH/T 0172
磷(%)①		报告					SH/T 0296
氮(%)①		报告					SH/T 0656
L-38 发动机试验							SH/T 0265
轴瓦失重/mg	不大于	40					
剪切安定性							SH/T 0265
100℃运动黏度/$mm^2 \cdot s^{-1}$		在本等级油黏度范围之内(适用于多级油)					GB/T 265
程序ⅡD发动机试验							SH/T 0512
发动机锈蚀平均评分	不小于	8.5					
挺杆黏结数		无					
程序ⅢD发动机试验(64h)							SH/T 0513
黏度增长(40℃)(%)	不大于	375					SH/T 0783
发动机平均评分							
发动机油泥平均评分	不小于	9.2					
活塞裙部漆膜平均评分	不小于	9.2					
油环台沉积物平均评分	不小于	4.8					
环黏结		无					
挺杆黏结		无					
擦伤和磨损							
凸轮或挺杆擦伤		无					
凸轮加挺杆磨损/mm							
平均值	不大于	0.102					
最大值	不大于	0.203					
程序ⅤD发动机试验							SH/T 0514
发动机油泥平均评分	不小于	9.4					SH/T 0672
活塞裙部漆膜平均评分	不小于	6.7					
发动机漆膜平均评分	不小于	6.6					
机油滤网堵塞(%)	不大于	7.5					
油环堵塞(%)	不大于	10.0					
压缩环黏结		无					
凸轮磨损/mm							
平均值	不大于	0.025					
最大值	不大于	0.064					

① 百分数为质量分数。

表 19.2-14 SG 汽油机油质量指标（摘自 GB 11121—2006）

项目		质量指标					试验方法
		5W-30	10W-30	15W-40	30	40	
运动黏度(100℃)/$mm^2 \cdot s^{-1}$		9.3～<12.5	9.3～<12.5	12.5～<16.3	9.3～<12.5	9.3～<12.5	GB/T 265
低温动力黏度/mPa·s	不大于	6600 (-30℃)	7000 (-25℃)	7000 (-20℃)	—	—	GB/T 6538
低温泵送黏度(在无屈服应力时)/mPa·s	不大于	60000 (-35℃)	60000 (-30℃)	60000 (-25℃)	—	—	GB/T 9171
闪点(开口)/℃	不低于	200	205	215	220	225	GB/T 3536
倾点/℃	不高于	-35	-30	-23	-15	-10	GB/T 3535
高温高剪切黏度(150℃、$10^6 s^{-1}$)/mPa·s	不大于	2.9	2.9	3.7	—	—	SH/T 0618
黏度指数	不小于	—	—	—	75	80	GB/T 1995
蒸发损失(%)①							
诺亚克法(250℃、1h)		25	20	18	—	—	SH/T 0059
模拟蒸馏法(371℃馏出量)		20	17	15	—	—	SH/T 0558
过滤性(%)	不大于	50	50	50	—	—	
泡沫性(泡沫倾向/泡沫稳定性)/mL·mL^{-1}							GB/T 12579
24℃	不大于	10/0					
93.5℃	不大于	50/0					
后 24℃	不大于	10/0					
150℃	不大于	报告					
机械杂质(%)①	不大于	0.01					GB/T 511
水分(体积分数,%)	不大于	痕迹					GB/T 260
酸值/mgKOH·g^{-1}		报告					SH/T 0251
硫酸盐灰分(%)①		报告					GB/T 2433
硫含量(%)①		报告					GB/T 387
磷含量(%)①		0.12		报告			SH/T 0296
氮含量(%)①		报告					SH/T 0656
L-38 发动机试验							SH/T 0265
轴瓦失重/mg	不大于	40					
活塞裙部漆膜评分	不小于	9.0					
剪切安定性,运转 10h 后的运动黏度		在本等级油黏度范围之内(适用于多级油)					SH/T 0265 GB/T 265
程序Ⅱ D 发动机试验							SH/T 0512
发动机锈蚀平均评分	不小于	8.5					
挺杆黏结数		无					
程序Ⅲ E 发动机试验							SH/T 0758
黏度增长(40℃、375%)/h	不小于	64					
发动机油泥平均评分	不小于	9.2					
活塞裙部漆膜平均评分	不小于	8.9					
油环台沉积物平均评分	不小于	3.5					
环黏结(与油相关)		无					
挺杆黏结		无					
擦伤和磨损(64h)							
凸轮或挺杆擦伤		无					
凸轮加挺杆磨损/mm							
平均值	不大于	0.030					
最大值	不大于	0.064					

（续）

项 目		质量指标					试验方法
		5W-30	10W-30	15W-40	30	40	
程序ⅤE发动机试验							SH/T 0759
发动机油泥平均评分	不小于	9.0					
摇臂罩油泥评分	不小于	7.0					
活塞裙部漆膜平均评分	不小于	6.5					
发动机漆膜平均评分	不小于	5.0					
机油滤网堵塞(%)	不大于	20.0					
油环堵塞(%)		报告					
压缩环黏结(热黏结)		无					
凸轮磨损/mm							
平均值	不大于	0.130					
最大值	不大于	0.380					

① 百分数为质量分数。

表 19.2-15 SH 汽油机油质量指标（摘自 GB 11121—2006）

项 目		质量指标					试验方法
		5W-30	10W-30	15W-40	30	40	
运动黏度(100℃)/$mm^2 \cdot s^{-1}$		9.3～<12.5	9.3～<12.5	9.3～<12.5	9.3～<12.5	12.5～<16.3	GB/T 265
低温动力黏度/mPa·s	不大于	6600(-30℃)	7000(-25℃)	7000(-20℃)	—	—	GB/T 6538
低温泵送黏度/mPa·s	不大于	6000(-35℃)	6000(-30℃)	6000(-25℃)	—	—	GB/T 9171
闪点(开口)/℃	不低于	200	205	215	220	225	GB/T 3536
倾点/℃	不高于	-35	-30	-25	-15	-10	GB/T 3535
高温高剪切黏度(150℃、$10^6 s^{-1}$)/mPa·s	不大于	2.9	2.9	3.7	—	—	SH/T 0618
黏度指数	不小于	—	—	—	75	80	GB/T 1995
蒸发损失(%)①							
诺亚克法(250℃、1h)		25	20	18	—	—	SH/T 0059
模拟蒸馏法(371℃馏出量)		20	17	15	—	—	SH/T 0558
泡沫性(泡沫倾向/泡沫稳定性)/$mL \cdot mL^{-1}$							GB/T 12579
24℃	不大于	10/0					
93.5℃	不大于	50/0					
后24℃	不大于	10/0					
150℃		报告					
机械杂质(%)①	不大于	0.01					GB/T 511
水分(体积分数,%)	不大于	痕迹					GB/T 260
酸值/$mgKOH \cdot g^{-1}$		报告					SH/T 0251
硫酸盐灰分(%)①		报告					GB/T 2433
硫含量(%)①		报告					GB/T 387
磷含量(%)①	不大于	0.12		报告			SH/T 0296
氮含量(%)①		报告					SH/T 0656
L-38发动机试验							SH/T 0265
轴瓦失重/mg	不大于	40					
剪切安定性,运转10h后的运动黏度	不小于	在本等级油黏度范围之内(适用于多级油)					SH/T 0265 GB/T 265
或							
程序Ⅷ发动机试验							ASTM D6709
轴瓦失重/mg	不大于	26.4					
剪切安定性,运转10h后的运动黏度		在本等级油黏度范围之内(适用于多级油)					

（续）

项　　目		质　量　指　标					试验方法
		5W-30	10W-30	15W-40	30	40	
程序Ⅱ D 发动机试验							SH/T 0512
发动机锈蚀平均评分	不小于	8.5					
挺杆黏结数		无					
或							
球锈蚀试验							SH/T 0763
平均灰度值评分	不小于	100					
程序Ⅲ E 发动机试验							SH/T 0758
黏度增长（40℃、375%）/h	不小于	64					
发动机油泥平均评分	不小于	9.2					
活塞裙部漆膜平均评分	不小于	8.9					
油环台沉积物平均评分	不小于	3.5					
环黏结（与油相关）		无					
挺杆黏结		无					
擦伤和磨损（64h）							
凸轮或挺杆擦伤		无					
凸轮加挺杆磨损/mm							
平均值	不大于	0.030					
最大值	不大于	0.064					
或							
程序Ⅲ F 发动机试验							ASTM D6984
运动黏度增长（40℃、80h）（%）	不大于	325					
活塞裙部漆膜平均评分	不小于	8.5					
活塞沉积物评分	不小于	3.2					
凸轮加挺杆磨损/mm	不大于	0.020					
热黏环		无					
程序ⅤE 发动机试验							SH/T 0759
发动机油泥平均评分	不小于	9.0					
摇臂罩油泥评分	不小于	7.0					
活塞裙部漆膜平均评分	不小于	6.5					
发动机漆膜平均评分	不小于	5.0					
机油滤网堵塞（%）	不大于	20.0					
油环堵塞（%）		报告					
压缩环黏结（热黏结）		无					
凸轮磨损/mm							
平均值	不大于	0.127					
最大值	不大于	0.380					
或							
程序Ⅳ A 阀系磨损试验							ASTM D6891
平均凸轮磨损/mm	不大于	0.120					
加							
程序Ⅴ G 发动机试验							ASTM D6593
发动机油泥平均评分	不小于	7.8					
摇臂罩油泥评分	不小于	8.0					
活塞裙部漆膜平均评分	不小于	7.5					
发动机漆膜平均评分	不大于	8.9					
机油滤网堵塞（%）	不大于	20.0					
压缩环热黏结		无					

① 百分数为质量分数。

表 19.2-16 GF-1汽油机油质量指标（摘自 GB 11121—2006）

项 目		质量指标				试验方法
	5W-30	10W-30	15W-40	30	40	
运动黏度(100℃)/$mm^2 \cdot s^{-1}$	9.3~<12.5	9.3~<12.5	12.5~<16.3	9.3~<12.5	12.5~<16.3	GB/T 265
黏度指数	—	—	—	75	80	GB/T 1995
高温高剪切黏度(150℃、$10^6 s^{-1}$)/mPa·s 不小于	2.9	2.9	3.7	—	—	SH/T 0618
低温动力黏度/mPa·s 不大于	6600(-30℃)	7000(-25℃)	7000(-20℃)	—	—	GB/T 6538
低温泵送黏度/mPa·s 不大于	60000(-35℃)	60000(-30℃)	60000(-25℃)	—	—	GB/T 9171
闪点(开口)/℃ 不低于	200	205	215	220	225	GB/T 3536
倾点/℃ 不高于	-35	-30	-25	-15	-10	GB/T 3535
蒸发损失(%)[①] 不大于						
诺亚克法(250℃、1h)	25	20	20	—	—	SH/T 0059
气相色谱法(371℃馏出量)	20	17	17	—	—	ASTM D6417
泡沫性(泡沫倾向/泡沫稳定性)/$mL \cdot mL^{-1}$						GB/T 12579
24℃ 不大于	10/0					
93.5℃ 不大于	50/0					
后 24℃ 不大于	10/0					
150℃ 不大于	100/0					SH/T 0722
过滤性(%) 不大于						
EOFT 流量减少	50					ASTM D6795
高温沉淀物/mg 不大于						
TEOST	—					SH/T 0570
TEOST MHT	60					ASTM D7097
凝胶指数 不大于	12					SH/T 0732
均匀性和混溶性	与 SAE 参比油混合均匀					ASTM D7097
机械杂质(%)[①] 不大于	0.01					GB/T 511
水分(体积分数,%) 不大于	痕迹					GB/T 260
酸值/mg $KOH \cdot g^{-1}$	报告					SH/T 0251
硫酸盐灰分(%)[①]	报告					GB/T 2433
硫(%)[①]	报告					SH/T 0172
磷(%)[①] 不大于	0.1					SH/T 0296
氮(%)[①]	报告					SH/T 0656
L-38 发动机试验						SH/T 0265
轴瓦失重/mg 不大于	40					
活塞裙部漆膜评分 不小于	9.0					
剪切安定性,运转 10h 后的运动黏度 不小于	在本等级油黏度范围之内（适用于多级油）					SH/T 0265 GB/T 265
程序Ⅱ D 发动机试验						SH/T 0512
发动机锈蚀平均评分 不小于	8.5					
挺杆黏结数	无					
程序Ⅲ E 发动机试验						SH/T 0758
黏度增长(40℃、64h)(%) 不大于	375					
发动机油泥平均评分 不小于	9.2					
活塞裙部漆膜平均评分 不小于	8.9					
油环台沉积物平均评分 不小于	3.5					
环黏结(与油相关)	无					
挺杆黏结	无					

（续）

项 目		质 量 指 标					试验方法
		5W-30	10W-30	15W-40	30	40	
擦伤和磨损							
凸轮或挺杆擦伤		无					
凸轮加挺杆磨损/mm							
平均值	不大于	0.030					
最大值	不大于	0.064					
油耗/L	不大于	5.1					
程序ⅤE发动机试验							SH/T 0759
发动机油泥平均评分	不小于	9.0					
摇臂罩油泥评分	不小于	7.0					
活塞裙部漆膜平均评分	不小于	6.5					
发动机漆膜平均评分	不小于	5.0					
机油滤网堵塞(%)	不大于	20.0					
油环堵塞(%)		报告					
压缩环黏结(热黏结)		无					
凸轮磨损/mm							
平均值	不大于	0.130					
最大值	不大于	0.380					
程序Ⅵ发动机试验							SH/T 0757
燃料经济性改进评价(%)	不小于	2.7					

① 百分数为质量分数。

表 19.2-17 SJ 汽油机油质量指标（摘自 GB 11121—2006）

项 目		质 量 指 标					试验方法
		5W-30	10W-30	15W-40	30	40	
运动黏度(100℃)/$mm^2 \cdot s^{-1}$		9.3~<12.5	9.3~<12.5	12.5~<16.3	9.3~<12.5	12.5~<16.3	GB/T 265
低温动力黏度/mPa·s	不大于	6600(-30℃)	7000(-25℃)	7000(-20℃)	—	—	GB/T 6538
低温泵送黏度/mPa·s	不大于	6000(-35℃)	6000(-30℃)	6000(-25℃)	—	—	GB/T 9171
闪点(开口)/℃	不低于	200	205	215	220	225	GB/T 3536
倾点/℃	不高于	-35	-30	-25	-15	-10	GB/T 3535
高温高剪切黏度(150℃、10^6s^{-1})/mPa·s	不大于	2.9	2.9	3.7	—	—	SH/T 0618
黏度指数	不小于	—	—	—	75	80	GB/T 1995
蒸发损失(%)							
诺亚克法(250℃、1h)		22	22	20	—	—	SH/T 0059
气相色谱法(371℃馏出量)							
方法2		17	17	15	—	—	SH/T 0695
方法3		17	17	15	—	—	ASTM D6417
泡沫性(泡沫倾向/泡沫稳定性)/$mL \cdot mL^{-1}$							GB/T 12579
24℃	不大于	10/0					
93.5℃	不大于	50/0					
后24℃	不大于	10/0					
150℃	不大于	200/50					SH/T 0722
机械杂质(%)①	不大于	0.01					GB/T 511
水分(体积分数,%)	不大于	痕迹					GB/T 260
酸值/mg KOH·g^{-1}		报告					SH/T 0251
硫酸盐灰分(%)①		报告					GB/T 2433
硫(%)①		报告					GB/T 387

（续）

项 目		质量指标					试验方法
		5W-30	10W-30	15W-40	30	40	
磷(%)①	不大于	0.10	0.10	—	—	—	SH/T 0296
氮(%)①		报告					SH/T 0656
过滤性(%)①	不大于						
EOFT 流量减小		50					ASTM D6795
EOWTT 流量减少							ASTM D6794
用 0.6% H_2O		报告					
用 1.0% H_2O		报告					
用 2.0% H_2O		报告					
用 3.0% H_2O		报告					
高温沉淀物(TEOST)/mg	不大于	60					SH/T 0750
凝胶指数	不大于	12	12	—	—	—	SH/T 0732
均匀性和混溶性		与 SAE 参比油混合均匀					ASTM D692
剪切安定性(100℃运动黏度)/$mm^2 \cdot s^{-1}$		在本等级油黏度范围之内					SA/T 0265 GB/T 265
L-38 发动机试验							SH/T 0265
轴瓦失重/mg	不大于	40					
剪切安定性,运转 10h 后的运动黏度		在本等级油黏度范围之内 （适用于多级油）					SH/T 0265 GB/T 265
或							
程序Ⅷ发动机试验							ASTM D6709
轴瓦失重/mg	不大于	26.4					
剪切安定性,运转 10h 后的运动黏度		在本等级油黏度范围之内(适用于多级油)					
程序ⅡD 发动机试验							SH/T 0512
发动机锈蚀平均评分	不小于	8.5					
挺杆黏结数		无					
或							
球锈蚀试验							SH/T 0763
平均灰度值/分	不小于	100					
程序ⅢE 发动机试验							SH/T 0758
黏度增长(40℃、375%)/h	不小于	64					
发动机油泥平均评分	不小于	9.2					
活塞裙部漆膜平均评分	不小于	8.9					
油环台沉积物平均评分	不小于	3.5					
环黏结(与油相关)		无					
挺杆黏结		无					
擦伤和磨损(64h)							
凸轮或挺杆擦伤		无					
凸轮加挺杆磨损/mm							
平均值	不大于	0.030					
最大值	不大于	0.064					
或							
程序ⅢF 发动机试验							ASTM D6984
运动黏度增长(40℃、60h)(%)	不大于	325					
活塞裙部漆膜平均评分	不小于	8.5					
活塞沉积物评分	不小于	3.2					
凸轮加挺杆磨损/mm	不大于	0.020					
热黏环		无					

（续）

项 目		质量指标					试验方法
		5W-30	10W-30	15W-40	30	40	
程序ⅤE 发动机试验							SH/T 0759
发动机油泥平均评分	不小于	9.0					
臂罩油泥评分	不小于	7.0					
活塞裙部漆膜平均评分	不小于	6.5					
发动机漆膜平均评分	不小于	5.0					
机油滤网堵塞(%)	不大于	20.0					
油环堵塞(%)		报告					
压缩环黏结(热黏结)		无					
凸轮磨损/mm							
平均值	不大于	0.127					
最大值	不大于	0.380					
或							
程序Ⅳ A 阀系磨损试验							ASTM D6891
平均凸轮磨损/mm	不大于	0.120					
加							
程序Ⅴ G 发动机试验							ASTM D6593
发动机油泥平均评分	不小于	7.8					
摇臂罩油泥评分	不小于	8.0					
活塞裙部漆膜平均评分	不小于	7.5					
发动机漆膜平均评分	不小于	8.9					
机油滤网堵塞(%)	不大于	20.0					
压缩环热黏结		无					

① 百分数为质量分数。

表 19.2-18 GF-2 汽油机油质量指标（摘自 GB 11121—2006）

项 目		质量指标					试验方法
		5W-30	10W-30	15W-40	30	40	
运动黏度(100℃)/$mm^2 \cdot s^{-1}$		9.3～<12.5	9.3～<12.5	12.5～<16.3	9.3～<12.5	12.5～<16.3	GB/T 265
黏度指数		—	—	—	75	80	GB/T 1995
高温高剪切黏度(150℃、10^6s^{-1})/mPa·s	不小于	2.9	2.9	3.7			SH/T 0618
低温动力黏度/mPa·s	不大于	6600 (-30℃)	7000 (-25℃)	7000 (-20℃)			GB/T 6538
低温泵送黏度/mPa·s	不大于	60000 (-35℃)	60000 (-30℃)	60000 (-25℃)			GB/T 9171
闪点(开口)/℃	不低于	200	205	215	220	225	GB/T 3536
倾点/℃	不高于	-35	-30	-25	-15	-10	GB/T 3535
蒸发损失(%)①	不大于						
诺亚克法(250℃、1h)		22			—		SH/T 0059
气相色谱法(371℃馏出量)							
方法 2		17			—		SH/T 0695
方法 3		17			—		ASTM D6417
泡沫性(泡沫倾向/泡沫稳定性)/$mL \cdot mL^{-1}$							GB/T 12579
24℃	不大于	10/0					
93.5℃	不大于	50/0					
后 24℃	不大于	10/0					
150℃	不大于	200/0					SH/T 0722
过滤性(%)	不大于						
EOFT 流量减少		50					ASTM D6795

（续）

项 目		质量指标					试验方法
		5W-30	10W-30	15W-40	30	40	
高温沉淀物/(mg)	不大于						
TEOST		—					SH/T 0570
TEOST MHT		60					ASTM D7097
凝胶指数	不大于	12					SH/T 0732
均匀性和混溶性		与SAE参比油混合均匀					ASTM D7097
机械杂质(%)①	不大于	0.01					GB/T 511
水分(体积分数,%)	不大于	痕迹					GB/T 260
酸值/mg KOH·g^{-1}		报告					SH/T 0251
硫酸盐灰分(%)①		报告					GB/T 2433
硫(%)①		报告					SH/T 0172
磷(%)①	不大于	0.1					SH/T 0296
氮(%)①		报告					SH/T 0656
L-38发动机试验							SH/T 0265
轴瓦失重/mg	不大于	40					
剪切安定性,运转10h后的运动黏度		在本等级油黏度范围之内（适用于多级油）					SH/T 0265 GB/T 265
程序Ⅱ D发动机试验							SH/T 0512
发动机锈蚀平均评分	不小于	8.5					
挺杆黏结数		无					
程序Ⅲ E发动机试验							SH/T 0758
黏度增长(40℃、375%)/h	不小于	64					
发动机油泥平均评分	不小于	9.2					
活塞裙部漆膜平均评分	不小于	8.9					
油环台沉积物平均评分	不小于	3.5					
环黏结(与油相关)		无					
凸轮加挺杆磨损/mm							
平均值	不大于	0.030					
最大值	不大于	0.064					
油耗/L	不大于	5.1					
程序VE发动机试验							SH/T 0759
发动机油泥平均评分	不小于	9.0					
摇臂罩油泥评分	不小于	7.0					
活塞裙部漆膜平均评分	不小于	6.5					
发动机漆膜平均评分	不小于	5.0					
机油滤网堵塞(%)	不大于	20.0					
油环堵塞(%)		报告					
压缩环黏结(热黏结)		无					
凸轮磨损/mm							
平均值	不大于	0.127					
最大值	不大于	0.380					
活塞内腔顶部沉积物		报告					
环台沉积物		报告					
气缸筒磨损		报告					
程序Ⅵ A发动机试验							ASTM D6202
燃料经济性改进评价(%)	不小于						
0W-20和5W-20		1.4					
其他0W-XX和5W-XX		1.1					
10W-XX		0.5					

① 百分数为质量分数。

表 19.2-19　SL 汽油机油质量指标（摘自 GB 11121—2006）

项　目	质量指标					试验方法
	5W-30	10W-30	15W-40	30	40	
运动黏度(100℃)/$mm^2 \cdot s^{-1}$	9.3～<12.5	9.3～<12.5	12.5～<16.3	9.3～<12.5	12.5～<16.3	GB/T 265
黏度指数	—	—	—	75	80	GB/T 1995
高温高剪切黏度(150℃、$10^6 s^{-1}$)/mPa·s　不小于	2.9	2.9	3.7			SH/T 0618
低温动力黏度/mPa·s　不大于	6600(-30℃)	7000(-25℃)	7000(-20℃)			GB/T 6538
低温泵送黏度/mPa·s　不大于	60000(-35℃)	60000(-30℃)	60000(-25℃)			GB/T 9171
闪点(开口)/℃　不低于	200	205	215	220	225	GB/T 3536
倾点/℃　不高于	-35	-30	-25	15	10	GB/T 3535
蒸发损失(%)①　不大于						
诺亚克法(250℃、1h)	15			—		SH/T 0059
气相色谱法(371℃馏出量)	10			—		ASTM D6417
泡沫性(泡沫倾向/泡沫稳定性)/$mL \cdot mL^{-1}$						
24℃　不大于	10/0					GB/T 12579
93.5℃　不大于	50/0					
后 24℃　不大于	10/0					
150℃　不大于	100/0					SH/T 0722
过滤性(%)　不大于						
EOFT 流量减少	50					ASTM D6795
EOWTT 流量减少						ASTM D6794
用 0.6%H_2O	50					
用 1.0%H_2O	50					
用 2.0%H_2O	50					
用 3.0%H_2O	50					
高温沉淀物/mg　不大于						
TEOST MHT	60					ASTM D7097
凝胶指数　不大于	12					SH/T 0732
均匀性和混溶性	与 SAE 参比油混合均匀					ASTM D7097
机械杂质(%)①　不大于	0.01					GB/T 511
水分(体积分数,%)　不大于	痕迹					GB/T 260
酸值/mg $KOH \cdot g^{-1}$	报告					SH/T 0251
硫酸盐灰分(%)①	报告					GB/T 2433
硫(%)①	报告					SH/T 0172
磷(%)①　不大于	0.10					SH/T 0296
氮(%)①	报告					SH/T 0656
程序Ⅷ发动机试验						ASTM D6709
轴瓦失重/mg　不大于	26.4					
剪切安定性,运转 10h 后的运动黏度	在本等级油黏度范围之内(适用于多级油)					
球锈蚀试验						SH/T 0763
平均灰度值/分　不小于	100					
程序Ⅲ F 发动机试验						ASTM D6984
运动黏度增长(40℃、80h)(%)　不大于	275					
活塞裙部漆膜平均评分　不小于	9.0					
活塞沉积物评分　不小于	4.0					
凸轮加挺杆磨损/mm　不大于	0.020					
热黏环	无					
低温黏度性能	报告					GB/T 6538 SH/T 0562

（续）

项 目		质量指标					试验方法
		5W-30	10W-30	15W-40	30	40	
程序ⅤE发动机试验							SH/T 0759
平均凸轮磨损/mm	不大于	0.127					
最大凸轮磨损/mm	不大于	0.380					
程序ⅣA阀系磨损试验							ASTM D6891
平均凸轮磨损/mm	不大于	0.120					
程序ⅤG发动机试验							ASTM D6593
发动机油泥平均评分	不小于	7.8					
摇臂罩油泥评分	不小于	8.0					
活塞裙部漆膜平均评分	不小于	7.5					
发动机漆膜平均评分	不小于	8.9					
机油滤网堵塞(%)	不大于	20.0					
压缩环热黏结		无					
环的冷黏结		报告					
机油滤网残渣(%)		报告					
油环堵塞(%)		报告					

① 百分数为质量分数。

表 19.2-20 GF-3汽油机油质量指标（摘自GB 11121—2006）

项 目		质量指标					试验方法
		5W-30	10W-30	15W-40	30	40	
运动黏度(100℃)/$mm^2 \cdot s^{-1}$		9.3~<12.5	9.3~<12.5	12.5~<16.3	9.3~<12.5	12.5~<16.3	GB/T 265
黏度指数		—	—	—	75	80	GB/T 1995
高温高剪切黏度(150℃、10^6s^{-1})/mPa·s	不小于	2.9	2.9	3.7			SH/T 0618
低温动力黏度/mPa·s	不大于	6600(-30℃)	7000(-25℃)	7000(-20℃)	—	—	GB/T 6538
低温泵送黏度/mPa·s	不大于	60000(-35℃)	60000(-30℃)	60000(-25℃)	—	—	GB/T 9171
闪点(开口)/℃	不低于	200	205	215	220	225	GB/T 3536
倾点/℃	不高于	-35	-30	-25	15	10	GB/T 3535
蒸发损失(%)①	不大于						
诺亚克法(250℃、1h)		15			—		SH/T 0059
气相色谱法(371℃馏出量)		10			—		ASTM D6417
泡沫性(泡沫倾向/泡沫稳定性)/$mL \cdot mL^{-1}$							GB/T 12579
24℃	不大于	10/0					
93.5℃	不大于	50/0					
后24℃	不大于	10/0					
150℃	不大于	100/0					SH/T 0722
过滤性(%)	不大于						
EOFT流量减少		50					ASTM D6795
EOWTT流量减少							ASTM D6794
用0.6%H_2O		50					
用1.0%H_2O		50					
用2.0%H_2O		50					
用3.0%H_2O		50					
高温沉淀物/mg	不大于						
TEOST MHT		60					ASTM D7097

（续）

项　　目		质　量　指　标					试验方法
		5W-30	10W-30	15W-40	30	40	
凝胶指数	不大于	12					SH/T 0732
均匀性和混溶性		与 SAE 参比油混合均匀					ASTM D7097
机械杂质(%)①	不大于	0.01					GB/T 511
水分(体积分数,%)	不大于	痕迹					GB/T 260
酸值/mg KOH · g^{-1}		报告					SH/T 0251
硫酸盐灰分(%)①		报告					GB/T 2433
硫(%)①		报告					SH/T 0172
磷(%)①	不大于	0.10					SH/T 0296
氮(%)①		报告					SH/T 0656
程序Ⅷ发动机试验							ASTM D6709
轴瓦失重/mg	不大于	26.4					
剪切安定性,运转 10h 后的运动黏度		在本等级油黏度范围之内(适用于多级油)					
球锈蚀试验							SH/T 0763
平均灰度值/分	不小于	100					
程序Ⅲ F 发动机试验							ASTM D6984
运动黏度增长(40℃、80h)(%)	不大于	275					
活塞裙部漆膜平均评分	不小于	9.0					
活塞沉积物评分	不小于	4.0					
凸轮加挺杆磨损/mm	不大于	0.020					
热黏环		不允许					
油耗/L	不大于	5.2					
低温黏度性能		报告					GB/T 6538 SH/T 0562
程序ⅤE 发动机试验							SH/T 0759
平均凸轮磨损/mm	不大于	0.127					
最大凸轮磨损/mm	不大于	0.380					
程序Ⅳ A 阀系磨损试验							ASTM D6891
平均凸轮磨损/mm	不大于	0.120					
程序Ⅴ G 发动机试验							ASTM D6593
发动机油泥平均评分	不小于	7.8					
摇臂罩油泥评分	不小于	8.0					
活塞裙部漆膜平均评分	不小于	7.5					
发动机漆膜平均评分	不小于	8.9					
机油滤网堵塞(%)	不小于	20.0					
压缩环热黏结		无					
环的冷黏结		报告					
机油滤网残渣(%)		报告					
油环堵塞(%)		报告					
程序Ⅵ B 发动机试验		0W-20 5W-20		0W-30 5W-30		10W-30 和其他多级油	ASTM D6837
16h 老化后燃料经济性改进评价							
FFI 1(%)	不小于	2.0		1.6		0.9	
96h 老化后燃料经济性改进评价							
FFI 2(%)	不小于	1.7		1.3		0.6	
FEI 1+FEI 2(%)	不小于	—		3.0		1.6	

① 百分数为质量分数。

表 19.2-21 CC 柴油机油质量指标（摘自 GB 11122—2006）

项 目		质量指标						试验方法
		5W-30	10W-30	15W-40	20W-40	30	40	
运动黏度(100℃)/mm²·s⁻¹		9.3～<12.5	9.3～<12.5	12.5～<16.3	12.5～<16.3	9.3～<12.5	12.5～<16.3	GB/T 265
低温动力黏度/mPa·s	不大于	3500(-25℃)	3500(-20℃)	3500(-15℃)	4500(-10℃)	—	—	GB/T 6538
边界泵送温度	不高于	-30	-25	-20	-15	—	—	GB/T 9171
黏度指数	不小于	—	—	—	—	75	80	GB/T 1995
闪点(开口)/℃	不低于	200	205	215	215	220	225	GB/T 3536
倾点/℃	不高于	-35	-30	-23	-18	-15	-10	GB/T 3535
高温高剪切黏度(150℃、10⁶s⁻¹)/mPa·s	不小于	2.9	2.9	3.7	3.7	—	—	SH/T 0618
水分(体积分数,%)	不大于	痕迹						GB/T 260
机械杂质(%)[①]	不大于	0.01						GB/T 511
泡沫性(泡沫倾向/泡沫稳定性)/mL·mL⁻¹								GB/T 12579
24℃	不大于	25/0						
93.5℃	不大于	150/0						
后24℃	不大于	25/0						
酸值/mg KOH·g⁻¹		报告						GB/T 264
硫酸盐灰分(%)[①]		报告						GB/T 2433
硫(%)[①]		报告						GB/T 387
磷(%)[①]		报告						SH/T 0296
氮(%)[①]		报告						SH/T 0656
L-38发动机试验								SH/T 0265
轴瓦失重/mg	不大于	50						
活塞裙部漆膜评分	不小于	9.0						
剪切安定性		在本等级油黏度范围之内						SH/T 0265
100℃运动黏度/mm²·s⁻¹		(适用于多级油)						GB/T 265
高温清净性和抗磨试验(开特皮勒1H2法)								GB/T 9932
顶环槽积炭填充体积(体积分数,%)	不大于	45						
总缺点加权评分	不大于	140						
活塞环侧间隙损失/mm	不大于	0.013						

① 百分数为质量分数。

表 19.2-22 CD 柴油机油质量指标（摘自 GB 11122—2006）

项 目		质量指标						试验方法
		5W-30	10W-30	15W-40	20W-40	30	40	
运动黏度(100℃)/mm²·s⁻¹		9.3～<12.5	9.3～<12.5	12.5～<16.3	12.5～<16.3	9.3～<12.5	12.5～<16.3	GB/T 265
低温动力黏度/mPa·s	不大于	3500(-25℃)	3500(-20℃)	3500(-15℃)	4500(-10℃)	—	—	GB/T 6538
边界泵送温度/℃	不高于	-30	-25	-20	-15	—	—	GB/T 9171
黏度指数	不小于	—	—	—	—	75	80	GB/T 1995
闪点(开口)/℃	不低于	200	205	215	215	220	225	GB/T 3536
倾点/℃	不高于	-35	-30	-23	-18	-15	-10	GB/T 3535
高温高剪切黏度(150℃、10⁶s⁻¹)/mPa·s	不小于	2.9	2.9	3.7	3.7	—	—	SH/T 0618
水分(体积分数,%)	不大于	痕迹						GB/T 260
机械杂质(%)[①]	不大于	0.01						GB/T 511

（续）

项　　目		质　量　指　标						试验方法
		5W-30	10W-30	15W-40	20W-40	30	40	
泡沫性(泡沫倾向/泡沫稳定性)/mL·mL⁻¹								GB/T 12579
24℃	不大于	25/0						
93℃	不大于	150/0						
后 24℃	不大于	25/0						
酸值/mg KOH·g⁻¹		报告						GB/T 264
硫酸盐灰分(%)①		报告						GB/T 2433
硫(%)①		报告						GB/T 387
磷(%)①		报告						SH/T 0296
氮(%)①		报告						SH/T 0656
L-38 发动机试验								SH/T 0265
轴瓦失重/mg	不大于	50						
活塞裙部漆膜评分	不小于	9.0						
剪切安定性		在本等级油黏度范围之内						SH/T 0265
100℃运动黏度/mm²·s⁻¹		(适用于多级油)						GB/T 265
高温清净性和抗磨试验(开特皮勒 1G2 法)								GB/T 9933
顶环槽积炭填充体积(体积分数,%)	不大于	80						
总缺点加权评分	不大于	300						
活塞环侧间隙损失/mm	不大于	0.013						

① 百分数为质量分数。

表 19.2-23　CF 柴油机油质量指标（摘自 GB 11122—2006）

项　　目		质　量　指　标						试验方法
		5W-30	10W-30	15W-40	20W-40	30	40	
运动黏度(100℃)/mm²·s⁻¹		9.3~<12.5	9.3~<12.5	12.5~<16.3	12.5~<16.3	9.3~<12.5	12.5~<16.3	GB/T 265
低温动力黏度/mPa·s	不大于	6600(-30℃)	7000(-25℃)	7000(-20℃)	9500(-15℃)	—	—	GB/T 6538
低温泵送黏度/mPa·s	不大于	60000(-35℃)	60000(-30℃)	60000(-25℃)	60000(-20℃)	—	—	SH/T 0562
黏度指数	不小于	—	—	—	—	75	80	GB/T 1995
闪点(开口)/℃	不低于	200	205	215	215	220	225	GB/T 3536
倾点/℃	不高于	-35	-30	-25	-20	-15	-10	GB/T 3535
高温高剪切黏度(150℃,10⁶s⁻¹)/mPa·s	不小于	2.9	2.9	3.7	3.7	—	—	
水分(体积分数,%)	不大于	痕迹						GB/T 260
机械杂质(%)	不大于	0.01						GB/T 511
泡沫性(泡沫倾向/泡沫稳定性)/mL·mL⁻¹								GB/T 12579
24℃	不大于	20/0						
93℃	不大于	50/0						
后 24℃	不大于	20/0						
酸值/mg KOH·g⁻¹		报告						GB/T 264
硫酸盐灰分(%)①		报告						GB/T 2433
硫(%)①		报告						GB/T 387
磷(%)①		报告						SH/T 0296
氮(%)①		报告						SH/T 0656
L-38 发动机试验		一次试验		二次试验平均		三次试验平均		SH/T 0265
轴瓦失重/mg	不大于	43.7		48.1		50.0		
剪切安定性		在本等级油黏度范围之内						SH/T 0265
100℃运动黏度/mm²·s⁻¹		(适用于多级油)						GB/T 265

（续）

项　　目		质量指标					试验方法
		5W-30	10W-30	15W-40	20W-40	30	40	
或 程序Ⅷ发动机试验 轴瓦失重/mg　不大于 剪切安定性 100℃运动黏度/$mm^2 \cdot s^{-1}$	29.3 在本等级油黏度范围之内 （适用于多级油）		31.9		33.0		ASTM D6709
开特皮勒 1M-PC 试验 总缺点加权评分(WTD)　不大于 顶环槽充炭率(TGF)(体积分数,%)　不大于 活塞环侧间隙损失/mm　不大于 活塞环黏结 活塞、环和缸套擦伤	二次试验平均 240 70 0.013 无 无		三次试验平均 MTAC		四次试验平均 MTAC		ASTM D6618

① 百分数为质量分数。

表 19.2-24　CF-4 柴油机油质量指标（摘自 GB 11122—2006）

项　　目	质量指标						试验方法
	5W-30	10W-30	15W-40	20W-40	30	40	
运动黏度 100℃/$mm^2 \cdot s^{-1}$	9.3～<12.5	9.3～<12.5	12.5～<16.3	12.5～<16.3	9.3～<12.5	12.5～<16.3	GB/T 265
低温动力黏度/mPa·s　不大于	6600（-30℃）	7000（-25℃）	7000（-20℃）	9500（-15℃）	—	—	GB/T 6538
低温泵送黏度/mPa·s　不大于	60000（-35℃）	60000（-30℃）	60000（-25℃）	60000（-20℃）	—	—	SH/T 0562
黏度指数　不小于	—	—	—	—	75	80	GB/T 1995
闪点(开口)/℃　不低于	200	205	215	215	220	225	GB/T 3536
倾点/℃　不高于	-35	-30	-25	-20	-15	-10	GB/T 3535
高温高剪切黏度(150℃,10^6s^{-1})/mPa·s　不小于	2.9	2.9	3.7	3.7	—	—	
水分(体积分数,%)　不大于	痕迹						GB/T 260
机械杂质(%)　不大于	0.01						GB/T 511
泡沫性(泡沫倾向/泡沫稳定性)/$mL \cdot mL^{-1}$ 24℃　不大于 93℃　不大于 后 24℃　不大于	 20/0 50/0 20/0						GB/T 12579
酸值/mg KOH·g^{-1}	报告						GB/T 264
硫酸盐灰分(%)	报告						GB/T 2433
硫(%)	报告						GB/T 387
磷(%)	报告						SH/T 0296
氮(%)	报告						SH/T 0656
L-38 发动机试验 轴瓦失重/mg　不大于 剪切安定性 100℃运动黏度/$mm^2 \cdot s^{-1}$ 或 程序Ⅷ发动机试验 轴瓦失重/mg　不大于 剪切安定性 100℃运动黏度/$mm^2 \cdot s^{-1}$	 50 在本等级油黏度范围之内 （适用于多级油） 33.0 在本等级油黏度范围之内 （适用于多级油）						SH/T 0265 SH/T 0265 GB/T 265 ASTM D6709

（续）

项　　目	质　量　指　标						试验方法
	5W-30	10W-30	15W-40	20W-40	30	40	
开特皮勒 1K 试验	二次试验平均		三次试验平均		四次试验平均		SH/T 0782
缺点加权评分(WDK)　不大于	332		339		342		
顶环槽充炭率(TGF)(体积分数,%)　不大于	24		26		27		
顶环台重炭率(TLHC)(%)　不大于	4		4		5		
平均油耗(0~252h)/[g/(kW · h)]　不大于	0.5		0.5		0.5		
最终油耗(228~252h)/[g/(kW · h)]　不大于	0.27		0.27		0.27		
活塞环黏结	无		无		无		
活塞环和缸套擦伤	无		无		无		
MackT-6 试验							ASTM RR:
优点评分　不小于	90						D-2-1219
或							或
MackT-9 试验							SH/T 0761
平均顶环失重/mg　不大于	150						
缸套磨损/mm　不大于	0.040						
MackT-7 试验							ASTM RR:
后 50h 运动黏度平均增长率(100℃) $/mm^2 \cdot (s \cdot h)^{-1}$　不大于	0.040						D-2-1220
或							或
MackT-8 试验(T-8A)							SH/T 0760
100~150h 运动黏度平均增长率(100℃) $/mm^2 \cdot (s \cdot h)^{-1}$　不大于	0.20						
腐蚀试验							SH/T 0723
铜浓度增加/(mg/kg)　不大于	20						
铅浓度增加/(mg/kg)　不大于	60						
锡浓度增加/(mg/kg)	报告						
铜片腐蚀/级　不大于	3						GB/T 5096

注：百分数为质量分数。

表 19.2-25　CH-4 柴油机油质量指标（摘自 GB 11122—2006）

项　　目	质　量　指　标						试验方法
	5W-30	10W-30	15W-40	20W-40	30	40	
运动黏度(100℃)$/mm^2 \cdot s^{-1}$	9.3~<12.5	9.3~<12.5	12.5~<16.3	12.5~<16.3	9.3~<12.5	12.5~<16.3	GB/T 265
低温动力黏度/mPa · s　不大于	6600(-30℃)	7000(-25℃)	7000(-20℃)	9500(-15℃)	—	—	GB/T 6538
低温泵送黏度/mPa · s　不大于	60000(-35℃)	60000(-30℃)	60000(-25℃)	60000(-20℃)	—	—	SH/T 0562
黏度指数　不小于	—	—	—	—	75	80	GB/T 1995
闪点(开口)/℃　不低于	200	205	215	215	220	225	GB/T 3536
倾点/℃　不高于	-35	-30	-25	-20	-15	-10	GB/T 3535
高温高剪切黏度(150℃,10^6s^{-1})/mPa · s　不小于	2.9	2.9	3.7	3.7	—	—	
水分(体积分数,%)　不大于	痕迹						GB/T 260
机械杂质(%)①　不大于	0.01						GB/T 511
泡沫性(泡沫倾向/泡沫稳定性)$/mL \cdot mL^{-1}$							GB/T 12579
24℃　不大于	10/0						
93℃　不大于	20/0						
后 24℃　不大于	10/0						

（续）

项 目	质量指标						试验方法
	5W-30	10W-30	15W-40	20W-40	30	40	
蒸发损失(%)① 不大于							
诺亚克法(250℃,1h)	—	20	18	—			SH/T 0059
气相色谱法(371℃馏出量)	—	17	15	—			ASTM D6417
酸值/mg KOH·g^{-1}	报告						GB/T 264
硫酸盐灰分(%)①	报告						GB/T 2433
硫(%)①	报告						GB/T 387
磷(%)①	报告						SH/T 0296
氮(%)①	报告						SH/T 0656
柴油喷嘴剪切试验		XW-30			XW-40		ASTM D6278
剪切后的100℃运动黏度/$mm^2\cdot s^{-1}$ 不小于		9.3			12.5		GB/T 265
开特皮勒1K试验	一次试验		二次试验平均		三次试验平均		SH/T 0782
缺点加权评分(WDK) 不大于	332		347		353		
顶环槽充炭率(TGF)(体积分数,%) 不大于	24		27		29		
顶环台重炭率(TLHC)(%) 不大于	4		5		5		
油耗(0~252h)/[g/(kW·h)] 不大于	0.5		0.5		0.5		
活塞、环和缸套擦伤	无		无		无		
开特皮勒1P试验	一次试验		二次试验平均		三次试验平均		ASTM D6681
缺点加权评分(WDP) 不大于	350		378		390		
顶环槽炭(TGC)缺点评分 不大于	36		39		41		
顶环台炭(TLC)缺点评分 不大于	40		46		49		
平均油耗(0~360h)/g·h^{-1} 不大于	12.4		12.4		12.4		
最终油耗(312~360h)/g·h^{-1} 不大于	14.6		14.6		14.6		
活塞、环和缸套擦伤	无		无		无		
MackT-9试验	一次试验		二次试验平均		三次试验平均		SH/T 0761
修正到1.75%烟炱量的平均缸套磨损/mm 不大于	0.0254		0.0266		0.0271		
平均顶环失重/mg 不大于	120		136		144		
用过油铅变化量/mg·kg^{-1} 不大于	25		32		36		
MackT-8试验(T-8E)	一次试验		二次试验平均		三次试验平均		SH/T 0760
4.8%烟炱量的相对黏度(RV) 不大于	2.1		2.2		2.3		
3.8%烟炱量的黏度增长/$mm^2\cdot s^{-1}$ 不大于	11.5		12.5		13.0		
滚轮随动件磨损试验(RFWT)	一次试验		二次试验平均		三次试验平均		ASTM D5966
滚压滚轮挺杆销平均磨损/mm 不大于	0.0076		0.0084		0.0091		
康明斯M11(HST)试验	一次试验		二次试验平均		三次试验平均		ASTM D6838
修正到4.5%烟炱量的摇臂垫平均失重/mg 不大于	6.5		7.5		8.0		
机油滤清器压差/kPa 不大于	79		93		100		
平均发动机油泥,CRC优点评分 不小于	8.7		8.6		8.5		
程序ⅢE发动机试验	一次试验		二次试验平均		三次试验平均		SH/T 0758
黏度增长(40℃、64h)(%) 不大于	200		200(MTAC)		200(MTAC)		
或							
程序ⅢF发动机试验							ASTM D6984
黏度增长(40℃、60h)(%) 不大于	295		295(MTAC)		295(MTAC)		
发动机油充气试验	一次试验		二次试验平均		三次试验平均		ASTM D6894
空气卷入(体积分数,%) 不大于	8.0		8.0(MTAC)		8.0(MTAC)		
高温腐蚀试验							SH/T 0754
试后油铜浓度增加/mg·kg^{-1} 不大于			20				
试后油铅浓度增加/mg·kg^{-1} 不大于			120				
试后油锡浓度增加/mg·kg^{-1} 不大于			50				
试后油铜片腐蚀/级 不大于			3				GB/T 5096

① 百分数为质量分数。

表 19.2-26　CI-4 柴油机油质量指标（摘自 GB 11122—2006）

项　　目		质量指标						试验方法
		5W-30	10W-30	15W-40	20W-40	30	40	
运动黏度(100℃)/$mm^2 \cdot s^{-1}$		9.3~<12.5	9.3~<12.5	12.5~<16.3	12.5~<16.3	9.3~<12.5	12.5~<16.3	GB/T 265
低温动力黏度/mPa·s	不大于	6600(-30℃)	7000(-25℃)	7000(-20℃)	9500(-15℃)	—	—	GB/T 6538
低温泵送黏度/mPa·s	不大于	60000(-35℃)	60000(-30℃)	60000(-25℃)	60000(-20℃)	—	—	SH/T 0562
黏度指数	不小于	—	—	—	—	75	80	GB/T 1995
闪点(开口)/℃	不低于	200	205	215	215	220	225	GB/T 3536
倾点/℃	不大于	-35	-30	-25	-20	-15	-10	GB/T 3535
高温高剪切黏度(150℃,$10^6 s^{-1}$)/mPa·s	不小于	2.9	2.9	3.7	3.7	—	—	
水分(体积分数,%)	不大于	痕迹						GB/T 260
机械杂质(%)①	不大于	0.01						GB/T 511
泡沫性(泡沫倾向/泡沫稳定性)/$mL \cdot mL^{-1}$								GB/T 12579
24℃	不大于	10/0						
93℃	不大于	20/0						
后 24℃	不大于	10/0						
蒸发损失(诺亚克法,250℃,1h)(%)①	不大于	15						SH/T 0059
酸值/mg $KOH \cdot g^{-1}$		报告						GB/T 264
硫酸盐灰分(%)①		报告						GB/T 2433
硫(%)①		报告						GB/T 387
磷(%)①		报告						SH/T 0296
氮(%)①		报告						SH/T 0656
柴油喷嘴剪切试验		XW-30			XW-40			ASTM D6278
剪切后的 100℃运动黏度/$mm^2 \cdot s^{-1}$	不小于	9.3			12.5			GB/T 265
开特皮勒 1K 试验		一次试验		二次试验平均		三次试验平均		SH/T 0782
缺点加权评分(WDK)	不大于	332		347		353		
顶环槽充炭率(TGF)(体积分数,%)	不大于	24		27		29		
顶环台重炭率(TLHC)(%)	不大于	4		5		5		
平均油耗(0~252h)/$g \cdot (kW \cdot h)^{-1}$	不大于	0.5		0.5		0.5		
活塞、环和缸套擦伤		无		无		无		
开特皮勒 1R 试验		一次试验		二次试验平均		三次试验平均		ASTM D6923
缺点加权评分(WDR)	不大于	382		396		402		
顶环槽炭(TGC)缺点评分	不大于	52		57		59		
顶环台炭(TLC)缺点评分	不大于	31		35		36		
最初油耗(IOC)(0~252h)/$g \cdot h^{-1}$ 平均值	不大于	13.1		13.1		13.1		
最终油耗(432~504h)/$g \cdot h^{-1}$ 平均值	不大于	IOC+1.8		IOC+1.8		IOC+1.8		
活塞、环和缸套擦伤		无		无		无		
环黏结		无		无		无		
MackT-10 试验		一次试验		二次试验平均		三次试验平均		ASTM D6987
优点评分	不小于	1000		1000		1000		
MackT-8 试验(T-8E)		一次试验		二次试验平均		三次试验平均		SH/T 0760
4.8%烟炱量的相对黏度(RV)	不大于	1.8		1.9		2.0		
滚轮随动件磨损试验(RFWT)		一次试验		二次试验平均		三次试验平均		ASTM D5966
滚压滚轮挺杆销平均磨损/mm	不大于	0.0076		0.0084		0.0091		

（续）

项 目		质 量 指 标						试验方法
		5W-30	10W-30	15W-40	20W-40	30	40	
康明斯 M11(EGR)试验		一次试验		二次试验平均		三次试验平均		ASTM D6975
气门搭桥平均失重/mg	不大于	20.0		21.8		22.6		
顶环平均失重/mg	不大于	175		186		191		
机油滤清器压差(250h)/kPa	不大于	275		320		341		
平均发动机油泥(CRC 优点评分)	不小于	7.8		7.6		7.5		
程序ⅢF 发动机试验		一次试验		二次试验平均		三次试验平均		ASTM D6984
黏度增长(40℃、80h)(%)	不大于	275		275(MTAC)		275(MTAC)		
发动机油充气试验		一次试验		二次试验平均		三次试验平均		ASTM D6894
空气卷入(体积分数,%)	不大于	8.0		8.0(MTAC)		8.0(MTAC)		
高温腐蚀试验		0W、5W、10W、15W						SH/T 0754
试后油铜浓度增加/mg · kg^{-1}	不大于	20						
试后油铅浓度增加/mg · kg^{-1}	不大于	120						
试后油锡浓度增加/mg · kg^{-1}	不大于	50						
试后油铜片腐蚀/级	不大于	3						GB/T 5096
低温泵送黏度		0W、5W、10W、15W						SH/T 0562
(Mack T-10 或 Mack T-10A 试验,75h 后试验油,-20℃)/mPa · s	不大于	25000						
如检测到屈服应力								ASTM D6896
低温泵送黏度/mPa · s	不大于	25000						
屈服应力/Pa	不大于	35(不含 35)						
橡胶相容性								ASTM D11.15
体积变化(%)								
丁腈橡胶		+5/-3						
硅橡胶		+TMC 1006/-3						
聚丙烯酸酯		+5/-3						
氟橡胶		+5/-2						
硬度限值								
丁腈橡胶		+7/-5						
硅橡胶		+5/-TMC 1006						
聚丙烯酸酯		+8/-5						
氟橡胶		+7/-5						
拉伸强度(%)								
丁腈橡胶		+10/-TMC 1006						
硅橡胶		+10/-45						
聚丙烯酸酯		+18/-15						
氟橡胶		+10/-TMC 1006						
延伸率(%)								
丁腈橡胶		+10/-TMC 1006						
硅橡胶		+20/-30						
聚丙烯酸酯		+10/-35						
氟橡胶		+10/-TMC 1006						

① 百分数为质量分数。

表 19.2-27 农用柴油机油质量指标（摘自 GB 20419—2006）

项 目		质 量 指 标						试验方法
		10W-30	15W-30	15W-40	30	40	50	
运动黏度(100℃)/mm^2 · s^{-1}		9.3～<12.5	9.3～<12.5	12.5～<16.3	9.3～<12.5	12.5～<16.3	17.0～<21.9	GB/T 265
黏度指数	不小于	—			60			GB/T 1995 GB/T 2541

(续)

项目		质量指标						试验方法
		10W-30	15W-30	15W-40	30	40	50	
闪点(开口)/℃	不低于	195	200	205	210	215	220	GB/T 3536
倾点/℃	不高于	-30	-23	-23	-12	-3	0	GB/T 3535
低温动力黏度/mPa·s	不大于	3500 (-20℃)	3500 (-15℃)	3500 (-15℃)	—	—	—	GB/T 6538
铜片腐蚀/级	不大于	1						GB/T 5096
机械杂质(%)①	不大于	0.01						GB/T 511
水分(体积分数,%)	不大于	痕迹						GB/T 260
泡沫性(泡沫倾向/泡沫稳定性)/mL·mL^{-1}								GB/T 12579
24℃	不大于	25/0						
93.5℃	不大于	150/0						
后 24℃	不大于	25/0						
磷(%)①	不小于	0.04						GB/T 17476 SH/T 0296 SH/T 0631 SH/T 0749
酸值/mg KOH·g^{-1}	不小于	2.0						SH/T 0251
抗磨性(四球机试验) 磨斑直径(392N,60min,75℃,1200r/min)/mm	不大于	0.55						SH/T 0189

① 百分数为质量分数。

表 19.2-28 二冲程汽油机油分类(摘自 GB/T 7631.17—2014)

一般应用	特殊应用	更具体应用	组成和特性	符号 L	典型应用
内燃式发动机	火花点燃式汽油机	二冲程汽油机	由润滑油基础油和清净剂、分散剂及抑制剂组成,具有润滑性和清净性	EGB	用于对防止排气系统沉积物的形成及降低排烟水平无要求的一般性能发动机
			由润滑油基础油和清净剂、分散剂及抑制剂组成,具有润滑性和较高的清净性。加入的合成液可减少排烟并抑制引起动力降低的排气系统沉积物	EGC	用于对防止排气系统沉积物的形成有要求的一般性能发动机,这种发动机可通过降低排烟水平而获益
			由润滑油基础油和清净剂、分散剂及抑制剂组成,具有润滑性和更高的清净性。加入的合成液可减少排烟并抑制引起动力降低的排气系统沉积物。良好的清净性可防止在苛刻条件下活塞环的黏结	EGD	用于对防止排气系统沉积物的形成有要求的一般性能发动机,这种发动机可通过降低排烟水平而获益。这些发动机也可从使用具有更高清净性的润滑剂中受益

表 19.2-29 EGB 二冲程汽油机油质量指标(摘自 GB/T 20420—2006)

项目		质量指标①	试验方法	项目		质量指标①	试验方法
运动黏度(100℃)/$mm^2·s^{-1}$	不小于	6.5	GB/T 265	台架评定试验			
				润滑性指数	不小于	95	SH/T 0668
闪点(闭口)/℃	不低于	70	GB/T 261	初始扭矩指数	不小于	98	SH/T 0668
机械杂质(%)②	不大于	0.01	GB/T 511	清净性指数	不小于	85	SH/T 0667
水分(体积分数,%)	不大于	痕迹	GB/T 260	裙部漆膜指数	不小于	85	SH/T 0667
倾点/℃	不大于	-20	GB/T 3535	排烟指数	不小于	45	SH/T 0646
硫酸盐灰分(%)②	不大于	0.18	GB/T 2433	堵塞指数	不小于	45	SH/T 0669

① 每个数值代表一个指数,把参比油 JATRE-1 的性能指标定为 100,后同。

② 百分数为质量分数。

表 19.2-30 EGC 二冲程汽油机油质量指标（摘自 GB/T 20420—2006）

项 目		质量指标	试验方法	项 目		质量指标	试验方法
运动黏度(100℃)/$mm^2 \cdot s^{-1}$	不小于	6.5	GB/T 265	台架评定试验			
				润滑性指数	不小于	95	SH/T 0668
闪点(闭口)/℃	不低于	70	GB/T 261	初始扭矩指数	不小于	98	SH/T 0668
沉淀物(%)①	不大于	0.01	GB/T 6531	清净性指数	不小于	95	SH/T 0667
水分(体积分数,%)	不大于	痕迹	GB/T 260	裙部漆膜指数	不小于	90	SH/T 0667
				排烟指数	不小于	85	SH/T 0646
硫酸盐灰分(%)①	不大于	0.18	GB/T 2433	堵塞指数	不小于	90	SH/T 0669

① 百分数为质量分数。

表 19.2-31 EGD 二冲程汽油机油质量指标（摘自 GB/T 20420—2006）

项 目		质量指标	试验方法	项 目		质量指标	试验方法
运动黏度(100℃)/$mm^2 \cdot s^{-1}$	不小于	6.5	GB/T 256	润滑性指数	不小于	95	SH/T 0668
闪点(闭口)/℃	不低于	70	GB/T 3536	初始扭矩指数	不小于	98	SH/T 0668
倾点/℃	不大于	20	GB/T 3535	清净性指数	不小于	125	SH/T 0710
水分(体积分数,%)	不大于	痕迹	GB/T 260	活塞裙部漆膜指数	不小于	95	SH/T 0710
机械杂质(%)①	不大于	0.01	GB/T 6531	排烟指数	不小于	85	SH/T 0646
硫酸盐灰分(%)①	不大于	0.18	GB/T 2433	排烟系统堵塞指数	不小于	90	SH/T 0669

① 百分数为质量分数。

3.2 齿轮油

齿轮齿面的接触应力非常高，一些载重机械的减速器齿轮的齿面接触应力可达 400～1000MPa，而双曲线齿轮的齿面接触应力可达 1000～4000MPa。在高应力条件下，边界润滑实质上处在极压状态。为防止油膜破坏，在齿轮油中要加入极压抗磨剂，以便在苛刻运行条件下，极压抗磨剂中的活性元素与金属反应生成低熔、高塑性薄膜，保证齿面间的正常润滑。

3.2.1 按油温、环境温度及齿轮负载的分类（见表 19.2-32、表 19.2-33）

表 19.2-32 按油温、环境温度的分类 （℃）

温度分类	温度
更低温	≤-34
低 温	>-34～-16
正常温度	>-16～70
中等温度	>70～100
高 温	>100～120
更高温	>120

表 19.2-33 按齿轮负载分类

负载分类	齿面接触应力/MPa	v_g/v	说 明
轻载	<500	<0.3	当齿轮工作条件为齿面接触应力小于 500MPa，且齿轮表面最大滑动速度 v_g 与节圆线速度 v 之比小于 1/3 时，这样的负载称为轻载
重载	≥500	≥0.3	当齿轮工作条件为齿面接触应力大于或等于 500MPa，且齿轮表面最大滑动速度 v_g 与节圆线速度 v 之比大于或等于 1/3 时，这样的负载称为重载

注：v_g 为齿轮表面最大滑动速度；v 为齿轮节圆线速度。

3.2.2 齿轮油应具备的主要性能

(1) 具有适宜的黏度和流动性

黏度是液体润滑油的最重要的性能之一，因此选择润滑油时首先考虑黏度是否合适。高黏度易于形成动压油膜，油膜较厚，能支承较大负载，防止磨损。但黏度太大，流体内摩擦大，会造成摩擦热增加，摩擦面温度升高，而且在低温下不易流动，不利于低温起动。当黏度低时，摩擦阻力小，能耗低，机械运行稳定，温升不高。但如果黏度太低，则油膜太薄，承受负载的能力小，容易造成磨损，且易渗漏流失，还容易渗入疲劳裂纹，加速疲劳扩展，加速疲劳磨损，降低齿轮使用寿命。

(2) 具有良好的极压抗磨性能

齿轮传动在处于边界润滑状态时，润滑油的黏度作用不大，主要靠边界膜强度支承载荷，因此要求润滑剂具有良好的极压性，以保证在边界润滑状态下，如低速重负载及高速重负载起动时，仍有良好的润滑作用。

(3) 具有良好的氧化安定性和热稳定性

使润滑油不氧化、不变黏、不变质及不堵塞油路。润滑剂生产、运输、销售和贮存到使用有一个过程，要求润滑油具有良好的氧化安定性和热稳定性，不易被氧化、分解变质。对某些特殊用途的润滑油要求耐强化学介质和耐辐射。另外，对在较高温度下工作的齿轮油，其氧化安定性及热稳定性应更好一些。

(4) 具有优良的抗乳化性

在有水部位工作的齿轮，要求使用抗乳化性、油水分离性好的齿轮润滑油。因为润滑油中的极压添加剂、基础油中的极性物质或油中的氧化物都是表面活性物质。当有水混入油中时，上述表面活性物质会起乳化作用。若润滑油被乳化后或其抗乳化性差，会使润滑油的流动性丧失和损失润滑性，也会引起金属腐蚀和磨损。

(5) 具有良好的抗泡性能

良好的抗泡性能使混入油中的空气顺利地逸出，否则润滑油中的气泡使摩擦表面供油不足导致磨损。在循环润滑系统中，抗泡性差的润滑油会引起油的流量减少，降低散热效果。

(6) 具有较好的防锈性

防锈性主要是具有保护齿面不生锈的性能。

(7) 具有较好的耐蚀性

润滑油的腐蚀性主要来源于润滑油中酸性物质，这些物质对金属具有腐蚀性，所以齿轮润滑油应具有良好的耐蚀性。

(8) 满足环保的要求

齿轮润滑油应能生物降解，无毒性，对人体无害。

3.2.3　工业齿轮油

(1) 工业闭式齿轮油（见表 19.2-34、表 19.2-35）

(2) 蜗轮蜗杆油（见表 19.2-36、表 19.2-37）

(3) 工业开式齿轮传动润滑油（见表 19.2-38～表 19.2-41）

表 19.2-34　工业闭式齿轮油油质量指标（摘自 GB 5903—2011）

项目	质量指标				试验方法
品种	L-CKB				
黏度等级(GB/T 3141)	100	150	220	320	
运动黏度(40℃)/$mm^2 \cdot s^{-1}$	90.0～110	135～165	198～242	288～352	GB/T 265
黏度指数　不小于	90				GB/T 1995[2]
闪点(开口)/℃　不低于	180	200			GB/T 3536
倾点/℃　不高于	-8				GB/T 3535
水分(质量分数,%)　不大于	痕迹				GB/T 260
机械杂质(质量分数,%)不大于	0.01				GB/T 511
铜片腐蚀(100℃、3h)/级不大于	1				GB/T 5096
液相锈蚀(24h)	无锈				GB/T 11143(B 法)
氧化安定性 总酸值达 2.0mgKOH·g^{-1}的时间/h　不小于	750		500		GB/T 12581
旋转氧弹(150℃)/min	报告				SH/T 0193
泡沫性(泡沫倾向/泡沫稳定性)/mL·mL^{-1}					GB/T 12579
程序Ⅰ(24℃)　不大于	75/10				
程序Ⅱ(93.5℃)　不大于	75/10				
程序Ⅲ(后 24℃)　不大于	75/10				
抗乳化性(82℃)					GB/T 8022
油中水(体积分数,%)　不大于	0.5				
乳化层/mL　不大于	2.0				
总分离水/mL　不小于	30.0				

（续）

项目	质量指标											试验方法
品种	L-CKC											
黏度等级（GB/T 3141）	32	46	68	100	150	220	320	460	680	1000	1500	
运动黏度（40℃）/$mm^2 \cdot s^{-1}$	28.8 ~ 35.2	41.4 ~ 50.6	61.2 ~ 74.8	90.0 ~ 110	135 ~ 165	198 ~ 242	288 ~ 352	414 ~ 506	612 ~ 748	900 ~ 1100	1350 ~ 1650	GB/T 265
外观	透明											目测[①]
运动黏度（100℃）/$mm^2 \cdot s^{-1}$	报告											GB/T 265
黏度指数 不小于	90								85			GB/T 1995[②]
表观黏度达150000mPa·s时的温度/℃	③											GB/T 11145
倾点/℃ 不高于	-12				-9				-5			GB/T 3535
闪点（开口）/℃ 不低于	180			200								GB/T 3536
水分（质量分数，%） 不大于	痕迹											GB/T 260
机械杂质（质量分数，%）不大于	0.02											GB/T 511
泡沫性（泡沫倾向/泡沫稳定性）/$mL \cdot mL^{-1}$												GB/T 12579
程序Ⅰ（24℃） 不大于	50/0									75/10		
程序Ⅱ（93.5℃） 不大于	50/0									75/10		
程序Ⅲ（后24℃） 不大于	50/0									75/10		
铜片腐蚀（100℃、3h）/级 不大于	1											GB/T 5096
抗乳化性（82℃）												GB/T 8022
油中水（体积分数，%） 不大于	2.0							2.0				
乳化层/mL 不大于	1.0							4.0				
总分离水/mL 不小于	80.0							50.0				
液相锈蚀（24h）	无锈											GB/T 11143（B法）
氧化安定性（95℃、312h）												SH/T 0123
100℃运动黏度增长（%） 不大于	6											
沉淀值/mL 不大于	0.1											
极压性能（梯姆肯试验机法）												GB/T 11144
OK值/N（lbf） 不小于	200（45）											
承载能力												SH/T 0306
齿轮机试验/失效级 不小于	10		12			>12						
剪切安定性（齿轮机法）												SH/T 0200
剪切后40℃运动黏度/$mm^2 \cdot s^{-1}$	在黏度等级范围内											

（续）

项目	质量指标								试验方法
品种	L-CKD								
黏度等级(GB/T 3141)	68	100	150	220	320	460	680	1000	
运动黏度(40℃)/$mm^2 \cdot s^{-1}$	61.2~74.8	90.0~110	135~165	198~242	288~352	414~506	612~748	900~1100	GB/T 265
外观	透明								目测①
运动黏度(100℃)/$mm^2 \cdot s^{-1}$	报告								GB/T 265
黏度指数　不小于	90								GB/T 1995②
表观黏度达 150000mPa·s 时的温度/℃	③								GB/T 11145
倾点/℃　不高于	-12		-9				-5		GB/T 3535
闪点(开口)/℃　不低于	180	200							GB/T 3536
水分(质量分数,%)　不大于	痕迹								GB/T 260
机械杂质(质量分数,%)不大于	0.02								GB/T 511
泡沫性(泡沫倾向/泡沫稳定性)/mL·mL^{-1}									GB/T 12579
程序Ⅰ(24℃)　不大于	50/0						75/10		
程序Ⅱ(93.5℃)　不大于	50/0						75/10		
程序Ⅲ(后 24℃)　不大于	50/0						75/10		
铜片腐蚀(100℃、3h)/级不大于	1								GB/T 5096
抗乳化性(82℃)									GB/T 8022
油中水(体积分数,%)　不大于	2.0						2.0		
乳化层/mL　不大于	1.0						4.0		
总分离水/mL　不小于	80.0						50.0		
液相锈蚀(24h)	无锈								GB/T 11143(B 法)
氧化安定性(121℃、312h)									SH/T 0123
100℃运动黏度增长(%) 不大于	6							报告	
沉淀值/mL　不大于	0.1							报告	
极压性能(梯姆肯试验机法)									GB/T 11144
OK 值/N(lbf)　不小于	267(60)								
承载能力									SH/T 0306
齿轮机试验/失效级　不小于	12			>12					
剪切安定性(齿轮机法)									SH/T 0200
剪切后 40℃运动黏度/$mm^2 \cdot s^{-1}$	在黏度等级范围内								
四球机试验									
烧结负载(P_D)/N(kgf) 不小于	2450(250)								GB/T 3142
综合磨损指数/N(kgf) 不小于	441(45)								
磨斑直径(196N、60min、54℃,1800r/min)/mm　不大于	0.35								SH/T 0189

① 取 30~50mL 样品,倒入洁净的量筒中,室温下静置 10min 后,在常光下观察。

② 测定方法也包括 GB/T 2541。结果有争议时,以 GB/T 1995 为仲裁方法。

③ 此项目根据客户要求进行检测。

表 19.2-35 7412 半流体齿轮润滑脂质量指标

项 目	0号	00号	000号	0000号	项 目	0号	00号	000号	0000号
外观	浅黄色均匀油膏				腐蚀(45钢片,100℃、3h)	合格	合格	合格	合格
不工作锥入度/10^{-1}mm	368	421	457	490	最大无卡咬负载 P_B/N	1373	1305	1283	1305
滴点/℃	259	225	210	209	烧结负载 P_D/N	4900	4900	4900	4900
蒸发损失(150℃、1h)(质量分数,%)	1.42	0.93	1.12	1.20	综合磨损值 ZMZ/N	690	837	692	680

注:1. 适用于各种低、中速(线速度低于15m/s),重载荷齿轮传动或蜗轮蜗杆传动系统和P型链式变速机的润滑。对于封闭式全寿命齿轮箱的润滑较为适宜。
2. 适用温度范围为-40~150℃。

表 19.2-36 蜗轮蜗杆油质量指标(摘自 SH/T 0094—1991)

项 目		质量指标																				试验方法
品 种		L-CKE										L-CKE/P										
质量等级		一级品					合格品					一级品					合格品					
黏度等级(按 GB/T 3141)		220	320	460	680	1000	220	320	460	680	1000	220	320	460	680	1000	220	320	460	680	1000	
运动黏度(40℃)/$mm^2 \cdot s^{-1}$		198~242	288~352	414~506	612~748	900~1100	198~242	288~352	414~506	612~748	900~1100	198~242	288~352	414~506	612~748	900~1100	198~242	288~352	414~506	612~748	900~1100	GB/T 265
闪点(开口)/℃	不低于	200	200	220	220	220	180	180	180	180	180	200	200	220	220	220	180	180	180	180	180	GB/T 3536
黏度指数	不小于	90					90					90					90					GB/T 1995
倾点/℃	不高于	-6					-6					-12					-6					GB/T 3535
水溶性酸或碱		无					无					—					—					GB/T 259
机械杂质(质量分数,%)	不大于	0.02					0.05					0.02					0.05					GB/T 511
水分(质量分数,%)	不大于	痕迹					痕迹					痕迹					痕迹					GB/T 260
中和值/$mgKOH \cdot g^{-1}$	不大于	1.3					1.3					1.0					1.3					GB/T 4945
皂化值/$mgKOH \cdot g^{-1}$		9~25					5~25					不大于25					不大于25					GB/T 8021
腐蚀试验(铜片,100℃、3h)/级	不大于	1					1					1					1					GB/T 5096
液相锈蚀试验:蒸馏水		无锈					无锈					—					无锈					GB/T 11143
合成海水		—					—					无锈					—					
沉淀值/mL	不大于	0.05					0.05					—					—					SH/T 0024
硫含量(质量分数,%)	不大于	1.00					1.00					1.25					1.25					SH/T 0303
氯含量[1](质量分数,%)	不大于	—					—					0.03					—					SH/T 0161
抗乳化性(82℃、40-37-3mL)/min	不大于	60					—					60					—					GB/T 7305
泡沫性(泡沫倾向/泡沫稳定性)/$mL \cdot mL^{-1}$																						GB/T 12579
24℃	不大于	75/10					75/10					75/10					—/300					
93.5℃	不大于	75/10					75/10					75/10					—/25					
后24℃	不大于	75/10					75/10					75/10					—/300					
氧化安定性[2](酸值达到 $2mgKOH \cdot g^{-1}$ 时间)/h	不小于	350					—					350					—					GB/T 12581
综合磨损指数(1500r/min)/N	不小于	—					—					392					392					GB/T 3142
剪切安定性试验[3](40℃运动黏度下降率,%)	不大于	6					—					6					—					SH/T 0505

① 对矿物油型,未加含氯添加剂时可不测定含氯量。
② 保证项目每年测定一次。
③ 加有黏度指数改进剂的黏度级油必须测定。

表 19.2-37 重庆一坪润滑油公司高性能合成蜗轮蜗杆润滑油性能

产品名称	外观	黏度 40℃/m² · s⁻¹	黏度指数	倾点/℃	闪点/℃
YP HSL(VG100)	黄色至红棕色透明液体	$(90\sim110)\times10^{-6}$	不小于 200	不高于-35	不小于 230
YP HSL(VG150)		$(135\sim165)\times10^{-6}$	不小于 200	不高于-35	不小于 240
YP HSL(VG220)		$(198\sim242)\times10^{-6}$	不小于 200	不高于-30	不小于 240
YP HSL(VG320)		$(288\sim352)\times10^{-6}$	不小于 230	不高于-30	不小于 240
YP HSL(VG460)		$(414\sim506)\times10^{-6}$	不小于 230	不高于-30	不小于 240
YP HSL(VG680)		$(612\sim748)\times10^{-6}$	不小于 230	不高于-25	不小于 240
YP HSL(VG1000)		$(900\sim1100)\times10^{-6}$	不小于 250	不高于-25	不小于 240
YP HSL(VG1500)		$(1350\sim1650)\times10^{-6}$	不小于 250	不高于-20	不小于 240

表 19.2-38 普通开式齿轮油质量指标(摘自 SH/T 0363—1992)

项　　目		质　量　指　标					试验方法
黏度等级		68	100	150	220	320	—
相近的原牌号		1 号	2 号	3 号	3 号	4 号	—
运动黏度(100℃)/mm² · s⁻¹		60~75	90~110	135~165	200~245	290~350	见标准附录 A
闪点(开口)/℃	不低于	200			210		GB/T 267
钢片腐蚀(45 钢片、100℃、3h)		合格					GB/T 5096
防锈性(蒸馏水、15 钢)		无锈					GB/T 11143
最大无卡咬负载(P_B)/N	不小于	686					GB/T 3142
清洁性		必须无砂子和磨料①					

① 用 5~10 倍直馏汽油稀释,中速定量滤纸过滤,乙醇苯混合液冲洗残渣,观察滤纸必须无砂子和磨料。

表 19.2-39 传统型与新型沥青型的开式齿轮润滑油检测数据和配方

项　　目		传统型润滑油	新型沥青型润滑油
检测数据	ISO VG(用稀释剂)	1260	5000
	KV@ 100(W/O 稀释剂)	1600	1100
	闪点/℃	—	121
	密度/g · cm⁻³	1.12	0.96
	ASTM 色度	8+	8+
配方	基础油	沥青	沥青
	溶剂	氯	无氯
	极压/抗磨添加剂	铅奈型	磷/硫/锌
应用方式		喷淋	喷淋

表 19.2-40 高黏度合成开式齿轮润滑油质量指标

项　　目	ISO VG3200	ISO VG6800	ISO VG22000	ISO VG46000
KV@ 100C/mm² · s⁻¹	136	560	700	1250
SUS@ 210F			3500	6100
VI(黏度指数)	162	180	180	210
倾点/℃	-20	-15	0	4
闪点/℃	220	220	232	232
特殊密度/g · cm⁻³	0.89	0.90	0.90	0.92
ASTM 色度	L1.5	L1.5	1.5	1.5
四球试验				
烧结负载/N	2500	2500	3150	3150
LWI/N	480	480	650	650
四球磨痕(1800r/min、1h、60℃)/mm	0.3	0.3	0.3	0.3
梯姆肯法 OK 值/N	267	267	267	267
FZG 失效等级	13+	13+	13+	13+
ASTM 铜腐/级	1	1	1b	1b

表 19.2-41 开式齿轮润滑脂质量指标

项 目	0号	00号	试验方法
基础油40℃黏度/$mm^2 \cdot s^{-1}$	2504	2504	GB/T 265
锥入度(10^{-1}mm)	385	426	GB/T 269
滴点/℃	192	190	GB/T 3498
黏附性(66℃、15min)(%)	99.7	99.5	GB/T 0469 附 A
腐蚀(45钢、100℃、3h)	合格	合格	SH/T 0331
相似黏度(-20℃、$20s^{-1}$)/Pa·s	530	498	SH/T 0048
四球试验(常温、1500r/min)			GB/T 3142
P_B/N	980	980	
P_D/N	>6076	>6076	
梯姆肯法OK值/N	264.6	364.6	SH/T 0203
FZG齿轮试验/级	>12	>12	SH/T 0306

注：一坪公司生产。

3.2.4 车辆齿轮油（见表19.2-42~表19.2-48）

车辆齿轮油用于各种车辆的传动箱、变速器及减速器等的润滑，主要作用是减轻齿轮和轴承的摩擦磨损，加速散热过程，防止机件腐蚀和锈蚀。

表 19.2-42 我国车辆齿轮油分类和用途

（摘自 GB/T 7631.7—1995）

车辆齿轮油分类	对应的API分类	用 途
L-CLC 普通车辆齿轮油	GL-3	手动变速器、中等载荷弧齿锥齿轮
L-CLD 中载荷车辆齿轮油	GL-4	后桥弧齿锥齿轮、低载荷准双曲面齿轮、手动变速器
L-CLE 重载荷车辆齿轮油	GL-5	后桥准双曲面齿轮

表 19.2-43 美国石油学会齿轮油使用规格

规 格	用 途
API GL-1	某些手动变速器，不需要摩擦改进剂和极压剂
API GL-2	蜗轮蜗杆——工业齿轮油
API GL-3	手动变速箱，中等载荷弧齿锥齿轮
API GL-4	弧齿锥齿轮后桥，低载荷准双曲面齿轮，手动变速器
API GL-5	准双曲面齿轮后桥，相当于 MIL-L-2105D
API GL-6	具有高偏置的轿车准双曲面齿轮后桥，相当于福特汽车公司的 M2C105A/M 2C154A

表 19.2-44 PG-1 手动变速器油规格（美国 API）

性 能	指 标	试验方法
热稳定性及部件清净度	大齿轮积炭，涂膜评分不小于7.5，油泥评分不小于9.4	L-60-1
与密封材料的适应性	通过	ASTM D 6662
与铜部件的适应性	评级不大于2a	ASTM DT 30(120℃, 3H)
抗磨性能	失败级不小于11	ASTM DS 182(FZG)
抗氧化性能	同 MIL-L-2105D	L-60
高温润滑稳定性	循环次数不小于参考油	ASTN DS 579
抗泡性能	同 MIL-L-2105D	ASTM DS 92
相容性/贮存稳定性	同 MIL-L-2105D	FTM 3430/FTM 3440

表 19.2-45 PG-2 后桥用油规格（美国 API）

性 能	试验方法	指 标
热安定性及部件清净度	L-60-1	大齿轮积炭，涂膜评分不小于7.5，油泥评分不小于9.4
与密封材料的适应性	ASTM D 5662	通过
与铜部件的适应性	ASTM D 130(121℃, 3h)	评级不大于3b
齿轮齿面抗疲劳试验	强化 CRC L-37	未定
API GL-5 性能	所有 GL-5 试验	同 MIL-L-2105D

表 19.2-46 车辆齿轮油黏度级别选用 （℃）

环境温度	黏度级别	环境温度	黏度级别
-57~10	75W	-12~49	90
-25~49	80W—90	-15~49	85W—140
-15~49	85W—90	-7~49	140

表 19.2-47 普通车辆齿轮油质量指标（摘自 SH/T 0350—1992）

项目		质量指标			试验方法
		80W/90	85W/90	90	
运动黏度(10℃)/$mm^2 \cdot s^{-1}$		15~19	15~19	15~19	GB/T 265
表观黏度①150Pa·s 时/℃	不高于	-26	-12	—	GB/T 11145
黏度指数		—	—	90	GB/T 1995 或 GB/T 2541
倾点/℃	不高于	-28	-18	-10	GB/T 3535
闪点(开口)②/℃	不低于	170	180	190	GB/T 267
水分(%)	不大于	痕迹	痕迹	痕迹	GB/T 260
锈蚀试验(15 钢棒、A 法)		无锈	无锈	无锈	GB/T 11143
泡沫性/$mL \cdot mL^{-1}$					GB/T 12579
(24℃±0.5℃)	不大于	100/10	100/10	100/10	
(93℃±0.5℃)	不大于	100/10	100/10	100/10	
(后 24℃±0.5℃)	不大于	100/10	100/10	100/10	
铜片腐蚀试验(100℃、3h)/级	不大于	1	1	1	GB/T 5096
最大无卡咬负载(P_B)/kg	不小于	80	80	80	GB/T 3142
糠醛或酚含量(未加剂)		无	无	无	SH/T 0076 或 SH/T 0120
机械杂质③(%)	不大于	0.05	0.02	0.02	GB/T 511
残炭(未加剂)(%)			报告		GB/T 268
酸值(未加剂)/$mgKOH \cdot g^{-1}$			报告		GB/T 4945
氯含量(%)			报告		SH/T 0161
锌含量(%)			报告		SH/T 0226
硫酸盐灰分(%)			报告		GB/T 2433

注：表中百分数为质量分数。

① 齿轮油表观黏度为保证项目，每年测定一次。

② 新疆原油生产的各号普通车辆齿轮油闪点允许比规定的指标低 10℃出厂。

③ 不允许含有固体颗粒。

表 19.2-48 重负载（GL-5）车辆齿轮油质量指标（摘自 GB 13895—1992）

项目		质量指标						试验方法
黏度等级		75W	80W/90	85W/90	85W/140	90	140	—
运动黏度(100℃)/$mm^2 \cdot s^{-1}$		≥4.1	13.5~<24.0	13.5~<24.0	24.0~<41.0	13.5~<24.0	24.0~<41.0	GB/T 265
倾点/℃		报告	报告	报告	报告	报告	报告	GB/T 3535
表观黏度达 150Pa·s 时的温度/℃	不高于	-40	-26	-12	-12	—	—	GB/T 11145
闪点(开)/℃	不低于	150	165	165	180	180	200	GB/T 3536
成沟点/℃	不高于	-45	-35	-20	-20	-17.8	-6.7	SH/T 0030
黏度指数	不低于	报告	报告	报告	报告	75	75	GB/T 2541
泡沫性(泡沫倾向)/$mL \cdot mL^{-1}$								GB/T 12579
24℃	不大于	20						
93.5℃	不大于	50						
后 24℃	不大于	20						
腐蚀试验(铜片、121℃、3h)/级	不大于	3						GB/T 5096
机械杂质(%)⑥	不大于	0.05						GB/T 511
水分(%)⑥	不大于	痕迹						GB/T 260
戊烷不溶物(%)⑥		报告						GB/T 8926A 法
硫酸盐灰分(%)⑥		报告						GB/T 2433
硫(%)⑥		报告						GB/T 387 GB/T 388 GB/T 11140 SH/T 0172①

（续）

项　目	质量指标	试验方法
磷(%)	报告	SH/T 0296
氮(%)	报告	SH/T 0224
钙(%)	报告	SH/T 0270[②]
贮存稳定性[③] 液体沉淀物(体积分数,%)　不大于 固体沉淀物(%)[⑥]　不大于	 0.5 0.25	SH/T 0037
锈蚀试验[③] 盖板锈蚀面积　不大于 齿面、轴承及其他部件锈蚀情况	 1% 无锈	SH/T 0517
抗擦伤试验[③]	通过	SH/T 0519[④]
承载能力试验[③]	通过	SH/T 0518[⑤]
热氧化稳定性[③]		SH/T 0520
100℃运动黏度增长(%)　不大于	100	GB/T 265
戊烷不溶物(%)[⑥]　不大于	3	GB/T 8926方法A
甲苯不溶物(%)[⑥]　不大于	2	GB/T 8926方法A

① 生产单位可根据添加剂配方不同，选择适合的测定方法。

② 如果有其他金属，应该测定并报告实测结果，允许用原子吸收光谱测定。

③ 保证项目，每五年评定一次。

④ 75W油在进行抗擦伤试验时，程序Ⅱ（高速）在79℃开始进行，程序Ⅳ（冲击）在93℃下开始进行。喷水冷却，最大温升5.5~8.3℃。

⑤ 75W油在进行承载能力试验时，高速低转矩在104℃下进行，低速高转矩在93℃下进行。

⑥ 百分数为质量分数。

3.3 液压油

液压油在液压传动系统中作中间介质，起传递和转换能量的作用，同时还起着液压系统内各部件间的润滑、防腐蚀、冷却和冲洗等作用。

3.3.1 液压油分类

根据用途和特性不同，液压油分为矿油型液压油、合成烃液压油和抗燃液压油等类型。为满足特殊液压机械和特殊应用场合，国内还生产一些专用液压油，主要包括航空液压油、舰用液压油、抗银液压油、清净液压油和可生物降解液压油等。H组（液压系统）用液压油分类见表19.2-49。

3.3.2 液压油的选用

(1) 品种选择

1) 根据工作环境和工况条件选择（见表19.2-50）。在选用液压设备所使用的液压油时，应从工作压力、温度、工作环境、液压系统及元件结构、材质、经济性等几个方面综合考虑和判断。

表19.2-49　H组（液压系统）用液压油分类（摘自GB/T 7631.2—2003）

组别符号	应用范围	特殊应用	更具体应用	组成和特性	产品符号ISO-L	典型应用	备注
H	液压系统	流体静压系统		无抑制剂的精制矿油	HH	—	—
				精制矿油,并改善其防锈和抗氧性	HL	—	—
				HL油,并改善其抗磨性	HM	高负载部件的一般液压系统	—
				HL油,并改善其黏温性	HRP	—	—
				HM油,并改善其黏温性	HV	机械和船用设备	—
				无特定难燃性的合成液	HS	—	特殊性能

（续）

组别符号	应用范围	特殊应用	更具体应用	组成和特性	产品符号 ISO-L	典型应用	备注
H	液压系统	流体静压系统	用于要求使用环境可接受液压液的场合	甘油三酸酯	HETG	一般液压系统(可移动式)	每个品种的基础液的最小含量应不少于70%(质量分数)
				聚乙二醇	HEPG		
				合成酯	HEES		
				聚α烯烃和相关烃类产品	HEPR		
			液压导轨系统	HM油,并具有黏滑性	HG	液压和滑动轴承导轨润滑系统合用的机床,在低速下使振动或间断滑动(黏-滑)减为最小	这种液体具有多种用途,但并非在所有液压应用中皆有效
			用于使用难燃液压液的场合	水包油型乳化液	HFAE	—	通常含水量大于80%(质量分数)
				化学水溶液	HFAS	—	
				油包水乳化液	HFB	—	
				含聚合物水溶液①	HFC	—	通常含水量大于35%(质量分数)
				磷酸酯无水合成液①	HFDR	—	—
				其他成分的无水合成液①	HFDU	—	
		液体动力系统	自动传动系统	—	HA	—	与这些应用有关的分类尚未进行详细的研究,以后可以增加
			耦合器和变矩器	—	HN	—	

① 这类液体也可以满足HE品种规定的生物降解性和毒性要求。

表19.2-50 液压油适用的工作环境和工矿条件

环境/工况	系统压力<7.0MPa,系统温度<50℃	系统压力7~14.0MPa,系统温度<50℃	系统压力7~14.0MPa,系统温度50~80℃	系统压力>14.0MPa,系统温度80~100℃
室内固定液压设备	HL液压油	HL或HM液压油	HM液压油	HM液压油
露天寒区和严寒区	HV或HS液压油	HV或HS液压油	HV或HS液压油	HV或HS液压油
地下、水上	HL液压油	HL或HM液压油	HL或HM液压油	HM液压油
高温热源或旺火附近	HFAE或HFAS液压油	HFB或HFC液压油	HFDR液压油	HFDR液压油

2）根据设备类型选择。叶片泵的叶片、锭子面与油接触，在运动中极易磨损，其钢对钢的摩擦副材料适于使用以ZDDP（二烷基二硫代磷酸锌）为抗磨添加剂的HM抗磨液压油。柱塞泵的缸体、配油盘及活塞的摩擦形式与运动形式也适于使用HM抗磨液压油。但柱塞泵中有青铜部件，由于此材质部件与ZDDP作用产生腐蚀磨损，故有青铜件的柱塞泵不能使用以ZDDP为添加剂的HM抗磨液压油。同样道理，含镀银件的柱塞泵也不能使用含ZDDP的HM油。同时，选用液压油还要考虑其与液压系统中密封材料是否相适应。

（2）黏度选择

液压油的黏度选择主要取决于系统的工作温度和所用泵的类型。中、低固定液压系统的工作温度上限通常在环境温度以上40~50℃，在此温度下，液压油应具有13~16mm²/s的黏度。在高压系统中，压力≥30.0MPa，黏度以25mm²/s为宜。选用合适的黏度是非常重要的：黏度太大，液压系统能量损失大，系统效率低，油泵吸油困难；黏度太小，油泵内渗漏量大，容积损失增加，同样降低系统效率。不同类型泵满足运行的黏度界限见表19.2-51，在流体静压液压系统中使用的液压油的质量指标见表19.2-52~表19.2-55。

表19.2-51 不同类型泵满足运行的黏度界限（参考）

类型	最高黏度/$mm^2 \cdot s^{-1}$	最低黏度/$mm^2 \cdot s^{-1}$
齿轮泵	2000	20
柱塞泵	1000	8
叶片泵	500~700	12

表 19.2-52　L-HL 抗氧防锈液压油的质量指标（摘自 GB 11118.1—2011）

项　目		质量指标							试验方法
黏度等级(GB/T 3141)		15	22	32	46	68	100	150	
密度(20℃)①/kg·m^{-3}		报告							GB/T 1884 和 GB/T 1885
色度/号		报告							GB/T 6540
外观		透明							目测
闪点/℃ 开口	不低于	140	165	175	185	195	205	215	GB/T 3536
运动黏度/mm^2·s^{-1} 40℃		13.5~16.5	19.8~24.2	28.8~35.2	41.4~50.6	61.2~74.8	90~110	135~165	GB/T 265
0℃	不大于	140	300	420	780	1400	2560	—	
黏度指数②	不小于	80							GB/T 1995
倾点③/℃	不高于	-12	-9	-6	-6	-6	-6	-6	GB/T 3535
酸值④/mgKOH·g^{-1}		报告							GB/T 4945
水分(质量分数,%)	不大于	痕迹							GB/T 260
机械杂质		无							GB/T 511
清洁度		⑤							DL/T 432 和 GB/T 14039
铜片腐蚀(100℃、3h)/级	不大于	1							GB/T 5096
液相锈蚀(24h)		无锈							GB/T 11143(A 法)
泡沫性(泡沫倾向/泡沫稳定性)/mL·mL^{-1} 程序Ⅰ(24℃)	不大于	150/0							GB/T 12579
程序Ⅱ(93.5℃)	不大于	75/0							
程序Ⅲ(后 24℃)	不大于	150/0							
空气释放值(50℃)/min	不大于	5	7	7	10	12	15	25	SH/T 0308
密封适应性指数	不大于	14	12	10	9	7	6	报告	SH/T 0305
抗乳化性(乳化液到 3mL 的时间)/min 54℃	不大于	30	30	30	30	30	—	—	GB/T 7305
82℃	不大于	—	—	—	—	—	30	30	
氧化安定性 1000h 后总酸值⑥/mgKOH·g^{-1}	不大于	—	2.0						GB/T 12581
1000h 后油泥/mg		—	报告						SH/T 0565
旋转氧弹(150℃)/min		报告	报告						SH/T 0193
磨斑直径(392N、60min、75℃、1200r/min)/mm		报告							SH/T 0189

① 测定方法也包括用 SH/T 0604。
② 测定方法也包括用 GB/T 2541，结果有争议时，以 GB/T 1995 为仲裁方法。
③ 用户有特殊要求时，可与生产单位协商。
④ 测定方法也包括用 GB/T 264。
⑤ 由供需双方协商确定。也包括用 NAS 1638 分级。
⑥ 黏度等级为 15 的油不测定，但所含抗氧剂类型和量应与产品定型时黏度等级为 22 的试验油样相同。

表 19.2-53 L-HM抗磨液压油（高压、普通）的质量指标（摘自GB 11118.1—2011）

项目		质量指标										试验方法
		L-HM(高压)				L-HM(普通)						
黏度等级(GB/T 3141)		32	46	68	100	22	32	46	68	100	150	
密度[①](20℃)/kg·m^{-3}		报告				报告						GB/T 1884和GB/T 1885
色度/号		报告				报告						GB/T 6540
外观		透明				透明						目测
闪点/℃												GB/T 3536
开口	不低于	175	185	195	205	165	175	185	195	205	215	
运动黏度/mm^2·s^{-1}												GB/T 265
40℃		28.8~35.2	41.4~50.6	61.2~74.8	90~110	19.8~24.2	28.8~35.2	41.4~50.6	61.2~74.8	90~110	135~165	
0℃	不大于	—	—	—	—	300	420	780	1400	2560	—	
黏度指数[②]	不小于	95				85						GB/T 1995
倾点[③]/℃	不高于	-15	-9	-9	-9	-15	-15	-9	-9	-9	-9	GB/T 3535
酸值[④]/mgKOH·g^{-1}		报告				报告						GB/T 4945
水分(质量分数,%)	不大于	痕迹				痕迹						GB/T 260
机械杂质		无				无						GB/T 511
清洁度		⑤				⑤						DL/T 432和GB/T 14039
铜片腐蚀(100℃、3h)/级	不大于	1				1						GB/T 5096
硫酸盐灰分(质量分数,%)		报告				报告						GB/T 2433
液相锈蚀(24h)												GB/T 11143
A法		—				无锈						
B法		无锈				—						
泡沫性(泡沫倾向/泡沫稳定性)/mL·mL^{-1}												GB/T 12579
程序Ⅰ(24℃)	不大于	150/0				150/0						
程序Ⅱ(93.5℃)	不大于	75/0				75/0						
程序Ⅲ(后24℃)	不大于	150/0				150/0						
空气释放值(50℃)/min	不大于	6	10	13	报告	5	6	10	13	报告	报告	SH/T 0308
抗乳化性(乳化液到3mL的时间)/min												GB/T 7305
54℃	不大于	30	30	30	—	30	30	30	30	—	—	
82℃	不大于	—	—	—	30	—	—	—	—	30	30	
密封适应性指数	不大于	12	10	8	报告	13	12	10	8	报告	报告	SH/T 0305
氧化安定性												
1500h后总酸值/mgKOH·g^{-1}	不大于	2.0				—						GB/T 12581
1000h后总酸值/mgKOH·g^{-1}	不大于	—				2.0						GB/T 12581
1000h后油泥/mg		报告				报告						SH/T 0565
旋转氧弹(150℃)/min		报告				报告						SH/T 0193

（续）

项　目			质量指标									试验方法
			L-HM（高压）				L-HM（普通）					
黏度等级（GB/T 3141）			32	46	68	100	22	32	46	68	100	150	
抗磨性	齿轮机试验⑥/失效级	不小于	10	10	10	10	—	10	10	10	10	10	SH/T 0306
抗磨性	叶片泵试验（100h、总失重）⑥/mg	不大于	—	—	—	—	100	100	100	100	100	100	SH/T 0307
抗磨性	磨斑直径（392N、60min、75℃、1200r/min）/mm		报告				报告						SH/T 0189
抗磨性	双泵（T6H20C）试验⑥												附录 A
抗磨性	叶片和柱销总失重/mg	不大于	15				—						
抗磨性	柱塞总失重/mg	不大于	300										
水解安定性													SH/T 0301
铜片失重/mg·cm^{-2}		不大于	0.2				—						
水层总酸度/mgKOH·g^{-1}		不大于	4.0				—						
铜片外观			未出现灰、黑色				—						
热稳定性（135℃、168h）													SH/T 0209
铜棒失重/mg·200mL^{-1}		不大于	10				—						
钢棒失重/mg·200mL^{-1}			报告				—						
总沉渣重/mg·100mL^{-1}		不大于	100				—						
40℃运动黏度变化率（%）			报告				—						
酸值变化率（%）			报告				—						
铜棒外观			报告				—						
钢棒外观			不变色				—						
过滤性/s													SH/T 0210
无水		不大于	600				—						
2%水⑦		不大于	600				—						
剪切安定性（250次循环后，40℃运动黏度下降率）（%）		不大于	1				—						SH/T 0103

① 测定方法也包括用 SH/T 0604。

② 测定方法也包括用 GB/T 2541。结果有争议时，以 GB/T 1995 为仲裁方法。

③ 用户有特殊要求时，可与生产单位协商。

④ 测定方法也包括用 GB/T 264。

⑤ 由供需双方协商确定，也包括用 NAS 1638 分级。

⑥ 对于 L-HM（普通）油，在产品定型时，允许只对 L-HM 22（普通）进行叶片泵试验，其他各黏度等级油所含功能剂类型和量应与产品定型时 L-HM 22（普通）试验油样相同。对于 L-HM（高压）油，在产品定型时，允许只对 L-HM 32（高压）进行齿轮机试验和双泵试验，其他各黏度等级油所含功能剂类型和量应与产品定型时 L-HM 32（定压）试验油样相同。

⑦ 有水时的过滤时间不超过无水时的过滤时间的两倍。

表 19.2-54　L-HV 低温液压油的质量指标（摘自 GB 11118.1—2011）

项　目	质量指标							试验方法
黏度等级（GB/T 3141）	10	15	22	32	46	68	100	
密度[1]（20℃）/kg · m^{-3}	报告							GB/T 1884 和 GB/T 1885
色度/号	报告							GB/T 6540
外观	透明							目测
闪点/℃								GB/T 3536 GB/T 261
开口　不低于	—	125	175	175	180	180	190	
闭口　不低于	100	—	—	—	—	—	—	
运动黏度（40℃）/mm^2 · s^{-1}	9.00~11.0	13.5~16.5	19.8~24.2	28.8~35.2	41.4~50.6	61.2~74.8	90~110	GB/T 265
运动黏度 1500mm^2/s 时的温度/℃　不高于	-33	-30	-24	-18	-12	-6	0	GB/T 265
黏度指数[2]　不小于	130	130	140	140	140	140	140	GB/T 1995
倾点[3]/℃　不高于	-39	-36	-36	-33	-33	-30	-21	GB/T 3535
酸值[4]/mgKOH · g^{-1}	报告							GB/T 4945
水分（质量分数，%）　不大于	痕迹							GB/T 260
机械杂质	无							GB/T 511
清洁度	⑤							DL/T 432 和 GB/T 14039
铜片腐蚀（100℃，3h）/（级）　不大于	1							GB/T 5096
硫酸盐灰分（质量分数，%）	报告							GB/T 2433
液相锈蚀（24h）	无锈							GB/T 11143（B 法）
泡沫性（泡沫倾向/泡沫稳定性）/mL · mL^{-1}								GB/T 12579
程序Ⅰ（24℃）　不大于	150/0							
程序Ⅱ（93.5℃）　不大于	75/0							
程序Ⅲ（后 24℃）　不大于	150/0							
空气释放值（50℃）/min　不大于	5	5	6	8	10	12	15	SH/T 0308
抗乳化性（乳化液到 3mL 的时间）/min								GB/T 7305
54℃　不大于	30	30	30	30	30	30	—	
82℃　不大于	—	—	—	—	—	—	30	
剪切安定性（250 次循环后，40℃运动黏度下降率）（%）　不大于	10							SH/T 0103
密封适应性指数　不大于	报告	16	14	13	11	10	10	SH/T 0305
氧化安定性								
1500h 后总酸值[6]/KOHmg · g^{-1}　不大于	—	—	2.0					GB/T 12581
1000h 后油泥/mg	—	—	报告					SH/T 0565
旋转氧弹（150℃）/min	报告	报告	报告					SH/T 0193

（续）

项　　目		质量指标							试验方法
黏度等级（GB/T 3141）		10	15	22	32	46	68	100	
抗磨性 齿轮机试验⑦/失效级	不小于	—	—	—	10	10	10	10	SH/T 0306
抗磨性 磨斑直径（392N、60min、75℃、1200r/min）/mm		报告							SH/T 0189
抗磨性 双泵（T6H20C）试验⑦									附录 A
叶片和柱销总失重/mg	不大于	—	—	—	15				
柱塞总失重/mg	不大于	—	—	—	300				
水解安定性									SH/T 0301
铜片失重/$mg \cdot cm^{-2}$	不大于	0.2							
水层总酸度/$mgKOH \cdot g^{-1}$	不大于	4.0							
铜片外观		未出现灰、黑色							
热稳定性（135℃，168h）									SH/T 0209
铜棒失重/$mg \cdot 200mL^{-1}$	不大于	10							
钢棒失重/$mg \cdot 200mL^{-1}$		报告							
总沉渣重/$mg \cdot 100mL^{-1}$	不大于	100							
40℃运动黏度变化率（%）		报告							
酸值变化率（%）		报告							
铜棒外观		报告							
钢棒外观		不变色							
过滤性（s）									SH/T 0210
无水	不大于	600							
2%水⑧	不大于	600							

① 测定方法也包括用 SH/T 0604。

② 测定方法也包括用 GB/T 2541。结果有争议时，以 GB/T 1995 为仲裁方法。

③ 用户有特殊要求时，可与生产单位协商。

④ 测定方法也包括用 GB/T 264。

⑤ 由供需双方协商确定，也包括用 NAS 1638 分级。

⑥ 黏度等级为 10 和 15 的油不测定，但所含抗氧剂类型和量应与产品定型黏度等级为 22 的试验油样相同。

⑦ 在产品定型时，允许只对 L-HV 32 油进行齿轮机试验和双泵试验，其他各黏度等级所含功能剂类型和量应与产品定型时黏度等级为 32 的试验油样相同。

⑧ 有水时的过滤时间不超过无水时的过滤时间的两倍。

表 19.2-55 L-HS 超低温液压油的质量指标（摘自 GB 11118.1—2011）

项 目		质量指标					试验方法
黏度等级（GB/T 3141）		10	15	22	32	46	
密度[1]（20℃）/$kg \cdot m^{-3}$		报告					GB/T 1884 和 GB/T 1885
色度/号		报告					GB/T 6540
外观		透明					目测
闪点/℃							
开口	不低于	—	125	175	175	180	GB/T 3536
闭口	不低于	100	—	—	—	—	GB/T 261
运动黏度（40℃）/$mm^2 \cdot s^{-1}$		9.00~11.0	13.5~16.5	19.8~24.2	28.8~35.2	41.4~50.6	GB/T 265
运动黏度 1500mm^2/s 时的温度/℃	不高于	-39	-36	-30	-24	-18	GB/T 265
黏度指数[2]	不小于	130	130	150	150	150	GB/T 1995
倾点[3]/℃	不高于	-45	-45	-45	-45	-39	GB/T 3535
酸值[4]/$mgKOH \cdot g^{-1}$		报告					GB/T 4945
水分（质量分数，%）	不大于	痕迹					GB/T 260
机械杂质		无					GB/T 511
清洁度		⑤					DL/T 432 和 GB/T 14039
铜片腐蚀（100℃、3h）/级	不大于	1					GB/T 5096
硫酸盐灰分（质量分数，%）		报告					GB/T 2433
液相锈蚀（24h）		无锈					GB/T 11143（B 法）
泡沫性（泡沫倾向/泡沫稳定性）/$mL \cdot mL^{-1}$							GB/T 12579
程序Ⅰ（24℃）	不大于	150/0					
程序Ⅱ（93.5℃）	不大于	75/0					
程序Ⅲ（后 24℃）	不大于	150/0					
空气释放值（50℃）/min	不大于	5	5	6	8	10	SH/T 0308
抗乳化性（乳化液到 3mL 的时间）/min							
54℃	不大于	30					GB/T 7305
剪切安定性（250 次循环后，40℃运动黏度下降率）（%）	不大于	10					SH/T 0103
密封适应性指数	不大于	报告	16	14	13	11	SH/T 0305
氧化安定性							
1500h 后总酸值[6]/$mgKOH \cdot g^{-1}$	不大于	—	—	2.0			GB/T 12581
1000h 后油泥/mg		—	—	报告			SH/T 0565
旋转氧弹（150℃）/min		报告	报告	报告			SH/T 0193

（续）

项目			质量指标					试验方法
黏度等级（GB/T 3141）			10	15	22	32	46	
抗磨性	齿轮机试验⑦/失效级	不小于	—	—	—	10	10	SH/T 0306
抗磨性	磨斑直径（392N、60min、75℃、1200r/min）/mm		报告					SH/T 0189
抗磨性	双泵（T6H20C）试验⑦							附录 A
抗磨性	叶片和柱销总失重/mg	不大于	—	—	—	15		
抗磨性	柱塞总失重/mg	不大于	—	—	—	300		
水解安定性								SH/T 0301
铜片失重/mg·cm⁻²		不大于	0.2					
水层总酸度（以 KOH 计）/mg		不大于	4.0					
铜片外观			未出现灰、黑色					
热稳定性（135℃、168h）								SH/T 0209
铜棒失重/mg·200mL⁻¹		不大于	10					
钢棒失重/mg·200mL⁻¹			报告					
总沉渣重/mg·100mL⁻¹		不大于	100					
40℃运动黏度变化率（%）			报告					
酸值变化率（%）			报告					
铜棒外观			报告					
钢棒外观			不变色					
过滤性/s								SH/T 0210
无水		不大于	600					
2%水⑧		不大于	600					

① 测定方法也包括用 SH/T 0604。
② 测定方法也包括用 GB/T 2541。结果有争议时，以 GB/T 1995 为仲裁方法。
③ 用户有特殊要求时，可与生产单位协商。
④ 测定方法也包括用 GB/T 264。
⑤ 由供需双方协商确定，也包括用 NAS 1638 分级。
⑥ 黏度等级为 10 和 15 的油不测定，但所含抗氧剂类型和量应与产品定型时黏度等级为 22 的试验油样相同。
⑦ 在产品定型时，允许只对 L-HS 32 进行齿轮机试验和双泵试验，其他各黏度等级油所含功能剂类型和量应与产品定型时黏度等级为 32 的试验油样相同。
⑧ 有水时的过滤时间不超过无水时的过滤时间的两倍。

PROECO EAF 300 系列生物降解型液压油的典型值见表 19. 2-56。

表 19. 2-56 PROECO EAF 300 系列生物降解型液压油的典型值

项 目	典型值			试验方法
	332	346	368	
运动黏度/$mm^2 \cdot s^{-1}$				ASTM D445
40℃	32. 45	47. 65	67. 91	
100℃	6. 77	9. 16	12. 02	
0℃	223	364	542	
-20℃	1054	1770	2924	
-30℃	2982	5645	11280	
黏度指数	174	178	176	ASTM D2270
倾点/℃	-36	-36	-36	ASTM D97
闪点/℃	190	200	206	ASTM D92
盐水防锈测试	通过	通过	通过	—
FZG 通过级别	12	12	12	DIN 51354
氧化稳定性(酸值改变>2mgKOH/g)/h	>1400	>1400	>1400	—
相对密封(15. 6℃)	0. 9057	0. 9208	0. 9341	ASTM D4052
生物降解率(%)	>60	>60	>60	—

3. 4 压缩机油

压缩机油的基础油可分为矿物油型和合成油型两大类，其各种数据见表 19. 2-57~表 19. 2-65。

矿物油型压缩机油一般经溶剂精制、溶剂脱蜡、加氢或白土补充精制等工艺得到基础油，再加入多种添加剂调和而成。

压缩机油的基础油一般要占成品油的 95%以上，因此基础油的质量优劣直接关系到压缩机油的质量。基础油的质量与其精制程度有直接关系，精制程度高的基础油，其重芳烃、胶质含量少，残炭低，对抗氧剂的感受性好，在压缩机系统使用中积炭倾向小，油水分离性好，使用寿命相对较长。

合成油型的基础油是以化学合成的方法得到的有机液体，基础油再经过调配或加入多种添加剂制成润滑油。其基础油大部分是聚合物或高分子有机化合物。合成油的种类很多，用作压缩机油的合成油主要有合成烃（聚 α-烯烃）、有机酯（双酯）、聚亚烷基二醇、氟硅油和磷酸酯五种。合成油型压缩机油的价格要比矿物油型压缩机油昂贵得多，但合成油的综合经济效益仍超过使用普通矿物油。它具有氧化安定性好，积炭倾向小，适用温度高，使用寿命长，可以满足一般矿物油型压缩机油所不能承受的使用要求。

表 19. 2-57 空气压缩机油和气体压缩机油的分类

组别符号	应用范围	特殊应用	具体应用	产品类型和(或)性能要求	品种代号 L-	典型应用	备 注
D	空气压缩机	压缩腔室有油润滑的容积型空气压缩机	往复式或滴油回转(滑片)式压缩机	—	DAA DAB DAC	轻负载 中负载 重负载	—
			喷油回转(滑片和螺杆)式压缩机	—	DAG DAH DAJ	轻负载 中负载 重负载	

（续）

组别符号	应用范围	特殊应用	具体应用	产品类型和(或)性能要求	品种代号L-	典型应用	备 注
D	空气压缩机	压缩腔室无油润滑的容积型空压机	液环式压缩机、喷水滑片和螺杆式压缩机、无油润滑往复式压缩机和无油润滑回转式压缩机	—	—	—	润滑油用于齿轮、轴承和运动部件
		速度型压缩机	离心式和轴流式涡轮压缩机	—	—	—	润滑油用于轴承和齿轮
	气体压缩机	容积型往复式和回转式压缩机,用于除冷冻循环或热泵循环或空气压缩机以外的所有气体压缩机	不与深度精制矿物油起化学反应,或不使矿物油的黏度降低到不能使用程度的气体	深度精制矿物油	DGA	$<10^4$kPa压力下的氮、氢、氨、氩和二氧化碳 任何压力下的氦、二氧化硫、硫化氢 $<10^3$kPa压力下的一氧化碳	有些润滑油中所含的某些添加剂要与氨反应
			用于DGA油的气体,但含有湿气或冷凝物	特定矿物油	DGB		
			在矿物油中有高的溶解度而降低其黏度的气体	常用合成油	DGC①	任何压力下的烃类 $>10^4$kPa压力下的氨、二氧化碳	有些润滑油中所含的某些添加剂与氨反应
			与矿物油发生化学反应的气体	常用合成油	DGD①	任何压力下的氯化氢、氯、氧和富氧空气 $>10^3$kPa压力下的一氧化碳	对于氧和富氧空气应禁止使用矿物油,只有少数合成液是合适的
			非常干燥的惰性气体或还原气体(露点-40℃)	常用合成油	DGE①	$>10^4$kPa压力下的氮、氢、氩	这些气体使润滑困难,应特殊考虑

① 用油者在选用DGC、DGD和DGE三种合成液时应注意，由于一个名称相同的产品可以由不同的化合物调制而成，因此当供油者没有提供油品使用说明的情况下，不同生产厂的合成油不得互相混用。

表19.2-58 压缩室有油润滑的往复式空气压缩机用油

负 载	用油品种代号L-	操 作 条 件
轻	DAA	每次运转周期之间有足够的时间进行冷却 ——压缩机开停频繁 ——排气量反复变化 1)排气压力≤1000kPa,排气温度≤160℃,级压力比<3:1 2)排气压力>1000kPa,排气温度≤140℃,级压力比≤3:1
中	DAB	每次运转周期之间有足够的时间进行冷却 1)排气压力≤1000kPa,排气温度>160℃ 2)排气压力>1000kPa,排气温度>140℃,但≤160℃ 3)级压力比>3:1
重	DAC	当达到上述中负载使用条件,而预期用中负载油(DAB)在压缩机排气系统严重形成积炭沉淀物的,则应选用重负载油(DAC)

表 19.2-59 喷油回转式空气压缩机用油

负 载	用油品种代号 L-	操 作 条 件
轻	DAG	空气和空气-油排出温度<90℃,空气排出压力<800kPa
中	DAH	空气和空气-油排出温度<100℃,空气排出压力 800~1500kPa;或空气和空气-油排出温度为 100~110℃,空气排出压力<800kPa
重	DAJ	空气和空气-油排出温度>100℃,空气排出压力<800 kPa;或空气和空气-油排出温度≥100℃,空气排出压力为 800~1500 kPa 或空气排出压力>1500 kPa

注：在使用条件较缓和的情况下，轻负载（DAG）油可以用于空气排出压力大于 800kPa 的场合。

表 19.2-60 空气压缩机油质量指标（摘自 GB 12691—1990）

项 目	质 量 指 标										试验方法
品 种	L-DAA					L-DAB					
黏度等级(按 GB 3141)	32	46	68	100	150	32	46	68	100	150	—
运动黏度/$mm^2 \cdot s^{-1}$ 40℃	28.8~35.2	41.6~50.6	61.2~74.8	90.0~110	135~165	28.8~35.2	41.6~50.6	61.2~74.8	90.0~110	135~165	GB/T 265
100℃	报告					报告					
倾点/℃ 不高于	-9				-3	-9				-3	GB/T 3535
闪点(开口)/℃ 不低于	175	185	195	205	215	175	185	195	205	215	GB/T 3536
腐蚀试验(铜片、100℃、3h)(级) 不大于	1					1					GB/T 5096
抗乳化性(40-37-3)/min											GB/T 7305
54℃ 不大于	—					30 —					
82℃ 不大于	—					— 30					
液相锈蚀试验(蒸馏水)	—					无 锈					GB/T 11143
硫酸盐灰分(%)	—					报 告					GB/T 2433
老化特性											SH/T 0192(推荐用 GB/T 12709—1991)
200℃、空气											
蒸发损失(%) 不大于	15					—					
康氏残炭增值(%) 不大于	1.5 | 2.0					—					
200℃、空气、Fe_2O_3											
蒸发损失(%) 不大于	—					20					
康氏残炭增值(%) 不大于	—					2.5 | 3.0					
减压蒸馏蒸出 80%后残留物性质											GB/T 9168
残留物康氏残炭(%) 不大于	—					0.3 | 0.6					GB/T 268
新、旧油 40℃运动黏度之比 不大于	—					5					GB/T 265
中和值/$mgKOH \cdot g^{-1}$											GB/T 4945
未加剂	报 告					报 告					
加剂后	报 告					报 告					
水溶性酸或碱	无					无					GB/T 259
水分(%) 不大于	痕 迹					痕 迹					GB/T 260
机械杂质(%) 不大于	0.01					0.01					GB/T 511

注：表中百分数为质量分数。

表 19.2-61 轻负载喷油回转式空气压缩机油质量指标（L-DAG 级）（摘自 GB 5904—1986）

项 目	质 量 指 标						试验方法
黏度等级	15	22	32	46	68	100	GB/T 3141
运动黏度(40℃)/$mm^2 \cdot s^{-1}$	13.5~16.5	19.8~24.2	28.8~35.2	41.4~50.6	61.2~74.8	90.0~110	GB/T 265
黏度指数 不小于	90						GB/T 2541

（续）

项　目		质量指标						试验方法
倾点/℃	不高于	-9						GB/T 3535
闪点(开口)/℃	不低于	165	175	190	200	210	220	GB/T 267
腐蚀(铜片、100℃、3h)/级	不大于	1						GB/T 5096
泡沫性(24℃)/mL·mL⁻¹ 泡沫倾向 泡沫稳定性	 不大于 不大于	 100 0						GB/T 12579
抗乳化性(到乳化层为3mL的时间)/min 54℃ 82℃	 不大于 不大于	 30 30						GB/T 7305
防锈试验(15钢、蒸馏水)		无锈						GB/T 11143
氧化安定性/h	不少于	1000						GB/T 12581
机械杂质(%)	不大于	0.01						GB/T 511
水分(%)	不大于	痕迹						GB/T 260
水溶性酸或碱		无						GB/T 259
残炭(加剂前)(%)		报告						GB/T 268

注：表中百分数为质量分数。

表19.2-62　L-DAH32、32A、46、46A回转式（螺杆）空气压缩机油质量指标

项　目		质量指标				试验方法
黏度等级		32	46	32A	46A	GB/T 3141
运动黏度/$mm^2 \cdot s^{-1}$ 40℃		28.8~35.2	41.4~50.6	28.8~35.2	41.4~50.6	GB/T 265
100℃		报告		报告		
黏度指数	不小于	90		90		GB/T 2541
色度/号	不大于	1		1		GB/T 6540
密度(20℃)/$g \cdot cm^{-3}$		报告		报告		GB/T 1884
闪点(开口)/℃	不低于	220		220		GB/T 3536
倾点/℃	不高于	-9		-9		GB/T 3535
酸值/$mgKOH \cdot g^{-1}$		报告		报告		GB/T 7304
抗乳化性(40-37-3mL)/min	不大于	30		30		GB/T 7305
泡沫性(24℃)(泡沫倾向/泡沫稳定性)/$mL \cdot mL^{-1}$	不大于	300/0		300/0		GB/T 12579
液相锈蚀	(A法)	无锈		无锈		GB/T 11143
腐蚀试验(铜片、100℃、3h)/级	不大于	1b		1b		GB/T 5096
氧化试验(200℃、空气、Fe_2O_3) 蒸发损失(%) 康氏残炭增加(%)	 不大于 不大于	 20 2.5		 20 2.5		SH/T 0192
FZG齿轮机失效载荷/级	不小于	—		10		SH/T 0306

注：表中百分数为质量分数。

表19.2-63　空气压缩机油主要质量指标（聚α-烯烃油）

性　质	油名	
	RIPP4160(N32)	RIPP4163(N100)
运动黏度/$mm^2 \cdot s^{-1}$		
100℃	59	10.33
40℃	33.26	86.94

（续）

性　　质	油　　名	
	RIPP4160(N32)	RIPP4163(N100)
-20℃	1910	11003
-25℃	3138	
黏度指数	122	100
相对密度(20/4℃)	0.8541	1.0687
闪点(开口)/℃	240	246
凝点/℃	-52	-50
酸值/mgKOH · g^{-1}	中　性	0.02
铜片腐蚀(100℃、24h)	合　格	—
液相锈蚀(D665)	无　锈	—
抗乳化性(54℃)		
乳化层 3mL/min	20	—
抗泡沫性(24℃)		
起泡/mL	痕	痕
消泡时间/s	0	0
四球机试验		
P_B/N	650	
磨痕(1200r/min、400N、60min)/mm	0.33	
老化特性(DIN 51352-2)		
老化前残炭(质量分数,%)	0.03	
老化后残炭(质量分数,%)	1.18	

表 19.2-64　4502 型和 4511 型合成压缩机油质量指标

项　　目		4502 型				4511 型	试验方法
		N32	N46	N68	N100		
运动黏度/$mm^2 \cdot s^{-1}$							GB/T 265
100℃	不小于	5.0	6.0	7.0	9.0	40	
40℃		28.8~35.2	41.4~50.6	61.2~74.8	90~110	210~240	
黏度指数	不小于					230	GB/T 2541
闪点(开口)/℃	不低于	200	215	215	220	230	GB/T 267
凝点/℃	不高于	-40	-40	-40	-35	-40	GB/T 510
酸值/mgKOH · g^{-1}	不大于	0.5	0.5	0.5	0.5		GB/T 7304
蒸发损失(149℃、22h)(质量分数,%)		报告	报告	报告	报告		GB/T 7325
铜片腐蚀(铜片、100℃、3h)/级	不大于	1b	1b	1b	1b	合格	GB/T 5096
残炭(%)							GB/T 268
氧化前	不大于	0.1	0.1	0.1	0.1		
氧化后	不大于	0.3	0.3	0.3	0.3		
浊点/℃						43~52	
灰分(质量分数,%)	不大于					0.02	

注：重庆一坪高级润滑油公司生产。

表 19.2-65 国际标准化组织 ISO 发表的空气压缩机油质量指标

标准号	ISO/DIS 6521.2-1983		SC/WG2 提案	ISO/DP6521.3-1981		SC_4/WG_2 提案	试验方法
ISO-L 的符号	DAA	DAB	DAC	DAO	DAB	DAI	
油组成	矿物油		合成油	矿物油		合成油	
黏度等级（160VG）	32 46 68 100 150	32 66 68 100 150	32 46 68 100 150	15 22 32 46 68 100	15 22 32 66 68 100	15 22 32 46 68 100	
运动黏度/$mm^2 \cdot s^{-1}$ 40℃ ±10%	32 46 68 100 150	32 46 68 100 150	32 66 68 100 150	15 22 32 46 68 100	15 22 32 46 68 100	15 22 32 66 68 100	ISO 3104
100℃	报告	报告	报告	—	—	报告	
黏度指数 不小于				90	90		ISO 2909
倾点/℃ 不高于	-9	-9	-9	-9	-9	-9	ISO 3016
铜片腐蚀（100℃、36）/级， 不大于	1	1	1B	1B	1B	1B	ISO 2160
抗乳化性 温度/℃ 乳化层到小于 3mL 时间/min 不大于	—	54 | 62 30 | 30	54 | 62 30 | 30	54 | 62 30 | 30	54 | 62 30 | 30	54 | 82 30 | 30	ISO 6614
防锈（24h）	—	无锈	无锈	无锈	无锈	无锈	ISO 7120A
老化特性 200℃、空气： 蒸发损失（%） 不大于 康氏残炭增加（%） 不大于	15 | 15 1.5 | 2.0		方法待定	—	方法待定	方法待定	ISO 6617（Ⅰ） （=DIN 51352Ⅰ）
200℃、空气、Fe_2O_3： 蒸发损失（%） 不大于 康氏残炭增加（%） 不大于		20 | 20 2.5 | 3.0					ISO 6617（Ⅱ） （=DIN 51352 Ⅱ）
减压蒸馏蒸出 10%后残留物性质： 残留物康氏残炭（%） 不大于 新旧油 40℃时运动黏度比 不大于		0.3 | 0.6 5					ISO 6616 ISO 6615 ISO 3104
泡沫性（24℃）： 吹气 5min/静 10min/$mL \cdot mL^{-1}$ 不大于			—	300/0	300/0	300/0	
氧化安定性/h 不低于				1000	—		ISO 4263

注：表中百分数为质量分数。

3.5 冷冻机油（见表19.2-66~表19.2-70）

表19.2-66 制冷压缩机润滑油的分类

字母	一般应用	特殊应用	更特殊应用 操作温度和制冷剂类型	组成和特性	ISO-I的符号	典型应用	备 注
D	制冷压缩机	活塞式和转子式的容积型压缩机（封闭、半封闭或开式）	>-40℃（蒸发器）氨或卤代烷	深度精制矿物油（环烷基油、石蜡基油或白油）和合成烃油	DRA	普通冷冻机、空调	
			<-40℃（蒸发器）氨或卤代烷	合成烃油，允许烃/制冷剂混合物有适当相容性控制，这些合成烃必须相容	DRB	普通冷冻机	当装有干蒸器时，相容性就不重要了。在某些情况下，根据制冷剂的类型可使用深度精制矿物油（考虑低温和相容性）
			>0℃（蒸发器或冷凝器）和/或高排气压力或温度卤代烷	深度精制矿物油和具有良好热/化学安定性的合成烃油	DRC	热泵、空调、普通冷冻机	合成烃油，允许烃/制冷剂或烃/矿物油混合物有适当相容性控制
			所有蒸发温度（蒸发器）烃类	合成润滑剂（与制冷剂、矿物油或合成烃油无相容性）	DRD	润滑油和制冷剂必须不互容，并能迅速分离	通常用于开式压缩机

注：1. 根据系统的设计和所要求的润滑油的性质来选油。

2. 只有当气缸中润滑油要与被压缩的气体接触时，或假如气缸不需要润滑而在机械的其他部件中润滑油有可能与该气体接触时，才需要在本表中选择一种润滑油。

3. 采用简陋冷却器技术和食品与制冷剂/润滑剂混合物之间有接触可能的场合，应根据国家的规定选用特定润滑油。

表19.2-67 L-DRA、L-DRB和L-DRD冷冻机油质量指标（摘自GB/T 16630—2012）

项目	质量指标																						试验方法
品种	L-DRA						L-DRB						L-DRD										
黏度等级（GB/T 3141）	15	22	32	46	68	100	22	32	46	68	100	150	7	10	15	22	32	46	68	100	150	220	320	460	
外观	清澈透明						清澈透明						清澈透明												目测①
运动黏度(40℃)/$mm^2 \cdot s^{-1}$	13.5~16.5	19.8~24.2	28.8~35.2	41.4~50.6	61.2~74.8	90.0~110	19.8~24.2	28.8~35.2	41.4~50.6	61.2~74.8	90.0~110	135~165	6.12~7.48	9.00~11.0	13.5~16.5	19.8~24.2	28.8~35.2	41.4~50.6	61.2~74.8	90.0~110	135~165	198~242	288~352	414~506	GB/T 265
倾点/℃ 不高于	-39	-36	-33	-33	-27	-21	②						-39	-39	-39	-39	-39	-39	-36	-33	-30	-21	-21	-21	GB/T 3535
闪点/℃ 不低于	150		160		170		200						130		150		180		180		210				GB/T 3536

（续）

项目	质量指标																								试验方法
品种	L-DRA						L-DRB						L-DRD												
黏度等级（GB/T 3141）	15	22	32	46	68	100	22	32	46	68	100	150	7	10	15	22	32	46	68	100	150	220	320	460	
密度（20℃）/kg·m^{-3}	报告						报告						报告												GB/T 1884③及GB/T 1885
酸值/mgKOH·g^{-1} 不大于	0.02④						②						0.10④												GB/T 4945⑤
灰分（质量分数,%） 不大于	0.005④						—						—												GB/T 508
水分/mg·kg^{-1} 不大于	30⑥						350⑦						100⑧ 300⑦												ASTM D6304⑨
颜色/号 不大于	1	1	1	1.5	2.0	2.5	②						②												GB/T 6540
机械杂质（质量分数,%）	无						无						无												GB/T 511
泡沫性（泡沫倾向/泡沫稳定性,24℃）/mL·mL^{-1}	报告						报告						报告												GB/T 12579
铜片腐蚀（T2铜片、100℃、3h）/级 不大于	1						1						1												GB/T 5096
击穿电压/kV 不小于	⑩						—						25												GB/T 507
化学稳定性（175℃、14d）	—						—						无沉淀												SH/T 0698
残炭（质量分数,%） 不大于	0.05④						—						—												GB/T 268

项目				试验方法
氧化安定性（140℃、14h） 氧化油酸值/$mgKOH \cdot g^{-1}$　不大于 氧化油沉淀（质量分数，%）　不大于	0.2 0.02	②	—	SH/T 0196
极压性能（法莱克斯法）失效负荷/N	报告	报告	报告	SH/T 0187
压缩机台架试验[11]	通过	通过	通过	供需双方商定

① 将试样注入 100mL 玻璃量筒中，在 20℃±3℃下观察，应透明、无不溶水及机械杂质。

② 指标由供需双方商定。

③ 试验方法也包括 SH/T 0604。

④ 不适用于含有添加剂的冷冻机油。

⑤ 试验方法也包括 GB/T 7304，有争议时，以 GB/T 4945 为仲裁方法。

⑥ 仅适用于交货时密封容器中的油。装于其他容器时的水含量由供需双方另订协议。

⑦ 仅适用于交货时密封容器中的聚（亚烷基）二醇油。装于其他容器时的水含量由供需双方另订协议。

⑧ 仅适用于交货时密封容器中的酯类油。装于其他容器时的水含量由供需双方另订协议。

⑨ 试验方法也包括 GB/T 11133 和 NB/SH/T 0207，有争议时，以 ASTM D6304 为仲裁方法。

⑩ 该项目是否检测由供需双方商定，如果需要应不小于 25kV。

⑪ 压缩机台架试验（包括寿命试验、结焦试验和与各种材料的相容性试验等）为本产品定型时和用油者首次选用本产品时必做的项目。当生产冷冻机油的原料和配方有变动时，或转厂生产时应重做台架试验。如果供油者提供的产品，其红外线谱图与通过压缩机台架试验的油样谱图相一致，又符合本标准所规定的理化指标或供需双方另订的协议指标时，可以不再进行压缩机台架试验。红外线谱图可以采用 ASTM E1421：1999（2009）方法测定。

表 19.2-68 L-DRE 和 L-DRG 冷冻机油的质量指标（摘自 GB/T 16630—2012）

项目	质量指标																							试验方法
品种	L-DRE											L-DRG												
黏度等级（GB/T 3141）	15	22	32	46	56[①]	68	100	150	220	320	460	8[①]	10	15	22	32	46	68	100	150	220	320	460	
外观	清澈透明											清澈透明												目测[②]
运动黏度（40℃）/$mm^2 \cdot s^{-1}$	13.5~16.5	19.8~24.2	28.8~35.2	41.4~50.6	50.8~61.0	61.2~74.8	90.0~110	135~165	198~242	288~352	414~506	8.5~9.0	9.0~11.0	13.5~16.5	19.8~24.2	28.8~35.2	41.4~50.6	61.2~74.8	90.0~110	135~165	198~242	288~352	414~506	GB/T 265
倾点/℃ 不高于	-39	-36	-36	-33	-30	-27	-24	-18	-15	-12	-9	-48	-45	-39	-36	-33	-33	-24	-24	-21	-15	-12	-9	GB/T 3535
闪点/℃ 不低于	150		160		170		180	210		225		145	150			160		170		210			225	GB/T 3536
密度(20℃)/$kg \cdot m^{-3}$	报告											报告												GB/T 1884[③]及GB/T 1885
酸值/$mgKOH \cdot g^{-1}$ 不大于	0.02[④]											0.02[④]												GB/T 4945[⑤]
灰分(质量分数,%) 不大于	0.005[④]											—												GB/T 508
水分/$mg \cdot kg^{-1}$ 不大于	30[⑥]											30[⑥]												ASTM D6304[⑦]
颜色/号 不大于	0.5	1.0	1.0	1.5	2.0	2.0	⑧					⑧	⑧	0.5	1.0	1.0	1.5	2.0	⑧					GB/T 6540
泡沫性(泡沫倾向/泡沫稳定性,24℃)/$mL \cdot mL^{-1}$	报告											报告												GB/T 12579
机械杂质（质量分数,%）	无											无												GB/T 511
铜片腐蚀（T2 铜片、100℃、3h)/级 不大于	1											1												GB/T 5096
击穿电压/kV 不小于	25											25												GB/T 507

残炭(质量分数,%) 不大于	0.03[4]								0.03[4]										GB/T 268
絮凝点[9]/℃ 不高于	-45	-42	-42	-42	-42	-42	-35	-20	-42	-42	-42	-42	-42	-35	-35	-30	-25	-20	GB/T 12577
化学稳定性(175℃,14d)	无沉淀								⑩										SH/T 0698
极压性能(法莱克斯法)失效负荷/N	报告								报告										SH/T 0187
压缩机台架试验[11]	通过								通过										供需双方商定

① 不属于 ISO 黏度等级。

② 将试样注入 100mL 玻璃量筒中，在 20℃±3℃下观察，应透明、无不溶水及机械杂质。

③ 试验方法也包括 SH/T 0604。

④ 不适用于含有添加剂的冷冻机油。

⑤ 试验方法也包括 GB/T 7304，有争议时，以 GB/T 4945 为仲裁方法。

⑥ 仅适用于交货时密封容器中的油。装于其他容器时的水含量由供需双方另订协议。

⑦ 试验方法也包括 GB/T 11133 和 NB/SH/T 0207，有争议时，以 ASTM D6304 为仲裁方法。

⑧ 指标由供需双方商定。

⑨ 只适用于深度精制的矿物油或合成烃油。

⑩ 该项目是否检测由供需双方商定，如需要，应为无沉淀。

⑪ 压缩机台架试验（包括寿命试验、结焦试验和与各种材料的相容性试验等）为本产品定型时和用油者首次选用本产品时必做的项目。当生产冷冻机油的原料和配方有变动时，或转厂生产时应重做台架试验。如果供油者提供的每批产品，其红外线谱图与通过压缩机台架试验的油样谱图相一致，又符合本标准所规定的理化指标或供需双方另订的协议指标时，可以不再进行压缩机台架试验。红外线谱图可以采用 ASTM E1421：1999（2009）方法测定。

表 19.2-69 国产全封闭制冷压缩机油的质量指标

名 称	全封闭冷冻机油	SR-32 合成冷冻机油	SR-32A 合成冷冻机油	N56 合成转子式空调压缩机油	分析方法
品 种	L-DRB/A	L-DRB/B	L-DRB/B	L-DRB/B	
黏度等级	32	32	32	56	
运动黏度/$mm^2 \cdot s^{-1}$					GB/T 265
40℃	31.64	31.27	29.57	52.53	
100℃	4.86	4.84	4.85	6.94	
黏度指数	58	60	75	84	GB/T 2541
酸值/$mgKOH \cdot g^{-1}$	0.016	中	0.01	0.02	GB/T 264
闪点/℃	184	197	196	220	GB/T 3536
燃点/℃	209	208	210		
苯胺点/℃	98.4	93	77.5	98.4	GB/T 262
含水量/$mg \cdot kg^{-1}$	16	26.7	18.8	21	GB/T 11133
绝缘强度/kV	55	60	47	55	GB/T 507
絮凝点/℃	-50.5	-61	-70	-60	GB/T 12577
凝点/℃		-56	-60	-56	GB/T 510
倾点/℃	-45	-45	-47	-39	GB/T 3535
残炭(%)	0.005	0	0	0.006	GB/T 260
灰分(%)	0.002	0	0	0	GB/T 508
硫含量(%)	0.074	0.0005	0.002		SH/T 0253
密度(20℃)/$g \cdot cm^{-3}$	0.8719	0.8663	0.8731	0.8723	GB/T 2540
色度/级	0.5	L1.0	0.5	L1.5	GB/T 6540
铜片腐蚀(100℃、3h)/级	16	1A	16	1A	GB/T 5096
泡沫性能，泡高/泡沫稳定性(24-93-24℃)/$mL \cdot mL^{-1}$		10/0—35/0—10/0	10/0—15/0—10/0	10/0—30/0—10/0	GB/T 12579
制冷剂(R12)与油的热化学安定性(菲利浦试验)/h	96	96	96	96	DIN 51593
Falex 烧结负载(52℃)/N		3113	2667	3422	ASTMD 2670
热稳定试验(快速老化试验)(100℃、90h)	通过	通过	通过	通过	IHV-02-C3-522
与 R22 的临界溶解温度/℃		-18	-20	-12	DIN 51351
密封管试验(175℃、14d、Fe、Cu)					参考 Sun 法
试验后 色度				2.0	
R22(%)				0.38	
用 途	适用于以氟里昂作为制冷剂的全封闭制冷压缩机，如冰箱、冷柜和空调等压缩机	适用于以氟里昂作为制冷剂的全封闭制冷压缩机，如冰箱、冷柜和空调，也可用于半封闭和超低温制冷设备	适用于以氟里昂作为制冷剂的全封闭制冷压缩机，如冰箱、冷柜和空调，也可用于半封闭和超低温制冷设备	适用于以氟里昂作为制冷剂的全封闭转子式制压缩机，也可用于活塞式全封闭和半封闭制冷压缩机	

注：1. 表中百分数为质量分数。

2. 生产商有中国石油独山子石化公司、北京兴普精细化工技术开发有限公司。

表 19.2-70　各种制冷压缩机用冷冻机油的黏度选择

制冷压缩机类型		致　冷　剂	蒸发温度/℃	适用黏度(40℃)/$mm^2 \cdot s^{-1}$
活塞式	开　式	氨	-35 以上	46～68
			-35 以下	22～46
		R12	-40 以上	56
		R22	-40 以下	32
	封闭式	R12	-40 以下	10～32
		R22	-40 以下	22～68
	斜板式	R12	冷气、空调	56～100
回转式	螺杆式	氨	-50 以下	56
		R12	-50 以下	100
		R22	-50 以下	56
	转子式	R12	一般空调	32～68
		R22		32～100
离　心　式		R11	一般空调	32(汽轮机油)
		其他氟里昂		56
		氯甲烷		56

3.6　机床用油

机床上主要润滑部位是齿轮、导轨、轴承和液压系统。机床上的齿轮负载不大，对油品要求不高，对机床加工精度影响最大的是导轨油、主轴油和液压油，见表 19.2-71～表 19.2-73。

表 19.2-71　机床用润滑油（摘自 ISO/TR 3498）

项目	用　途　分　类		性　　能	代号 ISO VG	主 要 用 途
A	全损式		精制石油润滑油	AN68 200	轻负载全损式一般润滑用
C	齿轮（闭式）	中负载	耐蚀、抗氧化安定性好的直馏精制加抗氧化剂润滑油	CKB32 CKB68 CKB100 CKB150	中负载卡头、进给箱刀架等，闭式齿轮及轴承的强制、油浴及喷雾润滑用
		重负载	耐蚀、抗氧化及负载性好的添加剂精制石油润滑油	CKC100 CKC150 CKC220 CKC320 CKC460	高负载运转温度不超过 70℃ 的双曲线齿轮以外的闭式齿轮及轴的强制及油浴润滑
F	主轴轴承连接离合器	主轴和轴承	抗氧化性、耐蚀性及耐磨损性优良的精制石油系油	FD2 FD5 FD10 FD22	滑动（平）轴承或滚动轴承的强制、油浴及喷雾润滑
		主轴、轴承和离合器	耐蚀性、抗氧化性优良的精制石油系油	FC2 FC5 FC10 FC22	滑动（平）轴承或滚动轴承，以及连接离合器的强制、油浴及喷雾润滑

（续）

项目	用途分类		性能	代号 ISO VG	主要用途
G	导轨润滑油		润滑性能、黏附性优秀的防爬性好的精制石油系油	G68 G100 G150 G220	滑动面（螺母、进给螺杆、凸轮、爪轮及间歇运转的重负载蜗轮蜗杆等各种滑动部分）的润滑及低速滑动面的防爬润滑
H	液压系	液压系统	耐蚀、抗氧化性好的精制石油系油	HL32 HL46 HL68	滑动（平）轴承、滚动轴承，或双曲线齿轮以外的齿轮的一般液压系统润滑
			耐蚀、抗氧化性及抗磨损性能好的精制石油系油	HM15 HM32 HM46 HM68	适用一般液压系统
			黏温性能优良的防锈抗氧化精制石油系油	HV22 HV32 HV68	适用计算机数控（NC）系统
		液压及导轨系统	防爬性能好的防锈抗氧化抗磨精制石油系油	HG32 HG68	液压系统及要求防爬的导轨面润滑共用
X	各部分脂润滑	多效通用润滑脂	抗氧化性、耐蚀性好的优级润滑脂	XBCEA 00 XBCEA 0 XBCEA 1 XBCEA 2 XBCEA 3	滑动（平）轴承及滚动轴承等各种摩擦部分的一般脂润滑用

表 19.2-72 金属切削机床用节能型润滑油的黏度 （$mm^2 \cdot s^{-1}$）

机床	黏度 ISO VG(40℃)		节电率（%）	油名	黏度 ISO VG(40℃)		节电率（%）
	原用油	节能油			原用油	节能油	
万能自动车床	32(28.8~35.2) 46(41.4~50.6)	10(9.0~11.0) 10(9.0~11.0)	6.5 10.4	高速轴承油	10(9.0~11.0)	7(6.3~7.7)	6
				齿轮油	32(28.8~35.2) 56.68(50.4~74.8)	10(9.0~11.0) 46(41.4~50.6)	
圆筒磨床	68(61.2~74.8) 46(41.4~50.6)	46(41.4~50.6) 32(28.8~35.2)	6.2 9.3	导轨油	68(61.2~74.8)	46(41.4~50.6)	
				液压油	32(28.8~35.2) 56.68(50.4~74.8)	32(28.8~35.2) 46(41.4~50.6)	

表 19.2-73 机床润滑油换油的质量指标（供参考）

质量项目		主轴油	齿轮油	液压油	导轨油
黏度变化（40℃，mm^2/s）（%）	最大	±10	±15	±10	±10
总酸值/$mgKOH \cdot g^{-1}$	最大	0.25	0.25	0.25	—
水分（体积分数，%）	最大	0.1	0.1	0.1	0.05
杂质（微孔滤膜）/$mg \cdot 100mL^{-1}$	最大	10	10	10	2

3.6.1　轴承油（L-FC）、主轴油（L-FD）（见表 19.2-74）

表 19.2-74　轴承油、主轴油的质量指标（摘自 SH/T 0017—1990）

项　目	质量指标																									试验方法
品　种	L-FC											L-FD														
质量等级	一　级　品											一　级　品							合　格　品[①]							
黏度等级（按 GB/T 3141）	2	3	5	7	10	15	22	32	46	68	100	2	3	5	7	10	15	22	2	3	5	7	10	15	22	—
运动黏度（40℃）/$mm^2 \cdot s^{-1}$	1.98~2.24	2.88~3.52	4.14~5.06	6.12~7.48	9.00~11.0	13.5~16.5	19.8~24.2	28.8~35.2	41.4~50.6	61.2~74.8	90~110	1.98~2.42	2.88~3.52	4.14~5.06	6.12~7.48	9.00~11.0	13.5~16.5	19.8~24.2	1.98~2.42	2.88~3.52	4.14~5.06	6.12~7.48	9.00~11.0	13.5~16.5	19.8~24.2	GB/T 265
黏度指数　不小于	—			报　告								—			报　告				—			报告				GB/T 2541
倾点/℃　不高于	−18					−12					−6	−12							—							GB/T 3535
凝点/℃　不高于	—											—							−15							GB/T 510
闪点/℃　开口　不低于	—			115	140			160	180			—			115	140			—							GB/T 3536
闪点/℃　闭口　不低于	70	80	90	—								70	80	90	—				60	70	80	90	100	110	120	GB/T 261
中和值/$mgKOH \cdot g^{-1}$	报　告											报　告							—							GB/T 4945
泡沫性（泡沫倾向/泡沫稳定性）24℃/$mL \cdot mL^{-1}$　不大于	100/10											100/10							—							GB/T 12579
腐蚀试验（铜片、100℃、3h）/级　不大于	1（50℃）	1										1（50℃）			1				1（50℃）		1					GB/T 5096
液相锈蚀试验（蒸馏水）	无　锈											无　锈							—							GB/T 11143

（续）

项目	质量指标																									试验方法
品种	L-FC											L-FD														
质量等级	一级品											一级品							合格品①							
黏度等级(按 GB/T 3141)	2	3	5	7	10	15	22	32	46	68	100	2	3	5	7	10	15	22	2	3	5	7	10	15	22	—
抗磨性　最大无卡咬负载 P_B/N　不小于	—											—							343	392		441		490		GB/T 3142
抗磨性　磨斑直径②（196N、60min、75℃、1500r/min）/mm　不大于	—											0.5							—							SH/T 0189
氧化安定性　酸值到 2.0mgKOH/g 的时间③/h　不小于	—					1000						—					1000		—							GB/T 12581
氧化安定性　氧化后酸值增加 /mgKOH·g^{-1}　不大于	0.2					—						0.2					—		0.2							SH/T 0196
氧化安定性　氧化后沉淀（质量分数,%）　不大于	0.02					—						0.02					—		0.02							（用 100℃）
橡胶密封适应性指数	报告											报告							—							SH/T 0305
硫酸盐灰分（%）	—											报告							—							GB/T 2433
色度/号	报告											报告							报告							GB/T 6540
水分（质量分数,%）　不大于	痕迹											痕迹							痕迹							GB/T 260
机械杂质（质量分数,%）　不大于	无								0.007			无							无							GB/T 511
抗乳化性（40-37-3mL）/min　不大于	报告（黏度等级≤22 用 25℃，32~68 用 54℃，100 用 82℃）											报告（用 25℃）							—							GB/T 7305

① 1995 年 1 月 1 日起取消 L-FD（合格品）。
② FD_2（一级品）的磨斑直径测定的温度条件为 50℃。
③ 为保证项目。

3.6.2 导轨油（见表 19.2-75、表 19.2-76）

表 19.2-75 导轨油的质量指标（摘自 SH/T 0361—1998）

项目	质量指标							试验方法
品种(按 GB/T 7631.11)	L-G							—
黏度等级(按 GB/T 3141)	32	46	68	100	150	220	320	—
运动黏度(40℃)/$mm^2 \cdot s^{-1}$	28.8~35.2	41.4~50.6	61.2~74.8	90~110	135~165	198~242	288~352	GB/T 265
黏度指数	报告①							GB/T 1995
密度(20℃)/$kg \cdot m^{-3}$	报告①							GB/T 1884 GB/T 1885
中和值/$mgKOH \cdot g^{-1}$	报告①							GB/T 4945
外观(透明度)	清澈透明				透明			目测②
闪点(开口)/℃ 不低于	150	160	180					GB/T 3536
腐蚀试验(铜片、60℃、3h),级 不大于	2							GB/T 5096
液相锈蚀试验(蒸馏水法)	无锈							GB/T 11143
倾点/℃ 不高于	-9					-3		GB/T 3535
抗磨性:① 磨斑直径(200N、60min、1500r/min)/mm 不大于	0.5③							SH/T 0189
橡胶相容性	④							GB/T 1690
黏滑特性	⑤							⑤
加工液相容性	④							②
机械杂质(质量分数,%) 不大于	无					0.01		GB/T 511
水分(质量分数,%) 不大于	痕迹							GB/T 260

① 这些特性对于机械制造者来说是重要的，但它可随机械设计、材料和操作环境等条件的变化而变化，特性数据应由供油者提供。

② 供需双方可共同商定测试方法。

③ 尽管四球机试验结果与导轨油的实际使用在吻合程度上有争议，但对于用户在选用导轨油而了解其抗磨性数据时有一定的参考价值。四球机试验条件和指标水平都是建议性的（如果采用转速为 1200r/min 时，应在化验报告单上予以注明）。

④ 供需双方应经常交流测定的数据。

⑤ 按供、需双方同意的方法测定，由供应者提供数据（我国曾采用广州机床研究所自建的模拟导轨润滑系统的实验台架来测定导轨油的静-动摩擦系数的差值，从而了解导轨油在低速下的爬行情况，为研制导轨油筛选配方和产品定型起到了指导作用）。

表 19.2-76　L-HG 液压导轨油的质量指标（摘自 GB 11118.1—2011）

项　目		质量指标				试验方法
黏度等级(GB/T 3141)		32	46	68	100	
密度[①](20℃)/$kg \cdot m^{-3}$		报告				GB/T 1884 和 GB/T 1885
色度/号		报告				GB/T 6540
外观		透明				目测
闪点/℃ 开口	不低于	175	185	195	205	GB/T 3536
运动黏度(40℃)/$mm^2 \cdot s^{-1}$		28.8~35.2	41.4~50.6	61.2~74.8	90~110	GB/T 265
黏度指数[②]	不小于	90				GB/T 1995
倾点[③]/℃	不高于	−6	−6	−6	−6	GB/T 3535
酸值[④] $mgKOH \cdot g^{-1}$		报告				GB/T 4945
水分(质量分数,%)	不大于	痕迹				GB/T 260
机械杂质		无				GB/T 511
清洁度		⑤				DL/T 432 和 GB/T 14039
铜片腐蚀(100℃、3h)/级	不大于	1				GB/T 5096
液相锈蚀(24h)		无锈				GB/T 11143(A 法)
中和值 $mgKOH \cdot g^{-1}$		报告				GB/T 8021
泡沫性(泡沫倾向/泡沫稳定性)/$mL \cdot mL^{-1}$						GB/T 12579
程序Ⅰ(24℃)	不大于	150/0				
程序Ⅱ(93.5℃)	不大于	75/0				
程序Ⅲ(后 24℃)	不大于	150/0				
密封适应性指数	不大于	报告				SH/T 0305
抗乳化性(乳化液到 3mL 的时间)/min						GB/T 7305
54℃		报告			—	
82℃		—			报告	
黏滑特性(动、静摩擦因数差值)[⑥]	不大于	0.08				SH/T 0361 的附录 A
氧化安定性						
1000h 后总酸值 $mgKOH \cdot g^{-1}$	不大于	2.0				GB/T 12581
1000h 后油泥/mg		报告				SH/T 0565
旋转氧弹(150℃)/min		报告				SH/T 0193
抗磨性						
齿轮机试验/失效级	不小于	10				SH/T 0306
磨斑直径(392N、60min、75℃、1200r/min)/mm		报告				SH/T 0189

① 测定方法也包括用 SH/T 0604。
② 测定方法也包括用 GB/T 2541。结果有争议时，以 GB/T 1995 为仲裁方法。
③ 用户有特殊要求时，可与生产单位协商。
④ 测定方法也包括用 GB/T 264。
⑤ 由供需双方协商确定，也包括用 NAS 1638 分级。
⑥ 经供、需双方商定后也可以采用其他黏滑特性测定法。

3.7　风力发电机用油

风力发电机组分布广泛，各地气候条件差异很大。沿海地区空气湿度大、盐雾重，年均温度较高；北方地区温差较大，冬季寒冷，风沙较强。对于闭式润滑系统来说，首要考虑的是温度差异，而湿度、风沙及盐雾等因素的影响相对较小。

由于风力发电机组运行的环境温度一般不超过40℃，且持续时间不长，因此除发电机轴承外，用于风力发电机组的润滑油（脂），在油品的低温性能上，根据风力发电机组运行环境的温度不同，其要求也不同。对于环境温度高于-10℃的地区，所用润滑油不需特别考虑低温性能，大多数润滑油都能满足使用要求；在环境温度较低的寒区，如冬季最低温度低于-20℃，有时连续数日在-30℃左右的工况，对油品的低温性能有较高的要求。

风力发电机的主要润滑部位有齿轮箱、发电机轴承、偏航系统轴承和齿轮，以及液压制动系统和主轴承等。

3.7.1　齿轮箱润滑油（见表19.2-77）

表19.2-77　SH5000系列合成烃重负载工业齿轮油质量指标

项　目	SH5100	SH5150	SH5220	SH5320	SH5460	SH5680
运动黏度(100℃)/mm²·s⁻¹	12.09	19.72	26.97	36.05	50.06	68.31
运动黏度(40℃)/mm²·s⁻¹	99.27	161.0	231.9	321.1	464.6	636.1
闪点(开口)/℃	230	220	215	215	215	224
凝点/℃	-45	-45	-43	-40	-35	-32
液相锈蚀	合格	合格	合格	合格	合格	合格
抗乳化						
油中水（质量分数,%）	2.0	2.0	2.0	2.0	2.0	2.0
总水分/mL	80	80	80	80	80	80
乳化液/mL	1.0	1.0	1.0	1.0	1.0	1.0
P_D/N	3920	3920	3087	3920	3087	3920

3.7.2　发电机轴承润滑脂（见表19.2-78）

表19.2-78　7019-1极压复合锂基润滑脂质量指标

项　目	3号	2号	1号	0号	00号
锥入度/10⁻¹mm	239	274	325	360	402
10万次延长工作锥入度/10⁻¹mm	285	309	360	395	440
滴点/℃	>330	>330	>330	>330	>330
四球试验					
P_B/N	1373	1373	1373	1373	1373
ZMZ/N	705	705	705	652	652

3.7.3　偏航系统轴承和齿轮用润滑脂（见表19.2-79）

表19.2-79　7011低温极压润滑脂质量指标

项　目	典型值
滴点/℃	180
微锥入度/10⁻¹mm	64
腐蚀(T3铜、100℃、3h)	合格
压力分油(%)	15
相似黏度(-50℃,10s⁻¹)/Pa·s	891
蒸发损失(120℃)(质量分数,%)	0.6
氧化压力降（0.78MPa，100℃，100h）/kPa	12

3.7.4　液压制动系统润滑油（见表19.2-80）

表19.2-80　4637高黏度指数液压油主要质量指标

项　目	15号	32号	46号	68号	100号
运动黏度(40℃)/mm²·s⁻¹	13.5～16.5	28.8～35.2	41.4～50.6	61.2～74.8	90～110
黏度指数　≥	140	140	140	140	140
闪点(开口)/℃　≥	166	200	200	210	220
凝点/℃　≤	-30	-30	-30	-30	-30
泡沫特性/mL·mL⁻¹					
24℃　≤	100/0	100/0	100/0	100/0	100/0
93℃　≤	100/0	100/0	100/0	100/0	100/0
后24℃　≤	100/0	100/0	100/0	100/0	100/0

3.7.5　大型风力发电机润滑油品应具备的条件和主要性能（见表19.2-81、表19.2-82）

表19.2-81　润滑油的条件和主要性能

品种	材料	黏度VG	FZG失效级	黏度指数VI	倾点/℃	叶片泵试验
齿轮油	聚α-烯烃	220～320	14	>150	-40	
液压油	合成油	32	>10	>140	<-30	环磨损<120mg 叶片磨损<30mg

表19.2-82　润滑脂的条件和主要性能

品种	材料	稠度	使用温度/℃	其　他
开式齿轮脂		1号	-30～140	高承载能力；黏附性好
半流体润滑脂	合成油/特殊锂皂		-15～140；短时160	FZG失效级>14 黏度:22℃,2100mPa·s; -55℃,12000mPa·s
高性能多效润滑脂		2号	-30～100；短时130	优越的铜腐蚀、锈蚀、抗磨性能，适于集中润滑系统
超高性能多效润滑脂	合成油/特殊钙皂	2号	-55～140；短时160	铜腐蚀、锈蚀和抗水性能好； 低温转矩： -40℃起动转矩，200N·mm； 运行转矩,80N·mm； -50℃起动转矩，900N·mm； 运行转矩,500N·mm

3.8　真空泵油（见表19.2-83）

表 19.2-83 矿物油型真空泵油的质量指标（摘自 SH/T 0528—1992）

项目		质量指标							试验方法
质量等级		优级品			一级品			合格品	
黏度等级(按 GB/T 3141)		46	68	100	46	68	100	100	
运动黏度(40℃)/$mm^2 \cdot s^{-1}$		41.4~50.6	61.2~74.8	90~110	41.4~50.6	61.2~74.8	90~110	90~110	GB/T 265
黏度指数	不小于	90	90	90	90	90	90	—	GB/T 2541
密度(20℃)/$kg \cdot m^{-3}$	不大于	880	882	884	880	882	884	—	GB/T 1884 或 GB/T 1885
倾点/℃	不高于	-9	-9	-9	-9	-9	-9	-9	GB/T 3535
闪点(开口)/℃	不低于	215	225	240	215	225	240	206	GB/T 3536
中和值/$mgKOH \cdot g^{-1}$	不大于	0.1	0.1	0.1	0.1	0.1	0.1	0.2	GB/T 4945
色度/号	不大于	0.5	1.0	2.0	1.0	1.5	2.5	—	GB/T 6540
残炭(%)	不大于	0.02	0.03	0.05	0.05	0.05	0.10	0.20	GB/T 268
抗乳化性(40-37-3mL)/min									GB/T 7305
54℃	不大于	10	15	—	30	30	—	—	
82℃	不大于	—	—	20	—	—	30	报告	
腐蚀试验(铜片、100℃、3h)/级	不大于	1	1	1	1	1	1	—	GB/T 5096
泡沫性(泡沫倾向/泡沫稳定性)/$mL \cdot mL^{-1}$									GB/T 12579
24℃	不大于	100/0	100/0	100/0	—	—	—	—	
93.5℃	不大于	75/0	75/0	75/0	—	—	—	—	
后 24℃	不大于	100/0	100/0	100/0	—	—	—	—	
氧化安定性 酸值到 2.0mgKOH/g 的时间①/h	不小于	1000	1000	1000	—	—	—	—	GB/T 12581
氧化安定性 旋转氧弹(150℃)/min		报告	报告	报告	—	—	—	—	SH/T 0193
水溶性酸及碱		无	无	无	无	无	无	无	GB/T 259
水分(%)		无	无	无	无	无	无	无	GB/T 260
机械杂质(%)		无	无	无	无	无	无	无	GB/T 511
灰分(%)	不大于	—	—	—	—	—	—	0.005	GB/T 508
饱和蒸气压/kPa									SH/T 0293
20℃	不大于	—	—	—	—	—	—	5.3×10^{-6}	
60℃	不大于	6.7×10^{-6}	6.7×10^{-7}	1.3×10^{-7}	1.3×10^{-5}	1.3×10^{-6}	6.7×10^{-7}	报告	
极限压力/kPa									GB/T 6306.2②
分压	不大于	2.7×10^{-5}	2.7×10^{-5}	2.7×10^{-5}	6.7×10^{-5}	6.7×10^{-5}	6.7×10^{-5}	—	
全压		报告	报告	报告	—	—	—	—	

注：表中百分数为质量分数。

① 为保证项目。

② 必须用双级优级真空泵作为试验用泵。

3.9　L-AN 全损耗系统用油

L-AN 全损耗系统用油是合并了原机械油、缝纫机油和高速机械油标准而形成的，适用于过去使用机械油的各种场合，如机床、纺织机械、中小型电机、风机和水泵等各种机械的变速器，手动加油转动部位、轴承等一般润滑点或润滑系统，以及对润滑油无特殊要求的全损耗润滑系统，不适用于循环润滑系统。L-AN 全损耗系统用油的质量指标见表 19.2-84。

表 19.2-84　L-AN 全损耗系统用油的质量指标（摘自 GB/T 443—1989）

项　目	质　量　指　标										试验方法
品种	L-AN										
黏度等级(按 GB/T 3141)	5	7	10	15	22	32	46	68	100	150	—
运动黏度(40℃)/$mm^2 \cdot s^{-1}$	4.14~5.06	6.12~7.48	9.00~11.00	13.5~16.5	19.8~24.2	28.8~35.2	41.4~50.6	61.2~74.8	90.0~110	135~165	GB/T 265
倾点[①]/℃　不高于	-5										GB/T 3535
水溶性酸或碱	无										GB/T 259
中和值/$mgKOH \cdot g^{-1}$	报告										GB/T 4945
机械杂质(%)　不大于	无			0.005		0.007					GB/T 511
水分(%)　不大于	痕迹										GB/T 260
闪点(开口)/℃　不低于	80	110	130	150			160		180		GB/T 3536
腐蚀试验(铜片、100℃、3h)/级　不大于	1										GB/T 5096
色度/号　不大于	2				2.5	报告					GB/T 6540

注：表中百分数为质量分数。

① 当本产品用于寒冷地区时，其倾点指标可由供需双方协商后另订。

3.10 链条油（见表19.2-85）

表19.2-85 优立欣M9000系列超级合成高温链条及轴承润滑油的质量指标

项目	典型值		试验方法
	220	320	
密度(15℃)/$kg \cdot L^{-1}$	0.954	0.973	ASTM D1298
运动黏度/$mm^2 \cdot s^{-1}$			ASTM D445
40℃	221	315	
100℃	25.5	33.8	
黏度指数	146	153	ASTM D2270
闪点(开口)/℃	300	310	ASTM D92
倾点/℃	-30	-25	ASTM D97
蒸发损失(100℃、22h)/%	0.3	0.3	ASTM D972
四球磨斑直径/mm	0.38	0.38	ASTM D4172
铜片腐蚀(100℃、3h)/级	1a	1a	ASTM D130
防锈试验	合格	合格	ASTM D665
操作温度/℃			—
连续	260	260	
间歇	280	280	

3.11 润滑油与橡胶密封材料的相容性

3.11.1 相容性

橡胶密封件应用非常广泛，是机电产品防止“三漏”（漏油、漏水和漏气），保证安全运行，提高性能和效率的重要基础元件。

相容性指润滑油对其接触的各种金属材料、非金属材料（如橡胶、涂料和塑料）等无侵蚀作用，这些材料也不会使油污染变质。不相容会产生金属腐蚀、涂料溶解和橡胶的过分膨胀或收缩，加快油料的污染变质。这些都会缩短油品和密封件的寿命，甚至造成运行故障，因此在机械设备上，润滑油必须与系统的各种材料相适应，更要与密封材料相适应。

3.11.2 橡胶密封材料的性能及其与润滑油的相容性

（1）丁腈橡胶（NBR）

丁腈橡胶是由丁二烯和丙烯腈聚合而成的橡胶，是使用最为广泛的密封材料，它具有优良的耐油性能。由于它含有丙烯腈，因而具有极性，所以对非极性和弱极性的油类和溶剂具有优异的抗耐性。丙烯腈含量越高，耐油性越好，但耐寒性下降。丁腈橡胶可以在温度为100℃的工作环境下长期工作，短时工作温度允许到120℃，是20世纪橡胶密封件的主要材料。但由于丁腈橡胶主链中含有双键，导致其耐热、耐天候以及化学稳定性较差。丁腈橡胶不耐酮、酯和卤化烃等物质。在含有极压添加剂的油中，当温度超过110℃时，就发生显著的硬化、变脆；遇到硫、磷及氯化合物，还会引起橡胶解聚，造成损坏，因此丁腈橡胶不能用于现代磷酸酯系液压油和含有极压添加剂的齿轮油。

（2）氢化丁腈橡胶（HNBR）

丁腈橡胶（NBR）分子主链上有双键，影响它的耐热、耐天候和耐化学稳定性。HNBR是用贵重金属作为催化剂，有选择地使NBR中的C═C键氢化，使之饱和，得到饱和型的氢化丁腈橡胶HNBR。与NBR比较，其强度大大提高，耐热性极其优良，耐油性与NBR相当，耐磨性提高一倍。

研究显示，HNBR对22种汽车润滑油添加剂的抗耐性好，耐新型燃料菜油甲酯（RME）的性能，为NBR的8倍，非常适合RME和乙醇汽油系统的密封；HNBR对新型制冷剂具有优良的密封性能，HNBR将在新的传动介质、新流体密封中发挥重要作用。

（3）丙烯酸酯橡胶（ACM）

丙烯酸酯橡胶是以丙烯酸酯为主要成分的共聚体，主链饱和，侧链含有烷基、烷氧基，可与带有环氧基、活性卤素及羧基等官能团的单体进行交联共聚。在耐热、耐油（润滑油）和耐臭氧等方面，具有优异的平衡性能。由于聚丙烯酸酯橡胶的结构中含有极性的丙烯酸酯基团，使得它具有很突出的耐石油基油类和燃料的特性。这个性质也使它可用于密封含硫的润滑剂。因为聚丙烯酸酯橡胶的化学结构可以抵抗这些材料的交联，因此在汽车方面的应用越来越多。该聚合物具有非常高的抗氧化、抗臭氧和抗阳光辐射性能，并且其耐屈挠的性能也很好。

聚丙烯酸酯橡胶的低温性能差一些，但在高达176.7℃的热油中仍可使用。它的部件暴露在热空气中的性能也优于丁腈橡胶。

聚丙烯酸酯橡胶也有它的弱点。相对于其他的聚合物，它的强度和耐水性要差一些。20 世纪 80 年代以后，聚丙烯酸酯橡胶的一些应用被乙烯-丙烯酸橡胶替代，但仍用作一些汽车的部件，如发动机垫片、动力传向装置等。

（4）乙烯-丙烯酸橡胶（AEM）

乙烯-丙烯酸橡胶（AEM）是由乙烯、甲基丙烯酸酯及少量的可供在聚合物中作为硫化点的第三单体组成的三聚物。

AEM 具有非常好的耐热性、耐油性和低温性能。这种聚合物很适于含石蜡油的发动机润滑剂的环境。由于它的脆点较低，所以在一些密封方面可代替聚丙烯酸酯橡胶。乙烯-丙烯酸橡胶胶料在动态能力方面的应用会受到限制，如在高速运转下轴的密封，会由于聚合物的性能不好而引起泄漏。

（5）硅橡胶（VMQ）

硅橡胶具有卓越的耐高、低温性能，在所有橡胶材料中具有最广泛的工作温度；硅橡胶耐臭氧、耐氧、耐光和耐热老化，性能优越；硅橡胶对于低度的酸、碱有一定的抗耐性，对乙醇、丙酮等介质也有很好的抗耐性。硅橡胶的种类有甲基硅橡胶、甲基乙基硅橡胶、苯基硅橡胶、氟硅橡胶、腈硅橡胶和硼硅橡胶六类。

硅橡胶的主要缺点：硫化成形时尺寸收缩大，制作时不易控制尺寸，同时必须添加补强剂，否则机械强度较差，不耐磨，易撕裂，在耐酸碱腐蚀方面也不够理想。

（6）氟橡胶（FKM）

氟橡胶耐高温、耐油和耐化学介质，是目前综合性能最优异的特种橡胶。全球氟橡胶产量的 80% 用于制作密封件。氟橡胶可在 250℃ 下长期工作，短期可耐 300℃ 高温。其极优越的耐蚀性是氟橡胶的特点，它对燃料油、液压油、有机溶剂、酸和强氧化剂等的作用具有稳定性，优于其他各类橡胶。

（7）氟硅橡胶（FVMQ）

氟硅橡胶是一种特殊的硅橡胶。氟硅橡胶保持了硅橡胶的耐热性、耐寒性、耐天候性、压缩复原性、回弹性、电气特性和脱膜性等一系列优良性能，并在此基础上增加了氟橡胶的耐油性、耐溶剂性能。与氟橡胶相比，其耐油性相当，耐寒性、压缩永久变形性更优，而且从高温到低温都显示出优良的性能；即使不使用增塑剂也可得到低硬度的制品。氟硅橡胶作为汽车或飞机的密封件、衬垫、膜片和管类等制品正在广泛应用。

（8）三元乙丙橡胶（EPDM）

三元乙丙橡胶是由乙烯、丙烯和第三单体共聚而成的橡胶，具有优良的耐老化性、耐臭氧性、耐热性和突出的耐蒸汽性能；具有耐醇、耐强碱和耐氧化剂等化学品，但不耐脂肪族、芳香族类溶剂，不适于密封矿物油系润滑油和液压油。其制品可以在温度为120℃下长期使用，最高使用温度为 150℃，最低极限温度为-50℃。EPDM 适用于制作汽车密封条，国外目前已用 EPDM 完全取代天然橡胶（NR）和氯丁二烯橡胶（CR）。

3.12　部分国内外油品牌号对照（见表 19.2-86~表 19.2-88）

表 19.2-86　部分国内外汽轮机油品牌号对照

生产商 / 品种 牌号 / 黏度等级	中国汽轮机油 TSA	英国石油 BP	加德士石油 CALTEX	日本石油	法国爱尔菲 ELF	埃索标准油 ESSO	美孚石油 MOBIL	壳牌国际石油 SHELL
	GB 11120—2011	Energol THB、TH-HT	Regal Oil R&O	FBK Turbine、GT、SH	Misola H Turbelf GB、SA	Teresso Teresso GT、SHP	DTE	Turbo Oil T、GT、TX
32	32	32	32	32、GT32、SH32	H32、GB32、SA32	GT-EP32 32、GT-32	Light	T32、GT32、TX32
46	46	46	46	46、SH46	H46、GB46、SA46	46	Medium	T46、GT46、TX46
68	68	68(77)	68	68、SH68	H68、SA68	68(77)	Heavy medium	T68、(T78)、TX68
100	100	100	100	100	H100、SA100	100	Heavy	T100
150	—	150	150	—	—	150	Extra H	—
220	—	—	220	—	—	220、SHP220	BB	—
320	—	—	320	—	—	320、SHP320	AA	—
460	—	460	—	—	—	460	HH	—

表 19.2-87 部分国内外工业齿轮油品牌号对照

GB/T 3141 黏度等级	ISO 黏度等级	中国			美国齿轮制造商协会（AGMA）		美孚石油 MOBIL		壳牌国际石油 SHELL		日本石油	
		抗氧防锈工业齿轮油	中载荷工业闭式齿轮油	重载荷工业闭式齿轮油	R&O	EP/Comp	R&O	EP	R&O	EP	R&O	EP
		L-CKB 或 GB 5903—2011	L-CKC GB 5903—2011	L-CKD GB 5903—2011			DTE	Mobil-Gear	Macoma Oil R	Omala	—	—
—	VG32	—	—	—	—	—	Oil light DTE 24	—	—	—	32	—
—	VG46	—	—	—	1	—	Oil Medium DTE 25	—	—	—	46	—
68	VG68	50	68	—	2	2EP	Oil HM DTE 26	626	68	68	68	68
100	VG100	70	100	—	3	3EP	Oil Heavy	627	100	100	100	100
150	VG150	90	150	—	4	4EP	Oil Extra Heavy	629 SHC 150	150	150	150	150
220	VG220	120,150	220	220	5	5EP	Oil BB	630 SHC 220	220	220	220	220
320	VG320	200	320	320	6	6EP	Oil AA	632 SHC 320	320	320	320	320
460	VG460	250	460	460	7	7EP 7Comp	Oil HH	634 SHC 460	460	460	460	460
680	VG680	300、350	680	680	—	8EP 8Comp	—	636 SHC 680	680	680	—	680
—	VG1000	—	—	—	—	8AComp	—	639	1000	1000	—	—
—	VG1500	—	—	—	—	9EP	—	—	—	1500	—	(1800)

表 19.2-88 部分国内外车辆齿轮油品牌号对照

API使用质量等级	中国使用质量等级	意大利石油总AGIP	英国石油BP	加德士石油CALTEX	嘉实多有限CASTROL	法国爱尔菲ELF	埃索标准油ESSO	德国福斯矿物油FUCHS	美孚石油MOBIL	壳牌国际石油SHELL	太阳石油SUN	德士古TEXACO
GL-1	—	Service	Gear Oil	Thuban	ST/D	—	Gear Oil ST	—	Red Mobil Gear Oil Mobilube C	Dentax	—	—
GL-2	—	—	Gear Oil WA	—	—	—	—	—	—	—	—	—
GL-3	L-CLC 普通车辆齿轮油 SH/T 0350—1992	Rotra	Gear Oil EP	Gear lubricant AIF	—	—	Spartan EP	—	Mobil Gear Oil 600	Macoma	Sunoco Gear Oil	—
GL-4	L-CLD 中载荷车辆齿轮油	Rotra HY	Gear Oil EP	Universal Thuban	Hypoy Light Hypoy TAF-X	Reductelf SP Tranself EP	Gear Oil GP Standard Gear Oil	TitanGear MP	Mobilube EP, GX Pegasus Gear Oil Fleetlubc 423J	Spirax EP Hypoid CT	Sunoco Multipurpose Gear Lubricant	—
GL-5	L-CLE 重载荷车辆齿轮油 GB 13895—1992	Rotra MP Rotra MP/S	Limslip 90-1 SuperGear EP Racing Gear Multigear EP Hypogear EP	Multipurpose Thuban EP Ultra Gear Lubricant	EPX Hypoy LS Hypoy B	Tranself B Tranself TRX	Gear Oil GX Standard super Gear Oil	Titan Renep 8090MC Titan Supergear 8090MC Titan Gear HYP Titan5 Speed Titan Supergears Renogear Super	Mobilube HD Mobilube SHC	Spirax HD	Sunoco GL-5 Multipurose Gear Lubricant Sunoco HP Gear Oil Sunfleet Gearlube	Syn-Star DE Syn-Star GL
GL-6	重载荷车辆齿轮油	—	X-5116	—	—	—	—	—	—	6140	—	—
农机齿轮用油	—	—	—	—	—	—	Gear Oil GX	Titan Hydra MC Planto Hytrac Titan Hydra	Fleet 423J	Donax TD	Sunoco TH Fluid	—

第3章 润 滑 脂

基础油加添加剂调配成润滑油（成品油），在润滑油的基础上，用稠化剂稠化，改变其形态，得到油膏状的润滑脂。稠化剂对润滑脂的性能影响很大，稠化剂是润滑脂的重要组成部分。

1 润滑脂的主要质量指标（见表19.3-1）

表19.3-1 润滑脂的主要质量指标

<table>
<tr><th>质量指标</th><th colspan="4">说 明</th></tr>
<tr><td rowspan="8">锥入度</td><td colspan="4">锥入度是衡量润滑脂的稠度（即软硬程度）的指标。
润滑脂等级及其锥入度</td></tr>
<tr><td>等 级</td><td>锥入度范围/10^{-1}mm</td><td>等 级</td><td>锥入度范围/10^{-1}mm</td></tr>
<tr><td>000</td><td>445~475</td><td>3</td><td>220~250</td></tr>
<tr><td>00</td><td>400~430</td><td>4</td><td>175~205</td></tr>
<tr><td>0</td><td>355~385</td><td>5</td><td>130~160</td></tr>
<tr><td>1</td><td>310~340</td><td>6</td><td>85~115</td></tr>
<tr><td>2</td><td>265~295</td><td></td><td></td></tr>
<tr><td colspan="4"></td></tr>
<tr><td>滴点</td><td colspan="4">润滑脂在规定的条件下加热,润滑脂随温度升高而变软,从脂杯中滴下第一滴的温度称为滴点。润滑脂的滴点可大致地用来衡量其最高使用温度</td></tr>
<tr><td>黏度</td><td colspan="4">润滑脂的运动阻力随温度和剪切速度变化而变化。确定润滑脂的黏度,必须指出测定时的温度 t 和剪切速度 $\overline{D}$。所以润滑脂的黏度称为相似黏度
相似黏度标记为：$\eta_t^{\overline{D}}$(Pa·s)</td></tr>
<tr><td>分油</td><td colspan="4">润滑脂在贮存和使用过程中,有产生分油的倾向,质量较好的润滑脂分油较少</td></tr>
<tr><td>蒸发度</td><td colspan="4">润滑脂的蒸发度是衡量润滑脂在使用和贮存过程中,由于基础油的蒸发导致润滑脂变干的倾向
润滑脂经过长期蒸发后,引起稠度变大、滴点降低和分油减少,影响其使用寿命,所以要求润滑脂的蒸发度越小越好</td></tr>
<tr><td>机械安定性</td><td colspan="4">所谓润滑脂的机械安定性指润滑脂受到机械力作用后,其抵抗结构被破坏、抗稠度变化的能力。润滑脂的机械安定性是用其受剪切前后的锥入度变化值来表示
润滑脂的机械安定性的好坏与使用紧密相关,尤其在铰链、平面支承和滑动轴承中更为重要。因为在这些部位的润滑脂几乎全部参加工作,若用机械安定性不好的润滑脂,当其结构受到严重破坏时,去掉剪切负载仍不能恢复原有性状,润滑脂就会从这些部位流失,导致摩擦表面很快磨损破坏
由于润滑脂的机械安定性差,受剪后稠度很快减小,在高速运转的润滑部位,受离心力的作用,润滑脂会被甩出去,造成摩擦表面润滑不良,很快磨损破坏
润滑脂的机械安定性是一项重要的质量指标</td></tr>
<tr><td>氧化安定性</td><td colspan="4">氧化安定性指在贮存和使用过程中其抗氧化的能力
氧化安定性是影响润滑脂使用寿命的重要性能之一,尤其是对长期在高温下使用的润滑脂,更具有重要意义</td></tr>
<tr><td>机械杂质</td><td colspan="4">机械杂质指稠化剂和固体添加剂以外的固体物质(如砂粒、尘土、铁锈和金属屑等),它会引起摩擦表面的磨损,促使润滑脂氧化等</td></tr>
</table>

2 润滑脂的选用

选用润滑脂，除了需要了解各种润滑脂的特性之外，还必须了解使用部位的工作条件（温度、负载、转速和接触介质等）、润滑方式及换油周期等。

2.1 润滑部位的工作温度（见表19.3-2）

润滑部位的工作温度是选择润滑脂的重要依据。

表 19.3-2 按最高温度选择润滑脂的类型

最高温度/℃	稠化剂类型	基础油类型
40~50	钙皂、锂皂	矿物油
100~120	锂皂、复合皂	矿物油
约 150	复合锂、复合铝、复合钡	矿物油、聚 α-烯烃
180~200	复合锂、聚脲、膨润土、酰胺盐	酯类油、聚 α-烯烃、烷基硅油
250	脲类有机物、含氟化合物	苯基硅油、全氟聚醚
300	氮化硼、硅胶等	高苯基硅油

2.2 润滑部位的负载

在负载大的部位选用润滑脂必须考虑其极压抗磨性能。

2.3 润滑部位的速度

速度对润滑脂的轴承寿命影响很大，因此在选用润滑脂时，一定要考虑润滑部位的速度。

2.4 润滑部位的环境及接触的介质

润滑部位所处的环境及接触的介质对润滑脂的性能有较大的影响，在选用时应慎重。

对潮湿或与水接触的部位，不宜选用钠基润滑脂，甚至不选用锂基润滑脂。应选用复合铝基脂或脲基脂。

对与酸或酸性气体接触的部位，不宜选用锂基润滑脂或复合钙基、复合铝基和膨润土基润滑脂。应选用复合钡基或脲基润滑脂。

对与海水或食盐水接触的部位，应选用复合铝基脂。

2.5 润滑脂加注方法

润滑脂的加注方法有人工加注和泵集中加注。当采用人工加注时，主要考虑润滑脂的稠度，一般选1~3号稠度脂，最好选用2号脂。

当采用集中加注时，为了加注方便，不致使泵压力过大，一般选用0~1号稠度脂，最好选用0号脂。

3 钙基润滑脂（见表 19.3-3）

表 19.3-3 钙基润滑脂的质量指标（摘自 GB/T 491—2008）

项 目		质量指标				试验方法
		1号	2号	3号	4号	
外观		淡黄色至暗褐色油膏				目 测
工作锥入度/10^{-1}mm		310~340	265~295	220~250	175~205	GB/T 269
滴点/℃	不低于	80	85	90	95	GB/T 4929
腐蚀(T2 铜片、室温、24h)		铜片上没有绿色或黑色变化				GB/T 7326,乙法
水分(%)	不大于	1.5	2.0	2.5	3.0	GB/T 512
钢网分油量(60℃、24h)(%)	不大于	—	12	8	6	SH/T 0324
灰分(%)	不大于	3.0	3.5	4.0	4.5	SH/T 0327
延长工作锥入度,1 万次与工作锥入度差值/10^{-1}mm	不大于	—	30	35	40	GB/T 269
水淋流失量(38℃、1h)(%)	不大于	—	10	10	10	SH/T 0109①

注：表中百分数为质量分数。

① 水淋后，轴承烘干条件为 77℃，16h。

4 钠基润滑脂（见表 19.3-4）

表 19.3-4 钠基润滑脂的质量指标（摘自 GB 492—1989）

项 目		质量指标		试验方法
		2号	3号	
滴点/℃	不低于	160	160	GB/T 4929
工作锥入度/10^{-1}mm		265~295	220~250	GB/T 269
延长工作(10 万次)	不大于	375	375	
腐蚀试验(T2 铜片、室温、24h)		铜片无绿色或黑色变化		GB/T 7326 乙法
蒸发量(99℃、22h)(质量分数,%)	不大于	2.0	2.0	GB/T 7325

注：原料矿物油运动黏度（40℃）为 41.4~165mm^2/s。

5 锂基润滑脂(见表 19.3-5~表 19.3-9)

锂基润滑脂主要特点：

1）滴点较高。当选用适当的基础油时，锂基润滑脂可以在 120℃长期使用或在 150℃短期使用。

2）具有良好的机械安定性。

3）具有较好的胶体安定性。

4）具有较好的抗水性，可用于潮湿和与水接触的机械部位。

5）与钙基、钠基润滑脂相比，使用寿命可以延长一倍至数倍。

6）具有较低的摩擦因数。

表 19.3-5 几种脂的摩擦因数

润滑脂	基础油	复合钙	钙皂A	钙皂B	钠 皂	锂 皂
摩擦因数	0.040	0.034	0.022	0.012	0.012	0.008

表 19.3-6 1号铁道锂基润滑脂的质量指标（Ⅰ型脂）

项 目		质量要求	国外同类产品要求	试验方法
外观		棕色均匀油膏		目 测
锥入度/10^{-1}mm		235~265	290~320	GB/T 269
滴点/℃	不低于	170	163	GB/T 4929
游离碱,NaOH(%)	不大于	0.15	不控制	
分油(%)	不大于	17	不控制	GB/T 392
腐蚀(100℃、3h、T3铜)		合格		SH/T 0331
水分(%)	不大于	痕迹	0.5	GB/T 512
相似黏度(-20℃、$\overline{D}=10s^{-1}$)/(Pa·s)	不大于	2000	—	SH/T 0048
剪断锥入度（10万次差值)/10^{-1}mm	不大于	25	25	GB/T 270

注：表中百分数为质量分数。

表 19.3-7 通用锂基润滑脂的质量指标（摘自 GB/T 7324—2010）

项 目		质量指标			试验方法
		1号	2号	3号	
外观		浅黄至褐色光滑油膏			目 测
工作锥入度/10^{-1}mm		310~340	265~295	220~250	GB/T 269
滴点/℃	不低于	170	175	180	GB/T 4929
腐蚀(T2铜片、100℃、24h)		铜片无绿色或黑色变化			GB/T 7326,乙法
钢网分油(100℃、24h)(质量分数,%)	不大于	10	5		SH/T 0324
蒸发量(99℃、22h)(质量分数,%)	不大于	2.0			GB/T 7325
杂质(显微镜法)/个·cm^{-3}					SH/T 0336
10μm以上	不大于	2000			
25μm以上	不大于	1000			
75μm以上	不大于	200			
125μm以上	不大于	0			
氧化安定性(99℃、100h、0.760MPa) 压力降/MPa	不大于	0.070			SH/T 0325
相似黏度(-15℃、$10s^{-1}$)/Pa·s	不大于	800	1000	1300	SH/T 0048
延长工作锥入度(10万次)/10^{-1}mm	不大于	380	350	320	GB/T 269
水淋流失量(38℃、1h)(质量分数,%)	不大于	10	8		SH/T 0109
防腐蚀性(52℃、48h)	不大于	合格			GB/T 5018

表 19.3-8 汽车通用锂基润滑脂的质量指标（摘自 GB/T 5671—2014）

项 目		质量指标		试验方法
		2号	3号	
工作锥入度/10^{-1}mm		265~295	220~250	GB/T 269
延长工作锥入度(10万次),变化率(%)	不大于	20		GB/T 269
滴点/℃	不低于	180		GB/T 4929
防腐蚀性(52℃、48h)		合格		GB/T 5018
蒸发量(99℃、22h)(质量分数,%)	不大于	2.0		GB/T 7325
腐蚀(T2铜片、100℃、24h)		铜片无绿色或黑色变化		GB/T 7326,乙法
水淋流失量(79℃、1h)(质量分数,%)	不大于	10.0		SH/T 0109
钢网分油(100℃、30h)(质量分数,%)	不大于	5.0		NB/SH/T 0324
氧化安定性(99℃、100h、0.770MPa),压力降/MPa	不大于	0.070		SH/T 0325
漏失量(104℃、6h)/g	不大于	5.0		SH/T 0326
游离碱含量(以折合的NaOH质量分数计,%)	不大于	0.15		SH/T 0329
杂质含量(显微镜法)/个·cm^{-3}				SH/T 0336
10μm以上	不大于	2000		
25μm以上	不大于	1000		
75μm以上	不大于	200		
125μm以上	不大于	0		

（续）

项目		质量指标		试验方法
		2号	3号	
低温转矩(-20℃)/mN·m	不大于 起动 运转	 790 390	 990 490	SH/T 0338

注：如果需要，基础油运动黏度应该在实验报告中进行说明。

表 19.3-9 极压锂基润滑脂的质量指标（摘自 GB/T 7323—2008）

项目		质量指标				试验方法
		00号	0号	1号	2号	
工作锥入度/10^{-1}mm		400~430	355~385	310~340	265~295	GB/T 269
滴点/℃	不低于	165	170	175	175	GB/T 4929
腐蚀(T2铜片、100℃、24h)		铜片无绿色或黑色变化				GB/T 7326,乙法
钢网分油(100℃、24h)(质量分数,%)	不大于	—	—	10	5	SH/T 0324
蒸发量(99℃、22h)(质量分数,%)	不大于	2.0				GB/T 7325
杂质(显微镜法)/个·cm^{-3} 25μm以上 75μm以上 125μm以上	 不大于 不大于 不大于	 3000 500 0				SH/T 0336
相似黏度(-10℃、$10s^{-1}$)/Pa·s	不大于	100	150	250	500	SH/T 0048
延长工作锥入度(10万次)/10^{-1}mm	不大于	450	420	380	350	GB/T 269
水淋流失量(38℃、1h)(质量分数,%)	不大于	—	—	10		SH/T 0109
防腐蚀性(52℃、48h)		合格				GB/T 5018
极压性能:(梯姆肯法)OK值/N	不小于	133	156			SH/T 0203
(四球机法)P_B/N	不小于	588				SH/T 0202

6 复合锂基润滑脂（见表19.3-10、表19.3-11）

表 19.3-10 复合锂基润滑脂的质量指标

项目	2号复合锂	分析方法
锥入度/10^{-1}mm	265~295	GB/T 270
滴点/℃	>260	GB/T 3498
分油(%)	10.4	GB/T 392
钢网分油(100℃、30h)(%)	1.96	SH/T 0324
相似黏度(-20℃、$D=10s^{-1}$)/(Pa·s)	1176	SH/T 0048
腐蚀(T3铜、100℃、3h)	合格	SH/T 0331
蒸发度(180℃、1h)(%)	2.53	SH/T 0337
抗水(38℃、1h)(%)	5.6	SH/T 0109
剪断10万次锥入度变化值/10^{-1}mm	44	
四球试验		SH/T 0202
最大无卡咬负载 P_B/N	75×9.8	
烧结负载 P_D/N	300×9.8	
综合磨损值 ZMZ/N	55.6×9.8	
轴承防锈	一级	
轴承运转寿命/h		
10000r/min、204轴承外环温度120℃、负载22.5N	>1000	

注：1. 表中百分数为质量分数。
2. 重庆一坪高级润滑油公司研制。

表 19.3-11　BS 复合锂基润滑脂的质量指标

项　目	BS 脂	试验方法
工作锥入度/10^{-1}mm	267	
滴点/℃	276	GB/T 429—1992
钢网分油(100℃、30h)(%)	1.19	SH/T 0324—1992
蒸发量(180℃、1h)(%)	2.87	SH/T 0337—1992
水淋流失量(38℃、1h)(%)	4.60	SH/T 0109—2004
相似黏度(-15℃、$10s^{-1}$)/Pa·s	1530	SH/T 0048—1991
漏失量(104℃、6h)/g	0.60	
氧化安定性(100℃、100h、785kPa)		SH/T 0335—1992
压力降/kPa	12.80	
剪断锥入度(10万次)/10^{-1}mm	328	
加水10%,10万次	341	
极压性能(梯姆肯法)OK值/N	156	SH/T 0203—1992
四球法 P_D/N	4903	SH/T 0202—1992
抗磨性(d_{30}^{20})/mm	0.71	

注：1. 石油化工科学院研制。
　　2. 表中百分数为质量分数。

7　脲基润滑脂（见表 19.3-12～表 19.3-15）

脲基润滑脂具有良好的耐高温性能，高温时锥入度变化小；良好的氧化安定性；高的滴点；良好的抗水性能和良好的抗酸性气体介质的能力。

表 19.3-12　几种润滑脂的滴点

润滑脂	脲基润滑脂1	脲基润滑脂2	复合锂基润滑脂1	复合锂基润滑脂2	复合钙基润滑脂	锂基润滑脂	膨润土润滑脂
滴点/℃	331	324	330	230	330	186	340

表 19.3-13　几种润滑脂的氧化安定性

脂　名	压力降/kPa				锥入度变化/10^{-1}mm
	24h	48h	72h	96h	
脲基润滑脂1	3	5	10	18	+90
脲基润滑脂2	1	2	4	5	+22
脲基润滑脂3	2	3	6	8	+18
锂基润滑脂1	4	6	25	60	流体
锂基润滑脂2	5	15	22	55	流体
复合铝润滑脂	8	21	38	48	流体

表 19.3-14　7201 脲基润滑脂的质量指标

项　目	7201	Caltex BRB2 脂	Chevron SRI
1/4 锥入度/10^{-1}mm	62	65	69
滴点/℃	>250	>250	>250
压力分油(%)	2.36	4.87	—
钢网分油(150℃、30h)(%)	0.71	6.22	3.30
腐蚀(T3铜)(%)	合格	合格	不合格
抗水(38℃、1h)(%)	0.70	2.0	—

（续）

项 目	7201	Caltex BRB2 脂	Chevron SRI
轴承防锈(50℃、48h)	一级	—	—
滚筒(变化值)/10^{-1}mm	15	—	15
氧化安定性(100℃、100h)			
压力降	0	—	—
剪断锥入度/10^{-1}mm			
60 次	268	276	—
10 万次	340	>360	—
蒸发度(180℃、1h)(%)	2.5	—	2.4
四球试验			
最大无卡咬负载 P_B/N	686	—	559
烧结负载 P_D/N	1235	—	1568
轴承运转寿命			
(204 轴承、120℃、10000r/min、负载 22.5N)/h	>20000		—

注：表中百分数为质量分数。

表 19.3-15 7029 脲基润滑脂的质量指标

项 目	0 号	1 号	1.5 号
工作锥入度/10^{-1}mm	362	326	298
滴点/℃	269	275	271
腐蚀(45 钢片、100℃、3h)	合格	合格	合格
蒸发度(150℃、1h)(%)	1.26	1.31	1.60
相似黏度（-30℃、$10s^{-1}$)/Pa·s	387	703	790

脲基润滑脂适用于高低温潮湿环境下的中、重载荷滚珠、滚柱和滑动轴承的长期润滑。特别适用于集中润滑系统。

适用温度范围：-40～150℃。

8 高碱值复合磺酸钙基脂（见表 19.3-16～表 19.3-18)

高碱值复合磺酸钙基脂具有优良的高低温性能、好的机械安定性、胶体安定性、氧化安定性、抗水性、抗腐蚀性、优良的防锈性和极压抗磨性能。

表 19.3-16 复合磺酸钙基润滑脂和其他高温润滑脂性能对比

项 目	复合铝基润滑脂	复合钙基润滑脂	复合锂基润滑脂	脲基润滑脂	有机膨润土润滑脂	复合磺酸钙基润滑脂
滴点/℃	260	260	260	243	260	300
最大适用温度/℃	177	177	177	177	177	177
抗水	好～优秀	一般～优秀	好～优秀	好～优秀	一般～优秀	好～优秀
机械安定性	好～优秀	一般～好	好～优秀	差～好	一般～好	优秀
氧化安定性	一般～优秀	差～好	一般～优秀	好～优秀	好～优秀	优秀
防锈	差～好	一般～好	一般～好	一般～好	差～好	优秀
泵送性(集中润滑系统)	一般～好	差～一般	好～优秀	好～优秀	好	好
分油	好～优秀	好～优秀	好～优秀	好～优秀	好～优秀	优秀
外观	光滑油状	光滑油状	光滑油状	光滑油状	光滑油状	光滑油状
极压抗磨性	可达到 EP 级	具有 EP/AW	可达到 EP 级	可达到 EP 级		具有 EP/AW
生产趋势	上升	下降	上升	不变	下降	上升
主要应用	多种工业应用	多种汽车、工业应用	多种汽车、工业应用	多种汽车、工业应用	高温	多种汽车、工业应用

表 19.3-17 复合磺酸钙基润滑脂和其他高温润滑脂极压抗磨性对比

项目	复合磺酸钙基润滑脂(基础脂)	复合锂基润滑脂	复合铝基润滑脂	脲基润滑脂
NLGI 稠度等级/号	2	2	2	2
梯姆肯试验 OK 值/N	289	245	223	312
四球机极压试验				
四球机载荷—磨损指数 LWI/N	638	441	441	785
四球机烧结载荷/N	4905	3188	2943	4905
四球机磨迹试验(392N、1200r/min、1h)磨斑直径/mm	0.39	0.50	0.55	0.35

表 19.3-18 合成脂性能比较

项目	复合锂基润滑脂	磺酸钙基润滑脂
基础油运动黏度	PAO 油	
(40℃)/$mm^2 \cdot s^{-1}$	460	400
工作锥入度/10^{-1}mm	2号	2号
60次	295	295
1万次	300	302
10万次	315	312
滚筒稳定性(2h、25℃)(%)		
无水	-3.86	+2.6
50%的水	-13.8	-15.3
轴承失效时间/h	240	320
盐雾腐蚀/h		
1mL 涂层	60	450
3mL 涂层	144	650
铜腐蚀	2A	1B
磨斑直径/mm	0.71	0.42

9 高温润滑脂（见表 19.3-19）

7014-1 号脂是由 N-烷基对苯二甲酸酰胺盐稠化合成油制得的润滑脂，具有良好的高低温性能、润滑性和长的使用寿命。适用于各种高温设备的各种滚动、滑动轴承和齿轮的润滑。适用温度范围为-40~200℃，可以在这一温度范围内长期工作，短期工作温度可达 250℃。

表 19.3-19 7014-1 号高温润滑脂的质量指标

项目	7014-1脂	TK-44N3脂	试验方法
1/4 锥入度/10^{-1}mm	60	58	GB/T 269—1991
滴点/℃	>300	253	GB/T 3498—2008
分油(压力法)(%)	5.2	3.6	GB/T 392—1977
相似黏度(-40℃、$D=10s^{-1}$)/Pa·s	1170	1300	SH/T 0048—1991
蒸发量(200℃、1h)(%)	2.76	6.99(180℃)	SH/T 0337—1992
氧化安定性:压力降/MPa	0		SH/T 0335—1992
抗水(38℃)(%)	7.2		SH/T 0109—2004
腐蚀(T3 铜、100℃、3h)	合格	合格	SH/T 0331—1992
四球试验			SH/T 0202—1992
最大无卡咬载荷(P_B)/N	1078	<343	
烧结载荷(P_D)/N	1666		
磨痕直径(200℃、196N、30min)/mm	0.5		
剪断锥入度(10万次)/10^{-1}mm	325	327	GB/T 270

注：表中百分数为质量分数。

10 部分国内外润滑脂牌号对照(见表 19.3-20)

表 19.3-20 部分国内外润滑脂对照

类型		中国品种及标准	壳牌国际石油 SHELL	英国石油 BP	加德士石油 CALTEX	日本石油	埃索标准油 ESSO	美孚石油 MOBIL
通用脂	锂基	汽车通用锂基润滑脂 GB/T 5671—2014	Alvania 1,2,3 Sunlight 2,3	Energrease L2,LS2,LS3	Marfak Multipurpose 2,3 Ultra Duty Grease 1,2	PAN WB Grease	Lexdex 0,1,2 Beacon 2 Multipurpose Grease H Conpac Multipurpose	Mobil Grease 77
通用脂	极压锂基	极压锂基润滑脂 GB/T 7323—2008	Alvanra EP R0,1,2 R00,R000	LS-EP	Marfak All Purpose 2,3	Epnoc Grease AP0,1,2	Lexdex Ep0,1,2 Beacon Q2 Conpac Multipurpose EP2	Mobil Grease 77 Mobil Grease Special
车体(底盘)脂	钙基(极压)	复合钙基润滑脂 SH/T 0370—1995	Autognease Swalube A	Energrease C1,C2,C3 CB-G	RPM Multimotive Grease 1,2	Greastar Grease A	Chassis Grease	Mobilplex 44 45
车体(底盘)脂	锂基	极压锂基润滑脂 GB/T 7323—2008	Swalube B,BW Retinax CS00,0 LX2	LS-EP2,L2	Multifak EP0,EP1,EP2	Greastar Grease B	Conpac Reservoir Lexdex 0,1,2	
车体(底盘)脂	钙基	钙基润滑脂 GB/T 491—2008	Retinax CD Chassis Grease 0,1,2	C1,C2,C3,C3-G		Chassis Grease 00,0,1,2	Conpac Chassis	Mobilplex 44 Chassis Grease
水泵脂	钙基	钙基润滑脂 GB/T 491—2008		C1,C2	Water Pump Grease		Standard EP Grease 0,1,2	
水泵脂	锂基	通用锂基润滑脂 GB/T 7324—2010	Alvania 2,3 Sunlight 2,3	L2,LS2,LS3	—	PAN WB Grease	Lexdex 2	Mobil Grease Mobilux 2
轮毂轴承脂	锂基	汽车通用锂基润滑脂 GB/T 5671—2014	Retinax A,AM Valiant WB Sunlight 2,3	L2,LS2,LS3	Marfak Multipurpose 2,3	—	Lexdex WB 2,3 Multipurpose Grease H	Mobil Grease 77 Mobil Fully
其他脂	橡胶脂	7802,7804 抗化学脂	—	Petrol Resistant	—	Rubber Grease 2	—	—
其他脂	耐寒脂	7026#低温脂	Alvania RA	LT2	—	Epnoc Grease LT2	Beacon 325	Mobilith SHC 15ND Mobil Grease 22
其他脂	耐油密封脂	7805#抗化学密封脂 NB/SH/T 0449—2013	—	—	—	Sealnoc N,FN,FS	—	—
其他脂	制动器脂	—	—	B2	—	—	—	—

（续）

类型		中国品种及标准	美孚石油 MOBIL	壳牌国际石油 SHELL	英国石油 BP	德士古 TEXACO	埃索标准油 ESSO	日本石油
耐热脂	无机系	膨润土润滑脂 SH/T 0536—1993	Mobil Temp0,1,2,78	Darina Grease 2 Darina EP Grease 0,1,2 Aeroshell 22c,23c,43c	HT-G2,B2,GSF FGL,GG,OG	Thermatex 000, 1, EP1, EP2	Norva 275 EP 375	—
	复合铝基	极压复合铝基润滑脂 SH/T 0534—1993	Mobil Grease FM102	Mytilus Grease A,B Cassida Grease 00,2	ACG-2	Starplex 9998	—	—
	聚脲基	7017-1 号高低温润滑脂 SH/T 0431—1992	—	Valiant Grease U0, U1, U2,EP0,EP2 Stamina U EP2 Dolium Grease R	—	—	Polyrex	Multinoc Ureaa Pyronoc Grease 0, 2,CCO Pyronoc Universal CCO,00,N-6B,0,2
耐酸脂		7805 号抗化学密封脂 NB/SH/T 0449—2013	—	Valiant Grease U2	Petrol Resistant RBB FR2 Solvent Resistant G	—	—	—
其他脂		钢丝绳表面脂 NB/SH/T 0387—2014	—	APL 700,701,702	—	Wirerope Compound 2	Pen-o-Let EP Standard Ep Grease Special 0,1,2	—
食品机械脂		食品机械润滑脂 GB 15179—1994	Mobil Grease FM102	Cassida Grease 00,2	—	—	Carum 330	—
齿轮（开式）脂	复合剂型	—	Mobiltac MM,QQ,4,81	Cardium Compound A, D,C	Energol BL Energrease GG,OG	—	JWS 2563	Cronoc Compound 00,0,1,2,3
	溶剂型	—	Mobiltac A,C,D,E	Malleus Fluid D,A Cardium Fluid F	Energol GR 3000-2	—	—	—
滚动轴承用脂	通用	精密机床主轴润滑脂 SH/T 0382—1992 通用锂基润滑脂 GB/T 7324—2010	Mobilux 1,2,3,EP0,1,2 Mobilplex 43,44,45,46, 47	Alvania Grease X1, X2, X3,1,2,3 Sunlight Grease 0,1,2,3 Alvania Grease G2	Energrease LS2,LS3	Multifak 2 Murfak All Purpose	Lexdex 0,1,2 Beacon 2,3 Andok B,C	Multinoc Deluxe 1,2 Multinoc Grease 1,2

滚动轴承用脂	低温用	2 号低温脂 KK-3 脂	Mobil Grease 22 Mobil Temp SHC100 Mobilith SHC 15ND	Alvania Grease RA	LT2	Low Temp Grease EP	Beacon 325	Multinoc Wide 2 ENS Grease HTN Grease
	宽温度范围用	特 221 号脂及 7014 号高低温航空脂	Mobil Grease 22 Mobil Temp SHC100 Mobilith SHC 460 Mobil Track Grease	Valiant M2,M3,S1,S2 Aeroshell 7,17,15A Tivela Compound A	MM-EP HTG2	Multifak EP0 EP1,EP2	Templex N2,N3 Andok 260	Multinoc Wide 2 ENS Grease HTN Grease
集中给油用脂	钙基脂	钙基润滑脂 GB/T 491—2008	Cup Grease Soft,Hard Mobil Grease 2,523, Super,MS	Chassis Grease 0,12 Unedo Grease 1,2,3,5	PR1,PR2	—	Ladex 0,1,2	Chassis Grease 00, 0,1,2 Greastar A
	锂基脂	通用锂基润滑脂 GB/T 7324—2014	Mobil Grease 76,77 Mobilux 1,2,3	Sunlight Grease 0,1 Alvania Grease 1	LS2,LS3	Multifak 2, EP0, EP1, EP2 Murfak All Purpose	Lexdex 0,1 Conpac multipurpose	Epnoc Grease AP0, 1,2 Greastar B
	极压钙基	复合钙基润滑脂 SH/T 0370—1995	Mobilplex 43,44,45,46, 47	Retinax CD,DX	PR-EP1,EP2,EP3 PR9142,CC2	Novatex Grease EP 000, 0,1,2	Nebula EP0,1,2	—
	极压锂基	极压锂基润滑脂 GB/T 7323—2008	Mobilux EP0,1,2 Mobilith AW1	Alvania EP Grease R000,R00,R0,1,2 Cartridge EP2 Liplex Grease 2,EP2	LS-EP_1,EP_2, MM-EP0,EP1,EP2	Murfak Multe Purpose 0, 2	Lexdex EP0,1 Conpac Multipurpose EP2	Greastar B Epnoc Grease AP0, 1,2
极压脂	高负载用（含 MoS_2）	二硫化钼极压锂基脂	Mobil Grease Special Mobilplex Special Mobil Temp 78	Sunlight Grease MB0,2 Retinax AM	L2-M, L21-M	Molytex EP0,EP1,EP2	Beacon Q2	New Molynoc Grease 0,1,2
	锂基	极压锂基润滑脂 GB/T 7323—2008	Mobilux EP0,1,2 Mobilith AW1	Alvania EP Grease 000, Gartridge EP2	LS-EP1 LS-EP2	Murfak Multi Purpose 0, 2	Lexdex EP0,1,2 Conpac Multipurpose EP2	Epnoc Grease AP0, 1,2

第 4 章　固体润滑剂

一般认为，凡是能保护相对运动表面不受损伤，能降低摩擦与磨损的任何粉末或薄膜，均可称为固体润滑剂。固体润滑剂可以在摩擦副接触表面上形成稳定、连续的硬质或软质保护膜，从而防止摩擦副破坏，满足某些特殊工况条件下的润滑需要。

常用的固体润滑剂大多为非油溶性，并可在润滑油中悬浮、分散的固体微粒，如石墨、二硫化钼（MoS_2）、聚四氟乙烯（PTFE）和三聚氰胺-脲酸络合物（MCA）等。此外，铅、银等软金属，氧化物、氟化物、有机钼化合物，以及多种固体润滑膜和自润滑复合材料，也具有良好的固体润滑剂的功能。

固体润滑突破了液体润滑的限制，可广泛应用于高温（900～1000℃）、超低温（-253℃）、超高真空、强氧化或还原、强辐射及高负载等条件下的润滑和微型机械等的润滑；能够满足各种恶劣工况环境下运转的齿轮机构、谐波齿轮传动减速器、轴承和丝杠等的润滑需要。目前，固体润滑剂和固体润滑技术已广泛应用于机械制造、冶炼、轧钢、采矿，以及纺织、印刷、造纸、食品工业、卫星、宇宙飞船、空间站、导弹和核装置等领域，表现出液体润滑所无法比拟的优越性。

1　固体润滑剂应具备的基本性能

（1）与摩擦表面能牢固地附着，有保护表面的功能

润滑剂只有与摩擦表面牢固地吸附，才能长时间保留在摩擦系统中，才有可能防止相对运动表面之间产生严重的熔焊或金属的相互转移。

（2）抗剪强度低

润滑剂要具有较低的抗剪强度。因为只有固体润滑剂的抗剪强度低，才能使摩擦副的摩擦因数小，不会产生不必要的动力损失和温升；而且，它的低抗剪强度应在宽的温度范围内不发生变化，使其具有宽广的应用范围。

（3）稳定性好，不产生腐蚀及其他有害作用

润滑剂要具有良好的稳定性，包括物理热稳定、化学热稳定、时效稳定，以及不产生腐蚀和其他有害的作用。

（4）有较高的承载能力

与润滑油（脂）膜相比，固体润滑膜有较高的承载能力，尤其在低速、高负载时希望使用固体润滑剂，所以固体润滑剂就必须具有较高承载能力。

固体润滑剂的使用温度范围见表 19.4-1。

表 19.4-1　固体润滑剂的使用温度范围　（℃）

固体润滑剂	使用温度范围/℃	备　注
石墨	-270～1000	熔点为 3500℃，450～500℃时氧化，中间温度有时不起作用
二硫化钼	-270～350	熔点为 1250℃，380～450℃时氧化
二硫化钨	-270～450	熔点为 1200℃，红热温度时氧化
聚四氟乙烯	-270～260	
氟化石墨	～400	约 400℃时分解
酞菁	～500	500℃升华
氮化硼	500～800	熔点为 2700℃，700℃时氧化，低温时难起作用
氧化铅（PbO）	200～650	熔点为 850℃，370～480℃时变为 Pb_3O_4，高于 550℃仍为 PbO，低温时无效
氟化钙系混合物	250～900	低温时无效
氧化物-石墨混合物	-270～600	应用时加入石墨防氧化剂
氧化铜（CuO）	>500℃	低温时无效
钼酸盐	>500℃	低温时无效
银	150～500	
原位生成润滑反应膜	～800	根据材料综合选择

2　常用的固体润滑剂

2.1　石墨（见表 19.4-2～表 19.4-6）

石墨外观呈黑色有脂肪质的滑腻感，具有明显的层状六方晶体结构，且结构稳定。密度为 2.2～2.3 g/cm^3，熔点为 3527℃。石墨的分子结构使同一层内的碳原子牢固地结合在一起，不易破坏；而层与层之间的结合力较弱，受剪切力作用后容易滑移，满足固体润滑剂的要求。通常，石墨的摩擦因数为 0.05～0.19。

石墨在空气中短时间使用的最高温度可达 1000℃。

石墨的黏着性很好，而且是热和电的良导体，在真空下的蒸发性低，因而可用于宇航设备等特殊机械的润滑。

石墨的化学稳定性好，不溶于药品和溶剂，且无毒性；同时，石墨具有优良的抗辐射性能，它有很强的抗 α 射线和中子射线的能力，即使受到 10^{20} 个/cm^2 这样强的中子射线辐射，也不发生可检测的变化。

石墨另一个特点是可以与水共存，即使是以水为冷却剂载体使用石墨，其润滑特性也不会像 MoS_2 那样变差。在水中分散特性良好的胶体石墨已经商品化。

表 19.4-2　胶体石墨的一般性质

性　能	量　值	性　能	量　值
相对分子质量	12.011	质量热容/J·(g·℃)$^{-1}$	0.167
外观	黑色鳞片状粉末	热导率/W·(cm·℃)$^{-1}$	0.30
晶型	层状六方晶系	电阻率/Ω·cm	10^{-3}
密度/g·cm^{-3}	2.23～2.25	线[膨]胀系数/℃$^{-1}$	$(15～25)×10^{-6}$
熔点/℃	3500	摩擦因数	0.07
莫氏硬度	1～2		

表 19.4-3　胶体石墨粉剂

项　目		代　号				主要用途
		1 号	2 号	3 号	特 2 号	
颗粒度/μm		4	15	30	8～10	1)耐高温润滑剂基材 2)耐蚀润滑剂基材 3)提高塑料的耐磨性、抗压性 4)制成导电材料(包括干膜) 5)金属合金或粉末冶金原料
灰分(%)	≤	1.0	1.5	2	1.5	
灰分中不溶于盐酸的含量(%)	≤	0.8	1.0	1.5	1.0	
通过 250 号上的筛余物(%)	≤	0.5	0.5	—	0.5	
通过 230 号上的筛余物(%)	≤	—	—	5	—	
水分含量(%)	≤	0.5	0.5	0.5	0.5	

注：表中百分数为质量分数。

表 19.4-4　胶体石墨油剂

代　号	石墨含量(%)≥	石墨灰分(%)≤	颗粒度/μm	水分(%)≤	主要用途
0 号	24	1.5	2.5	0.1	1)金属零件的减摩润滑剂 2)高速转动零件的润滑剂 3)航空润滑脂基料 4)锌铝合金压铸模脱模剂
1 号		1.5	4		
2 号		2	15		

注:表中百分数为质量分数。

表 19.4-5　石墨悬浮液浓度及用途

悬浮载体	石墨含量(质量分数,%)	主要用途
水	20～30	1)模具润滑剂、脱模剂、橡胶润滑和电导被膜
矿物油	10	2)模具润滑剂、脱模剂和工具润滑剂
蓖麻油	35～40	3)金属锻冶润滑剂、抗黏结剂
异丙醇	10	4)天然橡胶造模或脱模剂
	10～20	5)干膜造模和脱模剂
白油	50	6)抗黏结剂、脱模剂和高温润滑剂
聚乙二醇	10～20	7)极高温润滑剂

表 19.4-6 石墨水剂

项 目		代 号		主要用途
		0号(S_0)	1号(S_1)	
干燥剩余物(质量分数,%)	≥	24	27	1)拉制难熔金属(钨丝、钼丝等)的润滑剂 2)高温下压铸有色金属薄件的脱模剂 3)玻璃工业涂模剂 4)提高导电性能的润滑剂 5)高温(600℃)润滑剂
石墨含量(质量分数,%)	≥	17.5(21)	21(24)	
灰分含量(质量分数,%)	≤	1.5(0.8)	2.0(1.0)	
颗粒分布(%)	<2.3μm	95(95)	(92)	
	2.3~4μm	5		
	<3.75μm		92	
	3.75~4μm	(5)	8(8)	
稳定性	沉降8h(%)≤	7.5(5)		
	沉降3h(%)≤		7.5(5)	

2.2 二硫化钼(MoS_2)

MoS_2 与金属表面的结合力很强，能形成一层很牢固的膜，这层膜能承受35MPa的压力，也能承受40m/s的摩擦速度。MoS_2 的摩擦因数为0.06左右，具有良好的固体润滑性能。其各种指标见表19.4-7~表19.4-14。

表 19.4-7 MoS_2 使用形态和一般用途

使用形态	MoS_2 含量(质量分数,%)	用 途	目的及效果
MoS_2 粉末	100	飞溅、挤压、拉拔、冲压、铰深孔和冷锻造	防止金属或模具咬合、烧结及微动磨损
MoS_2 悬浮液(用各种分散剂将其悬浮在润滑油、水和聚亚烷基二醇中)	0.5~5	齿轮、发动机、减速器、轴套、滑板(导轨)和金属切削加工	减少摩擦磨损,延长机械寿命,降低温度,节省燃油,延长刀具使用寿命
MoS_2 涂层,被膜(用结合剂、溶剂等制备)	约80	螺纹、工具、绞盘、轴承、阀、齿轮和滑板(导轨)	减少摩擦磨损,耐重载荷,耐高低温、耐蚀、耐放射性
MoS_2 油膏(混入润滑油或硅油内并加稠化剂)	50~65	机械组装、精加工、螺纹连接,花键、轴承和接头	防止微动磨损、烧结和咬合,降低摩擦力矩
MoS_2 润滑脂(调入皂基酯、复合皂基酯和硅酸酯内)	1~25	球轴承、滚子轴承、花键、阀、车底盘、传送带和螺纹	减少摩擦磨损,降低温度、噪声
MoS_2 复合材料(高分子基或金属基复合材料)	2~80	齿轮、导轨、轴承、轴套、保持架、密封件和制动盘座	减少摩擦磨损,减轻重量,降低噪声,减少维修

表 19.4-8 MoS_2 膜的性质 (μm)

类 型	膜 厚	性 质
抛光膜	0.1~10.0	很低摩擦,薄膜,耐久
喷溅膜	0.2~2.0	较低摩擦,膜很薄,耐久
有机黏结膜	2.0~40.0	低摩擦,厚膜,高磨损率
无机黏结膜	3.0~40.0	低摩擦,厚膜,宽温范围用

表 19.4-9 MoS_2 齿轮润滑油膏

项 目		质量指标	检验方法	特性、用途
外观		灰褐色均匀软膏	目测	本品具有很强的抗水性、黏着性和抗极压性(P_B 值为1200N),抗磨减摩性,以及良好的润滑性、机械安定性和胶体安定性 适合中、轻型齿轮设备,各类型的推土机、挖掘机、卷扬机的齿轮与回转牙盘,以及各种球磨机、筒磨机的开式齿轮
滴点/℃	不低于	180	GB/T 3498—2008	
锥入度(25℃、150g)/10^{-1}mm		300~350	GB/T 269—1991	
腐蚀,T2铜片(100℃、3h)		合格	SH/T 0331—1992	
游离碱,NaOH(质量分数,%)	不大于	0.15	SH/T 0329—1992	
水分(%)	不大于	痕迹	GB/T 512—1965(1990)	

注：生产商为本溪化工集团润滑材料有限责任公司。

表 19.4-10　MoS_2 高温齿轮油膏

项　目	质量指标	检验方法	特性、用途
外观	灰褐色均匀软膏	目测	具有良好黏着性、抗极压性（P_B 值为 800N）、抗磨减摩性、耐高温性（180℃下保持良好的润滑）和耐化学性（在酸、碱、水蒸气条件下，不失去优良的稳定性和润滑性），在冲击载荷较大的设备上使用，润滑膜不易破，机械安定性好 适用于 2# 齿轮润滑油膏不适用的有高温辐射的各式中小型减速器齿轮和开式齿轮，也可用于焦化厂的推焦机齿轮、轧钢厂的辊道减速器齿轮，以及造纸、印染行业的多酸、碱和水蒸气条件下润滑的齿轮，齿轮寿命可延长 1.5 倍
锥入度（25℃、150g、60 次）/10^{-1}mm	310～350	GB/T 269—1991	
腐蚀，T2 铜片（100℃、3h）	合格	SH/T 0331—1992	
游离碱，NaOH（质量分数，%）　不大于	0.15	SH/T 0329—1992	
水分（%）　不大于	痕迹	GB/T 512—1965	

注：生产商为本溪化工集团润滑材料有限责任公司。

表 19.4-11　特种 MoS_2 油膏

项　目	质量指标	检验方法	性能、用途
外观	灰色均匀软膏	目测	具有极强的金属附着性、抗压性（P_B 值达 1200N 以上），在-20～120℃使用时具有良好的润滑性和胶体安定性，长期存放不分油、不干裂。机械安定性稳定、抗压、抗击、抗切性强。耐水性好，不乳化，在酸、碱介质下保持良好的润滑性和极好的附着性 可用于各式中、重型减速器齿轮、开式齿轮，冲击大和往复频繁的电铲齿轮、回转大牙盘，以及大型球磨机的开式齿轮
锥入度（25℃、150g、60 次）/10^{-1}mm	330～370	GB/T 269—1991	
腐蚀，T2 铜片（100℃、3h）	合格	SH/T 0331—1992	
游离碱，NaOH（质量分数，%）　不大于	0.15	SH/T 0329—1992	
水分（%）　不大于	痕迹	GB/T 512—1965（1990）	

注：生产厂为本溪化工集团润滑材料有限责任公司。

表 19.4-12　MoS_2 重型机床油膏

项　目	质量指标	检验方法	特性、用途
外观	灰黑色均匀软膏	目测	具有抗极压（P_B 值为 850N）、抗磨减摩和消振润滑等优良特性，并有较好机械安定性和氧化安定性。直接涂抹在重型机床导轨上，可减少振动，防止爬行，提高加工件精度。使用温度为20～80℃ 适用于各式大型车床、镗床、铣床和磨床等设备的导轨，以及立式或卧式的水压机柱塞的润滑。当安装机车大轴时，涂上本品可防止拉毛；抹在机床丝杠上，能使运动件动作灵活
锥入度（25℃、150g、60 次）/10^{-1}mm	300～350	GB/T 269—1991	
腐蚀，T2 铜片（100℃、3h）	合格	SH/T 0331—1992	
游离碱，NaOH（质量分数，%）　不大于	0.15	SH/T 0329—1992	
水分（%）　不大于	痕迹	GB/T 512—1965（1990）	

注：生产商为本溪化工集团润滑材料有限责任公司。

表 19.4-13 P型成膜剂

项目	质量指标	检验方法	特性、用途
外观	灰色软膏	目测	具有优异的反应成膜、抗压、减摩和润滑等性能。适合于轻载荷、低转数、冲击力小及单向运转的齿轮,可实现无油润滑,如初轧厂的均热炉拉盖减速器。更适合要求无油污染的纺织行业和食品行业的小型齿轮,以及转数低、载荷轻的润滑部位。也可用于重载荷、冲击力大的齿轮上做极压成膜的底膜用,它的特点是成膜快、膜牢固,寿命长
附着性	合格	擦涂法	
MoS_2 粒度≤2μm(%) 不少于	90	显微镜计数法	

注:生产商为本溪化工集团润滑材料有限责任公司。

表 19.4-14 对各种润滑脂添加 MoS_2 及粒径的效果

稠化剂	MoS_2(%)	梯姆肯法OK值/lbf MoS_2 0.7μm	梯姆肯法OK值/lbf MoS_2 7μm	法莱克斯烧结/lbf MoS_2 0.7μm	法莱克斯烧结/lbf MoS_2 7μm	四球 平均频率载荷/kgf MoS_2 0.7μm	四球 平均频率载荷/kgf MoS_2 7μm	四球 烧结载荷/kgf MoS_2 0.7μm	四球 烧结载荷/kgf MoS_2 7μm
锂皂	0	7		467		18.8		156	
	1	7	9	20.7	700	20.7	24.4	200	156
	3	5	9	38.1	630	38.1	36.5	250	200
	10	11	7	47.9	1267	47.9	42.0	316	316
锂皂+EP剂	0	7		450		29.6		250	
	1	9	5	633	567	26.0	29.7	126	200
	3	9	9	900	667	37.3	29.7	250	200
	10	16	11	1067	967	59.6	47.2	500	316
12-羟基硬脂酸锂	0	7		500		18.3		156	
	1	9	6	633	600	20.8	33.8	200	250
	3	6	7	733	800	20.8	28.0	250	200
	10	9	9	1225	1333	60.3	50.4	500	400
12-羟基硬脂酸锂+EP剂	0	22		1150		62.8		630	
	1	23	21	1300	1200	64.6	70.1	630	630
	3	23	23	1400	1333	85.8	76.7	630	500
	10	23	23	1667	1450	90.8	90.5	630	630
复合钙	0	29		1050		55.0		400	
	1	27	31	1300	1600	70.1	60.4	400	400
	3	25	29	1333	1700	64.1	76.4	800	500
	10	25	27	1733	2067	80.5	76.8	630	800
钙皂	0	10		1300		26.7		200	
	1	8	11	1200	1200	31.1	31.7	250	200
	3	10	13	1250	1400	40.3	27.6	250	200
	10	7	15	1567	1600	61.9	46.8	400	316

注:1lbf=4.45N;1kgf=9.8N。

2.3 聚四氟乙烯(PTFE)(见表19.4-15~表19.4-17)

在运动过程中,PTFE能在极短的时间内在对偶表面上形成转移膜,使摩擦副变成PTFE对PTFE的内部摩擦,得到很低的摩擦因数。在高分子润滑材料中,PTFE是应用最多的一种材料。

对偶面的材料及其表面粗糙度对PTFE的润滑作用影响较大。对偶材料的材质不同,PTFE在其表面形成转移膜的黏着强度也不同,PTFE的磨损率也不相同。

表 19.4-15　对偶材料对 PTFE 磨损的影响

对偶材料	相对磨损率	对偶材料	相对磨损率
碳钢	1	不锈钢	1.5~5
铸铁	1~2	镀硬铬表面	10~20
青铜	1~2	铝合金	20~50

表 19.4-16　PTFE 及其复合材料的摩擦数据

组成(质量分数,%)	静摩擦因数	动摩擦因数	磨损因数
纯 PTFE	0.16	0.12	5900
含 20%玻璃纤维、5%石墨	0.18	0.16	18
含 15%玻璃纤维	0.22	0.14	12
含 15%玻璃纤维、5%MoS_2	0.16	0.14	8
含 25%玻璃纤维	0.18	0.16	9
含 60%青铜粉	0.18	0.14	6

表 19.4-17　PTFE 的填料对摩擦磨损性能的影响

组成(质量分数,%)	磨损率/$mg \cdot h^{-1}$	摩擦因数
纯 PTFE	320	0.35
含 30%极性石墨	0.28	0.4~0.5
含 30%极性石墨,10%Pb_3O_4	1.15	0.41~0.45
含 30%CuS	3.2	0.33

2.4　三聚氰胺-氰脲酸络合物（MCA）

三聚氰胺-氰脲酸络合物（简称 MCA）作为一种新型固体润滑剂，具有作为固体润滑材料的各种性质，如摩擦因数小（0.04~0.05）、减摩性能好，与其他物质有协同效应，可以以粉末、固体润滑膜和复合材料等形式使用。

MCA 粉末主要用作润滑添加剂，如在食品机械、纺织机械和缝纫机等要求在无毒、无污染的场合下使用的润滑脂，在航空发动机与船舶上密封堵漏用的润滑脂，或大型落砂机械、机床及微型汽车用的润滑脂中应用。它还可用于铁路机车轮缘与曲线钢轨之间的润滑，也可作为水基润滑剂的添加剂使用。

MCA 的涂膜可以作为防锈润滑膜，钢材拉丝、冲压的脱模剂，以及普通机械传动部件的润滑膜。同时，MCA 可以与 PTFE、酚醛树脂、环氧树脂和聚苯硫醚树脂等组成复合材料，应用于有特殊要求的润滑材料中。其各种性能见表 19.4-18~表 19.4-22。

表 19.4-18　MCA 的物理性能

性能	量值	性能	量值
相对分子质量	255.2	受热失重(质量分数,%)	0(常温常压)
密度/$g \cdot cm^{-3}$	1.52		3.5(350℃、5h)
颗粒度/μm	0.5~5(过 300 目筛)		10(真空 267Pa、250℃、1h)
纯度(%)	>99	热分解温度(升华)/℃	440~450
干燥失重(质量分数,%)	0.5	溶解度/$g \cdot m^{-3}$	10(93℃、水中、pH6.5~7.5)
			11(70℃、二甲基亚砜中)

表 19.4-19　MCA 在润滑脂中添加量的影响

添加量(质量分数,%)	四球试验机		Falex 试验机	
	烧结负载/N	磨损量/mg	烧结负载/lbf	摩擦因数
0	500	3.0	50	0.25
1.15	600	0.7	500	0.12
1.92	700	0.6	500	0.11
2.69	950	0.5	750	0.11
3.85	1000	0.4	750	0.10
5.77	1050	0.3	750	0.09
7.69	>1050	0.3	1000	0.08

注：1lbf=4.45N。

表 19.4-20 MCA 在锭子油中的润滑效果（摩擦因数）

润滑油	负载/N										
	500	600	700	800	900	1000	1200	1400	1600	1800	1850
锭子油	0.105	0.110	0.111	0.107	0.103	烧结	—	—	—	—	—
锭子油+MCA	0.091	0.090	0.085	0.083	0.080	0.082	0.082	0.083	0.091	0.104	烧结

表 19.4-21 MCA 固体润滑膜的摩擦性能

序号	膜厚/μm	负载/N	摩擦因数	耐磨寿命/min
1	23	500	0.08~0.10	231
2	18	500	0.15~0.20	180
3	16	500	0.15~0.25	165
4	13	500	0.13~0.25	123

注：摩擦速度为1.32m/s。

表 19.4-22 MCA 和 MoS_2 抗磨性能的比较

对摩材料	分散介质	润滑剂		负载/N	时间/s	磨损率 $/m^3\cdot N^{-1}\cdot m^{-1}$
		材料	含量(质量分数,%)			
钢	内燃机油	—	—	1350	10800	18.8×10^{-14}
		MCA	2			5.31×10^{-14}
		MoS_2	2			6.21×10^{-14}
	齿轮油	—	—	3375	10800	1.98×10^{-14}
		MCA	2			1.57×10^{-14}
		MoS_2	2			1.00×10^{-14}
黄铜	机械油	—	—	2250	900	118.8×10^{-14}
		MCA	3			2.5×10^{-14}
		MoS_2	3			10.4×10^{-14}
	内燃机油	—	—	1350	1800	10.25×10^{-14}
		MCA	5			2.8×10^{-14}
		MoS_2	5			19.20×10^{-14}
铝	内燃机油	—	—	1350	3600	0.64×10^{-14}
		MCA	2			0.59×10^{-14}
		MoS_2	2			0.73×10^{-14}
		—	—	4500	1800	3.30×10^{-14}
		MCA	2			3.58×10^{-14}
		MoS_2	2			5.97×10^{-14}

3 固体润滑剂的选用（见表 19.4-23）

表 19.4-23 固体润滑剂的选用

工作条件	说明
在高接触应力条件下	接触表面接触应力高，而润滑油脂的极压性能有限，油膜易破裂。一旦油膜破裂，接触表面发生磨损，将造成机件失效。而层状结构的固体润滑材料，抗压强度高，尤其是二硫化钼更为突出，能保持接触表面的正常润滑，如使用在某些重型机械、钢管冷挤压和拉丝机械等
在高温条件下	温度升高，润滑油脂的黏度会降低，或锥入度值增高，油膜变薄，油膜承载能力降低。压力超过油膜强度，则油膜破裂，接触表面产生磨损。当温度升高到一定程度，润滑油脂就会产生热分解和氧化，促使油脂变质，或产生杂质沉淀，或导致酸值增大，引起腐蚀；若过度蒸发，则会引起胶合发生。固体润滑材料的高温性能好，从低温到高温没有黏性的变化，具有从240~1100℃广泛的高温使用范围，如二硫化钼在低于400℃、石墨在低于540℃时，即氧化温度以前，它们的摩擦因数随温度升高而降低。它们能在高温下应用于炼钢厂的某些轴承、喷气发动机燃烧室和反应堆支架等

（续）

工 作 条 件	说　　明
在低温条件下	温度过低，润滑油黏度增大，摩擦因数增大，一旦固化，会造成干摩擦，加快磨损，导致胶合。固体润滑材料没有黏度变化，二硫化钼能在低温（-180℃）下润滑，PTFE 复合材料可在低温（-215℃）润滑，PPS 干膜润滑剂可在低温（-250℃）润滑。在低温条件下用于液氢、液氨输送泵等
在低速条件下	滑动速度低，润滑油膜不易形成；载荷较大，油膜易破坏，产生胶合。固体润滑材料能在低速条件下与金属表面形成牢固的润滑膜，避免胶合的产生，如用于低速导轨面上和光栅刻度丝杆上等
在高速重载条件下	在高速重载情况下，润滑油脂膜易破坏，使润滑失效。而固体润滑材料，如二硫化钼有随着速度和负载的增加而摩擦因数会降低的特点。同样在高速轻载情况下，润滑效果也很好，如用于纺织机的砂锭等处
在有液体、气体冲刷的条件下	当润滑油（脂）用在有液体或气体冲刷的部位时，很容易被冲洗掉，造成流失或脱落，形成干摩擦，导致产生磨损。固体润滑材料，尤其是复合固体润滑材料，就具有不被冲刷、流失或脱落的特点，如用于汽轮机叶片、喷嘴和潜水电泵上等
在有粉尘、泥沙的条件下	在有粉尘、泥沙沾染的场合，摩擦表面又不能完全密封，使用的润滑油（脂）会被污染，而这些杂物又是研磨剂，会促使机件的磨损。如果使用不会吸附粉尘、泥沙等杂物的固体润滑材料，则润滑会改善，如尼龙件用于挖泥斗销、拖拉机、坦克的平衡衬套上和农业机械上等
在要求没有油污、清洁卫生条件下	固体润滑材料本身不带油，更具有不吸附有研磨或腐蚀作用的尘埃，因此在要求没有油污、清洁卫生的场合，如食品加工机械、医疗、制药和印染纺织机械，可用固体自润件。各类减速器如果出现漏油，污染设备和环境，可使用二硫化钼减速器润滑剂
在有腐蚀条件下	当润滑油（脂）使用在有腐蚀介质的环境时，能与这些介质起反应，如强酸、碱、燃料、溶剂和液态氧等，它们均能与润滑油（脂）发生化学反应，使润滑油脂失去润滑作用。而某些固体润滑材料对上述介质是不活泼的，如石墨有很强的化学抵抗能力，二硫化钼除不抗王水、热浓硫酸、盐酸和硝酸外，能抵抗大多数酸、碱腐蚀，可用于化工机械设备上
某些特殊工况条件下	用于开动机器后不可能再次加油的部位；用于非金属表面的润滑，如木制品、玻璃、橡胶和塑料等的润滑；卫星、宇宙飞船、空间站、导弹和核装置的润滑；在超高真空下工作的机械，如宇宙间的工作机械、月球车等；在强辐照和放射线条件下工作机械的润滑；在人不便接近的部位，如核反应堆。上述各种工况均可使用固体润滑材料润滑

第5章　典型零部件的润滑

1　齿轮传动的润滑

在齿轮传动中，常用的润滑剂有润滑油和润滑脂，此外还有固体、气体润滑剂。水也是一种润滑剂，但由于它对金属有腐蚀作用，不适于作为金属齿轮的润滑剂，其中润滑油的应用最为广泛。

1）润滑剂是齿轮传动的一个“元件”，因此润滑油的物理、化学性质，如黏度、压黏系数、黏温特性和添加剂的作用等都十分重要。

2）齿轮传动中同时存在着滚动和滑动，滑动量和滚动量的大小因啮合位置而异，这就表明齿轮的润滑状态会随时间的改变而改变。

3）齿轮的接触压力非常高，如轧钢机的主轴承压强一般为20MPa，而轧钢机减速器齿轮的压强一般为500~1400MPa。

4）与滑动轴承相比较，渐开线齿轮的诱导曲率半径小，因此形成油楔条件差。

5）齿轮的材料性质，尤其是表面粗糙度、表面硬度等对齿轮的润滑状态影响很大。

6）齿轮传动的润滑方式对润滑效果有直接影响，必须加以重视。

7）齿轮的几种主要失效形式，如点蚀、胶合和磨损等都和润滑剂有着重要关系。

1.1　闭式齿轮传动

（1）工业闭式齿轮油种类的选择（见表19.5-1）

（2）工业闭式齿轮传动装置润滑油黏度等级的选择（见表19.5-2）

（3）油温及负载的分类（见表19.5-3、表19.5-4）

（4）节圆圆周速度与润滑方式的关系（见表19.5-5）

表19.5-1　工业闭式齿轮油种类的选择

条件		推荐使用的工业闭式齿轮油
齿面接触应力 σ_H/MPa	齿轮使用工况	
<350	一般齿轮传动	抗氧防锈工业齿轮油(L-CKB)
350~500 (轻载荷齿轮)	一般齿轮传动	抗氧防锈工业齿轮油(L-CKB)
	有冲击的齿轮传动	中载荷工业齿轮油(L-CKC)
500~1100① (中载荷齿轮)	矿井提升机、露天采掘机、水泥磨、化工机械、水利电力机械、冶金矿山机械和船舶海港机械等的齿轮传动	中载荷工业齿轮油(L-CKC)
>1100 (重载荷齿轮)	冶金轧钢、井下采掘、高温有冲击和含水部位的齿轮传动等	重载荷工业齿轮油(L-CKD)
<500	在更低的、低的或更高的环境温度和轻载荷下运转的齿轮传动	极温工业齿轮油(L-CKS)
≥500	在更低的、低的或更高的环境温度和重载荷下运转的齿轮传动	极温重载荷工作齿轮油(L-CKT)

① 在计算出的齿面接触应力略小于1100MPa时，若齿轮工况为高温、有冲击或含水等，为安全计，应选用重载荷工业齿轮油。

表19.5-2　工业闭式齿轮传动装置润滑油黏度等级的选择

平行轴及锥齿轮传动低速级齿轮节圆的圆周速度②/m·s⁻¹	环境温度/℃			
	−40~−10	−10~10	10~35	35~55
	润滑油黏度等级①，ν_{40}/mm²·s⁻¹			
≤5	100(合成型)	150	320	680
>5~15	100(合成型)	100	220	460
>15~25	68(合成型)	68	150	320
>25~80③	32(合成型)	46	68	100

① 当齿轮节圆圆周速度≤25m/s时，表中所选润滑油黏度等级为工业闭式齿轮油；当齿轮节圆圆周速度>25m/s时，表中所选润滑油黏度等级为汽轮机油；当齿轮传动承受严重冲击负载时，可适当增加一个黏度等级。

② 锥齿轮传动节圆圆周速度指锥齿轮齿宽中点的节圆圆周速度。

③ 当齿轮节圆圆周速度大于80m/s时，应由齿轮装置制造者特殊考虑并具体推荐一合适的润滑油。

表 19.5-3　油温、环境温度的分类（摘自 GB/T 7631.7-1995）

温度分类	温度/℃	温度分类	温度/℃
更低温	<-34	中等温度	70~100
低温	-34~-16	高温	100~120
正常温度	-16~70	更高温	>120

表 19.5-4　齿轮负载的分类（摘自 GB/T 7631.7—1995）

载荷分类	齿面接触应力	v_g/v	说　明
轻载	<500MPa	<1/3	当齿轮工作条件为齿面接触应力小于500MPa,而且齿轮表面最大滑动速度 v_g 与节圆线速度 v 之比小于 1/3 时,这样的载荷称为轻载
重载	≥500MPa	≥1/3	当齿轮工作条件为齿面接触应力大于或等于500MPa,而且齿轮表面最大滑动速度 v_g 与节圆线速度 v 之比大于或等于 1/3 时,这样的载荷称为重载

注：v_g 为齿轮表面最大滑动速度；v 为齿轮节圆线速度。

表 19.5-5　节圆圆周速度与润滑方式的关系

节圆圆周速度/$m \cdot s^{-1}$	推荐润滑方式
≤15	油浴润滑①
>15	喷油润滑

① 特殊情况下，也可同时采用油浴润滑与喷油润滑。

1.2　开式齿轮传动

（1）开式齿轮润滑油

开式齿轮润滑油具有良好的黏附性、抗水性和氧化安定性，并具有良好的润滑性和防护性，适用于各种开放式齿轮传动装置，也用于各种齿圈、齿条、链齿轮和钢丝绳的润滑。开式齿轮润滑油的性能见表 19.2-38~表 19.2-40。

（2）半流体开式齿轮润滑油

开式齿轮润滑油采用喷射式润滑，存在的最大问题是油的黏度随温度变化大。开式齿轮多安装在户外或高大的车间里，冬夏温差大，润滑油的黏度变化悬殊。一般润滑油，当工作温度升高 25℃时，其黏度将下降 80%。由于喷射润滑时喷射流的图形和几何尺寸随黏度变化，因此温差大将严重影响润滑油喷射状态的稳定。解决的办法是在保证润滑性能的前提下，改变润滑剂的形态，改用润滑脂（见表 19.2-41）。

2　蜗杆传动的润滑

（1）蜗轮蜗杆润滑油的选择

1）在高低温和苛刻的工作条件下，应选择合成蜗轮蜗杆润滑油。其原因在于合成型润滑油与传统的矿物型润滑油相比，具有显著的优势，除低温流动性好、黏度指数高等理化指标过硬外，其润滑性能也非常优越。国外最新研究成果表明，在同等黏度下，合成型蜗轮蜗杆润滑油的传动效率比矿物油型蜗轮蜗杆润滑油提高 5%，使用寿命可以提高 3 倍。

2）应使用适量的油性剂。其原因在于蜗轮蜗杆传动以滑动摩擦为主，要求蜗轮蜗杆润滑油能浸润齿面及具有适当的附着力，即良好的油性（摩擦因数小）。油性剂在蜗轮蜗杆润滑油中主要通过形成吸附膜而起减摩作用，从而提高机械效率。实验发现，随着油性剂，如金属摩擦改进剂和硫化烯烃棉籽油等含量的增加，蜗轮蜗杆的传动效率呈提高趋势；但当油性剂的含量达到一定值后，其对传动效率的影响基本保持不变。考虑到蜗轮蜗杆润滑油的生产成本及润滑油中油性剂含量过高会对润滑油的其他性能（如抗乳化性及抗氧化性能等）产生不利影响，因此应当控制蜗轮蜗杆润滑油中油性剂的含量，使其处于最佳范围。

3）应当选用适量的极压抗磨剂。就蜗轮蜗杆润滑油的配方而言，当选用 T306（磷酸三甲酚酯）、T309（硫代磷酸三苯酯）等极压抗磨剂时，随着润滑油中极压剂含量的增加，传动效率呈降低趋势，尤其是选用含 T309 的配方时，传动效率随 T309 添加剂含量的增加而急剧降低；与此同时，当温度较高时，含硫极压剂中的活性硫会对铜蜗轮产生较强的腐蚀作用，从而加剧蜗轮齿面磨损。因此，选择蜗轮蜗杆润滑油应当慎重选用硫剂等活性较高的极压剂，通常宜选用性能较温和的极压抗磨剂，且应严格控制用量。

（2）蜗轮蜗杆润滑油的性能见表 19.2-36。

3　轴承的润滑

3.1　滚动轴承用润滑油（脂）的选择

（1）品种选择（见表 19.5-6）

滚动轴承常用的润滑方式有油润滑及脂润滑两种，也有使用固体润滑剂润滑的。要根据轴承的载荷条件、运转速度及温度条件等因素，合理选择轴承的润滑方式。滚动轴承一般选择润滑脂润滑，如确实受各种条件的限制，则选择润滑油（如齿轮箱中的滚动轴承等）。

表 19.5-6 滚动轴承选择油润滑或脂润滑一般原则

影响选择的因素	脂润滑	油润滑
温度	当温度高于120℃时，要用特殊润滑脂；当温度升高到200~220℃时，润滑的时间间隔要缩短	当油池温度高于90℃或轴承温度高于200℃时，可采用特殊润滑油
速度系数(dn)值	<400000	500000~1000000
载荷	低到中等	各种载荷直到最大
轴承形式	不用于不对称的球面滚子推力轴承	用于各种轴承
壳体设计	较简单	需要较复杂的密封和供油装置
长时间不需维护的地方	可用，根据操作条件，特别要考虑工作温度	不可用
集中供油	选用泵送性能好的润滑脂，既不能有效地传热，也不能作为液压介质	可用
最低转矩损失	如填装适当比采用油的损失还要低	为了获得最低功率损失，应采用有清洗泵或油雾装置的循环系统
污染条件	可用，正确的设计可防止污染物的侵入	可用，但要采用有防护、过滤装置的循环系统

(2) 黏度选择

对径向轴承可选择一般的润滑油，而对推力轴承就要尽量选择高黏度的极压抗磨润滑油。如果径向轴承限定了润滑油的黏度，则推力轴承所选润滑油的就应比径向轴承用的润滑油高一到两个等级；对滚柱轴承，就要选择比滚珠轴承的润滑油高 1~3 个黏度等级；对滚针轴承，润滑油的选择基本同滚柱轴承。

3.2 滑动轴承用润滑油

重载荷应采用较高黏度的油，轻载荷应采用低黏度的油。主轴与轴承之间的间隙小的轴承要求选用低黏度油，间隙大的采用高黏度油。对于普通滑动轴承，黏度太低则轴承的承载能力不够，黏度太高则功率损耗和运转温度将会过高。要综合考虑各种因素的影响。滑动轴承适用的润滑油黏度见表 19.5-7。

表 19.5-7 滑动轴承适用的润滑油黏度

载荷/N·cm^{-2}	转数/r·min^{-1}	循环、油浴、飞溅油环、油链	滴油、手浇	
			良好设计，正确维护和润滑	有冲击载荷或维护不良
		适用黏度(40℃)/mm^2·s^{-1}		
		-10~60℃	-10~60℃	-10~60℃
300 以下	≤50	130~190	130~220	150~320
	>50~100	90~140	100~180	120~260
	>100~500	60~80	60~100	90~180
	>500~1000	50~70	50~80	70~120
	>1000~3000	25~50	30~60	40~80
	>3000~5000	15~30	—	—
	>5000	7~20	—	—
300~750	≤50	260~350	280~390	320~460
	>50~100	160~270	180~320	240~400
	>100~250	130~190	140~220	200~300
	>250~500	90~160	120~180	180~220
	>500~750	80~100	90~120	120~190

4 导轨的润滑

(1) 品种选择（见表 19.2-75 和表 19.2-76）

对于既作液压介质又作导轨油的使用工况，要根据不同类型的机床导轨的需要，可选同时用作液压介质的导轨润滑油。通常使用 L-HG 液压导轨油，这样既能满足导轨的要求，又能满足液压系统的要求。液体静压导轨的润滑油除了满足导轨润滑的一般要求外，还应特别注意保持油的清洁，经过严格的过滤。

(2) 黏度选择

对中小型机床和机械设备，可采用黏度等级为 32 液压导轨油；对大型机床和机械设备，可采用黏度等级为 46、68 或 100 液压导轨油。

5 链传动的润滑

链传动装置所使用的润滑油称为链条油，由于其工作的环境基本上是属于开放的空间，外界的污染物及温度变化很容易破坏链条润滑油的润滑品质，所以链条润滑油的作用，除润滑链条的链接部分，即链接的细缝部分外，还要让链条润滑油慢慢渗入，既达到润滑的效果，又具有一定的防腐、防锈、清洗和降低链条运转噪声的作用。

(1) 品种选择（见表 19.2-85）

选择传动润滑剂时，要根据链的速度、载荷、间隙、润滑形式和工作温度等条件进行选择。对于高温操作的地方，如炉子、传送带链等，可用带有二硫化钼或石墨粉的润滑剂。这些固体润滑剂是在热蒸气下，由于溶剂挥发而沉积在链表面；当温度低于 260℃时，可以使用合成液体和氯氟烃聚合物，这些润滑油具有好的热稳定性、润滑性，无毒。

(2) 黏度选择（见表 19.5-8）

表 19.5-8　按链条载荷选择润滑油黏度

链条载荷 /MPa	加油方式	链条速度 /(m/s)	润滑油黏度 /(mm^2/s)
<10	手加油	<1	70～100
		1～5	50～80
		>5	30～60
	过油箱	<5	50～80
		5～10	30～60
		10～100	20～40
		>100	10～20
10～20	手加油	<1	80～120
		1～5	70～100
		>5	60～80
10～20	过油箱	<5	80～110
		5～10	70～100
		10～100	40～60
		>100	20～40
>20	手加油	<1	160～240
		1～5	120～160
		>5	80～120
	过油箱	<5	160～200
		5～10	120～160
		10～100	80～120
		>100	65～100

第6章 润滑方法和润滑装置

润滑的目的是在机械设备摩擦副相对运动的表面间加入润滑剂，以降低摩擦阻力和能源消耗；减缓表面磨损，延长使用寿命，保证设备正常运转。合理地选择和设计润滑方法和装置对保证设备的良好润滑状态和工作性能是十分必要的。

1 润滑方法和润滑装置的分类及应用（见表19.6-1）

表19.6-1 润滑方法及润滑装置的分类及应用

润滑方法		润滑装置	润滑原理	适用范围
稀油润滑		油池	油池润滑即飞溅润滑，是由装在密封机壳中的零件所做的旋转运动来实现的	主要是用来润滑减速器内的齿轮装置，齿轮圆周速度不应超过12~14m/s
	强制润滑	柱塞式油泵	靠装在机壳中的柱塞油泵的往复运动来实现供油	要求油压小于10MPa，润滑油需要量不大和支承相当大载荷的摩擦副
		叶片式油泵	叶片泵可装在机壳中，也可与被润滑的机械分开。靠转子和叶片转动来实现供油	要求油压小于0.3MPa，润滑油需要量不太多的摩擦副、变速器等
		齿轮泵	齿轮泵可装在机壳中，也可与被润滑的机械分开，靠齿轮旋转时供油	要求油压小于1MPa，润滑油需要量多少不等的摩擦副
	喷射润滑	油泵、喷射阀	采用油泵直接加压实现喷射	当圆周速度为12~14m/s时，用于飞溅润滑效率较低时的闭式齿轮
	油雾润滑	油雾发生器凝缩嘴	以压缩空气为能源，借油雾发生器将润滑油形成油雾，随压缩空气经管道、凝缩嘴送至润滑点，实现润滑。油雾颗粒尺寸为1~3μm	适用于高速度的滚动轴承、滑动轴承、齿轮、蜗轮、链轮及滑动导轨等各种摩擦副的润滑
	油气润滑	油泵、分配器、喷嘴	用压缩空气将油沿管内壁吹到润滑部位，经喷嘴喷到润滑点，油的颗粒尺寸为50~100μm	适用于润滑封闭的齿轮、链条滑板、导轨及高速重载滚动轴承等
润滑脂润滑	间歇压力润滑	安装在同一块板上的压注油杯	用油枪将油脂压入摩擦副	适用于布置在加油不方便的地方的各种摩擦副
	压力润滑	手动润滑脂站	利用储油器中的活塞，将润滑脂压入油泵中。当摇动手柄时，油泵的柱塞即挤压润滑脂到给油器，并输送到润滑点	用于给单独设备的轴承及其他摩擦副供送润滑脂
	连续压力润滑	电动润滑脂站	柱塞泵通过电动机、减速器带动，将润滑脂从储油器中吸出，经换向阀，顺着给油主管向各给油器压送。给油器在压力作用下开始动作，向各润滑点供送润滑脂	润滑各种轧机的轴承及其他摩擦元件。此外，也可以用于高炉、铸钢、破碎、烧结、起重机、电铲及其他重型机械设备中
		风动润滑脂站	用压缩空气作为能源，驱动风泵，将润滑脂从储油器中吸出，经电磁换向阀，沿给油主管向各给油器压送润滑脂，给油器在具有压力的润滑脂的挤压作用下动作，向各润滑点供送润滑脂	用途范围与电动润滑脂站一样。尤其在大型企业，如冶金工厂、具有压缩空气管网设施的厂矿或在用电不方便的地方等可以考虑使用
		多点润滑脂泵	由传动机构（电动机、齿轮、蜗杆蜗轮）带动凸轮，通过凸轮偏心距的变化使柱塞进行径向往复运动，不停顿地定量输送润滑脂到润滑点（可以不用给油器等其他润滑元件）	用于重型机械和锻压设备的单机润滑，直接向设备的轴承座及各种摩擦副自动供送润滑脂

（续）

润滑方法		润滑装置	润滑原理	适用范围
固体润滑	整体润滑	不需要任何润滑装置，靠材料本身实现润滑。主要材料有石墨、尼龙、聚四氟乙烯、聚酰亚胺、聚对羟基苯甲酸、氮化硼和氮化硅等。主要用于不宜使用润滑油、脂或温度很高（可达 1000℃）或很低以及要求耐蚀等部位		
	覆盖膜润滑	用物理或化学方法将石墨、二硫化钼、聚四氟乙烯及聚对羟基苯甲酸等材料以薄膜形式覆盖于其他材料上，实现润滑		
	组合、复合材料润滑	用石墨、二硫化钼、聚四氟乙烯、聚对羟基苯甲酸及氟化石墨等与其他材料做成组合或复合材料，实现润滑		
	粉末润滑	把石墨、二硫化钼、二硫化钨及聚四氟乙烯等材料的微细粉末直接涂敷于摩擦表面，或盛于密闭容器（减速器壳体、汽车后桥齿轮包）内，靠搅动使粉末飞扬撒在摩擦表面实现润滑，也可用气流将粉末送入摩擦副。后者既能润滑又能冷却。这些粉末也可均匀地分散于润滑油、脂中，提高润滑效果，也可做成糊膏状或块状使用		
气体润滑	强制供气润滑	用洁净的压缩空气或其他气体作为润滑剂润滑摩擦副，如气体轴承等，可提高运动精度		

2　润滑件

2.1　油杯（见表 19.6-2～表 19.6-6）

表 19.6-2　直通式压注油杯的基本型式与尺寸（摘自 JB/T 7940.1—1995）　（mm）

图示	d	H	h	h_1	S 公称尺寸	S 极限偏差	钢球（按 GB/T 308）
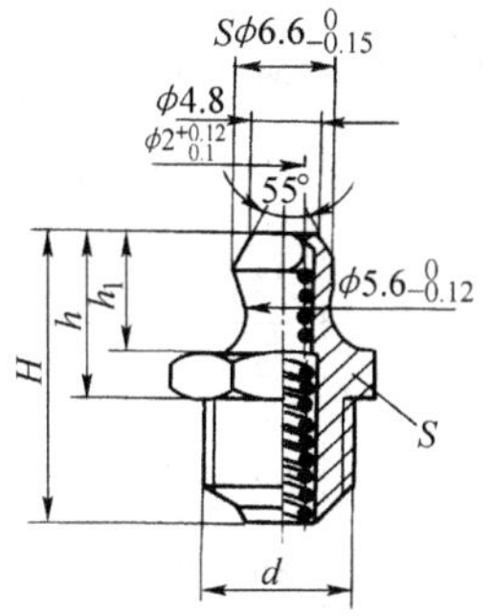 $S\phi6.6_{-0.15}^{0}$，$\phi4.8$，$\phi2_{0.1}^{+0.12}$，55°，$\phi5.6_{-0.12}^{0}$，H，h，h_1，S，d 标记示例：d 为 M10×1 直通式压注油杯标记为： 油杯 M10×1 GB 1152①	M6	13	8	6	8	$^{0}_{-0.22}$	3
	M8×1	16	9	6.5	10		
	M10×1	18	10	7	11		

① GB 1152—1989 被 JB/T 7940.1—1995 替代，标记时仍采用 GB 1152。

表 19.6-3　接头式压注油杯的基本型式与尺寸（摘自 JB/T 7940.2—1995）　（mm）

图示	d	d_1	α	S 公称尺寸	S 极限偏差	直通式压注油杯（按 JB/T 7940.1—1995）
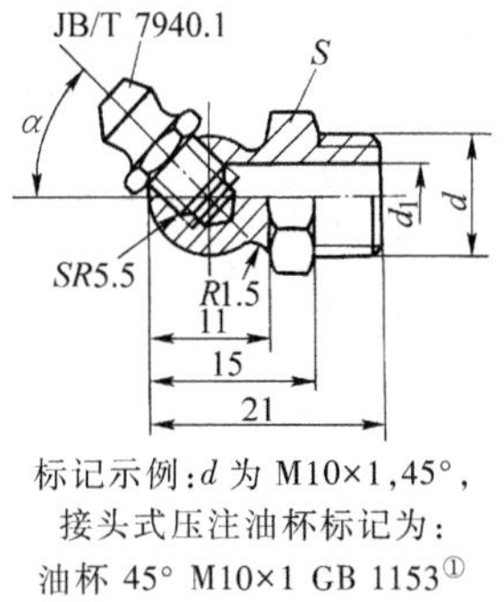 JB/T 7940.1，S，α，d_1，d，$SR5.5$，$R1.5$，11，15，21 标记示例：d 为 M10×1，45°，接头式压注油杯标记为： 油杯 45° M10×1 GB 1153①	M6	3	45°、90°	11	$^{0}_{-0.22}$	M6
	M8×1	4				
	M10×1	5				

① GB 1153—1989 被 JB/T 7940.2—1995 替代，标记时仍采用 GB 1153。后类似。

表 19.6-4　A 型弹簧盖油杯的基本型式与尺寸（摘自 JB/T 7940.5—1995）　（mm）

A型

标记示例：最小容量 3cm³，A 型弹簧盖油杯标记为：油杯 A3 GB 1157

最小容量/cm³	d	H ≤	D ≤	l_2 ≈	l	S 公称尺寸	S 极限偏差
1	M8×1	38	16	21	10	10	0 -0.22
2		40	18	23			
3	M10×1	42	20	25		11	0 -0.27
6		45	25	30			
12	M14×1.5	55	30	36	12	18	
18		60	32	38			
25		65	35	41			
50		68	45	51			

表 19.6-5　旋盖式油杯的基本型式与尺寸（摘自 JB/T 7940.3—1995）　（mm）

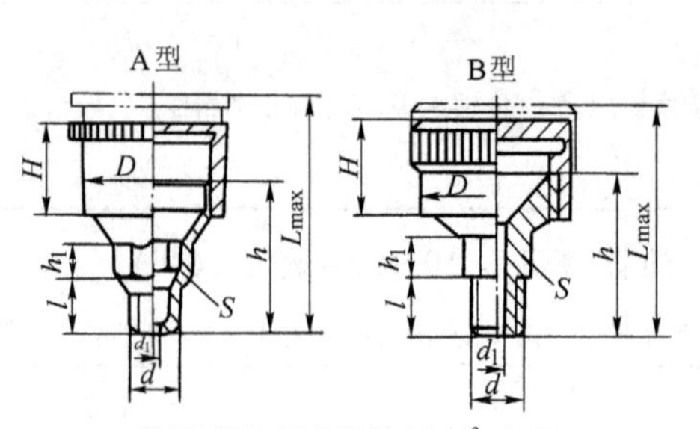

标记示例：最小容量 25cm³，A 型旋盖式油杯标记为：油杯 A25 GB 1154

最小容量/cm³	d	l	H	h	h_1	d_1	D A型	D B型	L max	S 公称尺寸	S 极限偏差
1.5	M8×1	8	14	22	7	3	16	18	33	10	0 -0.22
3	M10×1		15	23	8	4	20	22	35	13	0 -0.27
6			17	26			26	28	40		
12	M14×1.5	12	20	30	10	5	32	34	47	18	
18			22	32			36	40	50		
25			24	34			41	44	55		
50	M16×1.5		30	44			51	54	70	21	0 -0.33
100			28	52			68	68	85		
200	M24×1.5	16	48	64	16	6	—	86	105	30	—

表 19.6-6　针阀式注油杯的基本型式与尺寸（摘自 JB/T 7940.6—1995）　（mm）

A型　　B型

标记示例：最小容量 25cm³，A 型针阀式注油杯标记为：油杯 A25 GB 1158

最小容量/cm³	d	l	H	D	S 公称尺寸	S 极限偏差	螺母（按 GB/T 6172）
16	M10×1	12	105	32	13	0 -0.27	M8×1
25	M14×1.5		115	36	18		
50			130	45			M10×1
100			140	55			
200	M16×1.5	14	170	70	21	0 -0.33	
400			190	85			

2.2　油枪（见表 19.6-7、表 19.6-8）

表 19.6-7　压杆式油枪的基本型式与尺寸（摘自 JB/T 7942.1—1995）　（mm）

标记示例：储油量为 200cm³，带 A 型注油嘴的压杆式油枪标记为：
油枪 A200 GB 1164①

储油量 /cm³	公称压力 /MPa	出油量 /cm³	推荐尺寸 D	L	B	b	d	
100	16	0.6	35	255	90	30	8	A 型仅用于 JB/T 7940.1—1995 JB/T 7940.2—1995 规定的油杯
200		0.7	42	310	96			
400		0.8	53	385	125		9	

① GB 1164—1989 被 JB/T 7942.1—1995 替代，标记时仍采用 GB 1164。

表 19.6-8　手推式油枪的基本型式与尺寸（摘自 JB/T 7942.2—1995）　（mm）

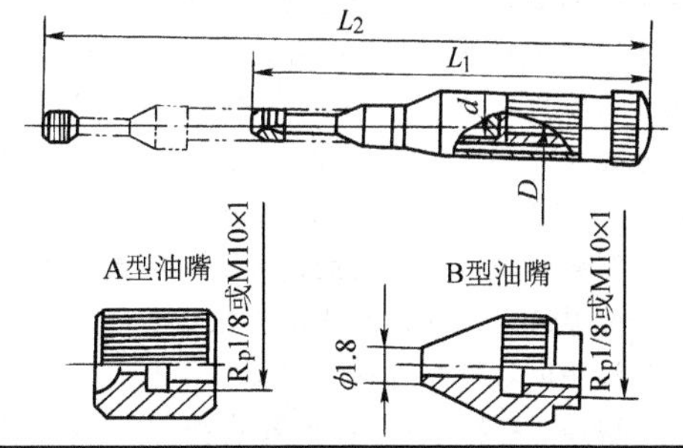

标记示例：储油量为 50cm³，带 A 型油嘴的手推式油枪标记为
油枪 A50 GB 1165①

储油量 /cm³	公称压力 /MPa	出油量 /cm³	D	L_1	L_2	d
50	6.3	0.3	33	230	330	5
100		0.5				6

注：1. A 型油嘴仅用于压注润滑脂。
2. 公称压力指压注润滑脂的给定压力。
3. D、L_1、L_2、d 尺寸为推荐尺寸，R_p1/8 尺寸允许采用 M10×1 或 M8×1。

① GB 1165—1989 被 JB/T 7942.2—1995 替代，标记时仍采用 GB 1165。

2.3　油标（见表 19.6-9、表 19.6-10）

表 19.6-9　压配式圆形油标的基本型式与尺寸（摘自 JB/T 7941.1—1995）　（mm）

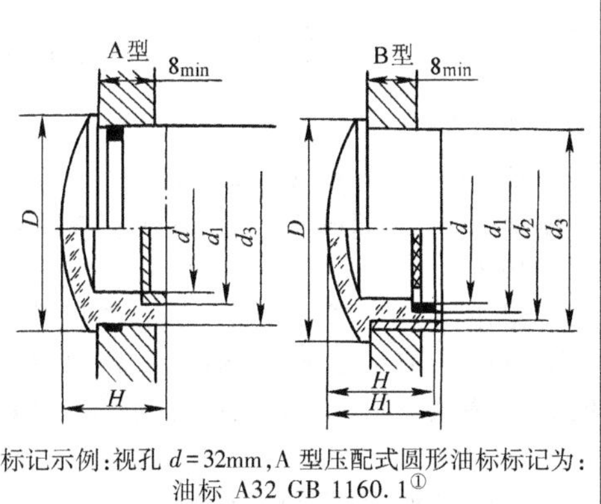

标记示例：视孔 d=32mm，A 型压配式圆形油标标记为：
油标 A32 GB 1160.1①

d	D	d_1 公称尺寸	d_1 极限偏差	d_2 公称尺寸	d_2 极限偏差	d_3 公称尺寸	d_3 极限偏差	H	H_1	密封圈（按 GB/T 3452.1）
12	22	12	−0.050 −0.160	17	−0.050 −0.160	20	−0.065 −0.195	14	16	15×2.65
16	27	18		22	−0.065	25				20×2.65
20	34	22	−0.065	28	−0.195	32	−0.080 −0.240	16	18	25×3.55
25	40	28	−0.195	34	−0.080	38				31.5×3.55
32	48	35	−0.080	41	−0.240	45		18	20	38.7×3.55
40	58	45	−0.240	51	−0.100 −0.290	55	−0.100 −0.290			48.7×3.55
50	70	55	−0.100	61		65		22	24	—
63	85	70	−0.290	76		80				

注：1. 与 d_1 相配合的孔极限偏差按 H11。
2. A 型用 O 形橡胶密封圈的沟槽尺寸按 GB/T 3452.3，B 型用密封圈由制造厂设计选用。

① GB 1160.1—1989 被 JB/T 7941.1—1995 替代标记时采用 GB 1160.1。

表 19.6-10　旋入式圆形油标的基本型式与尺寸（摘自 JB/T 7941.2—1995）

d	d_0	D 公称尺寸	D 极限偏差	d_1 公称尺寸	d_1 极限偏差	S	H	H_1	h
10	M16×1.5	22	−0.065 −0.195	12	−0.050 −0.160	21	15	22	8
20	M27×1.5	36	−0.080 −0.240	22	−0.065 −0.195	32	18	30	10
32	M42×1.5	52	−0.100 −0.290	35	−0.080 −0.240	46	22	40	12
50	M60×2	72		55	−0.100 −0.290	65	26	—	14

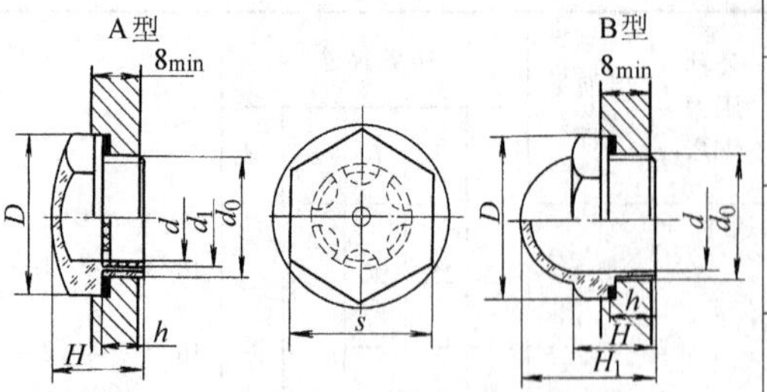

标记示例：视孔 d=32mm，A 型旋入式圆形油标标记为：
油标 A32 GB 1160.2①

① GB 1160.2—1989 被 JB/T 7941.2—1995 替代，标记时仍采用 GB 1160.2。

3　稀油集中润滑系统的设计

3.1　稀油集中润滑系统设计的任务

根据机械设备总体设计中各机构和摩擦副的润滑要求、工况和环境条件，进行集中润滑系统的技术设计，并确定合理的润滑系统，包括润滑系统的形式确定、计算，以及选定组成系统的各种润滑元件及装置的性能、规格和数量，系统中各管路的尺寸及布局等。

3.2　稀油集中润滑系统设计步骤

（1）确定润滑系统的方案

围绕润滑系统设计要求、工况和环境条件，收集必要的参数，确定润滑系统的方案。其中几何参数有：最高、最低及最远润滑点的位置尺寸，润滑点范围，摩擦副有关尺寸等；工况参数：速度、载荷及温度等；环境条件：温度、湿度、砂尘及水气等。另外，还有力学性能参数和运动性质参数。在此基础上确定润滑系统方案。对于精密、重要部件，如机床主轴轴承的润滑方案，要进行特别的分析和比较。

（2）计算各润滑点所需润滑油的总消耗量

根据初步拟定的润滑系统方案，计算出带走摩擦副在运转中产生的热量所需的油量，再加上形成润滑油膜，达到液体润滑作用所需油量，即为润滑油的总消耗量。但后者消耗油量较前者少得多，故可省略不计。

（3）计算及选择润滑泵

根据系统所消耗的润滑油总量确定润滑泵的最大流量 Q、工作压力 p、润滑泵的类型和相应的电动机。

（4）确定定量分配系统

根据各润滑点的耗油量，确定每个摩擦副上安置几个润滑点，选用哪种类型的润滑系统，然后选择相应的润滑泵及定量分配器。

在设计时，首先按润滑点数量、位置和集结程度，按尽量就近接管原则将润滑系统划分为若干个润滑点群，每个润滑点群设置 1~2 个片组，按片组数初步确定分油级数。在同一片组分配器中的一片循环次数确定后，则其他各片也按相同循环次数给油。每组分配器的流量必须相互平衡，这样才能连续供油。另外，还要考虑到阀件的间隙、油的可压缩性损耗（可估算为 1% 容量）等。然后就可确定标准分配器的种类、型号和规格。对供油量大的润滑点，可选用大规格分配器或采用油口并联的方法。

（5）油箱的设计和选择

1）油箱的容量。油箱除了要容纳设备运转时所必须贮存的油量以外，还必须留有一定裕度（一般为油箱容积的 1/5~1/4）。为了将油中所含杂质和水分沉淀下来并消除泡沫，需让循环油停留在油箱内一定时间，故油箱容量将以润滑泵每分钟流量乘以停留时间的倍数来表示，即

$$V=\frac{4}{3}\times\frac{Q_{泵}t}{1000} \qquad (19.6\text{-}1)$$

式中　V——油箱容积（m^3）；

$Q_{泵}$——油泵的额定流量（L/min）；

t——油停留在油箱内的时间（min），参看表 19.6-11。

2）油箱组件。在油箱最低处装设泄油或排污油塞或阀，在加油口设有粗滤网，在油箱内加设挡板，一般设有通风装置或空气过滤器、油面指示器、温度计和压力表等。

（6）冷却器和热油器的设计及选择

1）冷却器。根据相关公式计算出冷却面积，选择冷却器。对于油冷却器的实际冷却面积应比计算值大 10%~15%，或选用规格略大于计算值的一种冷却器。

2）热油器。在高寒地区的冬季，当环境温度常低于

表 19.6-11　典型油循环系统

设备类别	润滑零件	油的黏度（40℃）/$mm^2 \cdot s^{-1}$	油泵类型	在油箱中停留时间/min	过滤器过滤精度/μm
冶金机械	轴承、齿轮	150～460 68～680	齿轮泵	20～60	150
造纸机械	轴承、齿轮	150～220	齿轮泵	40～60	120
汽轮机及大型旋转机械	轴承	32	齿轮泵及离心泵	5～10	5
电动机	轴承	32～68	齿轮泵	5～10	50
往复空压机	外部零件、活塞、轴承	68～165	—	1～8	—
高压鼓风机	—	—	—	4～14	—
飞机	轴承、齿轮、控制装置	10～32	齿轮泵	0.5～1	5
液压系统	泵、轴承、阀	—	—	3～5	5～100
机床	轴承、齿轮	4～165	齿轮泵	3～8	10～100

0℃时，润滑油如果不加热，则油的黏度增大，使机械设备得不到充分润滑而不能起动。将油加热的设备称为热油器。通常利用电加热器或蒸汽盘管装在箱内对润滑油进行短期加热。

(7) 油管直径的选择

根据油的流量和流速的大小，可按式（19.6-2）计算油管的直径 d（mm）

$$d \geqslant 4.6\sqrt{\frac{Q}{v}} \tag{19.6-2}$$

式中　Q——流量（L/min）；

v——流速（m/s）。

根据使用要求不同，推荐油的流速：送油管为 1～5m/s；支油管为 1～2m/s；吸油管为 1～2m/s；回油管为 0.3～1m/s。

管路沿程压力损失为 0.05～0.06MPa。

4　稀油集中润滑系统的主要设备

4.1　润滑油泵及油泵装置（见表 19.6-12～表 19.6-15）

表 19.6-12　DSB 型手动润滑油泵

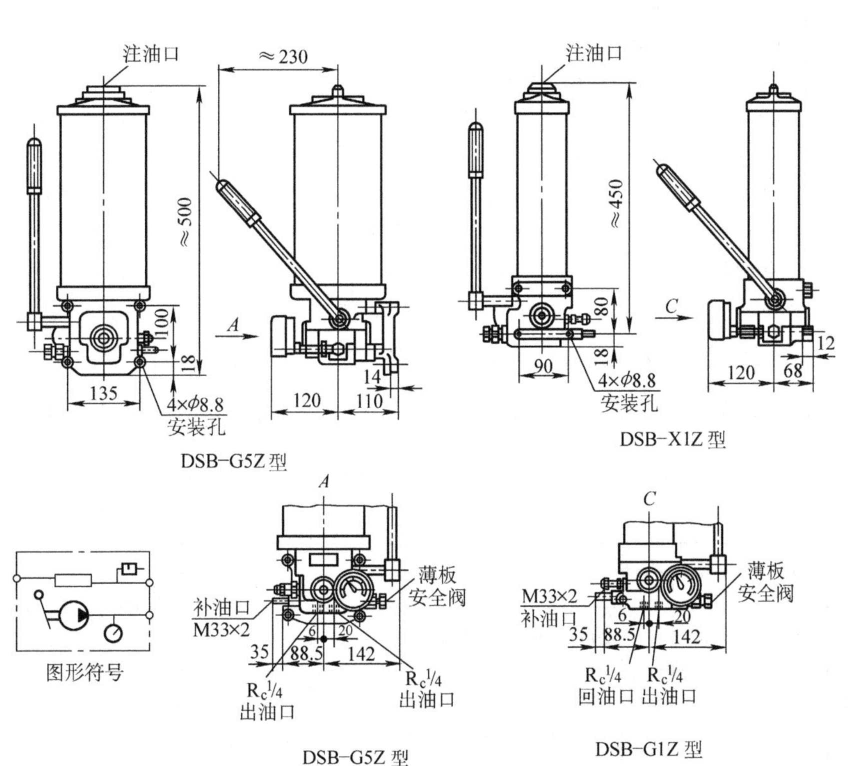

型号	①	DSB-X1Z
	②	DSB-X5Z
每往复一次的给油量/mL		2.6
最大使用压力/MPa		10
薄板安全阀爆破压力/MPa		10
储油器容积/L		①1.5
		②5
润滑油黏度/$mm^2 \cdot s^{-1}$		22～460
质量/kg		①9.5
		②24

本泵与递进式分配器组合，可用于给油频率较低的递进式集中润滑系统，或向小型机器的各润滑点供油

生产商有太原市兴科机电研究所

表 19.6-13　卧式齿轮油泵装置

外形图

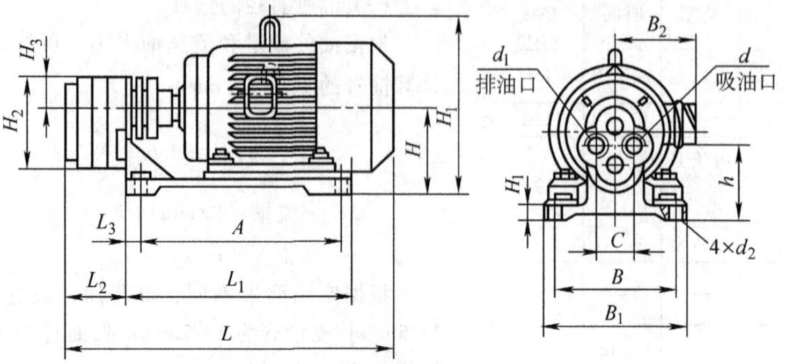

标记示例：公称流量 125L/min 的卧式齿轮油泵装置，标记为：

WBZ2-125　齿轮油泵装置

适用于黏度值 32～460mm^2/s 的润滑油或液压油，温度 50℃±5℃

参数、外形尺寸 /mm

型号	公称压力 /MPa	齿轮油泵			电动机			质量 /kg
		型号	公称流量 /$L \cdot min^{-1}$	吸入高度 /mm	型号	功率 /kW	转速 /$r \cdot min^{-1}$	
WBZ2-16	0.63	CB-B16	16	500	Y90S-4	1.1	1450	55
WBZ2-25		CB-B25	25					56
WBZ2-40		CB-B40	40		Y100L1-4	2.2	1420	80
WBZ2-63		CB-B63	63					100
WBZ2-100		CB-B100	100		Y112M-4	4	1440	118
WBZ2-125		CB-B125	125					146

型号	L ≈	L_1	L_2	L_3	A	B	B_1	B_2 ≈	C	H	H_1 ≈	H_2	H_3	H_4	h	d	d_1	d_2
WBZ2-16	448	360	76	27	310	160	220	155	50	130	230	128	43	30	109	G¾	G¾	15
WBZ2-25	456		84															
WBZ2-40	514	406	92	25	360	215	250	180	55	142	287	152	50		116	G1	G¾	15
WBZ2-63	546	433	104		387	244	290	190		162	315				136			
WBZ2-100	660	485	119	27	433	250	300	210	65	172	345	185	60	40	140	G1¼	G1	19
WBZ2-125	702	500	126		448	280	330			200	383				168			

注：生产商有太原矿山机器润滑液压设备有限公司，南通市南方润滑液压设备有限公司，启东市南方润滑液压设备有限公司，启东润滑设备有限公司，启东江海液压润滑设备厂，四川川润股份有限公司，太原宝太润液设备有限公司，启东中冶润滑设备有限公司。

表 19.6-14　电动润滑泵外形尺寸及参数

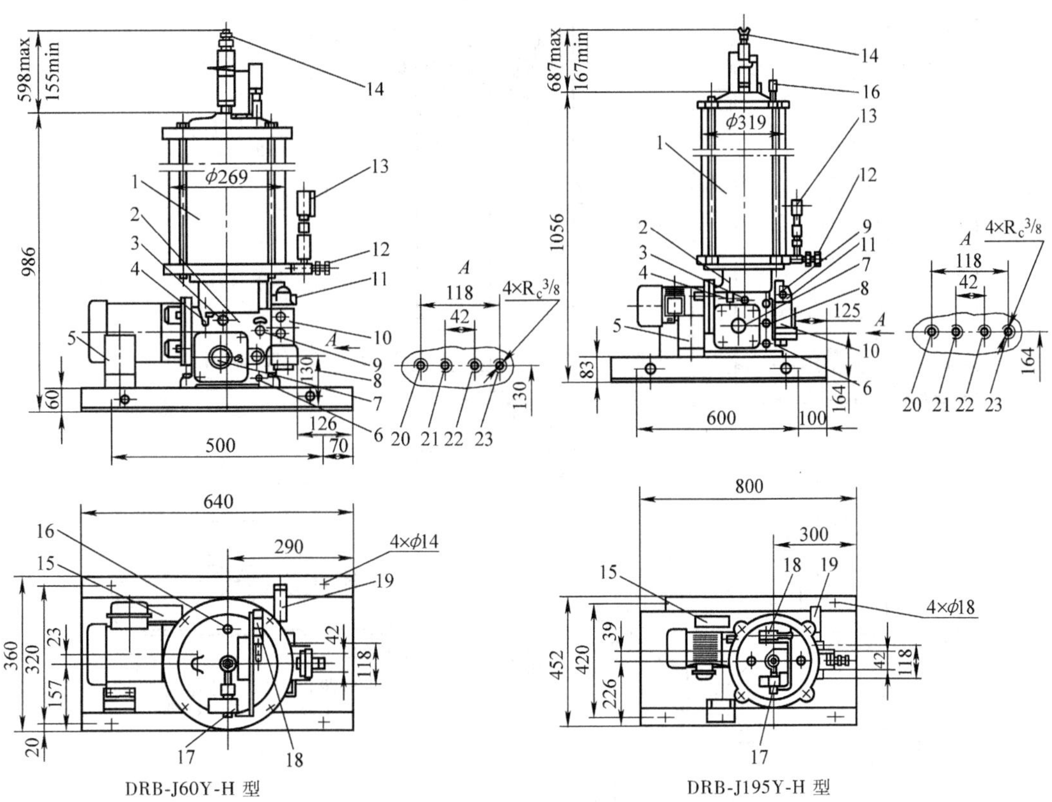

DRB-J60Y-H 型　　　　DRB-J195Y-H 型

1—储油器　2—泵体　3—放气塞　4—润滑油注入口　5—接线盒　6—放油螺塞 Rc¼　7—油位计　8—润滑油补给口 M33×2-6g　9—液压换向阀调节螺栓　10—液压换向阀　11—安全阀　12—排气阀(出油口)　13—压力表　14—排气阀(储油器活塞下部空气)　15—蓄能器　16—排气阀(储油器活塞上部空气)　17—储油器低位开关　18—储油器高位开关　19—液压换向阀限位开关　20—管路Ⅰ出油口 R_c⅜　21—管路Ⅰ回油口 R_c⅜　22—管路Ⅱ回油口 R_c⅜　23—管路Ⅱ出油口 R_c⅜

型号	公称流量 /mL·min^{-1}	公称压力 /MPa	转速 /r·min^{-1}	储油器容积/L	减速器润滑油量 /L	电动机功率 /kW	减速比	配管方式	蓄能器容积 /mL	质量/kg	适用范围：
DRB-J60Y-H	60	10(J)	100	16	1	0.37	1∶15	环式	50	140	1)双线式喷射集中润滑系统中的电动润滑泵 2)黏度值不小于 120 mm^2/s 的润滑油
DRB-J195Y-H	195		75	26	2	0.75	1∶20			210	

注：生产商有太原矿山机器润滑液压设备有限公司，启东市南方润滑液压设备有限公司，南通市南方润滑液压设备有限公司，太原宝太润液设备有限公司，启东江海液压润滑设备厂，启东润滑设备有限公司，启东中冶润滑设备有限公司。

表 19.6-15 电动喷油泵装置

装置简图、系统原理图

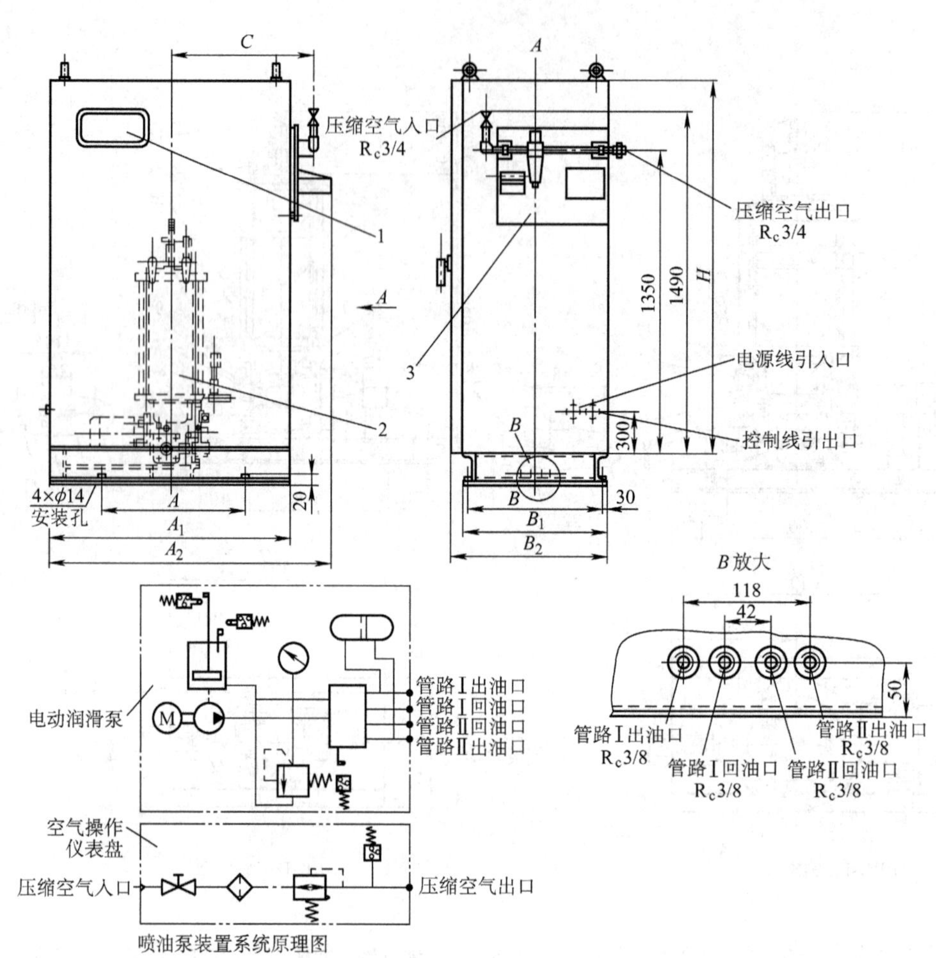

1—电气装置 2—DRB-J60Y-H 电动润滑泵 3—空气操作仪表盘

标记示例:公称压力 10MPa,公称流量 60mL/min,配管方式为环式的喷油泵装置,标记为

PBZ-J60H 喷油泵装置

参数、外形尺寸/mm

型号	公称流量/mL·min^{-1}	公称压力/MPa	转速/r·min^{-1}	储油器容积/L	电动机功率/kW	减速比	配管方式	蓄能器容积/mL	输入空气压力/MPa	空气耗量/L·min^{-1}	质量/kg
PBZ-J60H	60	10(J)	100	16	0.37	1∶15	环式	50	0.8~1	1665	314
PBZ-J195H	195		75	25	0.75	1∶20				2665	400

型号	A	A_1	A_2	B	B_1	B_2	C	H	压缩空气入口	压缩空气出口
PBZ-J60H	600	1000	1165	550	610	650	558.4	1650	R_c¾	R_c¾
PBZ-J195H	800	1260	1410	642	702	742	724.4	1760	R_c1	R_c1

注:1. 本装置为双线式喷射润滑系统:使用空气压力 0.8~1MPa;适用于黏度不小于 120mm^2/s 的润滑油;使用电压 380V、50Hz。

2. 生产商有太原矿山机器润滑液压设备有限公司,太原市兴科机电研究所,太原宝太润液设备有限公司。

4.2　稀油润滑装置（见表 19.6-16～表19.6-18）

适用于冶金、矿山、电力、石化、建材和轻工等行业机械设备的稀油循环润滑系统。

XHZ-6.3～XHZ-125 型稀油润滑装置外形尺寸及原理图见图 19.6-1。

表 19.6-16　XHZ 型稀油润滑装置基本参数

型　号	公称压力/MPa	公称流量/L·min^{-1}	油箱容量/m^3	电动机		过滤面积/m^2	换热面积/m^2	冷却水管通径/mm	冷却水耗量/$m^3 \cdot h^{-1}$	电加热器功率/kW	蒸汽管通径/mm	蒸汽耗量/kg·h^{-1}	压力罐容量/m^3	出油口通径/mm	回油口通径/mm	质量/kg
				功率/kW	极数 P											
XHZ-6.3	≥0.63（泵口压力）0.5（供油口压力）	6.3	0.25	0.75	4、6	0.05	1.3	25	0.38	3	—	—	—	15	40	320
XHZ-10		10							0.6							
XHZ-16		16	0.5	1.1	4、6	0.13	3	25	1	6	—	—	—	25	50	980
XHZ-25		25							1.5							
XHZ-40		40	1.25	2.2	4、6	0.20	6	32	2.4	12	—	—	—	32	65	1520
XHZ-63		63							3.8							
XHZ-100		100	2.5	5.5	4、6	0.40	11	32	6	18	—	—	—	40	80	2850
XHZ-125		125							7.5							
XHZ-160A		160	5	7.5	4、6	0.52	20	65	9.6	根据用户要求可改电加热	25	40	—	60	125	4570
XHZ-160																3950
XHZ-200A		200							12							4570
XHZ-200																3950
XHZ-250A		250	10	11	4、6	0.83	35	100	15		25	65	—	80	150	5660
XHZ-250																5660
XHZ-315A		315							19							6660
XHZ-315																5660
XHZ-400A		400	16	15	4、6	1.31	50	100	24		32	90	—	100	200	8350
XHZ-400																7290
XHZ-500A		500							30							8350
XHZ-500																7290
XHZ-630		630	20	18.5	6	1.31	60	100	55		32	120	—	100	250	8169
XHZ-630A_1													2			10140
XHZ-630A																10160
XHZ-800		800	25	22	6	2.2	80	125	70		40	140	—	125	250	11550
XHZ-800A_1													2.5			13610
XHZ-800A																13780
XHZ-1000		1000	31.5	30	6	2.2	100	125	90		50	180	—	125	300	13315
XHZ-1000A_1													31.5			15500
XHZ-1000A																15500

注：1. 本系列尚有 1250、1250A_1、1250A、1600、1600A_1、1600A、2000、2000A_1、2000A 型号等，本表从略。

2. 过滤精度：低黏度介质为 0.08mm；高黏度介质为 0.12mm。

3. 冷却水温度小于等于 30℃、压力小于等于 0.4MPa；当冷却器进油温度为 50℃时，润滑油降温大于等于 8℃；加热用蒸汽时，压力为 0.2～0.4MPa。

4. 适用于黏度为 22～460mm^2/s 的润滑油。

5. XHZ-160～XHZ-500 润滑装置，除油箱外所有元件均安装在一个公共的底座上；XHZ-160A～XHZ-500A 润滑装置的所有元件均直接安装在地面上；XHZ-630～XHZ1000 润滑装置不带压力罐；XHZ-630A～XHZ-1000A 润滑装置带压力罐正方形布置；XHZ-630A_1～XHZ-1000A_1 润滑装置带压力罐，长方形布置。本装置还带有电控柜和仪表盘。

6. 生产商有太原矿山机器润滑液压设备有限公司，启东市南方润滑液压设备有限公司，南通市南方润滑液压设备有限公司，启东江海液压润滑设备厂，中国重型机械研究院有限公司，启东润滑设备有限公司，四川川润股份有限公司，常州市华立液压润滑设备有限公司，上海润滑设备厂有限公司。

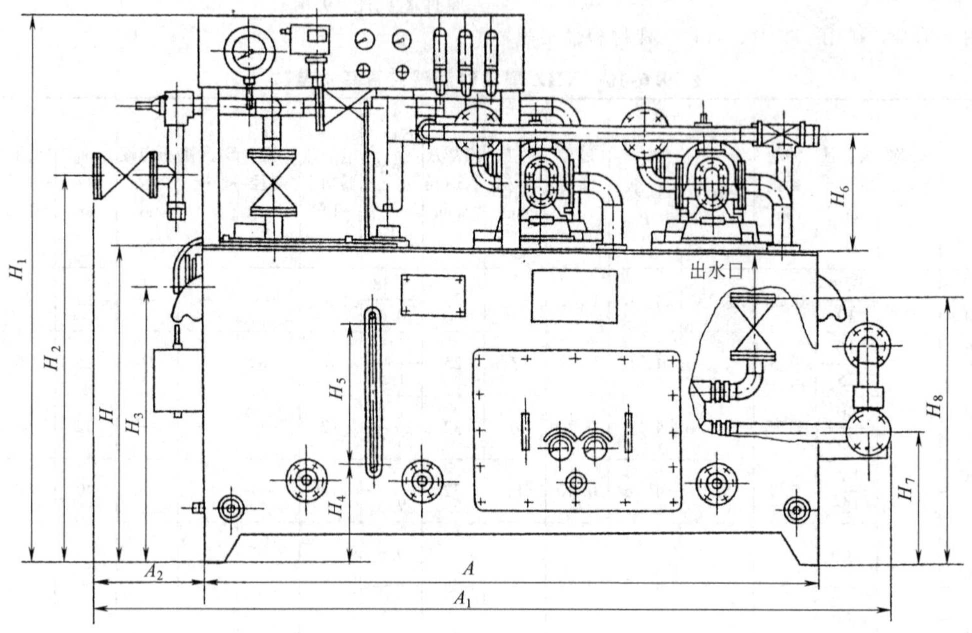

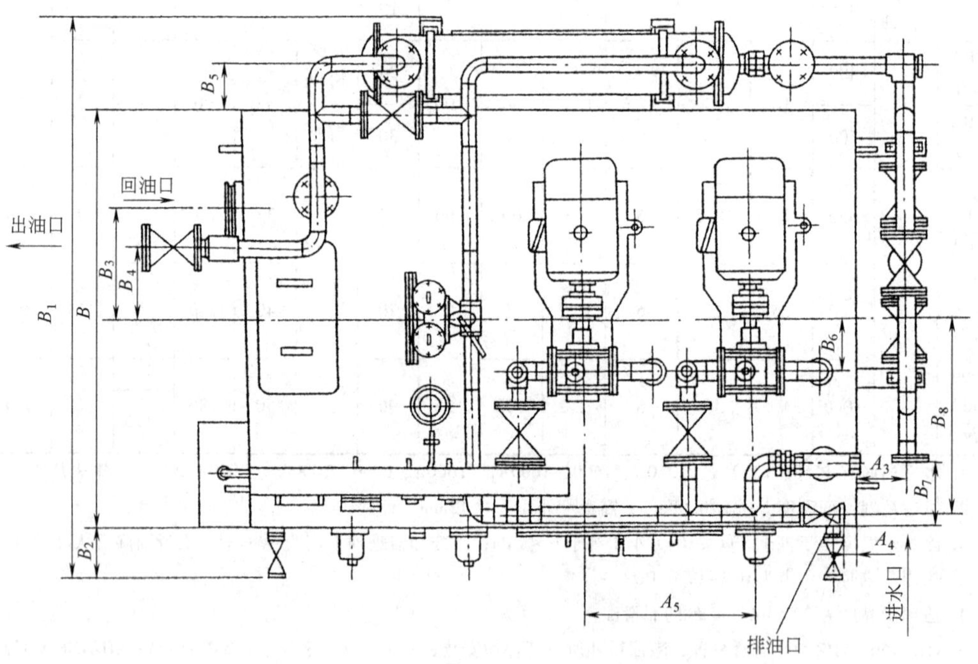

图 19.6-1 XHZ-6.3~XHZ-125 型稀油润滑装置外形尺寸及原理图

表 19.6-17　XHZ-6.3~XHZ125 型稀油润滑装置的原理图及外形尺寸　(mm)

型号	A	A_1	A_2	A_3	A_4	A_5	B	B_1	B_2	B_3	B_4	B_5
XHZ-6.3 XHZ-10	1100	1640	410	70	70	350	700	980	110	235	190	90
XHZ-16 XHZ-25	1400	1935	400	80	0	420	850	1250	140	200	0	112
XHZ-40 XHZ-63	1800	2400	380	100	35	490	1200	1610	150	300	200	130
XHZ-100 XHZ-125	2400	2980	350	100	100	680	1400	1800	150	450	200	130

型号	B_6	B_7	B_8	H	H_1	H_2	H_3	H_4	H_5	H_6	H_7	H_8
XHZ-6.3 XHZ-10	150	80	430	590	1240	715	490	230	270	220	290	510
XHZ-16 XHZ-25	125	200	495	650	1300	800	550	250	280	290	360	683
XHZ-40 XHZ-63	160	200	600	890	1540	1060	780	280	400	395	380	775
XHZ-100 XHZ-125	100	70	495	1040	1690	1330	920	380	400	370	610	980

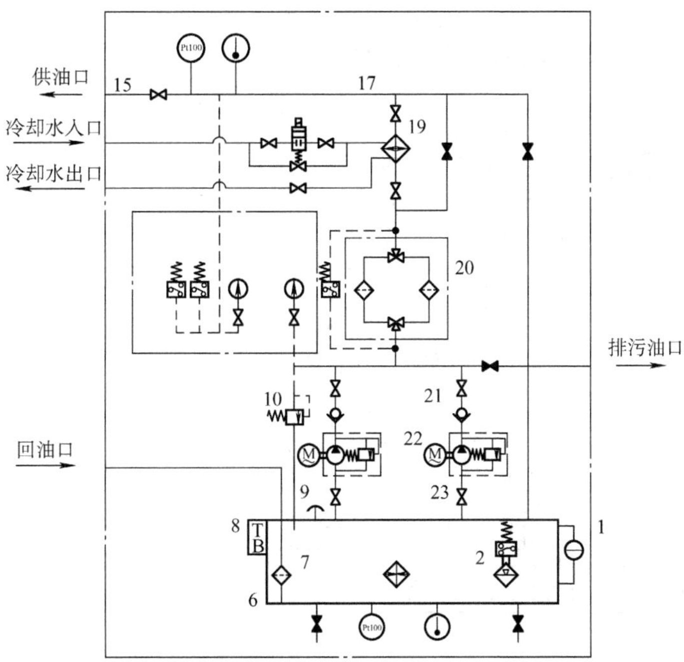

XHZ-6~XHZ-125 型稀油润滑装置原理图（元件名称见表 19.6-18）

注：1. 回油口法兰连接尺寸按 JB/T 81《凸面板式平焊钢制管法兰》（PN=1MPa）的规定。
2. 上列稀油润滑装置均无地脚螺栓孔，就地放置即可。

表 19.6-18 XHZ-160～XHZ-500 型稀油润滑装置的原理图及外形尺寸 (mm)

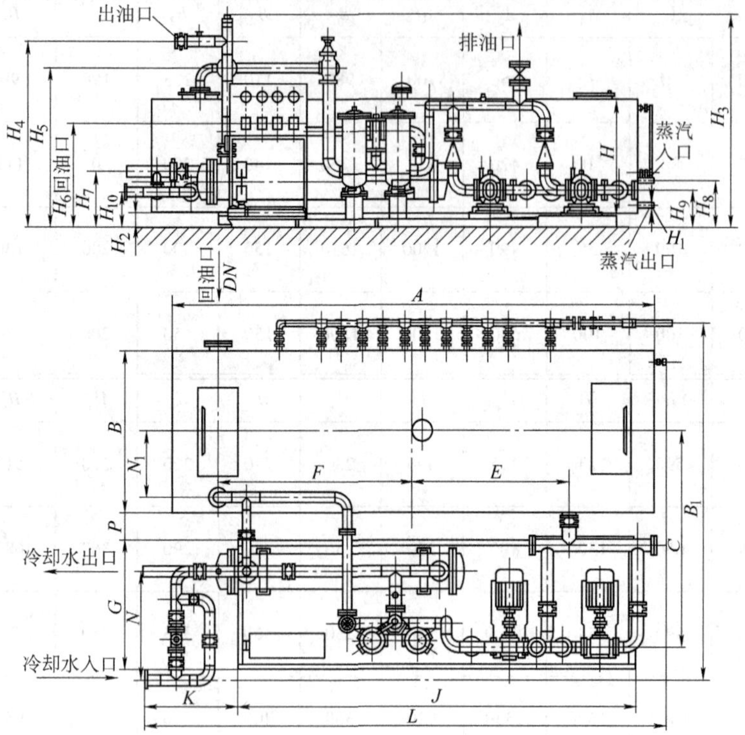

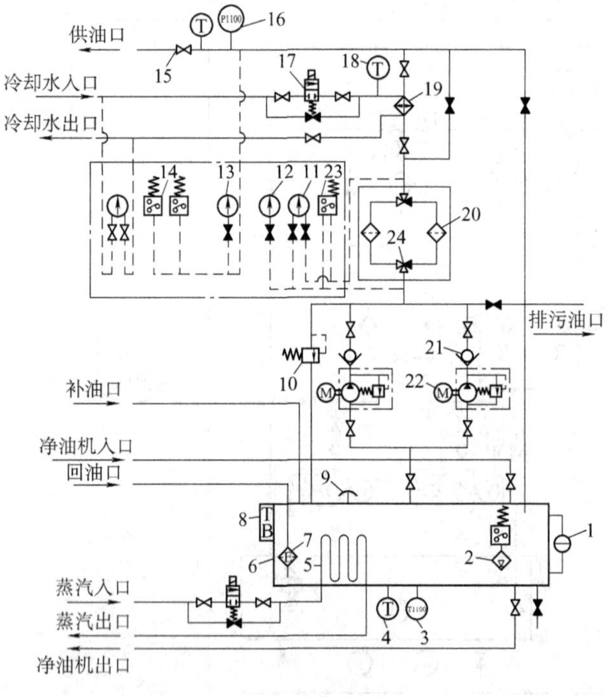

1—油液指示器 2—油位控制器 3、4、12—电接触式温度计 5—加热器 6—油箱 7—回油过滤器 8—电气接线盒 9—空气过滤器 10—安全阀 11、13—压力计 14—压力继电器 15—截断阀 16—温度开关 17—二位二通电磁阀 18—温度计 19—冷却器 20—双筒过滤器 21—单向阀 22—带安全阀的齿轮油泵 23—压差开关 24—过滤器切换阀

XHZ-160～XHZ-500 型稀油润滑装置原理图

型号	XHZ-160	XHZ-200	XHZ-250 XHZ-315	XHZ-400 XHZ-500
A	3840		5200	6100
B	1700		1800	2000
B_1	3870		4463	4665
C	2250		2575	2800
E	1150		1875	2250
F	1900		2325	2770
G	1300		1500	1600
H	1040		1350	1600
H_1	390		410	430
H_2	140		160	180
H_3	1950	1860	2200	2900
H_4	1688		1960	2340
H_5	1400		1650	2000
H_6	1250		1220	1400
H_7	622		610	737
H_8	818		838	858
H_9	400		440	480
H_{10}	422		375	502
J	4200		4500	5000
K	700		760	1200
L	4900		5750	6640
N	1150		1400	1325
N_1	600		650	750
P	500		500	500
DN	125		150	200

标记示例：公称流量 500L/min，油箱以外的所有零件均装在一个公共底座上的稀油润滑装置，标记为：

XHZ-500 型稀油润滑装置

注：所有法兰连接尺寸均按 JB/T 81—1994《凸面板式平焊钢制管法兰》（PN＝1MPa）的规定。

5　润滑脂集中润滑系统的设计（见表 19.6-19）

表 19.6-19　润滑脂集中润滑系统的设计

类型		简　　图	运　　转	驱动	适用的锥入度 $/10^{-1}$mm	管路标准压力 /MPa	调整与管长限度
直接供脂式	单独的活塞泵	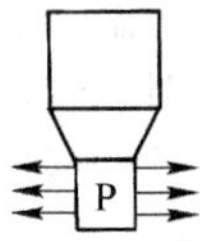 P	由凸轮或斜圆盘使各活塞泵 P 顺序工作	电动机 机械 手动	>265	0.7~2.0	在每个出口调整冲程 9~15m
	阀分配系统	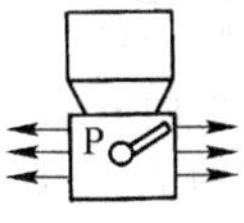 P	利用阀把一个活塞泵的输出量依次供给每条管路	电动机 机械 手动	>220 <265	0.7~2.0	由泵的速度控制输出 25~60m
	分支系统	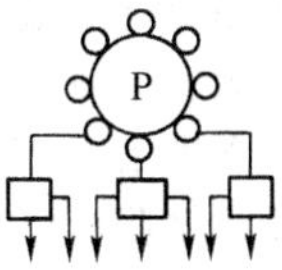 P	每个泵的输出量由分配器分至各处	电动机 机械	>220	0.7~2.8	在每个输出口调整或用分配阀组调整 泵到分配阀 18~54m 分配阀到支承 6~9m
间接供脂递进式	单线式	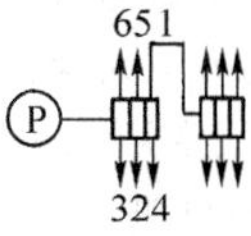 651 P 324	第一阀组按 1、2、3……顺序输出。其中的一个阀用来使第二阀组工作。以后的阀组照此顺序工作	电动机 机械 手动	>265	14.0~20.0	用不同容量的计量阀，否则靠循环时间调整：干线 150mm（视脂和管子口径）到支承的支线 6~9mm
	单线式反向	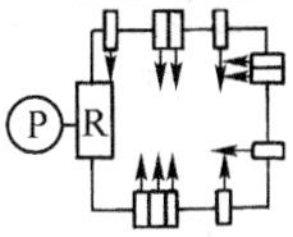 P R	回动阀 R 每动作一次各阀依次工作			1.4~2.0	
	双线式	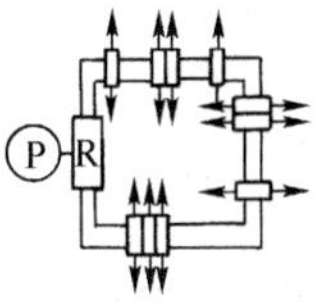 P R	脂通过一条管路按顺序运送到占总数一半的出口。回动阀 R 随后动作，消除第一条管路压力，把脂送到另一条管路，供给其余半数出口				
间接供脂并列式	单线式	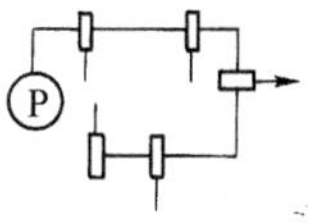 P	由泵上的装置使管路交替加压、卸压，有两种系统；利用管路压力作用在阀的活塞上射出脂；利用弹簧压力作用在阀的活塞上射出脂	电动机 手动	>310	≈17.0 ≈8.0	工作频率能调整，输出量由脂的特性决定 120m
	油或气调节的单线式	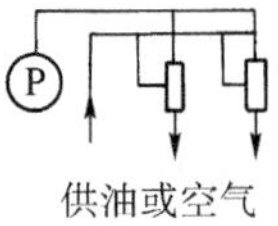 P 供油或空气	泵使管路或阀工作，用油压或气压操纵阀门	电动机	>220	≈40.0	用分配阀调整 600m
	双线式	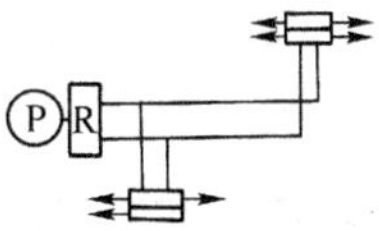 P R	润滑脂压力在一条管路上同时操纵占总数一半的排出口。然后 R 阀反向，消除此条管路压力，把脂导向另一条管路，使其余一半排出口工作	电动机 手动	>265	≈40.0	用分配阀调整 自动 120m 手动 60m

5.1 润滑脂集中润滑系统的设计计算步骤

（1）计算润滑脂的消耗量，选择给油器的形式和大小

每个润滑点消耗润滑脂的定额（即每平方米的摩擦表面积每小时所需要的润滑脂量）为

$$q=11k_1k_2k_3k_4k_5 \qquad (19.6\text{-}3)$$

式中 q——每小时每平方米摩擦表面所需润滑脂量 [$cm^3/(m^2 \cdot h)$]；

11——轴承直径在小于或等于100mm时，转速不超过100r/min的最低消耗定额 [$cm^3/(m^2 \cdot h)$]；

k_1——轴承直径对润滑脂的影响系数，由表19.6-20中选取；

k_2——轴承转速对润滑脂消耗系数的影响系数，由表19.6-21中选取；

k_3——表面情况系数，一般的取 $k_3\approx1.3$，表面光滑的可取 $k_3=1.0\sim1.05$；

k_4——轴承温度工作系数，当轴承温度 $t<75℃$ 取 $k_4=1$，$t=75\sim150℃$ 取 $k_4=1.2$；

k_5——负载系数，一般取 $k_5=1.1$。

表19.6-20 系数 k_1 值

轴承类型	直径/mm				
	100	200	300	400	500
滑动轴承	1	1.4	1.8	2.2	2.5
滚动轴承	1	1.1	1.2	1.25	1.3

表19.6-21 系数 k_2 值

转速 $n/r\cdot min^{-1}$	100	200	300	400
k_2	1	1.4	1.8	2.2

根据计算出的 q 值（各个润滑点在工作循环时间内所需润滑脂总量）选择给油器。每个润滑点所需给油器的供脂量

$$V_{总}=qAT \qquad (19.6\text{-}4)$$

式中 $V_{总}$——给油器每一个工作柱塞每次动作供给润滑点润滑脂的总容量（cm^3）；

q——润滑点的单位消耗定额（cm^3）；

A——新润滑摩擦副的理论摩擦面积，即 $A=\pi D_yL_y$，D_y、L_y 为推算的轴承直径与长度，参考表19.6-23；

T——润滑周期，即前后两次供脂的间隔时间（h）。

由以上的数据选择合适的给油器。

（2）确定润滑周期

润滑周期或润滑脂站工作循环时间（油泵工作时间加上油泵的停歇时间）通常决定了摩擦表面的特点和工作条件（如工作温度、载荷和速度，周围环境是否有水落入、受腐蚀介质影响、潮湿及多灰尘）等。

对于手动润滑脂站：$T\geqslant4h$；

对于自动润滑脂站：T 参考表19.6-22。

（3）选择润滑站的形式、大小和数量

当润滑点为30~40个、输脂主管延伸长度的范围（区间半径）为2~15m时，若选用手动润滑脂集中润滑站，其数量可按式（19.6-5）计算

$$n=\frac{24\sum n_iQ_i}{1000aTQ_c} \qquad (19.6\text{-}5)$$

式中 24——每昼夜工作时间（h）；

n_i——各种给油器的个数（个）；

Q_i——各种给油器单位给脂量（cm^3）；

a——油站利用系数，一般取 $a=0.8\sim0.9$；

T——给脂周期，参考表19.6-22；

Q_c——手动润滑脂站储脂筒的容积，国产SGZ型手动润滑脂站储脂容积 $Q_c=3.5L$。

选择润滑站时应考虑如下因素：

1）润滑点的数目。润滑点数不多、供脂量不大及润滑周期较长（如某些单机设备）的可采用手动润滑站或多点润滑脂泵；润滑点在500个以上，或润滑点虽不多，但机器工作繁重，应考虑采用自动润滑站。

2）机器润滑点的分布情况。若分布在一条直线上（如辊道），可采用流出式；若分布比较集中或邻近的，可采用环式。

3）润滑脂的总容积。包括给油器的总容积和管道的总容积。

表19.6-22 润滑脂集中润滑站的润滑周期

序号	初 轧 机	润滑周期
1	受料辊道、前后工作辊道、输出辊道、回转台、导板、切头推出机、剪切机、移动挡板和辊道、初轧开坯和板坯落下辊道、挡板和叠板装置等	2~4h
2	工作机架、推床、翻钢机和剪切机等	1~2h
	钢轨钢梁轧机	
1	冷床的辊道和冷却台，矫直机前的冷床和辊道链条输送机等	2~4h
2	剪切机前辊道、移动挡板、落下挡板，辊道和输送机	2~4h
3	升降台、推床、辊道、工作机架附近的辊道、推送机、翻钢机输出辊道和剪切机连接轴等	2~4h
4	加热炉辊道（出钢侧）、工作机架、翻钢机和推钢机	1~2h

注：使用此表时，应从实际出发，结合现场经验，确定润滑周期。尤其是在润滑脂新产品性能改进后，润滑周期的确定也应随之改变。

表 19.6-23　理论摩擦面积 A 的计算

平面滑动		圆柱面		螺杆和螺母	
直径 D_y	长度 L_y	直径 D_y	长度 L_y	直径 D_y	长度 L_y
$\frac{L}{\pi}$	B	$\frac{L}{\pi}$	πd	d_j	$2L$
环状轴颈(空心)		实心轴颈		万向节轴头	
直径 D_y	长度 L_y	直径 D_y	长度 L_y	直径 D_y	长度 L_y
$\frac{D+d}{2}$	$\frac{D-d}{2}$	$\frac{d}{2}$	$\frac{d}{2}$	一个平面用	
				B/π	L_1
				两个平面用	
				$2B/\pi$	L_1

注：d_j 为螺纹中径；$A=\pi D_y L_y$。

5.2　自动润滑脂集中润滑站能力的确定

自动润滑脂集中润滑站的润滑点可达 500 多个，润滑范围（区间半径）可在 5~120m 之间，供脂能力 $Q_{自}$（cm^3/min）可按下式计算

$$Q_{自} \geqslant \frac{\sum n_i Q_i}{t\eta}$$

式中　t——每个周期电动机工作时间（min）。计算应按机械的具体工作频繁程度、受载情况、温度和周围环境等条件，预选工作循环时间 t。当工作循环周期 T 较长时，则电动机每次工作时间（即油泵压送润滑脂时间）t 可以长些；反之，可短些，这样求出的 $Q_{自}$ 更为合理。

η——油站利用效率，$\eta \approx 0.75 \sim 0.90$。

一般根据选好的润滑脂站［$Q_{自}$］，校正电动机的工作时间 $t_{实}$。

计算输脂管路中的压力损失，一般总压力损失应小于 4~6MPa。

润滑脂集中润滑站的润滑周期见表 19.6-22。

6 润滑脂集中润滑系统的主要设备

润滑脂泵及装置的结构型式与尺寸见表 19.6-24～表 19.6-27。

表 19.6-24 SGZ、SRB 型手动润滑泵的结构型式与尺寸

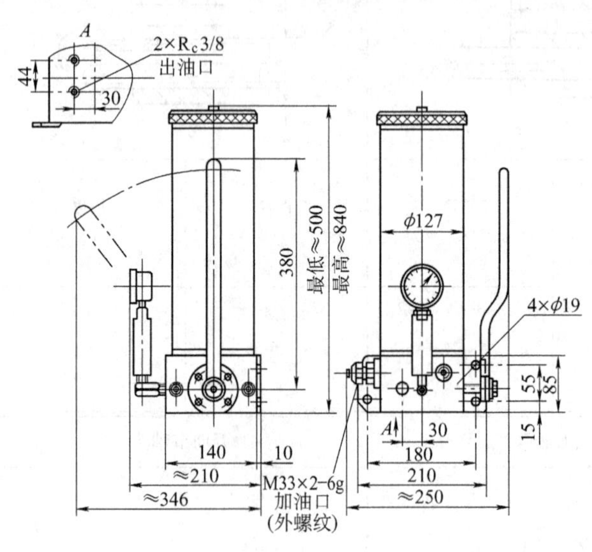

型号	给油量 /mL·次$^{-1}$	公称压力 /MPa	储油器容积/L	质量 /kg
SGZ-8	8	6.3(I)	3.5	24

1)用于双线式和双线喷射式润滑脂集中润滑系统
2)采用锥入度(25℃、150g)不低于 265(10^{-1}mm)的润滑脂
3)环境温度为 0～40℃
4)标记示例:给油量为 8mL/循环的手动润滑泵,标记为:
SGZ-8 润滑泵

注:生产商有太原矿山机器润滑液压设备有限公司,启东市南方润滑液压设备有限公司,南通市南方润滑液压设备有限公司,启东润滑设备有限公司,启东江海液压润滑设备厂,太原宝太润液设备有限公司,四川川润股份有限公司,启东中冶润滑设备有限公司。

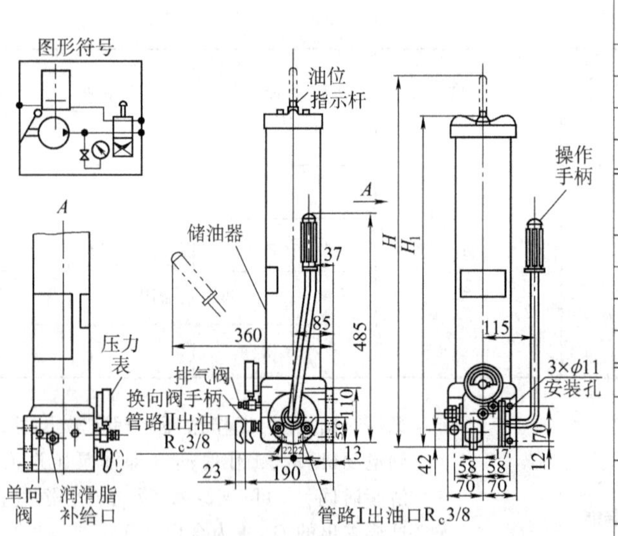

标记示例:公称压力 20MPa,给油量 3.5mL/循环,使用介质为润滑脂,储油器容积 5L 的手动润滑泵,标记为:
SRB-L3.5Z-5 润滑泵

型 号	给油量 /mL·循环$^{-1}$	公称压力 /MPa	储油器容积/L	最多给油点数
SRB-J7Z-2	7	10	2	80
SRB-J7Z-5			5	
SRB-L3.5Z-2	3.5	20	2	50
SRB-L3.5Z-5			5	

型 号	配管通径 /mm	配管长度 /m	质量 /kg
SRB-J7Z-2	20	50	18
SRB-J7Z-5			21
SRB-L3.5Z-2	12	50	18
SRB-L3.5Z-5			21

型 号	H	H_1
SRB-J7Z-2 SRB-L3.5Z-2	576	370
SRB-J7Z-5 SRB-L3.5Z-5	1196	680

1)本泵与双线式分配器、喷射阀等组成双线式或双线喷射润滑脂集中润滑系统,用于给油频率较低的中小机械设备或单独的机器上。工作时间一般为 2～3min,工作寿命可达 50 万个工作循环
2)适用介质的锥入度(25℃,150g)为 310～385(10^{-1}mm)的润滑脂

注:生产商有南通市南方润滑液压设备有限公司,启东市南方润滑液压设备有限公司,太原宝太润液设备有限公司,上海润滑设备厂有限公司,太原矿山机器润滑液压设备有限公司,四川川润股份有限公司,启东润滑设备有限公司,启东江海液压润滑设备厂,温州市龙湾润滑液压设备厂。

表 19.6-25　电动润滑泵装置的结构型式与尺寸（摘自 JB/T 2304—2001）　　（mm）

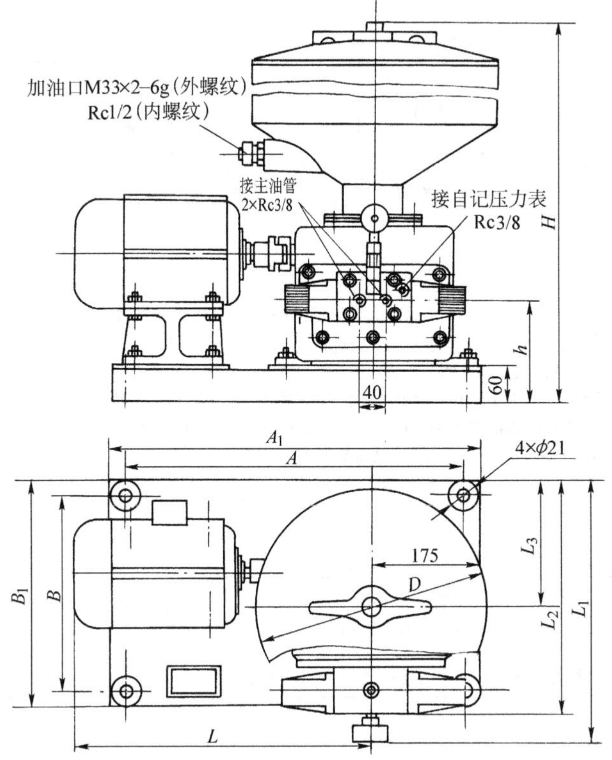

1)适用于集中润滑系统

2)适用于锥入度（25℃，150g）为 250~350（10^{-1}mm）的润滑脂

型　号	A	A_1	B	B_1	h	D	$L\approx$	$L_1\approx$	L_2	L_3	$H\approx$	
											最高	最低
DRZ-L100	460	510	300	350	151	408	406	414	368	200	1330	925
DRZ-L315	550	600	315	365	167		474	434	392	210	1770	1165
DRZ-L630						508	489				1820	1215

型　号	给油能力 /mL·min^{-1}	公称压力 /MPa	储油器容积 /L	电动机			电磁铁电压 /V	质量 /kg
				型　号	功率 /kW	转速 /r·min^{-1}		
DRZ-L100	100	20（L）	50	Y801-4-B_3	0.55	1390	220	191
DRZ-L315	315		75	Y90S-4-B_3	1.1	1400		196
DRZ-L630	630		120	Y90L-4-B_3	1.5	1400		240

注：1. 型号中“L”表示压力级；L 级，20MPa。

2. 生产商有太原矿山机器润滑液压设备有限公司，启东市南方润滑液压设备有限公司，南通市南方润滑液压设备有限公司，太原市兴科机电研究所，太原宝太润液设备有限公司。

表 19.6-26　多点润滑泵的结构型式与尺寸(摘自 JB/T 8810.3—2016)

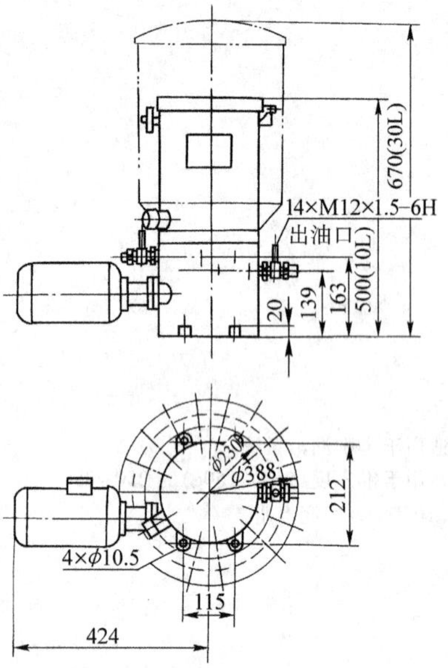

公称压力/MPa	出油口数	给油口额定给油量/mL·min^{-1}	储油器容积/L	电动机		质量/kg
				功率/kW	电压/V	
31.5(N)	1~14	0~1.8 0~3.5 0~5.8 0~10.5	10,30	0.18	380	42

1. 适用于锥入度(25℃、150g)为 265~385(10^{-1}mm)的润滑脂
2. 适用于黏度大于 61.2mm^2/s 的润滑油
3. 工作环境温度-20~80℃
4. 标记示例:公称压力 31.5MPa,给油口数 6 个,每给油口额定给油量 0~5.8mL/min,储油器容积 10L 的多点润滑泵,标记为:
   6DDRB-N5.8/10 多点泵 JB/T 8810.3—2016

注:生产商有启东市南方润滑液压设备有限公司,南通市南方润滑液压设备有限公司,启东江海液压润滑设备厂,启东润滑设备有限公司,上海润滑设备厂有限公司,温州市龙湾润滑液压设备厂,启东中冶润滑设备有限公司。

表 19.6-27　QRB 型气动润滑泵的结构型式与尺寸 (16MPa)

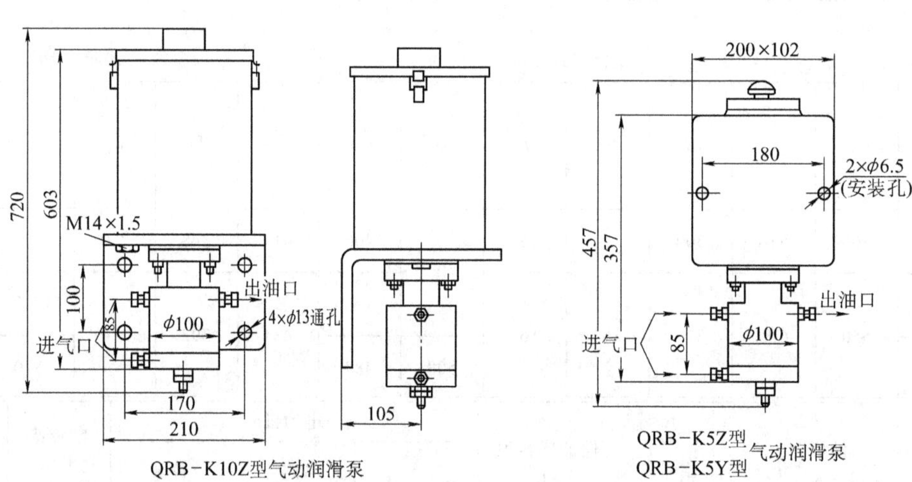

QRB-K10Z型气动润滑泵

QRB-K5Z型 QRB-K5Y型 气动润滑泵

标记示例:供油压力 16MPa,储油器容积 5L,使用介质为润滑脂的气动润滑泵,标记为:
QRB-K5Z 润滑泵

供油压力 16MPa,储油器容积 5L,使用介质为润滑油的气动润滑泵,标记为:
QRB-K5Y 润滑泵

（续）

型号	出口压力/MPa	进气压力/MPa	出油量（可调）/mL·次$^{-1}$	储油器容积/L	进气口螺纹	出油口螺纹
QRB-K10Z	16	0.63	0~6	10	M10×1—6H	M14×1.5—6H
QRB-K5Z				5		
QRB-K5Y						

型号	油位监控装置	最大电源电压/V	最大允许电流/mA	润滑介质	质量/kg
QRB-K10Z	有	220	500	润滑脂	39.10
QRB-K5Z	无	—	—		13.26
QRB-K5Y		—	—	润滑油	12.81

注：1. 适用于锥入度（25℃、150g）为 250~350（10^{-1}mm）的润滑脂或黏度为 46~150mm^2/s 的润滑油。

2. 生产商有启东江海液压润滑设备厂，启东润滑设备有限公司，启东中冶润滑设备有限公司。

7　油雾润滑

油雾润滑装置以压缩空气为动力，使油液雾化。粒度约在 2μm 以下的干燥油雾，经过管路输送到润滑部位。在油雾进入润滑点之前，还需通过凝缩嘴使油雾变成大的、湿润的油粒子，再投向摩擦表面进行润滑。

油雾润滑适用于封闭的齿轮、蜗轮、链条、滑板、导轨及各种轴承的润滑。目前，油雾润滑装置在大型、高速和重载的滚动轴承中使用较为普遍。

选用油雾润滑装置时应注意以下问题：

1）在排出的压缩空气中，含有少量的悬浮油粒，污染环境，对操作人员健康不利，所以需增设抽风排雾装置。

2）不宜用在电动机轴承上。因为油雾侵入电动机绕组将会降低绝缘性能，缩短电动机使用寿命。

3）油雾的输送距离不宜太长，一般在 30m 以内较为可靠，最长不得超过 80m。

4）必须具备一套压缩空气系统。

7.1　油雾润滑的工作原理

油雾润滑的工作原理如图 19.6-2 所示。当电磁阀 5 通电接通后，压缩空气经分水滤气器 2 过滤进入调压阀 3 减压，使压力达到工作气压；减压后的压缩空气经电磁阀 5、空气加热器 7 进入油雾发生器。在发生器内，高速流动的气流产生文氏效应，将油吸入发生器雾化室进行雾化，油雾经油雾装置出口排出，通过系统管路、凝缩嘴送至润滑点。

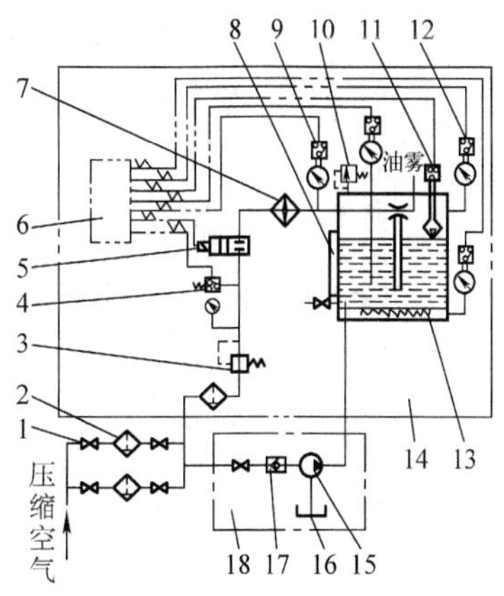

图 19.6-2　油雾润滑的工作原理

1—阀　2—分水滤气器　3—调压阀　4—气压控制器　5—电磁阀　6—电控箱　7—空气加热器　8—油位计　9—温度控制器　10—安全阀　11—油位控制器　12—雾压控制器　13—油加热器　14—油雾润滑装置　15—加油泵　16—储油器　17—单向阀　18—加油系统

7.2　油雾润滑系统和装置

如图 19.6-3 所示，一个完整的油雾润滑系统应包括分水滤气器 1、电磁阀 2、调压阀 3、油雾发生器 4、油雾输送管道 5、凝缩嘴 6 以及控制检测仪表等。分水滤气器用来过滤压缩空气中的机械杂质和分离其中的水分，以便得到纯净、干燥的气源；调压阀用来控制和稳定压缩空气的压力，使供给油雾发生器的空气压力不受压缩空气网路上压力波动的影响。为了保证油雾润滑系统的正常工作，在储油器内还设有油温自动控制器、液位信号装置、电加热器和油雾压力继电器。其参数见表 19.6-28、表 19.6-29。

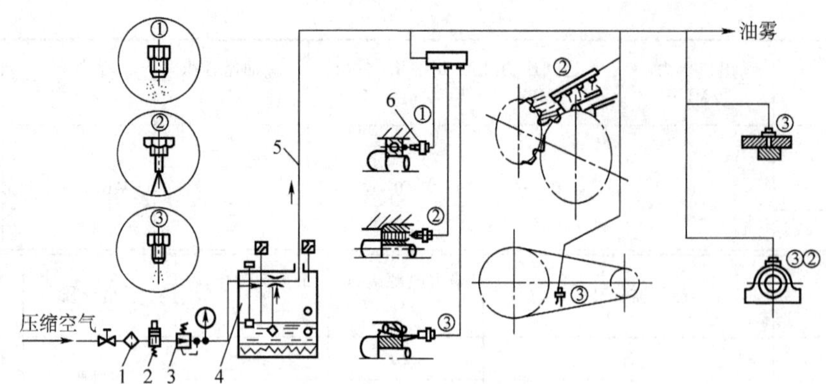

图 19.6-3　油雾润滑系统

1—分水滤气器　2—电磁阀　3—调压阀　4—油雾发生器　5—油雾输送管道
6—凝缩嘴　①~③—各工况下用凝缩嘴情况

表 19.6-28　WHZ4 系列油雾润滑装置的结构型式、外形尺寸及参数

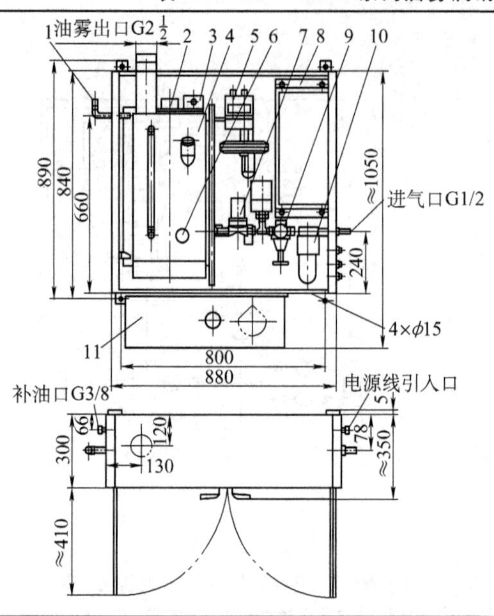

1—安全阀　2—液位信号器　3—发生器　4—油箱　5—压力控制器　6—双金属温度计　7—电磁阀　8—电控箱　9—调压阀　10—分水滤气器　11—空气加热器

标记示例：工作气压为 0.25~0.50MPa，油雾量为 $40m^3/h$ 的油雾润滑装置，标记为：

WHZ4-40 油雾润滑装置

生产商有启东江海液压润滑设备厂、太原矿山机器润滑液压设备有限公司

型　号	公称压力 /MPa	工作气压 /MPa	油雾量 $/m^3 \cdot h^{-1}$	耗气量 $/m^3 \cdot h^{-1}$	油雾浓度 $/g \cdot m^{-3}$	最高油温 /℃	最高气温 /℃	储油器容积 /L	质量/kg	说　明
WHZ4-C6	0.16	0.25~0.5	6	6	3~12	80	80	17	120	1）油雾量是在工作气压为 0.3MPa，油温、气温均为 20℃时测得的 2）油雾浓度是在工作气压为 0.3MPa，油温、气温均为 20~80℃之间变化时测得的 3）电气参数：50Hz、220V、2.5kW 4）适用于黏度为 22~100mm^2/s 的润滑油 5）过滤精度不低于 20μm 6）本装置在发生空气压力过低、油雾压力过高的故障时可进行声光报警
WHZ4-C10			10	10						
WHZ4-C16			16	16						
WHZ4-C25			25	25						
WHZ4-C40			40	40						
WHZ4-C63			63	63						

表 19.6-29　OMLD-I 型油雾润滑装置参数

型号	OMLD-I-10Y	OMLD-I-15Y	OMLD-I-20Y	OMLD-I-25Y	OMLD-I-30Y	OMLD-I-35Y	OMLD-I-40Y	OMLD-I-45Y
油雾量 $/m^3 \cdot h^{-1}$	1~15	10~20	15~25	20~30	25~35	30~40	35~45	40~50
油雾压力 /kPa	2~20				5~40			
工作压力 /MPa	0.3~0.5							
油雾浓度 $/g \cdot m^{-3}$	5~15							
油雾粒径 /μm	1~5							
环境温度 /℃	-20~+40							
电源电压/V	220							
功率/kW	2.2	3.3	5.5	6.0	6.5	7.0	7.5	8.0
油箱容积 /L	60	100	160	200	240	240	240	240
质量/kg	260	350	500	700	800	800	800	800
防爆等级	Exd(ia)ⅡBT4							

注：生产商为沈阳佳益油雾技术有限公司。适用黏度 22~100mm^2/s。

8　油气润滑

油气润滑与油雾润滑相似，但又不同于油雾润滑。油气润滑与油雾润滑都是以压缩空气为动力，将润滑油输送到润滑部位；其不同之处是油气润滑并不将润滑油撞击为细雾，而是利用压缩空气的流动，把润滑油沿管路输送到润滑部位，因此不再需要凝缩嘴，凡是能流动的液体都可以输送，不受黏度的限制。空气输送的压力较高，为 3×10^5Pa 左右；轴承箱内的气压也较高，为 0.3×10^5Pa 左右。正常运行时，轴承箱内保持一定的润滑油液位，所以给油量根据实际消耗量确定，润滑油是间歇供给，压缩空气连续送入。在润滑点较多的情况，要想把油气混合体均匀地分别输送到各个轴承，由于存在 Coanda 效应（附壁效应），不易分匀。现在已经发明了油气分配器，解决了这个难题，使得油气润滑得以迅速发展，并且获得令人满意的效果。

8.1　油气润滑的工作原理

油气润滑的喷嘴是由步进式给油器定时、定量间歇地供给润滑油；用（3~4）$\times10^5$Pa 的压缩空气，沿着油管内壁将油吹向润滑点，使油品准确地供给到最需要的润滑部位。油气润滑机理如图 19.6-4 所示。

油气润滑与油雾润滑在流体性质上截然不同。油雾润滑时，油被雾化成 0.5~2μm 的雾粒，雾化后的油随空气前进，二者的流速相等。油气润滑时，油不被雾化，油以连续油膜的方式被导入润滑点。在油气润滑中，润滑油的流速为 2~5cm/s，而空气的速度为 30~80m/s，特殊情况可高达 150~200m/s。

油气润滑与油雾润滑不同，几乎不受油的黏度限制，可以输送黏度高达 7500mm^2/s 的油品，因此不仅稀油、半流动润滑脂，甚至是添加了高比例固体颗粒的润滑剂，都能顺利输送。

油气润滑对油品的清洁度要求不高，达到 NAS9 级即可。

油气润滑要求压缩空气的工作压力为 0.3~0.4MPa，在润滑点数目很多时，可以适当提高工作压力；润滑点少时，0.2MPa 的工作压力也能使用，但低于 0.2MPa 时，不易形成稳定连续的油膜。

在油气润滑系统中，压缩气体的消耗量受多种因素的影响，如压缩空气的压力及流速、轴承的大小、密封的松紧度及润滑点的多少等。一般而言，平均每个润滑点消耗量为 1.5m³/h。油气管的内径一般为 2~8mm；油气管路最短为 0.5mm，最长可达 100m。

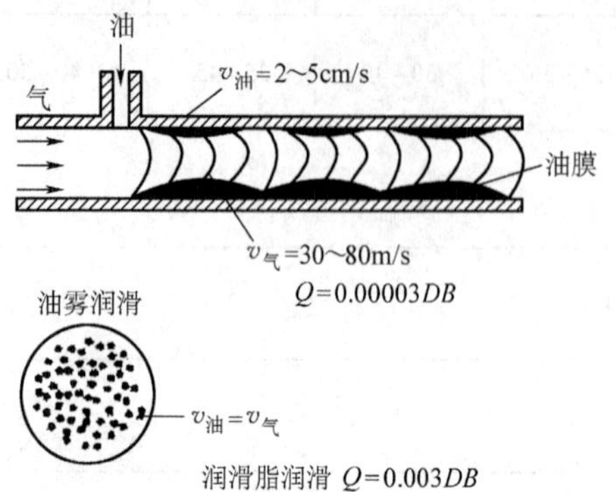

图 19.6-4 油气润滑机理

$v_{油}$—油速度 $v_{气}$—气流速度 Q—供油量 D—轴承直径 B—轴承宽度

在油气润滑系统中，由于耗油量很少，因此采用的是间歇性供油，即根据设定的工作周期，每隔一定时间供送一定量的油。但压缩空气的供给却是连续的（在某些系统，如列车轮缘的油气喷射系统，其压缩空气的供给也不是连续的，喷射时才供给）。由于压缩空气的连续作用，间歇供给的油才能在管道中形成连续的油膜，保证润滑点处不断地得到润滑，每时每刻都可以得到新鲜的润滑油。

8.2 油气润滑系统

图 19.6-5 所示为四辊轧钢机轴承（均为四列圆锥轴承）油气润滑系统图。

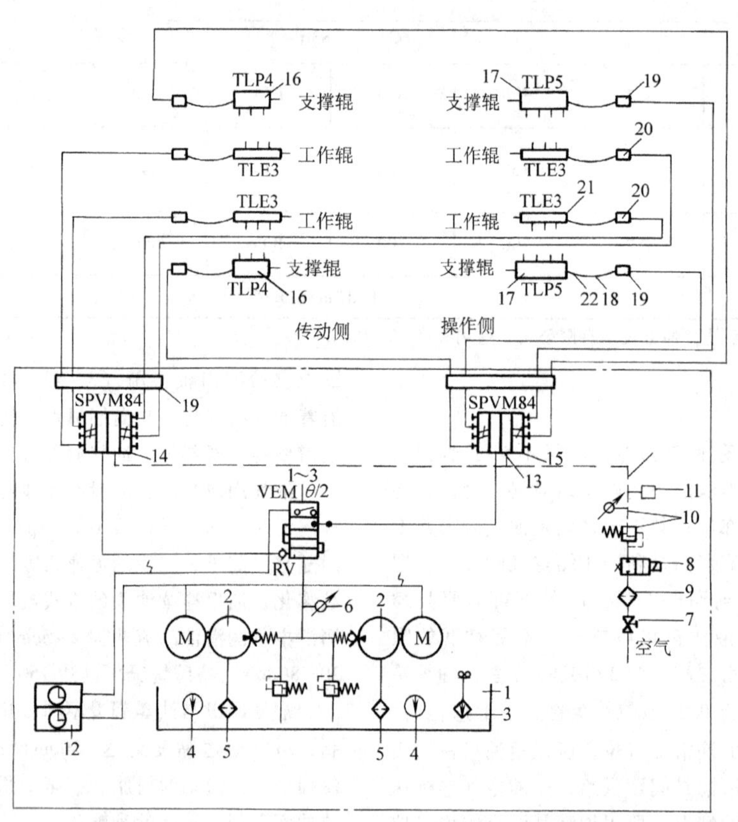

图 19.6-5 四辊轧钢机轴承油气润滑系统图

1—油箱 2—油泵 3—油位控制器 4—油位镜 5—过滤器 6—压力计 7—阀 8—电磁阀 9—过滤器 10—减压阀 11—压力监测器 12—电子监控装置 13—步进式给油器 14、15—油气混合器 16、17—油气分配器 18—软管 19、20—阀 21、22—软管接头

8.3　油气润滑装置（见表 19.6-30）

表 19.6-30　油气润滑装置的类型和基本参数

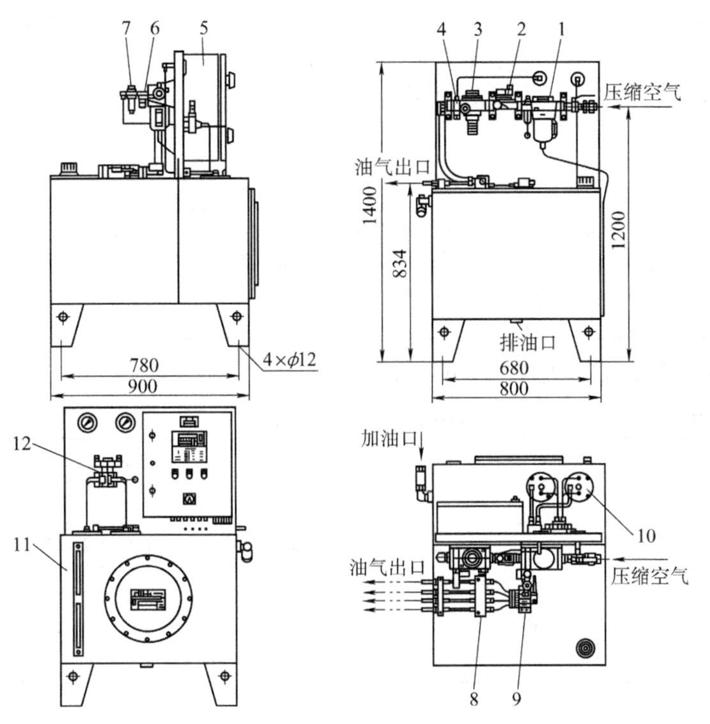

MS1 型气动式油气润滑装置简图

1—空气过滤器　2—二位二通电磁阀　3—空气减压阀　4—压力开关　5—PLC 电气控制装置　6—调压阀　7—油雾器　8—油气混合块　9—递进式分配器　10—气动泵　11—油箱　12—二位五通电磁阀

标记示例：供油量 3mL/行程，油箱容积 400L 的气动式油气润滑装置标记为：

MS1/400-3 油气润滑装置

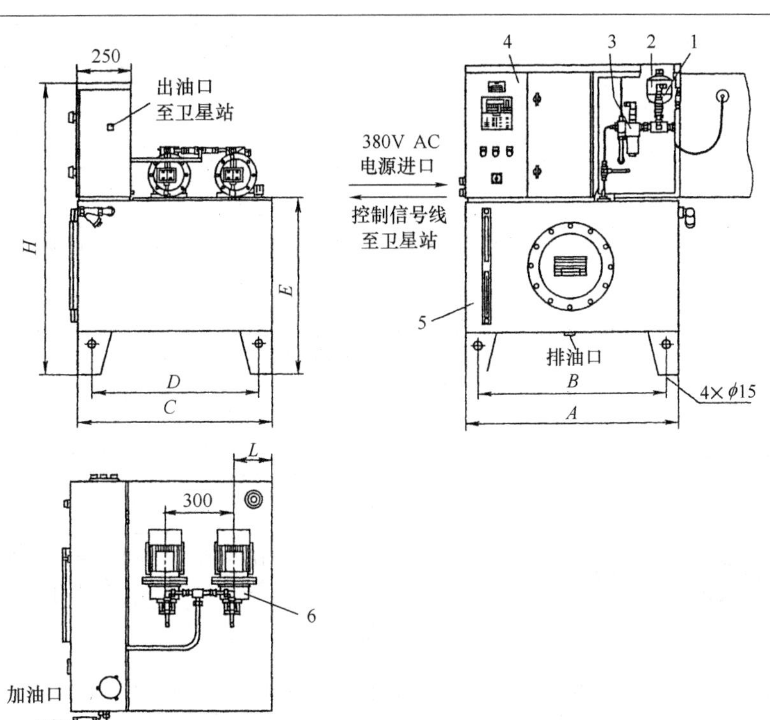

MS2 型电动式油气润滑装置简图

1—压力继电器　2—蓄能器　3—过滤器　4—PLC 电气控制装置　5—油箱　6—齿轮泵装置

标记示例：供油量 1.4mL/min，油箱容积 800L 的电动式油气润滑装置标记为：

MS2/800-1.4 油气润滑装置

（续）

型号	最大工作压力/MPa	油箱容积/L	供油量/L·min^{-1}	*A*	*B*	*C*	*D*	*E*	*H*	*L*
MS2/500-1.4	10	500	1.4	1000	880	900	780	807	1412	170
MS2/800-1.4		800		1100	980	1100	980	907	1512	270
MS2/1000-1.4		1000		1200	1080	1200	1080	1007	1680	320
MS1/400-2	10（当空气压力为0.4MPa时，空气压力范围为0.4～0.6MPa）	400	2	MS1型：用于200个润滑点以下的场合 MS2型：用于200个润滑点以上的场合 生产商有上海澳瑞特润滑设备有限公司、南通市南方润滑液压设备有限公司、启东市南方润滑液压设备有限公司和太原矿山机器润滑液压设备有限公司						
MS1/400-3			3							
MS1/400-4			4							
MS1/400-5			5							
MS1/400-6			6							

8.4 油气润滑与稀油循环式润滑的比较（见表19.6-31）

表19.6-31 油气润滑与稀油循环式润滑的比较

比较项目	稀油润滑	油气润滑
流体形式	液相流体	典型气液两相流体
输送润滑剂的压力	0.3～1MPa	油压，3～10MPa；气压，0.2～1MPa
润滑剂	黏度为100～680mm^2/s（40℃）的稀油	适用于绝大多数油品，黏度高达7500mm^2/s、半流动干油或添加有高比例固体颗粒的润滑剂都可以输送
润滑剂到达润滑点的方式	连续地到达润滑点	连续地到达润滑点
加热	需对润滑剂进行加热	不对润滑剂进行加热
润滑剂的利用方式	集中循环型	集中消耗型或集中循环型
对润滑剂的利用率	真正起润滑作用的润滑剂不到2%，大部分润滑剂用于冷却，所有润滑剂使用一段时间之后就得全部更换	润滑剂100%被利用
耗油量	由于漏损及使用一段时间之后润滑剂需全部更换，因此实际耗油量是油气润滑的10～30倍	耗油量只是稀油润滑漏损掉的油量中的一小部分
给油的准确性及调节能力	能实现定时定量给油；可以在一定范围内对给油量进行调节	可实现定时、定量给油，要多少给多少；可在极宽的范围内对给油量进行调节
从轴承座排放的润滑剂量	部分润滑剂从轴承座的密封处排出	由于耗油量极小，只有很少量的润滑剂从轴承座排出，是所有润滑方式中排放量最小的；如果做成循环型（带回油收集）系统，可实现零排放
用于轴承时，轴承座内的压力	轴承座内基本没有正压，外界脏物、水或有化学危害性的流体会侵入轴承座并危害轴承	轴承座内压力为0.03～0.08MPa，可防止外界脏物、水或有化学危害性的流体侵入轴承座并危害轴承
在恶劣工况下的适用性	适用于高速（或极低速）、重载场合，对高温环境的适应性差，不适用于轴承座受脏物、水及有化学危害性的流体侵蚀的场合	适用于高速（或极低速）、重载、高温和轴承座受脏物、水及有化学危害性的流体侵蚀的场合

（续）

比较项目	稀油润滑	油气润滑
系统监控性能	好	所有动作元件和流体均能实现监控
管道走向	有限制	没有限制
体积	很大	小
相关费用	相关费用多且高，如运输费、用于安装条件的花费、安装费	相关费用少
轴承使用寿命	一般	很长，是使用稀油润滑的 3~6 倍
投资收益	基本没有投资收益	税后回报达 50%以上
环保	部分稀油从轴承座中溢出并污染环境或其他介质（水、乳化液等）	油不被雾化，也不和空气真正融合，对人体健康无害；是所有润滑方式中排放量最小的；如果做成循环型（带回油收集）系统，可实现零排放

8.5 油气润滑与油雾润滑的比较（见表 19.6-32）

表 19.6-32 油气润滑与油雾润滑的比较

比较项目	油雾润滑	油气润滑
流体形式	一般型气液两相流体	典型气液两相液体
输送润滑剂的气压	0.004~0.006MPa	0.2~1MPa
气流速度	2~5m/s（润滑剂和空气紧密融合成油雾气，气流速度=润滑剂流速）	30~80m/s（润滑剂没有被雾化，气流速度远远大于润滑剂流速），特殊情况下可高达 150~200m/s
润滑剂流速	2~5m/s（润滑剂和空气紧密融合成油雾气，气流速度=润滑剂流速）	2~5cm/s（润滑剂没有被雾化，气流速度远远大于润滑剂流速）
加热与凝缩	对润滑剂进行加热与凝缩	不对润滑剂进行加热与凝缩
对润滑剂黏度的适应性	仅仅可适应于较低黏度[150mm²/s（40℃以下）]的润滑剂，对高黏度的润滑剂雾化率很低	适应于几乎任何黏度的油品，黏度大于 680mm²/s（40℃）或添加有高比例固体颗粒的油品都能顺利输送
在恶劣工况下的适用性	在高速、高温和轴承座受脏物、水及有化学危害性的流体侵蚀的场合适用性差；不适用于重载场合	适用于高速（或极低速）、重载、高温和轴承座受脏物、水及有化学危害性的流体侵蚀的场合
对润滑剂的利用率	因润滑剂黏度大小的不同而雾化率不同，对润滑剂的利用率只有约 60%	润滑剂 100%被利用
耗油量	是油气润滑的 10~12 倍	是油雾润滑的 1/12~1/10
给油的准确性及调节能力	加热温度、环境温度以及气压的变化和波动均会使给油量受到影响，不能实现定时定量给油；对给油量的调节能力极其有限	可实现定时定量给油，要多少给多少；可在极宽的范围内对给油量进行调节
Coanda 效应	受 Coanda 效应的影响，无法实现油雾气多点平均分配或按比例分配	REBS 专有的 TURBOLUB 分配器可实现油气多点平均分配或按比例分配
管道布置	管道必须布置成向下倾斜的坡度以使油雾顺利输送；油雾管的长度一般不大于 30m	对管道的布置没有限制，油气可向下或克服重力向上输送，中间管道有弯折或呈盘状及中间连接接头的应用均不会影响油气正常输送；油气管可长达 100m

（续）

比较项目	油雾润滑	油气润滑
用于轴承时，轴承座内的压力	≤0.002MPa，不足以阻止外界脏物、水或有化学危害性的流体侵入轴承座并危害轴承	轴承座内压力为0.03~0.08MPa，可防止外界脏物、水或有化学危害性的流体侵入轴承座并危害轴承
可用性	因危害人身健康及污染环境，其可用性受到限制	可用
系统监控性能	弱	所有动作元件和流体均能实现监控
轴承使用寿命	适中	很长，是使用油雾润滑的2~4倍
投资收益	税后回报小于20%	税后回报达50%以上
环保	雾化时有20%~50%的润滑剂通过排气系统进入外界空气，成为可吸入油雾，对人体肺部极其有害并污染环境。油雾润滑在工业发达国家中已不再使用	油不被雾化，也不和空气真正融合，对人体健康无害，也不污染环境

第7章　润滑维护

1　维修体制的发展

随着科学技术的不断进步和工业不断发展，维修制度已从故障维修（事后维修）、预防维修（定期维修）和预知维修（预测维修），发展到一种新的设备维修理念——主动维修。

故障维修是最原始的一种维修方式。机器意外损坏，或者由于老化不能正常运转，只能停机检修。这种粗放式的维修方式，由于设备长期带病工作，会造成机器严重损坏，甚至报废，给企业带来巨大的经济损失。

预防维修是20世纪初为了防止突发事故、避免机器损坏影响正常生产秩序，根据长期积累的经验，制定出机器的小修、中修、大修的要求和时间表而形成的预防维修制度。到规定日期，不管运行情况如何，立即安排停机检修。这种维修方式，可以减少突发事故，但也不可避免地会产生过剩维修，把还可以继续使用的零部件报废，把还可以继续使用的油品放掉。据统计，这种维修方式将浪费掉1/3的维修费。

预知维修是20世纪60~70年代，测振动、测噪声和铁谱等诊断技术应用于工况监测，用以判断设备发生事故的部位和严重程度而形成的维修方式。预知维修不仅可以避免突然停机，还可以使维修工作有计划地、尽可能地在较小的范围内进行。然而由于测振仪、噪声计和铁谱仪等仪器测得的信息都是宏观的量，能测得出来，说明机器已经有不同程度的损坏，已经影响了机器和油品的使用寿命。

主动维修就是消灭事故于萌芽状态，主要是监测机器和油品的微观变化，发现对机器不利的苗头，及时采取措施加以清除，使机器正常运转。主动维修得以实现，主要得益于精确的仪器分析；得益于发射式光谱和付氏变换红外光谱的有效应用。通过定期、不断的监测，发现某项根源（root cause）参数超标，立即处理，保证机器长期运行于最佳状态。采取主动维修，可以延长机器和油品的使用寿命，保证开工率，大幅度降低维修费用。根据国际上统计的资料（见表19.7-1）可以看出，主动维修的维修费用只有故障维修费用的1/180，经济效益巨大，是值得大力推广的一种维修方式。

表19.7-1　维修费用比较　[美元·$(hp\cdot a)^{-1}$]

维护方法	技术措施	费用
故障维修	大修	18
预防维修	定期维修更换零件	13
预知维修	通过振动、噪声、磨粒监测失效征兆	8
主动维修	监测和康复根源参数	0.1

2　油品清洁度

主动维修的目的是延长设备的使用寿命。首先，油品必须具有并保持必要的清洁度。用优质油，不注意保洁，污染严重，不但不能发挥其优越性能，还会造成巨大浪费。清洁度的有效控制是保证节能、延长寿命的先决条件。

Noria公司总结了几种不同机械在不同清洁度下的使用寿命，归纳出一个带有一定规律性的寿命延长表（见表19.7-2）。表中每个方格内有四个数字，分别代表提高清洁度后寿命提高的倍数。上左，代表液压系统和内燃机；上右，代表滚动轴承；下左，代表径向轴承和涡轮机；下右，代表齿轮箱及其他。实践证明，把油品控制在合理的清洁度下，节能长寿的效果巨大。例如，从NAS16级提高到NAS7级，滚动轴承寿命可以提高5倍，齿轮箱寿命可以提高4倍。

表 19.7-2 寿命延长表

NAS1638		11	10	9	8	7	6	5	4	3	2	1
	ISO 4406	20/17	19/16	18/15	17/14	16/13	15/12	14/11	13/10	12/9	11/8	10/7
17	26/23	5 3 4 2.5	7 3.5 4.5 3	9 4 6 3.5	>10 5 6.5 4	>10 6 7.5 5	>10 7.5 8.5 8.5	>10 9 10 7	>10 >10 >10 9	>10 >10 >10 10	>10 >10 >10 >10	>10 >10 >10 >10
16	25/22	4 2.5 3 2	5 3 3.5 2.5	7 3.5 4.5 3	9 4 5 3.5	>10 5 6.5 4	>10 6 8 5	>10 7 9 6	>10 9 10 7.5	>10 >10 >10 9	>10 >10 >10 >10	>10 >10 >10 >10
15	24/21	3 2 2.5 1.5	4 2.5 3 2	6 3 4 2.5	7 4 5 3	9 5 6.5 4	>10 6 7.5 5	>10 7 8.5 6	>10 8 >9.5 7	>10 10 >10 8	>10 >10 >10 10	>10 >10 >10 >10
14	23/20	2 1.5 1.7 1.3	3 2 2.3 1.5	4 2.5 3 2	5 3 3.7 2.5	7 3.5 5 3	9 4 6 3.5	>10 5 7 4	>10 6 8 5	>10 8 10 6.5	>10 9 >10 8.5	>10 >10 >10 10
13	22/19	1.6 1.3 1.4 1.1	2 1.6 1.8 1.3	3 2 2.3 1.7	4 2.5 3 2	5 3 3.5 2.5	7 3.6 4.6 3	8 4 5.5 3.5	>10 5 7 4	>10 6 8 5	>10 7 10 5.5	>10 >10 >10 8.5
12	21/18	1.3 1.2 1.2 1.1	1.5 1.5 1.5 1.3	2 1.7 1.8 1.4	3 2 2.2 1.6	4 2.5 3 2	6 3 3.5 2.5	7 3.5 4.5 3	9 4 6 3.6	>10 5 7 4	>10 7 9 5.5	>10 10 10 8
11	20/17		1.3 1.2 1.2 1.05	1.6 1.5 1.5 1.3	2 1.7 1.8 1.4	3 2 2.3 1.7	4 2.5 3 2	5 3 3.5 2.5	7 4 5 3	9 5 6 4	>10 7 8 5.5	>10 9 10 7
10	19/16			1.3 1.2 1.2 1.1	1.6 1.5 1.6 1.3	2 1.7 1.8 1.5	3 2 2.2 1.7	4 2.5 3 2	5 3 3.6 2.5	7 4 5 3.5	9 6 7 4.5	>10 8 9 6
9	18/15				1.3 1.2 1.2 1.1	1.6 1.5 1.5 1.3	2 1.7 1.8 1.5	3 2 2.3 1.7	4 2.5 3 2	5 3 3.5 2.5	7 4.5 5.5 3.7	>10 6 8 5
8	17/14					1.3 1.2 1.2 1.1	1.6 1.5 1.5 1.3	2 1.7 1.8 1.5	3 2 2.3 1.7	4 2.5 3 2	6 3 4 2.5	8 5 6 3.5
7	16/13						1.3 1.2 1.2 1.1	1.6 1.5 1.5 1.3	2 1.7 1.8 1.5	3 2 2.3 1.6	4 3.5 3.7 3	6 4 4.5 3.5
6	15/12	液压系统和内燃机			滚动轴承			1.3 1.2 1.2 1.1	1.6 1.5 1.5 1.4	2 1.7 1.8 1.5	3 2 2.3 1.8	4 2.5 3 2.2
5	14/11	径向轴承和涡轮机			齿轮箱及其他				1.3 1.3 1.3 1.2	1.6 1.6 1.6 1.4	2 1.8 1.9 1.5	3 2 2.3 1.8
4	13/10									1.4 1.2 1.2 1.1	1.8 1.5 1.6 1.3	2.5 1.8 2 1.8

表中的 NAS 1638 和 ISO 4406 为两种常用的清洁度标准。

（1）NAS 1638

NAS 1638 是由美国航天学会在 1964 年提出的，规定取 100mL（或适当体积）油样，经溶剂稀释，并用特制的过滤膜进行过滤（滤膜的孔眼直径小于 1μm），然后查看存留在滤膜上颗粒的数量。根据 100mL 油液中含有的五种不同颗粒尺寸范围的颗粒数量，划分成不同的清洁度等级，级别数值越小越清洁，总共分成 14 个清洁度等级，即 00 级～12 级。后来英国液压研究协会（BHRA）将清洁度等级扩展到 16 级，即增加了 4 个等级（见表 19.7-3），已为世界广泛采用。

判别油样的清洁度，按五种颗粒尺寸范围中所含颗粒数量分别对照清洁度级别，以清洁度最低（级别最大）的一个级别作为油样的清洁度。例如，某 100mL 油样中颗粒计数含量见表 19.7-4。

表 19.7-3　NAS 1638 计数法：100mL 油液中的粒子数

级别	粒子直径/μm				
	5~15	15~25	25~50	50~100	>100
00	125	22	4	1	0
0	250	44	8	2	0
1	500	89	16	3	1
2	1000	178	32	6	1
3	2000	356	63	11	2
4	4000	712	126	22	4
5	8000	1425	253	45	8
6	16000	2850	506	90	16
7	32000	5700	1012	180	32
8	64000	11400	2025	360	64
9	128000	22800	4050	720	128
10	256000	45600	8100	1440	256
11	512000	91200	16200	2880	512
12	1024000	182400	32400	5760	1024
13	2048000	364800	64800	11520	2050
14	4096000	729600	129600	23040	4100
15	8192000	1459200	259200	46080	8200
16	16384000	2918400	518400	92160	16400

表 19.7-4　某 100mL 油样中颗粒计数含量

颗粒尺寸/μm	颗粒数	NAS 级别
5~15	65000	9
15~25	9000	8
25~50	2000	8
50~100	100	7
>100	31	7

按级别最大的定级别，上述油样判定为 9 级。

（2）ISO 4406

ISO 4406 是国际标准，即油液清洁度等级。我国也制定了相应标准 GB/T 14039—2002（见表 19.7-5），等效于 ISO 4406：1999。

表 19.7-5　油液固体颗粒污染度等级代号（摘自 GB/T 14039—2002）

每毫升的颗粒数		代　码
大　于	小于等于	
2500000	—	>28
1300000	2500000	28
640000	1300000	27
320000	640000	26
160000	320000	25
80000	160000	24
40000	80000	23
20000	40000	22
10000	20000	21
5000	10000	20
2500	5000	19
1300	2500	18
640	1300	17
320	640	16
160	320	15
80	160	14
40	80	13

（续）

每毫升的颗粒数		代 码
大 于	小于等于	
20	40	12
10	20	11
5	10	10
2.5	5	9
1.3	2.5	8
0.64	1.3	7
0.32	0.64	6
0.16	0.32	5
0.08	0.16	4
0.04	0.08	3
0.02	0.04	2
0.01	0.02	1
0.00	0.01	0

注：代码小于8时，重复性受液样中所测的实际颗粒数的影响。原始计数值应大于20个颗粒，如果不可能，则参考GB/T 14039—2002中的3.4.7节。

清洁度表示方法：采用三个代码并在相互间用一条斜线分隔。第一个代码表示≥4μm颗粒数量代码，第二个代码表示≥6μm颗粒数量，第三个代码表示≥14μm颗粒数量代码。

示例： 22/18/13

- 13——表示每1mL油样中≥14μm颗粒数量为40～80个
- 18——表示每1mL油样中≥6μm颗粒数量为1300～2500个
- 22——表示每1mL油样中≥4μm颗粒数量为20000～40000个

3 油液清洁度的净化处理

任何液压、润滑系统在运行过程中都会不断地受到外界污染物的侵入，同时系统内部又不断地产生污染物。油液在密闭的系统中循环，看似不与外界接触，然而外界污染颗粒可以从多方面侵入系统中。未密封的油箱盖、油箱上的呼吸口及液压缸活塞杆等均暴露在环境很脏的空气中；活塞杆每动一次就会带入一次污染颗粒，动作次数越多，带入的污染颗粒也越多；还有，在检修时拆卸的部位也会被污染物侵入，系统内部由于元件的磨损，会产生磨损颗粒，油液老化，会产生胶状油泥和有害的物质腐蚀金属。

为了保证系统的正常运行，必须采取有效的净化措施，以提高系统油液的清洁度。最有效而又可靠的净化方法是过滤。当然还有其他多种净化方法，但一般运行系统很少采用。

使油液经过多孔隙可透性介质，油中的颗粒物被介质阻挡，油液透过介质（滤材）而得到净化。其机理是：较大的颗粒被拦截在介质的孔口外或介质内部通道缩口处，较小的颗粒则在表面力、静电力和分子吸附力的作用下，吸附在介质的通道内壁或纤维介质的纤维表面上。过滤介质按结构分为表面过滤型和深层过滤型。表面型的有金属网式、线隙式和片式过滤元件。深层型的有纸质、非织品纤维和多孔性烧结制品。过滤介质的类型见表19.7-6。

表19.7-6 过滤介质（滤材）的类型

（μm）

类型	实例	可滤最小颗粒
金属元件	片式、线隙式	5
金属编织网	金属网式	5
多孔性介质	陶瓷	1
	金属粉末烧结式	3
微孔材料	泡沫塑料	3
	微孔滤膜	0.005
纤维织品	天然和合成纤维织品	10
非纤维织品	毛毡、棉丝	10
	滤纸	5
	合成纤维	5
	玻璃纤维	1
	不锈钢丝毡	3
	石棉纤维、纤维素	亚微米
松散固体	硅藻土、膨胀珍珠岩、非活性炭	亚微米

4 液压润滑系统的过滤

过滤是液压润滑系统中不可缺少的净化油液的措施，系统的清洁度几乎全靠过滤油液来维持和控制。

系统污染控制的能力与效果，不仅仅取决于过滤器的精度，而且与过滤器在系统中的总体设计（过滤器的位置、类型和数量）以及对污染侵入的控制程度密切相关。目前认为，比较完善的过滤系统一般包括吸入过滤、压力油（在线）过滤、回油过滤及旁路过滤（外过滤）。对于中等污染侵入率，各种过滤器的过滤精度的选择及预期达到的目标清洁度可参见表 19.7-7，这是威克斯（Vickers）公司推荐的参考数据。

从表 19.7-7 可以看出，现有的过滤系统采用3~20μm 的过滤精度，基本上可以满足各类液压系统对目标清洁度的要求。

表 19.7-7　目标清洁度与过滤器设置及过滤器精度　(μm)

过滤器的设置	系统目标清洁度(ISO 4406)							
	19/16	18/15	17/14	16/13	15/12	14/12	13/11	12/10
压力油路或回油路	10	10	5	5	3	3		
压力油路和回油路	20	10	10	10	5	5	3	3
压力油路或回油路加外过滤	20	10	10	5	5	5	3	3
压力油路和回油路加外过滤	20	20	10	10	5	5	5	3
外过滤(流量 20%系统体积)	10	10	5	5	3	3		
外过滤(流量 10%系统体积)	5	5	5	3	3			

目前的过滤系统虽然全面考虑了在各个油路设置过滤器的需要，但也带来了系统复杂及过滤器种类和规格繁多的缺点。此外，压力油路过滤（在线过滤）器因承受系统的最大工作压力，其尺寸和纳污容量受到一定限制；回油路过滤器，受到系统波动的影响，实际过滤效率降低；外循环（旁路）过滤系统仅作辅助过滤，没有充分发挥其过滤效能。因此目前这种分散和多种类型过滤器组合的系统，其总体过滤净化性能不一定最佳。

改进的途径是：可以考虑采取简化系统和集中强化过滤的原则，用单一外循环（旁路）过滤系统代替现有的过滤系统。通过增大外过滤流量和减小系统工作液体体积与流量的比值，提高过滤速率，从而加强系统的过滤净化能力。

外过滤系统可进行预过滤和主系统不工作时不间断过滤，并且在工作中进行强化过滤，这样油箱内的油液可以始终保持很高的清洁度，为主系统提供清洁的油源，因而可以省去压力油路的高压过滤器。在对污染敏感的重要元件上游，可装设保护元件的过滤器，以防止大颗粒污染物意外地进入元件。

根据液压系统污染平衡原理，系统油液污染度主要取决于系统总的污染侵入率和过滤净化能力。采用强化的外过滤系统，系统工作前，油液可保持非常高的初始清洁度，因而工作中元件磨损很轻，系统内部生成的污染物减少，这样有助于油液清洁度的提高。此外，这种独立的集中外过滤系统，有利于选用高精度和大纳污容量的低压过滤器，并且过滤性能不受主系统流量波动的影响。通过对过滤系统参数的合理设计，这种外过滤系统可具有很强的过滤净化能力。

参考文献

[1] 机械工程手册，电机工程手册编委会. 机械工程手册. 机械设计基础卷［M］. 2 版. 北京：机械工业出版社，1996.

[2] 闻邦椿. 机械设计手册：第 3 卷［M］. 5 版. 北京：机械工业出版社，2010.

[3] 闻邦椿. 现代机械设计师手册：下册［M］. 北京：机械工业出版社，2012.

[4] 闻邦椿. 现代机械设计实用手册［M］. 北京：机械工业出版社，2015.

[5] 机械设计手册编辑委员会. 机械设计手册：第 2 卷［M］. 新版. 北京：机械工业出版社，2004.

[6] 成大先. 机械设计手册：第 3 卷［M］. 6 版. 北京：化学工业版社，2016.

[7] 张剑，等. 现代润滑技术［M］. 北京：冶金工业出版社，2008.

[8] 颜志光. 润滑材料与润滑技术［M］. 北京：中国石化出版社，2000.

[9] 中国机械工程学会摩擦学学会. 润滑工程［M］. 北京：机械工业出版社，1986.

[10] 汪德涛. 国内外最新润滑油及润滑脂实用手册［M］. 广州：广东科技出版社，1997.

[11] 董浚修. 润滑原理及润滑油［M］. 2 版. 北京：中国石化出版社，1998.

[12] 陈淑美. 中高档润滑油实用手册［M］. 东营：石油大学出版社，1996.

[13] 中国石化工总公司技术开发中心新产品标准处，石油化工科学研究院标准化管理室. 石油及石油化工产品标准汇编［M］. 北京：中国标准出版社，1998.

[14] 胡邦喜. 设备润滑基础［M］. 2 版. 北京：冶金工业出版社，2002.

[15] 王毓民，等. 润滑材料与润滑技术［M］. 北京：化学工业出版社，2005.

[16] 朱廷彬. 润滑脂技术大全［M］. 北京：中国石化出版社，2006.

[17] 曼格，德雷泽尔. 润滑剂与润滑［M］.赵旭涛，王建明，译. 北京：化学工业出版社，2003.

[18] 王先会. 润滑油脂选用与营销指南［M］. 北京：中国石化出版社，2008.

第 20 篇　密　　封

主　编　修世超
编写人　修世超　李宝民
审稿人　丁津原　杨好志

第5版
密　　封

主　编　修世超
编写人　修世超　李宝民
审稿人　孙志礼　杨好志

第1章　概　　述

1　密封的分类、特点及应用

在机械设备中，工作介质的泄漏会造成失效、物质的浪费及环境的污染。那些易燃、易爆、剧毒、腐蚀性及放射性物质的泄漏，将会危害人身的安全，引起设备事故。环境中的气、尘、水等漏入到设备内，会使轴承、齿轮等零件的磨损加剧，造成机器设备寿命过短。在化工企业中，密封故障是造成非计划停车的主要原因。

密封的功用就是阻止泄漏或防止外界杂质侵入机器设备内部。起密封作用的零部件称为密封件，亦简称为密封，它的性能是评价机械产品质量的一个重要指标。

对密封的基本要求是严密、可靠、寿命长、力求结构紧凑、简单，制造维修方便，成本低廉。大多数密封件为易损件，应保证互换性，实现标准化、系列化。

1.1　密封的分类

按结合面（即密封面）间是否有相对运动，密封可分为静密封和动密封。结合面间相对静止的密封称为静密封；结合面间有相对运动的密封称为动密封。

根据密封面间是否有间隙，密封又分接触型密封和非接触型密封。一般静密封属于接触型密封；动密封既有接触型密封，也有非接触型密封。

一般接触型密封结构比较简单，但因受摩擦磨损的限制，仅适于密封面间线速度较低的场合。非接触型密封结构往往复杂，但由于不直接接触，故适用于密封面间线速度较高的场合。

常用密封的分类、特点及应用见表 20.1-1 与表 20.1-2。

表 20.1-1　常用静密封的分类、特点及应用

名称	原理、特点及简图	应　　用
法兰连接垫片密封	在两连接件(如法兰)的密封面之间垫上不同形式的密封垫片,如非金属、非金属与金属的复合垫片或金属垫片。然后将螺纹或螺栓拧紧,拧紧力使垫片产生弹性和塑性变形,填塞密封面的不平处,达到密封目的 密封垫的形式有平垫片、齿形垫片、透镜垫、金属丝垫等	密封压力和温度与连接件的形式、垫片的片型、材料有关。通常,法兰连接密封可用于温度范围为-70~600℃,压力大于1.333kPa(绝压)、小于或等于35MPa。若采用特殊垫片,可用于更高的压力。广泛应用于设备法兰、管法兰
自紧密封	压力　压力 a)　b) 密封元件不仅受外部连接件施加的力进行密封,而且还依靠介质的压力压紧密封元件进行密封,介质压力越高,对密封元件施加的压紧力就越大	图a为平垫自紧密封,介质压力作用在盖上并通过盖压紧垫片,用于介质压力为100MPa以下,温度为350℃的高压容器、气包的手孔密封 图b为自紧密封环,介质压力直接作用在密封环上,利用密封环的弹性变形压紧在法兰的端面上,用于化工高压容器法兰的密封
研合面密封	靠两密封面的精密研配消除间隙,用外力压紧(如螺栓)来保证密封。实际使用中,密封面往往涂敷密封胶,以提高严密性	密封面表面粗糙度 $Ra=2\sim5\mu m$。自由状态下,两密封面之间的间隙不大于0.05mm。通常密封100MPa以下的压力及温度低于550℃的介质,螺栓受力较大。多用于汽轮机、燃气轮机等气缸结合面的密封
O形圈密封 非金属O形圈	O形圈装入密封沟槽后,其截面一般受到15%~30%的压缩变形。在介质压力作用下,移至沟槽的一边,封闭需密封的间隙,达到密封目的	密封性能好,寿命长,结构紧凑,装拆方便。根据选择不同的密封圈材料,可在-100~260℃的温度范围使用,密封压力可达100MPa。主要用于气缸、液压缸的缸体密封

（续）

名称	原理、特点及简图	应 用
O形圈密封 金属空心O形圈	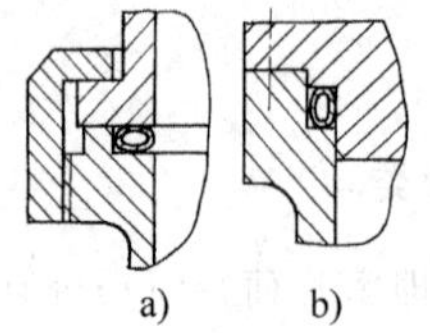 a) b) O形圈的断面形状为长圆形。当环被压紧时，利用环的弹性变形进行密封。O形圈用管材焊接而成，常用材料为不锈钢管，也可用低碳钢管、铝管和铜管等。为提高密封性能，O形圈表面需镀覆或涂以金、银、铂、铜、氟塑料等。管子壁厚一般选取0.25～0.5mm，最大为1mm。用于密封气体或易挥发的液体，应选用较厚的管子；用于密封黏性液体，应选用较薄的管子	O形圈分为充气式和自紧式两种。充气式是在封闭的O形圈内充惰性气体，可增加环的回弹力，用于高温场合。自紧式是在环的内侧圆周上钻有若干小孔，因管内压力随同介质压力增高而增高，使环有自紧性能，用于高压场合 金属空心O形圈密封适用于高温、高压、高真空、低温等条件，可用于直径达6000mm，压力为280MPa，温度-250～600℃的场合，如核电站容器封口 图a、图b表示O形圈设置在不同的位置上
橡胶圈密封	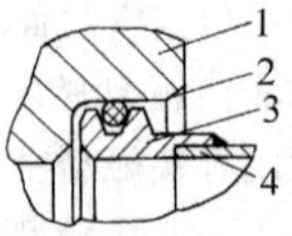 1—壳体 2—橡胶圈 3—V形槽 4—管子	结构简单，重量轻，密封可靠，适用于快速装拆的场合。O形圈材料一般为橡胶，最高使用温度为200℃，工作压力为0.4MPa，若压力较高或者为了密封更加可靠，可用两个O形圈
密封胶密封	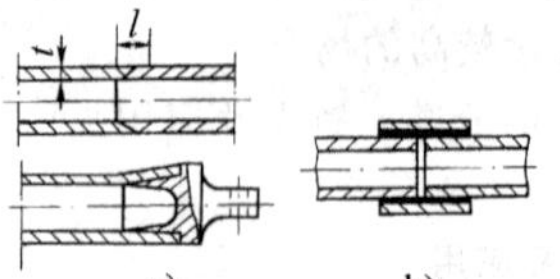 a) b) 用刮涂、压注等方法将密封胶涂在要紧压的两个面上，靠胶的浸润性填满密封面凹凸不平处，形成一层薄膜，能有效地起到密封作用 图a所示为斜对接封口。由于斜面连接大大增加了密封面积，比对接封口承载能力大，受力情况好，但要求被密封件有一定厚度，封口锥度尺寸一般取$l/t \geqslant 10$。图b为双搭接，承载能力大	密封胶密封主要用于管道密封。密封胶密封适用于非金属材料，如塑料、玻璃、皮革、橡胶，以及金属材料制成的管道或其他零件的密封 密封牢固，结构简单，密封效果好，但耐温性差，通常用于150℃以下，用于汽车、船舶、机车、压缩机、液压泵、管道以及电动机、发动机等的平面法兰连接、螺纹连接、承插连接的胶封
填料密封	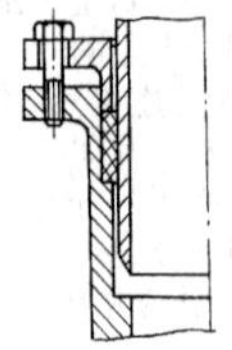 在钢管与壳体之间充以填料（俗称盘根），用压盖和螺钉压紧，以堵塞漏出的间隙，达到密封的目的	多用于化学、石油、制药等工业设备可拆式内伸接管的密封。根据充填材料不同，可用于不同的温度和压力
螺纹连接垫片密封	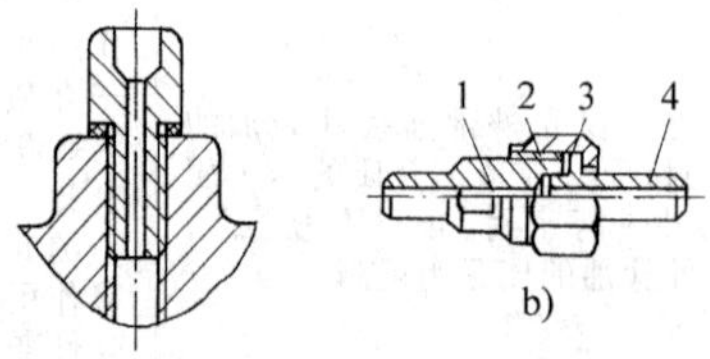 a) b) 1—接头体 2—螺母 3—金属平垫 4—接管	适用于小直径螺纹连接或管道连接的密封 图a中的垫片为非金属软垫片。在拧紧螺纹时，垫片不仅承受压紧力，而且还承受扭矩，使垫片产生扭转变形，常用于介质压力不高的场合 图b所示为金属平垫密封，又称“活接头”，结构紧凑，使用方便。垫片为金属垫，适用压力为32MPa，管道公称直径$DN \leqslant 32$mm
螺纹连接密封	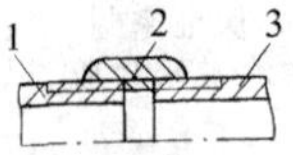 1—管子 2—接管套 3—管子 螺纹连接密封结构简单、加工方便	用于管道公称直径$DN \leqslant 50$mm的密封 由于螺纹间配合间隙较大，需在螺纹处放置密封材料，如麻、密封胶或聚四氟乙烯带等，最高使用压力为1.6MPa
承插连接密封	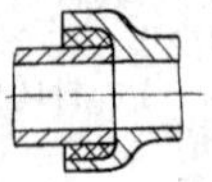	用于管子连接的密封。在管子连接处充填矿物纤维或植物纤维进行密封，且需耐介质的腐蚀，适用于常压、铸铁管材和陶瓷管材等不重要的管道连接密封

表 20.1-2　常用动密封的分类、特点及应用

名称			原理、特点及简图	应用
接触式密封	填料密封	毛毡密封	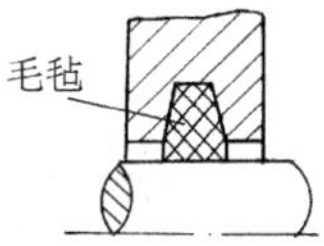 在壳体槽内填以毛毡圈，以堵塞泄漏间隙，达到密封的目的。毛毡具有天然弹性，呈多孔海绵状，可储存润滑油和防尘。轴旋转时，毛毡又将润滑油从轴上刮下反复自行润滑	一般用于低速、常温、常压的电动机、齿轮箱等机械中，用以密封润滑脂、油、黏度大的液体及防尘，但不宜用于气体密封。适用于粗毛毡，线速度 $v_c \leqslant 3\mathrm{m/s}$；优质细毛毡，且轴经过抛光，$v_c \leqslant 10\mathrm{m/s}$。温度不超过90℃；压力一般为常压
		软填料密封	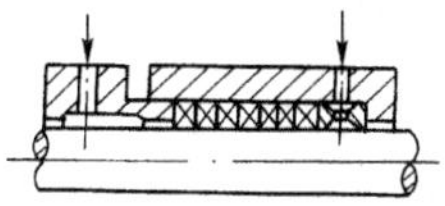 在轴与壳体之间充填软填料（俗称盘根），然后用压盖和螺钉压紧，以达到密封的目的。填料压紧力沿轴向分布不均匀，轴在靠近压盖处磨损最快。压力低时，轴转速可高，反之，转速要低	用于液体或气体介质往复运动和旋转运动的密封，广泛用于各种阀门、泵类，如水泵、真空泵等的密封，泄漏率约 10～1000mL/h 选择适当填料材料及结构，可用于压力≤35MPa、温度≤600℃和速度≤20m/s 的场合
		硬填料密封	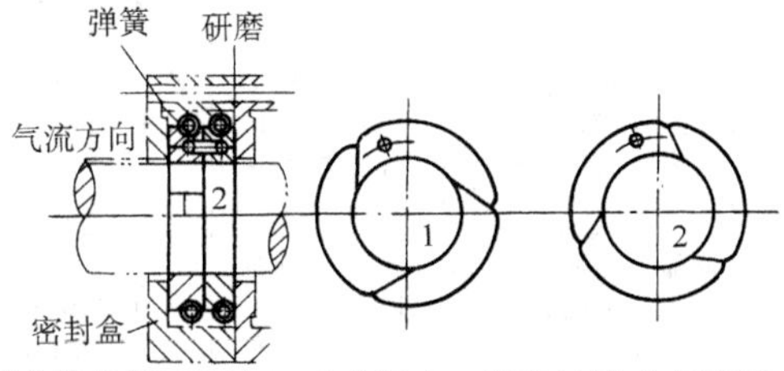 密封箱内装有若干密封盒，盒内装有一组密封环，如图所示。分瓣密封环靠环弹簧和介质压力差贴附于轴上。填料环在填料盒内有适当的轴向和径向间隙，使其能随轴自由浮动。填料箱上的锁紧螺钉的作用只压紧各级填料盒，而不作用在各级填料环上。密封环材料通常为青铜、巴氏合金、石墨等	适用于往复运动轴的密封，如往复式压缩机的活塞杆密封。为了能补偿密封环的磨损和追随轴的跳动，可采用分瓣环、开口环等 选择适当的密封结构和密封环形式，硬填料密封也适用于旋转轴的密封，如高压搅拌轴的密封 硬填料密封适用于介质压力为350MPa、线速度为 12m/s、温度为 -45～400℃，但需要对填料进行冷却或加热
非接触式密封	浮动环密封		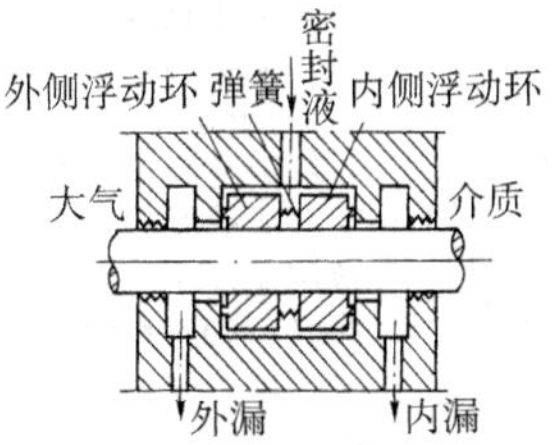 浮动环可以在轴上径向浮动，密封腔内通入比介质压力高的密封油。径向密封靠作用在浮动环上的弹簧力和密封油压力与隔离环贴合而达到；轴向密封靠浮动环与轴之间的狭小径向间隙对密封油产生节流来实现	结构简单，检修方便，但制造精度要求高，需采用复杂的自动化供油系统 适用于介质压力>10MPa、转速为1000～2000r/min、线速度为 100m/s 以上的流体机械，如气体压缩机、泵类等的轴封
	迷宫密封		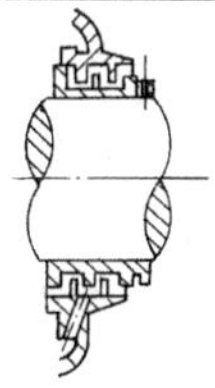 在旋转件和固定件之间形成很小的曲折间隙来实现密封。间隙内充以润滑脂	适用于高速，但需注意在圆周速度大于 5m/s 时可能使润滑脂由曲路中甩出
			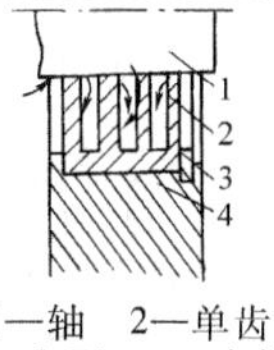 流体经过许多节流间隙与膨胀空腔组成的通道，经过多次节流而产生很大的能量损耗，流体压头大为下降，使流体难于渗漏，以达到密封的目的 1—轴　2—单齿　3—卡圈　4—壳体	用于气体密封，若在单齿及壳体下部设有回油孔，可用于液体密封
	离心密封		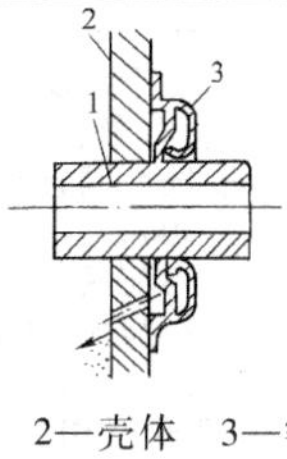 借离心力作用（甩油盘）将液体介质沿径向甩出，阻止液体进入漏泄缝隙，从而达到密封目的。转速越高，密封效果越好，转速太低或静止不动，则密封无效 1—轴　2—壳体　3—密封盖	结构简单，成本低，没有磨损，不需维护 用于密封润滑油及其他液体，不适用于气体介质。广泛用于高温、高速的各种传动装置，以及压差为零或接近于零的场合

（续）

名称		原理、特点及简图	应 用
非接触式密封	螺旋密封	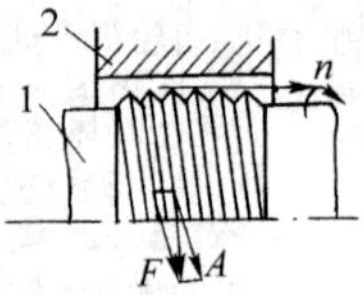 1—轴 2—壳体 利用螺杆泵原理，当液体介质沿漏泄间隙渗漏时，借螺旋作用而将液体介质赶回去，以保证密封 在设计螺旋密封装置时，对于螺旋赶油的方向要特别注意。设轴的旋转方向 n 从右向左看为顺时针方向，则液体介质与壳体的摩擦力 F 为逆时针方向，而摩擦力 F 在该右螺纹的螺旋线上的分力 A 向右，故液体介质被赶向右方	结构简单，制造、安装精度要求不高，维修方便，使用寿命长 适用于高温、高速下的液体密封，不适用于气体密封。低速密封性能差，需设停机密封
接触式密封	填料密封 挤压型密封	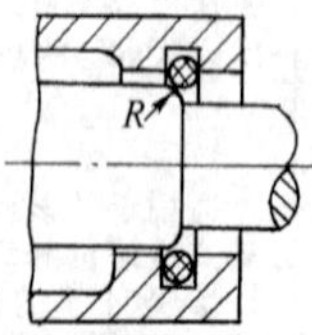 挤压型密封按密封圈截面形状分有O形、方形等，以O形应用最广 挤压型密封靠密封圈安装在槽内预先被挤压，产生压紧力。工作时，又靠介质压力挤压密封圈，产生压紧力，封闭密封间隙，达到密封的目的 结构紧凑，所占空间小，动摩擦阻力小，拆卸方便，成本低	用于往复及旋转运动。密封压力从 1.33×10^{-5}Pa 的真空到 40MPa 的高压，温度为 -60～200℃，线速度为 ≤3～5m/s
	填料密封 唇型密封	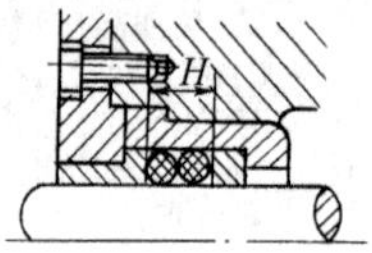 依靠密封唇的过盈量和工作介质压力所产生的径向压力即自紧作用，使密封件产生弹性变形，堵住漏出间隙，达到密封的目的。比挤压型密封有更显著的自紧作用 结构型式有Y、V、U、L、J形。与O形圈密封相比，结构较复杂，体积大，摩擦阻力大，装填方便，更换迅速	在许多场合下，已被O形圈所代替，因此应用较少。现主要用于往复运动的密封；选用适当材料的油封，可用于压力达 100MPa 的场合 常用材料有橡胶、皮革、聚四氟乙烯等
	油封密封	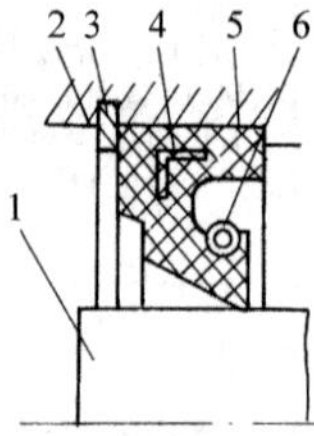 1—轴 2—壳体 3—卡圈 4—骨架 5—橡胶碗 6—弹簧 在自由状态下，油封内径比轴径小，即有一定的过盈量。油封装到轴上后，其刃口的压力和自紧弹簧的收缩力对密封轴产生一定的径向抱紧力，遮断泄漏间隙，达到密封目的 油封分有骨架与无骨架；有弹簧与无弹簧型。油封安装位置小，轴向尺寸小，使机器紧凑；密封性能好，使用寿命较长。对机器的振动和主轴的偏心都有一定的适应性。拆卸容易、检修方便、价格便宜，但不能承受高压	常用于液体密封，尤其广泛用于尺寸不大的旋转传动装置中密封润滑油，也用于封气或防尘 不同材料的油封适用情况： 合成橡胶转轴线速度 v_c≤20m/s，常用于 12m/s 以下，温度≤150℃。此时，轴的表面粗糙度为：v_c≤3m/s 时，Ra = 3.2μm；v_c = 3～5m/s 时，Ra= 0.8μm；v_c > 5m/s 时，Ra = 0.2μm 皮革 v_c≤10m/s，温度≤110℃ 聚四氟乙烯用于磨损严重的场合，寿命约比橡胶高 10 倍，但成本高 以上各材料可使用压差 Δp = 0.1～0.2MPa，特殊可用于 Δp = 0.5MPa，但寿命约 500～2000h
	胀圈密封	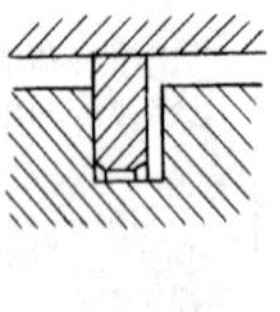 将带切口的弹性环放入槽中，由于胀圈本身的弹力，而使其外圆紧贴在壳体上，胀圈外径与壳体间无相对转动 由于介质压力的作用，胀圈一端面贴合在胀圈槽的一侧产生相对运动，用液体进行润滑和堵漏，从而达到密封	一般用于液体介质密封（因胀圈密封必须以液体润滑） 广泛用于密封油的装置。用于气体密封时，要有油润滑摩擦面。工作温度≤200℃，v_c≤10m/s，往复运动压力≤70MPa，旋转运动压力≤1.5MPa
	机械密封	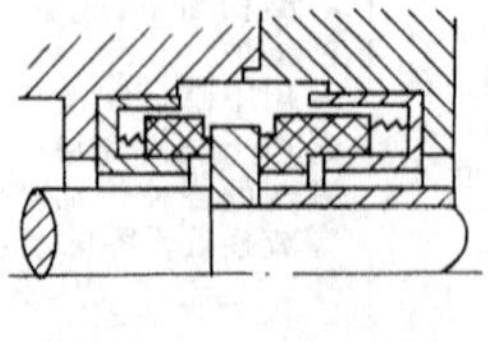 光滑而平直的动环和静环的端面，靠弹性构件和密封介质的压力使其互相贴合并作相对转动，端面间维持一层极薄的液体膜而达到密封的目的	应用广泛。用于密封各种不同黏度、有毒、易燃、易爆、强腐蚀性和含磨蚀性固体颗粒的介质，寿命可达 25000h，一般不低于 8000h 目前使用已达到如下技术指标：轴径为 5～2000mm；压力为 10^{-6}Pa（真空）～45MPa；温度为 -200～450℃；速度为 150m/s

1.2 密封的选型

密封结构种类繁多，所采用的密封机理也各不相同。因而，对于任何具体应用，都必须进行细致的衡量，然后做出选择。选择时必须考虑压力、温度、速度、腐蚀环境及材料等因素。要做出正确的选择，其首要条件是正确地认识所要解决的密封问题。

各种形式的密封均有其特点和使用范围，设计密封时应先进行分析比较。表 20.1-3 中列出了各种常用密封方法的特征，可供参考。

表 20.1-3 常用密封方法的特征

密封类型	使用条件		耐压性	耐高速性	耐热性	耐寒性	耐久性	用途	备注
	往复运动	转动							
填料密封	良	良	良	良	良	可	可	泵、水轮机、阀、高压釜	可用缠绕填料、编织填料或成形填料
机械密封	×	优	优	优	优	优	优	泵、水轮机、高压釜、压气机、搅拌机	可用不同的材料组合，包括金属波纹管密封
O 形圈密封	良	可	良	可-良	可-良	可	可	活塞密封	可广泛用作静密封，此时耐久性良好
唇形圈密封	优	×	优	良	良-可	可	可	活塞密封	有时用作静密封
油封	（可）	优	可	优	良-可	可	可	轴承密封	或与其他密封并用，防尘
分瓣滑环密封	可	良	优	优	优	优	优	水轮机、汽轮机	多用石墨作滑环
浮动环密封	可	良	优	优	优	优	优	泵、压气机	
迷宫式密封	优	优	优	优	优	优	优	汽轮机、泵、压气机	往复用时，宜高速；低速不用
离心密封和螺旋密封	×	优	良	良	良	良	优	泵	
磁流体密封	×	优	可	优	良	优	优	压气机	只用于气体介质

2 常用密封材料

密封材料应满足密封功能的要求。由于被密封的介质不同，以及设备的工作条件不同，要求密封材料具有不同的适应性。对密封材料的要求一般是：①材料致密性好，不易泄漏介质；②有适当的力学性能和硬度；③压缩性和回弹性好，永久性变形小；④高温下不软化、不分解，低温下不硬化、不脆裂；⑤耐蚀性好，在酸、碱、油等介质中能长期工作，其体积和硬度变化小，且不黏附在金属表面上；⑥摩擦因数小，耐磨性好；⑦具有与密封面贴合的柔软性；⑧耐老化性好，经久耐用；⑨加工制造方便，价格便宜，取材容易。显然，任何一种材料要完全满足上述要求是不可能的，但具有优异密封性能的材料能够满足上述大部分要求。

橡胶是最常用的密封材料，品种有丁腈橡胶、氯丁橡胶、硅橡胶、氟橡胶和聚氨酯橡胶等。应当指出的是，在选择密封材料时，不宜笼统地采用某类耐酸橡胶或耐油橡胶，因为不论是酸或油（或其他介质）种类都很多，特性也有明显的差异，即使是同一种酸，浓度不同时特性也不同，耐浓酸的橡胶不一定耐稀酸，故应根据介质的具体情况，有针对性地选择合适的材料。除橡胶外，适合于做密封材料的还有石墨带、聚四氟乙烯以及各种密封胶等。表 20.1-4 列出了常用密封材料的分类和用途。

表 20.1-4 常用密封材料的分类和用途

类别		材料	用途
纤维	植物纤维	棉、麻、纸、软木	垫片、软填料、防尘密封件、夹布橡胶密封件
	动物纤维	毛、毡、皮革	垫片、软填料、成形填料、油封、防尘密封件
	矿物纤维	石棉	垫片、软填料、停车密封
	人造纤维	有机合成纤维、玻璃纤维、石墨纤维、陶瓷纤维、金属纤维	垫片、夹布橡胶密封件、无油润滑密封件

（续）

类别			材料	用途
弹塑性体	橡胶		合成橡胶、天然橡胶	垫片、成形填料、油封、软填料、防尘密封件、全封闭密封件、机械密封、停车密封
	塑料		氟塑料、尼龙、聚乙烯、酚醛塑料、氯化聚醚、聚苯醚、聚苯硫醚	垫片、成形填料、油封、软填料、硬填料、活塞环、机械密封、防尘密封件、全封闭密封件
	柔性石墨		柔性石墨板材、带材、填料环、缠绕带	垫片、软填料、成形填料
非弹塑性体	无机材料	碳石墨	焙烧碳、电化石墨、硅化石墨	机械密封、硬填料、间隙密封
		工程陶瓷	氧化铝瓷、滑石瓷、金属陶瓷、氮化硅、硼化铬、碳化硅、碳化硼、微晶玻璃	机械密封
	金属	有色金属	铜、铝、铅、锌、锡及其合金	垫片、软填料、机械密封、迷宫密封、硬填料、间隙密封
		黑色金属	碳钢、铸铁、不锈钢、堆焊硬合金、涂喷粉末、高弹性合金	垫片、机械密封、硬填料、活塞环、间隙密封、动力密封、防尘密封件、全封闭密封件、成形填料
		硬质合金	钨钴及钨钴钛硬质合金、钢结硬质合金、镍基耐腐蚀硬质合金	机械密封
		磁性材料	马氏体磁钢、铝镍钴磁钢、铁氧体磁钢、稀土钴磁钢	磁流体密封、磁传动
		贵金属	金、银、铟、钽、汞、镓	高真空密封、高压密封、低温密封、磁流体密封
液体	密封胶		液态密封胶、厌氧胶	垫片、接头、螺纹、中分面密封
	胶粘剂		有机胶粘剂、无机胶粘剂	无压堵漏、带压堵漏
	磁流体		磁微粉、非金属或金属载体、表面活性剂	磁流体密封
	油水类		水、油、脂、酯	密封系统、液封、软填料浸渍
气体	气体与蒸汽		惰性气体、水蒸气	气封、密封系统、迷宫系统

第2章　垫 片 密 封

1　垫片密封的特点及应用

垫片密封广泛用于管道、压力容器以及各种壳体的结合面密封中。密封垫有非金属密封垫片、非金属与金属组合密封垫片和金属密封垫片三大类。其常用材料有橡胶、皮革、石棉、软木、聚四氟乙烯、铁、钢、铝、铜和不锈钢等。

1.1　垫片密封的泄漏

垫片密封的泄漏有三种形式：界面泄漏、渗透泄漏和破坏性泄漏，其中以前二者为主。

产生界面泄漏的原因有：结合面粗糙和变形；密封垫片没有压紧；压紧结合面的螺栓变形、伸长；密封垫片发生塑性变形；密封垫片材料老化、龟裂、变质等。界面泄漏常占总泄漏量的80%~90%。

用棉、麻、石棉、皮革、纸等纤维材质制成的密封垫片，其组织疏松，致密性差，纤维间具有微缝隙，很容易被介质浸透。在压力作用下，介质从高压侧通过这些微缝隙渗透到低压侧，形成渗透泄漏，它占总泄漏的10%~20%。减少渗透泄漏的办法，可将密封做浸渍处理，常用的浸渍材料有油脂、橡胶及合成树脂等。橡胶也会发生渗透泄漏，其中以异丁橡胶的渗透泄漏最少，用异丁橡胶制作的密封垫片，可用在1.33×10^{-6}Pa的真空下。氯丁橡胶、丁腈橡胶可用在1.33×10^{-1}Pa的真空中。

1.2　密封垫片的选用

密封垫片的选用原则是：对于要求不高的场合，可凭经验来选取，不合适时再更换。但对那些要求严格的场合，如易爆、剧毒和可燃性气体以及强腐蚀的液体设备、反应罐和输送管道系统等，则应根据工作压力、工作温度、密封介质的腐蚀性及结合密封面的形式来选用。

一般来讲，在常温低压时，选用非金属软密封垫片；中压高温时，选用非金属与金属组合密封垫片或金属密封垫片；在温度、压力有较大波动时，选用弹性好的或自紧式密封垫片；在低温、腐蚀性介质或真空条件下，应考虑密封垫片的特殊性能。这里特别需要说明的是法兰情况对垫片选择的影响。

（1）法兰形式的影响

光滑面法兰一般只用于低压，配软质的密封垫片；在高压下，如果法兰的强度足够，也可以用光滑面法兰，但应该用厚软质垫片，或者用带内加强环或外加强环的缠绕密封垫片。在这种场合，金属垫片也不适用，因为这时要求的压紧力过大，导致螺栓较大的变形，使法兰不易封严。

（2）法兰表面粗糙度的影响

法兰表面粗糙度对密封效果影响很大。例如，车削法兰的刀纹是螺旋线，使用金属垫片时，如果表面粗糙度值较大，垫片就不能堵死刀纹所形成的这条螺旋槽，在压力作用下，介质就会顺着这条沟槽泄漏出来。软质密封垫片对法兰面的表面粗糙度要求低得多。这是因为它容易变形，能够堵死加工刀纹，从而防止了泄漏。对软质垫片，法兰面过于光滑反而不利，因为此时发生界面泄漏的阻力变小了。所以，垫片不同，所要求的法兰表面粗糙度也不相同。表20.2-1列出了各种密封垫片所要求的法兰表面粗糙度的经验数据。

表20.2-1　密封垫片所要求的法兰密封面的表面粗糙度　（μm）

垫片类别	垫片名称	表面粗糙度 *Ra*	备　注
金属密封垫片	环形垫片	<0.8	自紧式密封垫表面越光越好
	锯齿形垫片	<1.6	
半金属密封垫片	金属包垫片	<1.6	
	缠绕垫片	<12.5	
	缠绕垫片	<3.2	气体密封时
石棉橡胶板		<12.5	
石棉布密封垫片		<25	
聚四氟乙烯密封垫片	聚四氟乙烯板垫片	<12.5	
	聚四氟乙烯包垫片	<12.5	
橡胶板		<25	
有机物密封垫片	油封	<25	
皮革密封垫片		<25	
纸垫		<25	

(3) 法兰与垫片的硬度差

使用垫片的目的在于使垫片产生弹性或塑性变形以填满法兰面的微小凸凹不平，阻止泄漏发生。因此，应使垫片材料的硬度低于法兰材料的硬度，二者之间相差越大，实现密封就越容易。当使用金属垫片时，为了保证实现密封，应尽可能选用较软的材料，使金属垫片的硬度比法兰硬度低 40HBW 以上为宜。

1.3 常用垫片类型及应用

常用垫片的种类实际上是对管法兰用垫片进行合理分类，按其材料和结构特征共分三大类，标准垫片的选用见表 20.2-2。

表 20.2-2 标准垫片的选用

垫片形式		垫片材料		使用条件		适用密封面形式	用途
				p/MPa	t/℃		
非金属平垫片	石棉橡胶垫片	XB450		≤6.0	≤450	全平面 突面 凹凸面 榫槽面	用于水、蒸汽、空气、氨(气态或液态)及惰性气体
		NY400		≤4.0	≤400	全平面 突面 凹凸面 榫槽面	用于油品、液化石油气、溶剂、石油化工原料等介质。不适用汽油及航空汽油
	聚四氟乙烯包覆垫片	包覆层:聚四氟乙烯 嵌入层:石棉橡胶板		≤4.0	≤150	突面	用于各种腐蚀性介质及有清洁要求的介质
金属复合垫片	缠绕式垫片	填充带材料	特制石棉	≤26.0	≤500	突面 凹凸面 榫槽面	用于各种液体及气体介质。若用于氢氟酸介质,应采用石墨带配蒙乃尔合金钢带材料
			聚四氟乙烯		-200~260		
			柔性石墨		≤600 (对于非氧化性介质≤800)		
	柔性石墨复合垫片	芯板材料	低碳钢	≤6.3	≤450	突面 凹凸面 榫槽面	用于蒸气及各种腐蚀性介质。不适于有洁净要求的管线
			06Cr19Ni10		≤650		
	金属包覆垫片	包覆层材料	纯铝板 1050A	≤11.0	≤200	突面	用于蒸气、煤气、油品、汽油、溶剂及一般工艺介质
			纯铜板 T3		≤300		
			低碳钢		≤400		
			不锈钢		≤500		
	金属齿形组合垫片	齿形环和覆盖层材料	10 和 08/柔性石墨	≤26.0	≤450	突面 凹凸面	用于中、高压力管道
			06Cr13/柔性石墨		≤540		
			06Cr19Ni10 柔性石墨		≤650		
			06Cr19Ni10/聚四氟乙烯		≤200		
			06Cr17Ni12Mo2/聚四氟乙烯				
金属垫片	金属齿形垫片	08 或 10		≤16.0	≤450	突面 凹凸面	用于高温、高压管道
		06Cr13			≤540		
		06Cr19Ni10			≤600		
		06Cr17Ni12Mo2			≤600		
	环形垫片	08 或 10		≤42.0	≤450	环连接面	用于高温、高压管道
		06Cr13			≤540		
		06Cr19Ni10			≤600		
		022Cr17Ni12Mo2			≤600		

图 20.2-1 所示为管法兰用非金属平垫片的结构型式。其中图 20.2-1a 所示为全平面（FF 型）管法兰用垫片结构型式。图 20.2-1b 所示为凸面（RF 型）、凹凸面（MF 型）及榫槽面（TG 型）管法兰用垫片的结构型式。表 20.2-3a～表 20.2-3d 列出了管法兰用非金属平垫片尺寸（摘自 GB/T 9126—2008），标记方法见图 20.2-1。

表 20.2-4 列出了钢制管法兰用金属环垫尺寸。

标记方式：

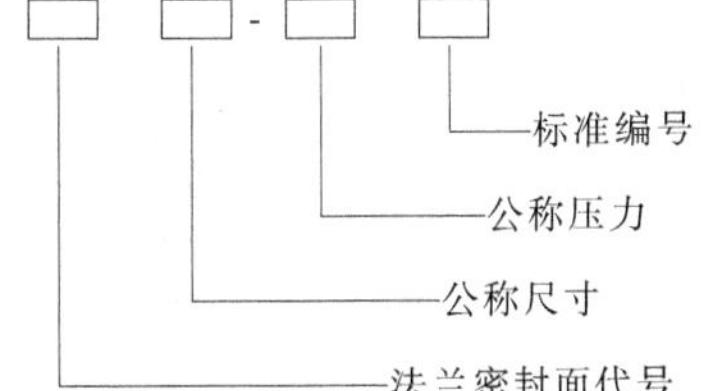

标记示例：

公称尺寸 DN50，公称压力 PN10 的全平面管法兰用非金属平垫片，其标记为：

非金属平垫片　FF　DN50-PN10　GB/T 9126

图 20.2-1　管法兰用非金属平垫片的结构型式

表 20.2-3a　全平面（FF）管法兰用垫片尺寸　（mm）

公称尺寸 DN	垫片内径 d_i	公称压力																								垫片厚度 t
		PN2.5				PN6				PN10				PN16				PN25				PN40				
		垫片外径 D_o	螺栓孔中心圆直径 K	螺栓孔径 L	螺栓孔数 n	垫片外径 D_o	螺栓孔中心圆直径 K	螺栓孔径 L	螺栓孔数 n	垫片外径 D_o	螺栓孔中心圆直径 K	螺栓孔径 L	螺栓孔数 n	垫片外径 D_o	螺栓孔中心圆直径 K	螺栓孔径 L	螺栓孔数 n	垫片外径 D_o	螺栓孔中心圆直径 K	螺栓孔径 L	螺栓孔数 n	垫片外径 D_o	螺栓孔中心圆直径 K	螺栓孔径 L	螺栓孔数 n	
10	18	使用 PN6 的尺寸				75	50	11	4	使用 PN40 的尺寸				使用 PN40 的尺寸				使用 PN40 的尺寸				90	60	14	4	0.8～3.0
15	22					80	55	11	4													95	65	14	4	
20	27					90	65	11	4													105	75	14	4	
25	34					100	75	11	4													115	85	14	4	
32	43					120	90	14	4													140	100	18	4	
40	49					130	100	14	4													150	110	18	4	
50	61					140	110	14	4													165	125	18	4	
65	77					160	130	14	4													185	145	18	8	
80	89					190	150	18	4													200	160	18	8	
100	115					210	170	18	4	使用 PN16 的尺寸				220	180	18	8					235	190	22	8	
125	141					240	200	18	8					250	210	18	8					270	220	26	8	
150	169					265	225	18	8					285	240	22	8					300	250	26	8	
200	220					320	280	18	8	340	295	22	8	340	295	22	12	360	310	26	12	375	320	30	12	
250	273					375	335	18	12	395	350	22	12	405	355	26	12	425	370	30	12	450	385	33	12	
300	324					440	395	22	12	445	400	22	12	460	410	26	12	485	430	30	16	515	450	33	16	
350	356					490	445	22	12	505	460	22	16	520	470	26	16	555	490	33	16	580	510	36	16	
400	407					540	495	22	16	565	515	26	16	580	525	30	16	620	550	36	16	660	585	39	16	
450	458					595	550	22	16	615	565	26	20	640	585	30	20	670	600	36	20	685	610	39	20	
500	508					645	600	22	20	670	620	26	20	715	650	33	20	730	660	36	20	755	670	42	20	
600	610					755	705	26	20	780	725	30	20	840	770	36	20	845	770	39	20	890	795	48	20	
700	712	—				—				895	840	30	24	910	840	36	24	960	875	42	24	—				
800	813									1015	950	33	24	1025	950	39	24	1085	990	48	24					
900	915									1115	1050	33	28	1125	1050	39	28	1185	1090	48	28					
1000	1016									1230	1160	36	28	1255	1170	42	28	1320	1210	56	28					
1200	1220									1455	1380	39	32	1485	1390	48	32	1530	1420	56	32					
1400	1420									1675	1590	42	36	1685	1590	48	36	1755	1640	62	36					
1600	1620									1915	1820	48	40	1930	1820	56	40	1975	1860	62	40					
1800	1820									2115	2020	48	44	2130	2020	56	44	2195	2070	70	44					
2000	2020									2325	2230	48	48	2345	2230	62	48	2425	2300	70	48					

表 20.2-3b 突面（RF）管法兰用垫片尺寸 (mm)

公称尺寸 DN	垫片内径 d_i	公称压力						垫片厚度 t
		PN2.5	PN6	PN10	PN16	PN25	PN40	
		垫片外径 D_o						
10	18	使用 PN6 的尺寸	39	使用 PN40 的尺寸	使用 PN40 的尺寸	使用 PN40 的尺寸	46	0.8~3.0
15	22		44				51	
20	27		54				61	
25	34		64				71	
32	43		76				82	
40	49		86				92	
50	61		96				107	
65	77		116				127	
80	89		132				142	
100	115		152	162	162		168	
125	141		182	192	192		194	
150	169		207	218	218		224	
(175)①	141		182	192	192	194	—	
200	220		262	273	273	284	290	
(225)①	194		237	248	248	254	—	
250	273		317	328	329	340	352	
300	324		373	378	384	400	417	
350	356		423	438	444	457	474	
400	407		473	489	495	514	546	
450	458		528	539	555	564	571	
500	508		578	594	617	624	628	
600	610		679	695	734	731	747	
700	712		784	810	804	833	—	
800	813		890	917	911	942		
900	915		990	1017	1011	1042		
1000	1016		1090	1124	1128	1154		
1200	1220	1290	1307	1341	1342	1364		
1400	1420	1490	1524	1548	1542	1578		
1600	1620	1700	1724	1772	1764	1798		
1800	1820	1900	1931	1972	1964	2000		
2000	2020	2100	2138	2182	2168	2230		
2200	2220	2307	2348	2384	—	—		
2400	2420	2507	2558	2594				
2600	2620	2707	2762	2794				
2800	2820	2924	2972	3014				
3000	3020	3124	3172	3228				
3200	3220	3324	3382	—				
3400	3420	3524	3592	—				
3600	3620	3734	3804	—				
3800	3820	3931	—	—				
4000	4020	4131	—	—				

① 为船舶法兰专用垫片尺寸。

表 20.2-3c 凹凸面（MF）管法兰用垫片尺寸 （mm）

公称尺寸 DN	垫片内径 d_i	公称压力					垫片厚度 t
		PN10	PN16	PN25	PN40	PN63	
		垫片外径 D_o					
10	18	34	34	34	34	34	0.8~3.0
15	22	39	39	39	39	39	
20	27	50	50	50	50	50	
25	34	57	57	57	57	57	
32	43	65	65	65	65	65	
40	49	75	75	75	75	75	
50	61	87	87	87	87	87	
65	77	109	109	109	109	109	
80	89	120	120	120	120	120	
100	115	149	149	149	149	149	
125	141	175	175	175	175	175	
150	169	203	203	203	203	203	
(175)①	194	—	—	—	—	233	
200	220	259	259	259	259	259	
(225)①	245	—	—	—	—	286	
250	273	312	312	312	312	312	
300	324	363	363	363	363	363	
350	356	421	421	421	421	421	
400	407	473	473	473	473	473	
450	458	523	523	523	523	523	
500	508	575	575	575	575	575	
600	610	675	675	675	675		
700	712	777	777	777	—	—	1.5~3.0
800	813	882	882	882			
900	915	987	987	987			
1000	1016	1092	1092	1092			

① 为船舶法兰专用垫片尺寸。

表 20.2-3d 榫槽面（TG）管法兰用垫片尺寸 （mm）

公称尺寸 DN	垫片内径 d_i	公称压力					垫片厚度 t
		PN10	PN16	PN25	PN40	PN63	
		垫片外径 D_o					
10	24	34	34	34	34	34	0.8~3.0
15	29	39	39	39	39	39	
20	36	50	50	50	50	50	
25	43	57	57	57	57	57	
32	51	65	65	65	65	65	
40	61	75	75	75	75	75	
50	73	87	87	87	87	87	
65	95	109	109	109	109	109	
80	106	120	120	120	120	120	
100	129	149	149	149	149	149	
125	155	175	175	175	175	175	
150	183	203	203	203	203	203	
200	239	259	259	259	259	259	
250	292	312	312	312	312	312	
300	343	363	363	363	363	363	
350	395	421	421	421	421	421	

（续）

公称尺寸 DN	垫片内径 d_i	公称压力					垫片厚度 t
		PN10	PN16	PN25	PN40	PN63	
		垫片外径 D_o					
400	447	473	473	473	473	473	0.8~3.0
450	497	523	523	523	523	—	
500	549	575	575	575	575		
600	649	675	675	675	675		
700	751	777	777	777			1.5~3.0
800	856	882	882	882	—		
900	961	987	987	987			
1000	1061	1092	1092	1092			

表 20.2-4 钢制管法兰用金属环垫尺寸（摘自 GB/T 9128—2003） （mm）

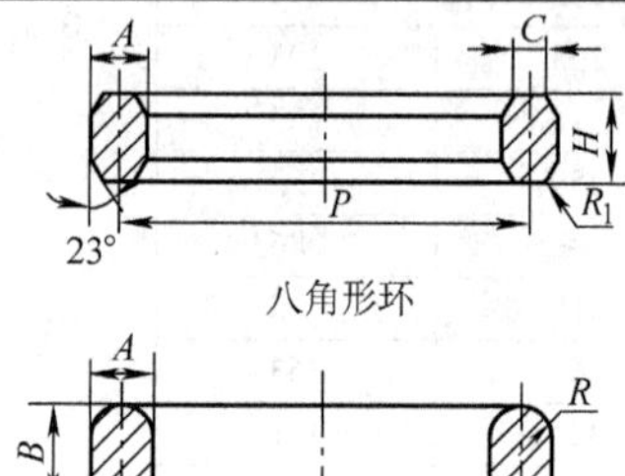

八角形环

椭圆形环

$R = A/2$

$R_1 = 1.6\text{mm}(A \leqslant 22.3\text{mm})$

$R_1 = 2.4\text{mm}(A > 22.3\text{mm})$

标记示例：

环号为 20，材料为 06Cr19Ni10 的八角形金属环垫片，其标记为：

八角垫 R. 20-06Cr19Ni10 GB/T 9128

注：垫片的技术条件见 GB/T 9130

公称通径 DN					环号	平均节径 P	环宽 A	环高		八角形环的平面宽度 C
PN20	PN50 及 PN110	PN150	PN260	PN420				椭圆形 B	八角形 H	
—	15	—	—	—	R. 11	34. 13	6. 35	11. 11	9. 53	4. 32
—	—	15	15	—	R. 12	39. 69	7. 94	14. 29	12. 70	5. 23
—	20	—	—	15	R. 13	42. 86	7. 94	14. 29	12. 70	5. 23
—	—	20	20	—	R. 14	44. 45	7. 94	14. 29	12. 70	5. 23
25	—	—	—	—	R. 15	47. 63	7. 94	14. 29	12. 70	5. 23
—	25	25	25	20	R. 16	50. 80	7. 94	14. 29	12. 70	5. 23
32	—	—	—	—	R. 17	57. 15	7. 94	14. 29	12. 70	5. 23
—	32	32	32	25	R. 18	60. 33	7. 94	14. 29	12. 70	5. 23
40	—	—	—	—	R. 19	65. 09	7. 94	14. 29	12. 70	5. 23
—	40	40	40	—	R. 20	68. 26	7. 94	14. 29	12. 70	5. 23
—	—	—	—	32	R. 21	72. 24	11. 11	17. 46	15. 88	7. 75
50	—	—	—	—	R. 22	82. 55	7. 94	14. 29	12. 70	5. 23
—	50	—	—	40	R. 23	82. 55	11. 11	17. 46	15. 88	7. 75
—	—	50	50	—	R. 24	95. 25	11. 11	17. 46	15. 88	7. 75
65	—	—	—	—	R. 25	101. 60	7. 94	14. 29	12. 70	5. 23
—	65	—	—	50	R. 26	101. 60	11. 11	17. 46	15. 88	7. 75
—	—	65	65	—	R. 27	107. 95	11. 11	17. 46	15. 88	7. 75
—	—	—	—	65	R. 28	111. 13	12. 70	19. 05	17. 47	8. 66
80	—	—	—	—	R. 29	114. 30	7. 94	14. 29	12. 70	5. 23
—	80[①]	—	—	—	R. 30	117. 48	11. 11	17. 46	15. 88	7. 75
—	80[②]	80	—	—	R. 31	123. 83	11. 11	17. 46	15. 88	7. 75

（续）

公称通径 DN					环号	平均节径	环宽	环高		八角形环的
PN20	PN50 及 PN110	PN150	PN260	PN420		P	A	椭圆形 B	八角形 H	平面宽度 C
—	—	—	—	80	R. 32	127. 00	12. 70	19. 05	17. 46	8. 66
—	—	—	80	—	R. 35	136. 53	11. 11	17. 46	15. 88	7. 75
100	—	—	—	—	R. 36	149. 23	7. 94	14. 29	12. 70	5. 23
—	100	100	—	—	R. 37	149. 23	11. 11	17. 46	15. 88	7. 75
—	—	—	—	100	R. 38	157. 16	15. 88	22. 23	20. 64	10. 49
—	—	—	100	—	R. 39	161. 93	11. 11	17. 46	15. 88	7. 75
125	—	—	—	—	R. 40	171. 45	7. 94	14. 29	12. 70	5. 23
—	125	125	—	—	R. 41	180. 98	11. 11	17. 46	15. 88	7. 75
—	—	—	—	125	R. 42	190. 50	19. 05	25. 40	23. 81	12. 32
150	—	—	—	—	R. 43	193. 68	7. 94	14. 29	12. 70	5. 23
—	—	—	125	—	R. 44	193. 68	11. 11	17. 46	15. 88	7. 75
—	150	150	—	—	R. 45	211. 14	11. 11	17. 46	15. 88	7. 75
—	—	—	150	—	R. 46	211. 14	12. 70	19. 05	17. 46	8. 66
—	—	—	—	150	R. 47	228. 60	19. 05	25. 40	23. 81	12. 32
200	—	—	—	—	R. 48	247. 65	7. 94	14. 29	12. 70	5. 23
—	200	200	—	—	R. 49	269. 88	11. 11	17. 46	15. 88	7. 75
—	—	—	200	—	R. 50	269. 88	15. 88	22. 23	20. 64	10. 49
—	—	—	—	200	R. 51	279. 40	22. 23	28. 58	26. 99	14. 81
250	—	—	—	—	R. 52	304. 80	7. 94	14. 29	12. 70	5. 23
—	250	250	—	—	R. 53	323. 85	11. 11	17. 46	15. 88	7. 75
—	—	—	250	—	R. 54	323. 85	15. 88	22. 23	20. 64	10. 49
—	—	—	—	250	R. 55	342. 90	28. 58	36. 51	34. 93	19. 81
300	—	—	—	—	R. 56	381. 00	7. 94	14. 29	12. 70	5. 23
—	300	300	—	—	R. 57	381. 00	11. 11	17. 46	15. 88	7. 75
—	—	—	300	—	R. 58	381. 00	22. 23	28. 58	26. 99	14. 81
350	—	—	—	—	R. 59	396. 88	7. 94	14. 29	12. 70	5. 23
—	—	—	—	300	R. 60	406. 40	31. 75	39. 69	38. 10	22. 33
—	350	—	—	—	R. 61	419. 10	11. 11	17. 46	15. 88	7. 75
—	—	350	—	—	R. 62	419. 10	15. 88	22. 23	20. 64	10. 49
—	—	—	350	—	R. 63	419. 10	25. 40	33. 34	31. 75	17. 30
400	—	—	—	—	R. 64	454. 03	7. 94	14. 29	12. 70	5. 23
—	400	—	—	—	R. 65	469. 90	11. 11	17. 46	15. 88	7. 75
—	—	400	—	—	R. 66	469. 90	15. 88	22. 23	20. 64	10. 49
—	—	—	400	—	R. 67	469. 90	28. 58	36. 51	34. 93	19. 81
450	—	—	—	—	R. 68	517. 53	7. 94	14. 29	12. 70	5. 23
—	450	—	—	—	R. 69	533. 40	11. 11	17. 46	15. 88	7. 75
—	—	450	—	—	R. 70	533. 40	19. 05	25. 40	23. 81	12. 32
—	—	—	450	—	R. 71	533. 40	28. 58	36. 51	34. 93	19. 81
500	—	—	—	—	R. 72	558. 80	7. 94	14. 29	12. 70	5. 23
—	500	—	—	—	R. 73	584. 20	12. 70	19. 05	17. 46	8. 66
—	—	500	—	—	R. 74	584. 20	19. 05	25. 40	23. 81	12. 32
—	—	—	500	—	R. 75	584. 20	31. 75	36. 69	38. 10	22. 33
—	550	—	—	—	R. 81	635. 00	14. 29	—	19. 10	9. 60
—	650	—	—	—	R. 93	749. 30	19. 10	—	23. 80	12. 30
—	700	—	—	—	R. 94	800. 10	19. 10	—	23. 80	12. 30
—	750	—	—	—	R. 95	857. 25	19. 10	—	23. 80	12. 30
—	800	—	—	—	R. 96	914. 40	22. 20	—	27. 00	14. 80
—	850	—	—	—	R. 97	965. 20	22. 20	—	27. 00	14. 80
—	900	—	—	—	R. 98	1022. 35	22. 20	—	27. 00	14. 80
—	—	—	—	—	R. 100	749. 30	28. 60	—	34. 90	19. 80
—	—	650	—	—	R. 101	800. 10	31. 70	—	38. 10	22. 30
—	—	700	—	—	R. 102	857. 25	31. 70	—	38. 10	22. 30
—	—	750	—	—	R. 103	914. 40	31. 70	—	38. 10	22. 30

（续）

公称通径DN					环号	平均节径 P	环宽 A	环高		八角形环的平面宽度 C
PN20	PN50及PN110	PN150	PN260	PN420				椭圆形 B	八角形 H	
—	—	800	—	—	R.104	965.20	34.90	—	41.30	24.80
—	—	850	—	—	R.105	1022.35	34.90	—	41.30	24.80
600	—	900	—	—	R.76	673.10	7.94	14.29	12.70	5.23
—	600	—	—	—	R.77	692.15	15.88	22.23	20.64	10.49
—	—	600	—	—	R.78	692.15	25.40	33.34	31.75	17.30
—	—	—	600	—	R.79	692.15	34.93	44.45	41.28	24.82

① 仅适用于环连接密封面对焊环带颈松套钢法兰。

② 用于除对焊环带颈松套钢法兰以外的其他法兰。

2 高压设备密封

高压容器（压力大于10MPa）的密封必须安全可靠，对温度和压力波动的适应能力要强，装拆方便，结构紧凑，占据高压空间小。高压设备的密封结构、特点及应用见表20.2-5。

表20.2-5 高压设备的密封结构、特点及应用

名称	结构与密封件简图	使用条件	特点及应用	备注
平垫密封	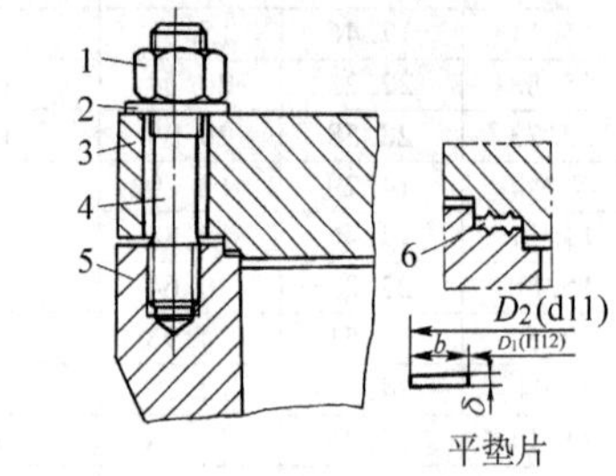 平垫片 平垫密封结构 1—主螺母 2—垫圈 3—顶盖 4—主螺栓 5—筒体端部 6—平垫片	$t\leqslant 200℃$ $P<20\text{MPa}$, $D\leqslant 1000\text{mm}$ $20\text{MPa}\leqslant P<30\text{MPa}$, $D\leqslant 800\text{mm}$ $30\text{MPa}\leqslant P<35\text{MPa}$, $D\leqslant 600\text{mm}$	结构简单，加工方便，使用成熟，在直径小、压力不太高时，密封可靠；但在压力高时，结构笨重，装拆不便 适用于温度不高、压力及温度波动不大的中、小型高压设备	平垫密封结构尺寸见图20.2-2和表20.2-6～表20.2-8
卡扎里密封	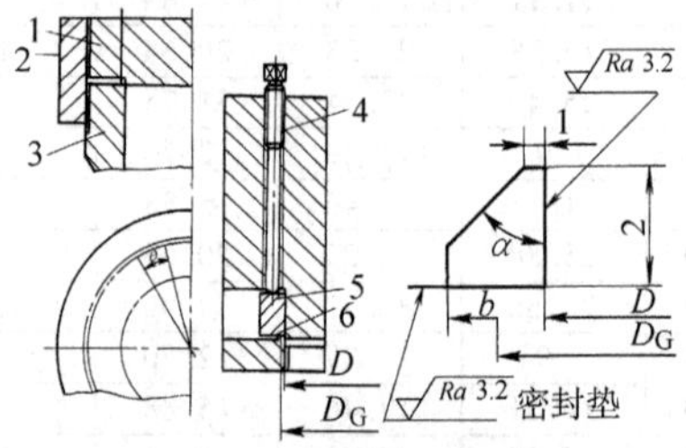 密封垫 卡扎里密封结构 1—顶盖 2—螺纹套筒 3—筒体端部 4—预紧螺栓 5—压环 6—密封垫	$t\leqslant 350℃$ $P\geqslant 30\text{MPa}$ $D\geqslant 1000\text{mm}$	紧固件采用螺纹长套筒，因而省去大直径螺栓，装拆方便，安装时所需预应力较小	
双锥密封	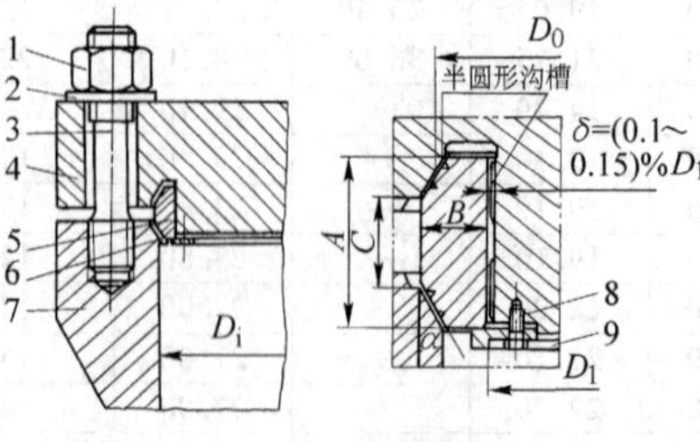 半圆形沟槽 $\delta=(0.1\sim0.15)\%D_1$ 双锥密封结构 1—主螺母 2—垫圈 3—主螺栓 4—顶盖 5—双锥环 6—软金属垫片 7—筒体端部 8—螺栓 9—托环	$t<400℃$ $6.4\text{MPa}<P<35\text{MPa}$ $400\text{mm}<D<2000\text{mm}$	主螺栓预紧力较小，结构简单，加工精度要求不高，在温度、压力有波动的场合密封可靠，适用于超高压容器	推荐双锥环的系列结构尺寸见表20.2-9

（续）

名称	结构与密封件简图	使用条件	特点及应用	备注
空心金属O形环密封	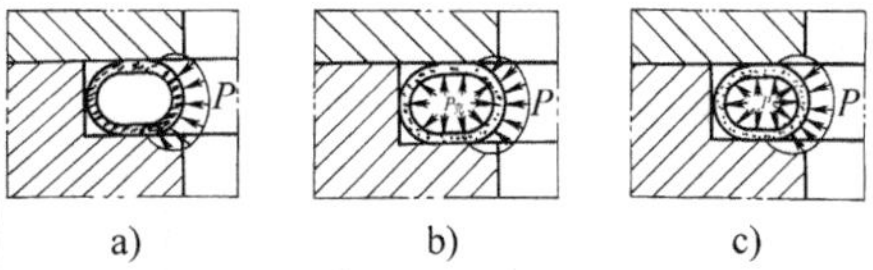 a)　b)　c) O 形环密封的 3 种类型 a)非自紧式　b)充气式　c)自紧式	$-250℃<t<600℃$ $P\leqslant 280\mathrm{MPa}$ $D<6000\mathrm{mm}$	耐高低温、耐腐蚀、气密性好，故特别适用于高温、高压、高真空密封，适于小直径、大直径的密封	国内某些管材的线压和弹性回弹量见表 20.2-10，国外推荐数据见表 20.2-11，沟槽尺寸见表 20.2-12
C形环密封	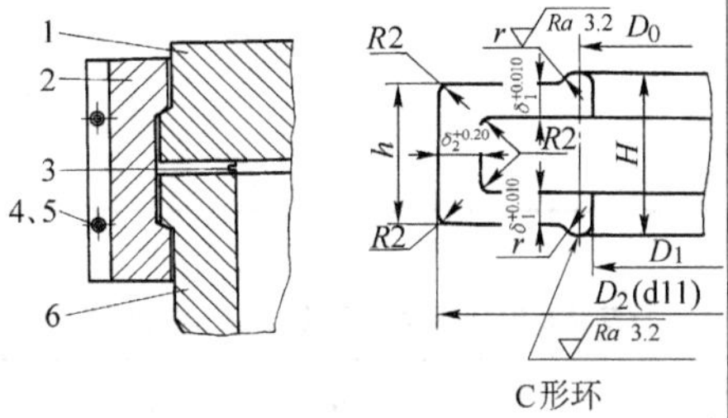 C形环 卡箍紧固结构的 C 形环密封 1—平盖　2—卡箍　3—C 形环 4、5—紧固螺栓和螺母　6—筒体端部	$t\leqslant 200℃$ $P\leqslant 35\mathrm{MPa}$	螺栓预紧力较小，可用于无主螺栓连接的快开装置和温度、压力有波动的场合。结构简单，制造方便，密封性能良好 在小化肥的高压容器中用得较多	C 形环的结构尺寸见表 20.2-13
三角垫密封	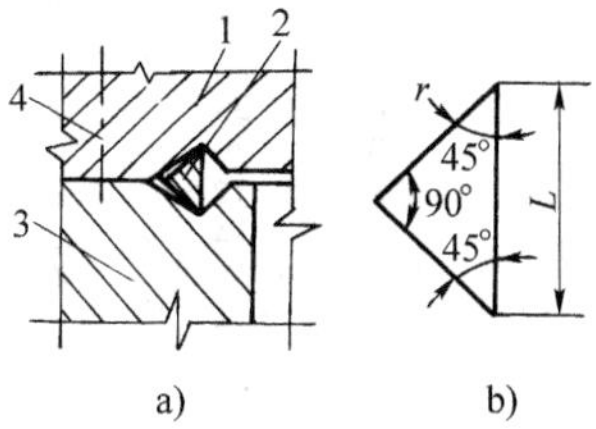 a)　b) 三角垫密封 a) 三角垫密封结构　b) 三角垫几何尺寸 1—顶盖　2—三角垫密封圈 3—圆筒体　4—扭紧螺栓	$t\leqslant 350℃$ $\begin{cases}P>10\mathrm{MPa}\\D<100\mathrm{mm}\end{cases}$ $\begin{cases}20\mathrm{MPa}<P<35\mathrm{MPa}\\D>1000\mathrm{mm}\end{cases}$	结构紧凑，预紧力小，开启方便，密封性能好，但加工精度要求高 适用于温度和压力波动的高压容器	
八角垫密封和椭圆垫密封	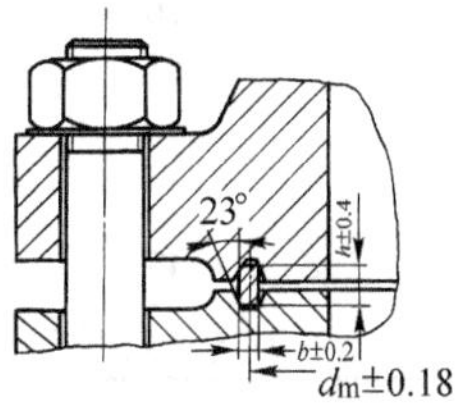 八角垫密封结构 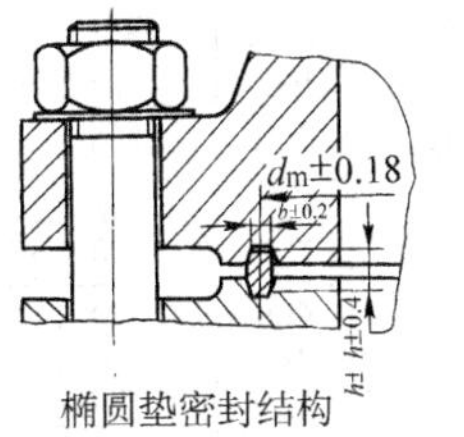 椭圆垫密封结构	$t\leqslant 350℃$ $P=7\sim 70\mathrm{MPa}$ $D\leqslant 300\mathrm{mm}$	结构简单，密封性好，常用于高压管道，在引进的大设备中应用较多，如德国制造的加氢反应器上	八角垫和椭圆垫见表 20.2-4

（续）

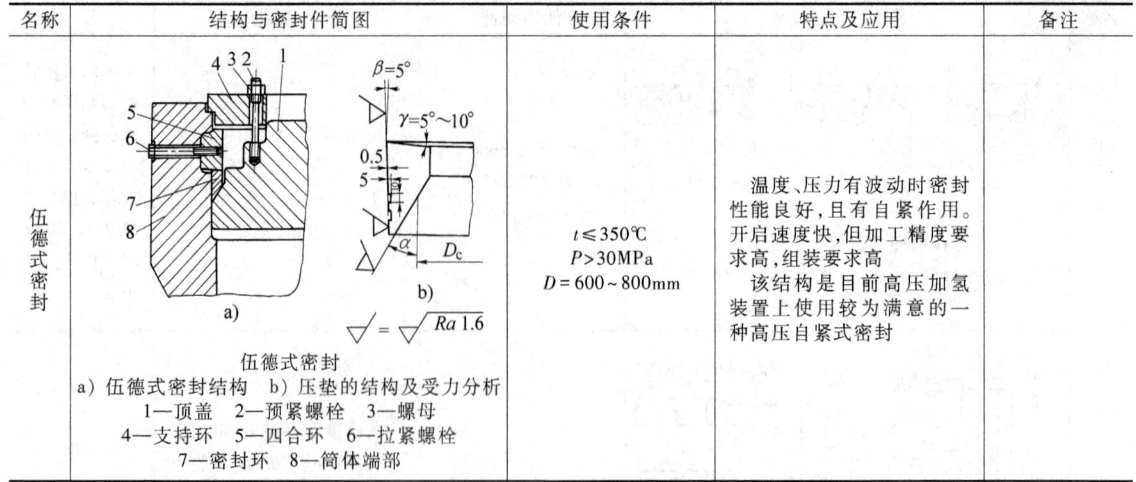

名称	结构与密封件简图	使用条件	特点及应用	备注
伍德式密封	伍德式密封 a）伍德式密封结构　b）压垫的结构及受力分析 1—顶盖　2—预紧螺栓　3—螺母 4—支持环　5—四合环　6—拉紧螺栓 7—密封环　8—筒体端部	$t \leqslant 350℃$ $P > 30MPa$ $D = 600 \sim 800mm$	温度、压力有波动时密封性能良好，且有自紧作用。开启速度快，但加工精度要求高，组装要求高 该结构是目前高压加氢装置上使用较为满意的一种高压自紧式密封	

注：D 为一般意义的密封腔内径。

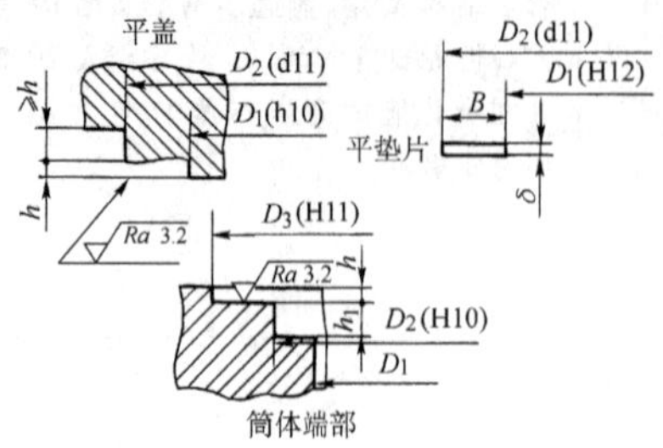

图 20.2-2　平垫密封结构尺寸
（括号内表示配合公差）

表 20.2-6　平垫密封结构尺寸（mm）

D_i	D_1	h	h_1
≤100	D_i+6	$2\delta+1$	2.5δ
101~200	D_i+8		
201~400	D_i+10		
401~600	D_i+12		
601~800	D_i+12		
801~1000	D_i+12		

表 20.2-7　平垫片的厚度　（mm）

平垫片宽度 B	≤4	5~12	14~16
平垫片厚度 δ	3	5	6

表 20.2-8　平垫片的宽度

设计压力/MPa	封口内径/mm								
	≤100	200	300	400	500	600	700	800	1000
	平垫片宽度/mm								
10~16	2~4	5	5	7	9	12	14	15	16
16.1~22	2~4	6	7	9	12	14	15	16	—
22.1~30	2~4	6	10	12	14	15	—	—	—

表 20.2-9　双锥环的系列结构尺寸

封口内径/mm	设计压力/MPa	A/mm	B/mm	C/mm	D_1/mm
1000	6.4	85	23	48	974
1200		94	26	54	1171
1400		100	28	58	1369
1600		108	30	62	1567
1800		114	32	66	1765
2000		120	33	68	1963
1000	10	85	25	46	972
1200		94	28	52	1168
1400		100	30	55	1366
1600		108	32	60	1564
1800		114	34	63	1762
2000		120	35	66	1960
600	20	65	24	33	568
800		75	27	38	765
1000		85	30	43	962
1200		94	32	47	1159
1400		100	35	50	1355
1600		108	38	54	1551
1800		114	40	57	1748
2000		120	42	60	1946
400	35	55	22	28	372
500		60	24	30	470
600		65	26	33	567
700		70	28	35	664
800		75	30	38	761
1000		85	34	43	956
1200		94	38	47	1151
1400		100	40	50	1349
1600		108	43	54	1545
1800		114	46	57	1741
2000		120	48	60	1939

表 20.2-10　国内某些管材的线压和弹性回弹量

管子规格	管子材料	压扁度 η	弹性回弹量/mm	线　压/$N \cdot mm^{-1}$
$\phi10\times1$	不锈钢	0.670	0.167	200
$\phi12\times1$	不锈钢	0.623 0.726	0.222 0.197	120 100
$\phi12\times1.5$	低碳钢	0.666 0.782	0.153 0.140	260 240
$\phi10\times1$	铝	0.665 0.733	0.275 0.262	110 100

表 20.2-11　国外各种管材的线压和弹性回弹量

管子外径/mm	壁厚/mm	管子材料	弹性回弹量/mm	线压/N·mm^{-1}
0.70	0.127~0.305	不锈钢	0.0508	5.35~14.3
	0.127	因科镍	0.0381	3.56
	0.127	因科镍	0.0254	5.35
1.58	0.127~0.406	不锈钢	0.0762~0.0508	3.56~26.7
	0.153~0.356	因科镍	0.0508	5.38~19.64
	0.254~0.306	因科镍	0.0508	9.8~12.4
	0.254~0.306	软钢	0.0508	7.41~14.5
	0.254~0.306	铝	0.0381	3.56~6.24
	0.254	蒙乃尔	0.0508	8.01
	0.254~0.356	铜	0.0254	2.675~6.24
2.38	0.178~0.457	不锈钢	0.0508~0.0888	3.56~19.64
	0.178~0.457	因科镍	0.0635	2.675~17.83
	0.254~0.457	因科镍	0.0650~0.0508	5.38~8.0
	0.254~0.457	铝	0.0508	3.56~6.24
	0.254	蒙乃尔	0.0508	3.56
	0.305	退火铜	0.0254	3.56
	0.457	硬铜	0.1016	8.92
	0.305	退火钽	0.0508	11.60
3.18	0.254~0.508	不锈钢	0.0762~0.1016	3.74~17.83
	0.254~0.635	因科镍	0.1016	4.45~24.9
	0.508~0.635	因科镍	0.1016	14.3~18.5
	0.254~0.508	软钢	0.0508	4.45~12.4
	0.254~0.305	铝	0.0508	1.34~1.783
	0.508~0.635	铝	0.0508	1.92~4.49
	0.254	蒙乃尔	0.0762	4.45
	0.457~0.762	铜	0.0508	8.94~14.28
3.97	0.254~0.635	不锈钢	0.1016~0.0762	2.675~17.83
	0.254	因科镍	0.0762	2.675
	0.635	因科镍	0.0508	16.93
4.76	0.254~0.812	不锈钢	0.127~0.1016	2.675~41.0
	0.508	因科镍	0.1016	10.70
6.35	0.254~1.245	不锈钢	0.1525~0.178	1.337~44.5
	0.889	铝	0.0762	4.45
7.95	1.27	不锈钢	0.127	35.6
9.55	0.889~1.245	不锈钢	0.127	8.00~31.2
12.7	2.03~0.305	不锈钢	0.216~0.178	58.7~135.6

表 20.2-12　密封内压用金属 O 形环的沟槽尺寸

(mm)

管子外径	最大 O 形环直径	O 形环外径与槽内壁间隙		沟槽深度	
		最小值	最大值	最小值	最大值
0.79	101.6	0.025	0.152	0.508	0.558
1.58	254.0	0.025	0.152	1.068	1.143
2.38	508.0	0.050	0.228	1.651	1.752
3.18	1016.0	0.050	0.304	2.286	2.413
3.97	1016.0	0.050	0.355	2.920	3.045
4.76	1016.0	0.050	0.381	3.683	3.810
6.35	1016.0	0.076	0.482	4.953	5.080
6.35	2039.0	0.025	1.016	4.953	5.080
7.94	1016.0	0.076	0.584	6.360	6.477
7.94	2039.0	0.025	1.016	6.360	6.477
9.52	1016.0	0.101	0.736	7.495	7.620
9.52	5080.0	0.254	1.016	7.495	7.620
12.70	1016.0	0.101	0.965	9.905	10.160
12.70	5080.0	0.254	1.016	9.906	10.160

表 20.2-13　C 形环的系列结构尺寸　(mm)

封口公称直径 D_g	内径 D_1	外径 D_2	密封面直径 D_0	环板厚 δ_1	壁厚 δ_2	壁高 h	环高 H	曲面半径 r
300	300	348	305	5.4	6.0	23	26	4
350	350	400	355	5.6	7.1	23	26	4
400	400	452	405	5.7	7.2	25	28	4
450	450	503	455	5.8	7.4	25	28	4
500	500	554	505	5.9	7.5	27	30	4
600	600	661	605	6.3	8.1	27	30	4

3　超高压设备密封

超高压（压力大于 100MPa）设备要求其结构更加安全可靠。常用超高压密封的结构型式及特点见表 20.2-14，其结构和密封件的设计见参考文献［11］。

表 20.2-14　常用超高压密封的结构型式及特点

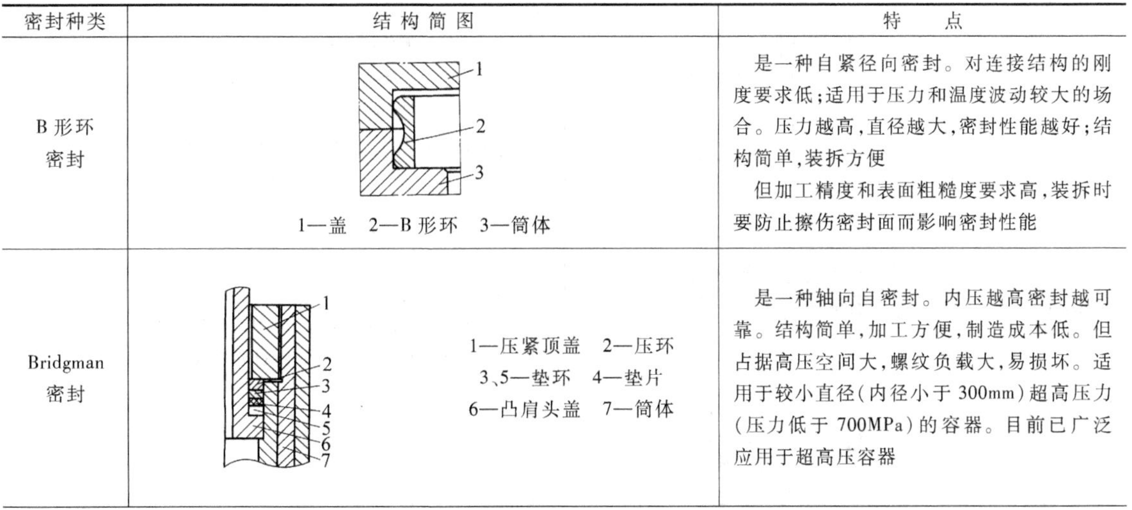

密封种类	结构简图	特　点
B 形环密封	1—盖　2—B 形环　3—筒体	是一种自紧径向密封。对连接结构的刚度要求低；适用于压力和温度波动较大的场合。压力越高，直径越大，密封性能越好；结构简单，装拆方便 但加工精度和表面粗糙度要求高，装拆时要防止擦伤密封面而影响密封性能
Bridgman 密封	1—压紧顶盖　2—压环 3、5—垫环　4—垫片 6—凸肩头盖　7—筒体	是一种轴向自密封。内压越高密封越可靠。结构简单，加工方便，制造成本低。但占据高压空间大，螺纹负载大，易损坏。适用于较小直径（内径小于 300mm）超高压力（压力低于 700MPa）的容器。目前已广泛应用于超高压容器

（续）

密封种类	结构简图	特 点
楔形环密封	S380×16 φ350 φ600 1—上紧螺栓 2—压板 3—压紧顶盖(34CrNi3Mo) 4—压环(35CrMo) 5—楔形环(T3 纯铜) 6—头盖(43CrNi3Mo) 7—筒体	是轴向自紧式密封的一种，螺栓预紧力较小，螺栓载荷也较小，在温度、压力有波动的情况下，仍能保证良好的密封性能，占据高压空间较多。因开启困难不能在超高压密封中大量推广使用
O 形环加三角垫的密封结构	1—压环 2—三角垫 3—O 形环	O 形环和三角垫相互配合，密封性能良好，承压能力可达 500MPa，工作温度可达 200℃
其他组合结构	φ340 φ340 φ379.5$^{+0.2}_{+0.1}$ 150MPa压力用密封 1—O 形环(耐油橡胶) 2—盖 3—三角垫(H62) 4—U 形环(氟橡胶) 5—压环(1Cr18Ni9Ti) 6—筒体	金属的密封垫圈与 O 形圈的组合。与高压液压泵配套可产生高压 1000MPa 试验空间，并在不低于 850MPa 下较长时间的稳定试验

4 真空静密封

真空静密封分为高真空（$1.3\times10^{-5}\sim1.3\times10^{-2}$Pa）密封和超高真空（$1.3\times10^{-10}\sim1.3\times10^{-6}$Pa）密封。

高真空密封垫片材料主要是橡胶，常用的是邵氏硬度为 55~65 的丁腈橡胶和氯丁橡胶。采用 O 形或矩形橡胶密封圈，在设计时应注意使密封槽的体积大于密封圈的体积，以免装配后裸露出密封圈，形成发气源。密封圈的压缩变形率为 15%~20%，线密封比压为（5~6）×10^4N/mm，泄漏率小于 6.68×10^{-8}L·Pa/s。其密封结构型式一般按平沟槽密封面。

超高真空密封材料主要有金、银、无氧铜、高纯铝、纯铜、铟、氟橡胶和氟塑料等。金属密封材料具有耐烘烤温度高、耐低温和放气量小的优点，但需要的压紧力大，价格贵。氟塑料和氟橡胶具有压紧力小，适于大直径密封的优点，其缺点是耐烘烤温度仅 200℃左右（而超高真空通常要烘烤 300~450℃），因此在结构上要采取水冷却和其他保护措施；但对“无油超高真空系统”有难以消除的碳氢化合物分子。超高真空金属密封的结构型式及特点见表 20.2-15。超高真空密封结构设计可查阅参考文献［4，6］。

表 20.2-15 超高真空金属密封的结构型式及特点

密封种类	结构简图	特 点
平面法兰密封		它是金属密封形式中最简单的一种，其密封面无配合间隙，表面粗糙度 $Ra\leq1.25\sim0.32\mu m$。常用密封圈直径为 0.5~2mm 的铝丝、铜丝和金丝，但密封圈不易定位，接触面积大，需密封力大。一般只适用于小直径法兰连接
圆锥端面密封	F B₁ D₁ D α t t₁ B₂ 垫圈	密封表面粗糙度 $Ra<1.25\mu m$，上、下法兰锥面角度要一致才能保证密封可靠，常用的密封材料有铜、镍、铝和不锈钢

（续）

密封种类	结构简图	特　点
直角形密封	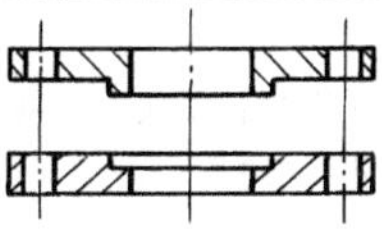	密封台阶间隙为 0.025mm，以保证密封圈被压后呈人形。下法兰台阶利于 O 形圈定位，表面粗糙度 $Ra<1.25\mu m$，O 形圈压缩量为 50%。常用 O 形圈金属丝直径为 0.5mm、0.6mm、0.8mm、1mm 或 1.5mm
刀口密封	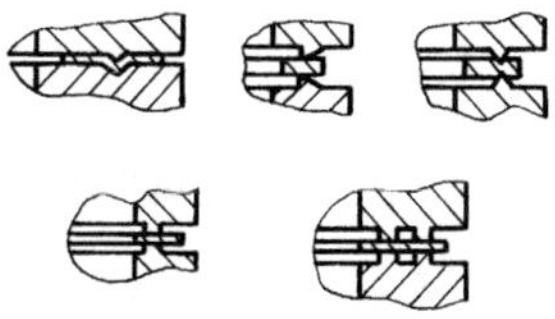	有凹、凸刃和两凸刃的两种结合，可以承受较强的应力，甚至可以产生扩散焊接，密封可靠。加工表面与法兰结合面表面粗糙度 $Ra<1.25\mu m$。密封圈和法兰均采用较硬材料，或者在刀刃上镀一层银（约 0.005mm），可提高密封圈的使用寿命
台阶密封	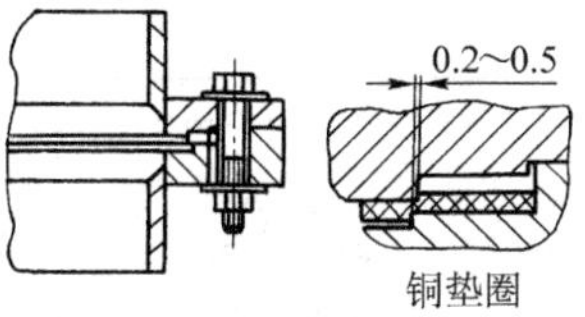 0.2~0.5 铜垫圈	利用两直角的剪切力剪切出金属而形成的密封。两直角的剪切有相叠和相隔两种形式。垫圈材料采用片状的无氧高导铜，其厚度为 1～3mm。切割后在 950℃ 的烧氢炉中退火，在 450℃ 下反复烘烤
斜楔密封	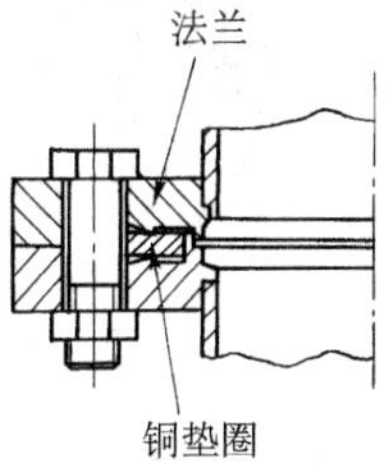 法兰 铜垫圈	密封材料除采用铝和铜外，还可采用软钢、镍和不锈钢。垫圈材料为无氧高导铜，经 250℃ 高温烘烤 5h 后，能用于 3.66×10^{-9} Pa 的高真空度密封
铝箔密封	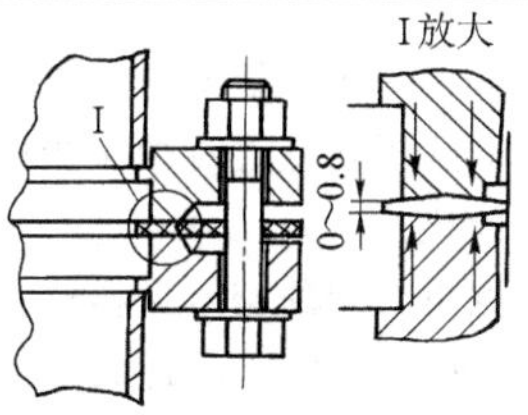 I 放大 I 0~0.8	从 I 部放大图看出，当外密封以相同的压缩量（30%）压紧时，中间铝箔被封入，两端保持很大的压力，就形成密封。当锁紧力矩为 44.1N·m，烘烤温度为 300℃ 以上时，铝箔垫圈熔结，可获得良好的密封效果
回轮密封	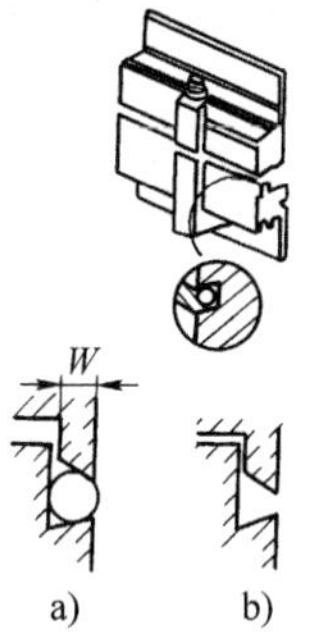 W a)　b)	刀口宽度 W 等于密封圈的线径 d（2mm），密封圈材料为无氧高导铜。压紧后，垫圈变形充满左侧空间，多余部分从右侧挤出，从而形成可靠密封，垫圈材料也可用聚四氟乙烯
惠勒密封	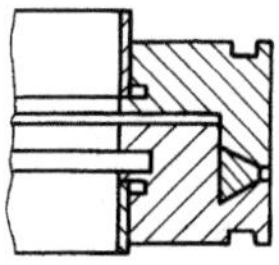	由两个凹凸法兰组成，密封材料选用铜丝和氟橡胶，通径可达 1600mm，使用温度为 -196～450℃，密封效果良好
快速拆卸密封	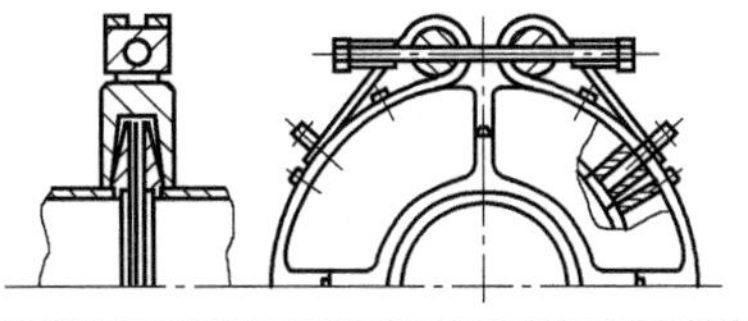	夹块通过两个平面锥形法兰把铝密封垫片夹紧。4 个夹块固定在两个弹性钢带上。拧入 4 个夹轴中的两个螺钉，可以借助附加工具实现快速夹紧或松开

（续）

密封种类	结构简图	特　点
双重密封	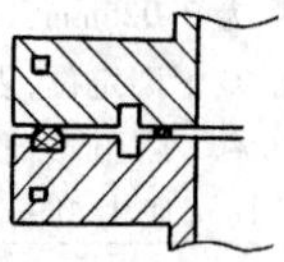	采用橡胶 O 形圈和金属 O 形圈相结合的密封结构。在真空侧放置金属 O 形圈
防护真空密封	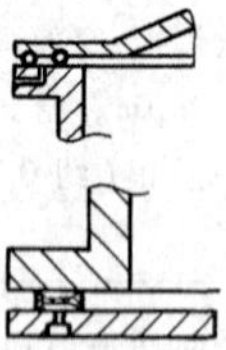	法兰设有通气通路，并通向垫圈的间隔，O 形圈可制成各种形状，可简化装置

5　高温、低温条件下的密封

5.1　高温密封

高温引起密封材料性能恶化，紧固件蠕变、松弛，结构热应力过高及热变形过大，导致泄漏，甚至损坏密封连接。须正确选择密封材料和结构。

1）选用回弹性能好的垫片或自紧式垫片，如缠绕垫片、充气金属 O 形环等。

2）应用抗蠕变性能好的材料制作紧固件。

3）在高温、高压、温度压力波动大及剧毒介质条件下，可采用密封焊接结构，如图 20.2-3 所示。这种焊接接头要求高，焊接部位处于垫片外侧，便于泄漏检查和修理。

4）为减少在起动或变工况时法兰和螺栓的热膨胀差，可采用加热装置加热法兰和螺栓。

5）高温设备在经过一段工作周期后，应再次拧紧螺栓，以消除由于蠕变引起的密封比压降低的现象。在再次拧紧螺栓时要特别注意安全。

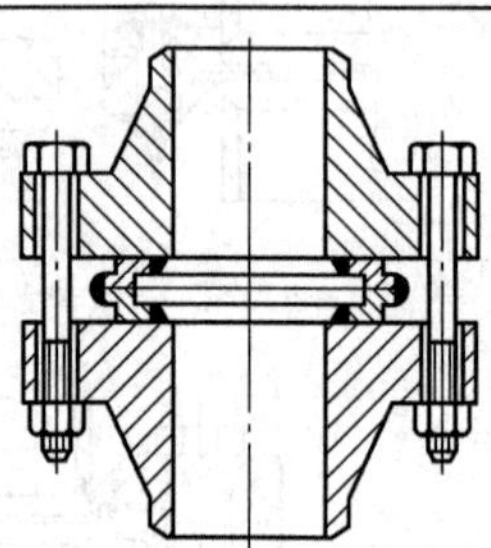

图 20.2-3　密封焊接结构

5.2　低温静密封

在低于-20℃的温度下，有些材料会变脆，弹性降低。应选用在低温时能保持良好的弹性和复原性材料作密封垫片。

低温下常用的密封材料有：合成橡胶、石棉橡胶和 W 型液态密封胶（可用到-40℃）、天然橡胶、丁腈橡胶和浸渍低温填充剂的皮垫片（可用到-60℃）；聚四氟乙烯（可用到-180℃）；浸蜡处理的石棉橡胶板和纯铜垫（可用到-190℃）；铝垫片（可用到-196℃）；低于-200℃时可选用铝合金、铜合金、不锈钢和铟。

第3章　胶　密　封

胶密封是把密封胶涂敷或渗浸在两结合面上，将两结合面胶结在一起，从而堵塞泄漏缝隙，阻止泄漏的一种静密封。密封胶是一种新型的高分子密封材料，它的起始形态一般呈液态，在涂敷前是一种具有流动性的黏稠物，能容易地填满金属两个结合面之间的缝隙，从而有较好的密封性能。常用于机械产品结合面的密封，也可用于结合面较复杂的螺纹等部位，以防止泄漏。

1　密封胶的类型、特点及应用

密封胶品种繁多，按其主要成分分类见表20.3-1。

表 20.3-1　密封胶按主要成分分类

名　称	工作温度/℃	特　性	应　用　示　例
聚硫橡胶密封胶	-60～110	具有较好的耐油性、耐老化性和耐水性以及对其他材料具有的黏结性,使用寿命较长	飞机油箱、座舱、空气导管、电器及仪表的密封
硅橡胶密封胶	-70～230	具有优良的耐热空气、臭氧、光和大气老化性,以及防潮和电绝缘性能,但耐燃油和润滑性能较差	飞机发动机高温区、导管接头防火墙等的密封
非硫化型密封胶	<70	耐老化性能较好,对其他材料有一定黏结性,密封工艺较简单	结构的结合面密封和沟槽密封
液态密封胶 有机高分子材料基	<120	具有较好的耐老化性和对其他材料的黏结性	发动机机壳、润滑油泵一类的结合面的密封
液态密封胶 无机高分子材料基	<750	具有较高的耐热性及耐压强度,不易燃,易于装拆	发动机、高压压气机后机壳和高压润滑油轴承等部件的结合面密封
厌氧胶	<120	具有良好的流动性,在隔绝空气的条件下,可自行固化	大量用于螺纹连接件锁固密封,平面结合面的密封,可代替密封垫片

2　聚硫橡胶密封胶

室温硫化型聚硫橡胶密封胶是飞机制造业中应用广泛的密封胶，常用的是双组分或多组分室温硫化型密封胶。其常用牌号密封胶见表20.3-2。

表 20.3-2　常用室温硫化聚硫橡胶密封胶

牌号	工作温度/℃	特　性	应　用　示　例	参考生产单位
XM15	-55～110	外观为深黑色,可用有机溶剂稀释成均匀稳定的胶液,在标准环境下的活性期为2～6h。耐大气老化,耐水浸泡,流平性好	飞机整体油箱结构的密封	沈阳油漆厂
XM16	-50～110	外观为深黑色,可用有机溶剂稀释成均匀稳定的胶液,在标准环境下的活性期为2～6h。有优良的耐湿热、耐水和耐航空燃料浸泡的性能	刚性大的防水渗漏结构,飞机机身和座舱的密封	沈阳油漆厂
XM18	-50～135	外观为深黑色,可用有机溶剂稀释成均匀稳定的胶液,在标准环境下的活性期为2～6h,在室温下能硫化成弹性体。有良好的拉断伸长率和耐热空气老化性能,耐湿热和耐水性能较差	飞机座舱盖玻璃、风窗玻璃与边缘连接件的密封,座舱内壁、地板表面及机身的气密密封	沈阳油漆厂
XM23	-50～110	外观为深黑色,可用有机溶剂稀释成均匀稳定的胶液,在标准环境条件下活性期为2～15h,在室温下能硫化成弹性体。耐湿热和耐淡水浸泡	飞机座舱窗玻璃、风窗玻璃与边缘连接件的密封,座舱内壁、地板表面及机身的气密密封	北京航空材料研究院
XM33	-55～120	按活性期分XM33-1、XM33-2、XM33-4和XM33-6四个品级,各品级具有驼色、绿色和咖啡色。在室温下可硫化成弹性体	飞机座舱、客货轮的密封	北京航空材料研究院

3 硅橡胶密封胶

室温硫化硅橡胶密封胶是一类高耐热性的密封胶，工作温度范围比较宽。常用的室温硫化硅橡胶密封胶见表20.3-3。

表20.3-3 常用的室温硫化硅橡胶密封胶

牌 号	工作温度/℃	特 性	应 用 示 例	参考生产单位
XM31(按颜色分为红色XM31-1、橙色XM31-5、棕色XM31-6三个牌号)	-60~230	基料可溶解于汽油中制成胶液,在室温下可硫化成弹性体,耐大气老化、耐水浸泡、耐湿热和耐盐雾	飞机及发动机高温部位的密封	北京航空材料研究院
XM35	-60~200	外观为绿色,基料可溶于汽油中制成胶液,在室温下能硫化成弹性体。具有防止霉菌生长,耐水浸泡、耐湿热、耐大气老化和耐盐雾的特性	电子元件及电子计算机磁芯板的密封	北京航空材料研究院
SF3	-60~250	外观为砖红色膏状物,用刮板进行刮抹,具有良好的耐低温、高湿性能和耐老化性能	高温部件的隔热密封	上海橡胶制品研究所
SDL1-41	-60~200	外观为乳白色膏状物,施工方法为灌封,具有优良的耐水、耐大气老化和耐臭氧的性能,还有良好的化学稳定性和介电性能	电子和电气元件的防潮、防腐和防振灌封	晨光化工总厂二分厂
XJ55	-60~300	外观为红色膏状物,用刮刀刮涂,具有良好的耐压性和耐高温性能	发动机结合面的密封	南方动力机械有限公司

4 非硫化型密封胶

非硫化型密封胶只有单组分一种，又称非硫化型腻子。常用非硫化型密封胶见表20.3-4。

表20.3-4 常用非硫化型密封胶

牌号	工作温度/℃	特 性	应 用 示 例	参考生产单位
XM17密封腻子(XM17密封腻子布)	-55~100	可保持不硫化状态,密封工艺性能好,可拆卸	在歼击机、水上轰炸机上使用	重庆长江橡胶制造有限公司
XM24密封垫片	-50~150	具有良好的耐热老化性、耐寒性和密封性。以片材供应,可拆卸	与硫化型密封剂配合,可用于歼击机座舱玻璃硬固定边缘的密封	北京航空材料研究院
XM30密封腻子 XM30密封腻子布	-54~200	具有优良的耐高温、耐低温、耐烧蚀和电绝缘性能,以及良好的密封工艺性能	用于防弹玻璃的边缘密封和运载火箭发动机的密封	北京航空材料研究院
XM34密封腻子	-54~130	是一种注射型单组分密封腻子,具有良好的耐航空喷气燃料性和密封性,与金属有良好的黏附性和重新注射性	用于飞机整体油箱沟槽注射密封	北京航空材料研究院
CH102腻子(CH102腻子布)	-35~80	具有良好的耐湿热、耐臭氧老化、耐大气老化和耐航空燃料浸泡性能。便于拆卸	用于飞机座窗盖框架、座舱和机身气密结构的密封,以及气密铆接缝和螺栓孔的密封	重庆长江橡胶制造有限公司
JLN100腻子(JLN100腻子布)	-35~80	具有良好的耐湿热、耐臭氧老化、耐大气老化和耐航空燃料浸泡性能。便于拆卸	用于飞机座窗盖框架、座舱和机身气密结构的密封,以及气密铆接缝和螺栓孔的密封	锦石化工研究院
1601密封腻子(1601密封腻子布)	-50~70	腻子能保持不硫化状态,便于拆卸,密封工艺性能好	用于飞机座舱缝内的密封	沈阳第四橡胶有限公司

5 液态密封胶

在诸多的密封胶中，液态密封胶发展较为迅速，品种繁多。国内液态密封胶已形成了通用型体系、厌氧型体系和无溶剂硅铜型体系。液态密封胶密封性能良好，密封工艺简单，广泛用于机械、车辆、航空、造船、建筑、仪表和电子电气设备等连接部位的密封。

5.1 液态密封胶的种类

按照液态密封胶使用时胶层的最终形态可以分为两大类：

1）非干性。其最终形态为不干、带黏性。

2）半干性或干性。其最终形态具有一定的黏性及弹性。

液态密封胶的技术要求见表 20.3-5。

表 20.3-5 液态密封胶的技术要求

项目		非干性	半干性或干性
动力黏度/mPa·s		>5000	>1000
相对密度		>0.8	>0.8
不挥发物含量(%)		>65.0	>20.0
耐压性/MPa	室温	8.83	7.85
	80℃±5℃	6.86	6.86
	150℃±5℃	3.92	6.86
冷热交换耐压性/MPa		4.90	4.90
耐介质性(%)	蒸馏水	-5~+5	-5~+5
	32 号液压油	-5~+5	-5~+5
	93(92)号车用汽油	-5~+5	-5~+5
腐蚀性	45 钢	无	无
	HT200	无	无
	H62 黄铜	无	无

5.2 液态密封胶的性能和选用

1）液态密封胶可单独使用，也可以与垫片配合使用，应根据使用条件选用适当类型的液态密封胶。不同类型液态密封胶的性能比较见表 20.3-6。

表 20.3-6 液态密封胶的性能比较

使用条件＼胶类		非干黏结型	半干黏弹型	干可剥型	干黏着型	厌氧型
耐热性		良	可	可	优	良
耐压性		良	可	可	优	良
耐振动		优	可	良	劣	优
剥离性		可	可	优	劣	劣
间隙较大		良	可	可	优	不可
适用部位	平面	优	优	优	优	优
	螺栓	优	可	劣	优	良
	嵌入	优	良	劣	优	良
	滑动	可	劣	劣	劣	良
与密封垫组合使用时的耐热耐压性		优	优	优	良	优

2）液态密封胶选用原则。目前国内所提供性能较好的液态密封胶见表 20.3-7，其选择原则是：

① 对结合面间隙的估计。结合面在涂胶前先用量具测量间隙。当间隙小于 0.1mm 时，可单独使用液态密封胶；如果间隙在 0.1~0.3mm 之间，液态密封胶必须与固体垫片并用才能达到良好的密封效果；当间隙超过 0.3mm，如果试验条件不苛刻，使用温度和工作压力都不高时，采用液态密封胶与固体垫片共用也能达到满意的密封效果，否则，二者并用后仍将会产生泄漏或渗漏。

② 对经常拆卸的部位，如设备紧急维修或产品装配流水作业需要密封时，应选用非干黏结型和半干黏弹型密封胶。

③ 对振动性和冲击性较大的部位，应选用非干黏结型、半干黏弹型和干可剥型液态密封胶。

④ 对接合面间隙较大的部位，应选用干可剥型、非干黏结型或半干黏弹型密封胶加固体垫片并用。

⑤ 对接合面有坡度或垂直的部位，应选用非干可剥型或半干黏弹型密封胶。

⑥ 对管接头等螺纹密封，优先考虑选用聚四氟乙烯生料带和厌氧性液态密封胶。在螺纹管道间隙较小，使用工作压力和温度要求不高的情况下，也可选用非干黏结型和半干黏弹型液态密封胶，但不能选用干黏着型和干可剥型密封胶。因为干型液态密封胶含有大量溶剂，溶剂挥发后形成的皮膜残留在螺纹管道上，易堵塞管道而影响工作。

液态密封胶应用的场合较多，使用时应注意以下几点：

① 预处理。将密封面上的油污、水、灰尘或锈除去。单独使用时，两密封面间隙应不大于 0.1mm。

② 涂敷。涂敷厚度视密封的加工精度、平整度及间隙大小等具体情况而定，一般在两密封面上各涂敷 0.06~0.1mm 厚度即可。

③ 干燥。溶剂型液态密封胶需干燥，干燥时间视所用溶剂种类和涂敷厚度而定，一般为 3~7mm。

④ 紧固。紧固方法与使用垫片相同，不可错动密封面。

表 20.3-7 国产液态密封胶的性能

序号	液态密封胶名称	外观形态			动力黏度/mPa·s	相对密度	不挥发物含量(%)	耐压性/MPa			冷热交换耐压性/MPa
		颜色	类型	有无弹性				室温	80℃	150℃	
1	M-3-1 密封胶	黄色	非干	无	$(1.5\sim2.0)\times10^5$	1.3	99	9.32	8.83	7.85	7.85
2	M-3-3 密封胶	黄色	非干	无	$(1.5\sim2.0)\times10^5$	1.5	99	9.32	8.34	7.85	7.35
3	M-1 密封胶(液体尼龙密封垫料)	棕黄色	半干	无	$(0.7\sim1.5)\times10^4$	1.1	58	8.83	7.85	6.86	6.86
4	CMF 耐油密封胶	棕褐色	半干	无	$(0.5\sim1.0)\times10^4$	1.0	67	8.83	7.85	7.35	7.35

（续）

序号	液态密封胶名称	外观形态			动力黏度/mPa·s	相对密度	不挥发物含量(%)	耐压性/MPa			冷热交换耐压性/MPa
		颜色	类型	有无弹性				室温	80℃	150℃	
5	601 液态密封胶	米灰色	半干	有	$(3.0\sim4.0)\times10^4$	1.2	89	8.83	7.85	6.86	7.35
6	603 液态密封胶	蓝色	非干	无	$(0.5\sim1.0)\times10^4$	1.2	99	8.83	7.85	6.86	6.86
7	604 液态密封胶	红棕色	非干	无	$(0.5\sim1.0)\times10^5$	1.5	99	8.83	7.85	6.86	6.86
8	605 液态密封胶	黄灰色	非干	无	$(1.5\sim2.0)\times10^5$	1.2	98	8.83	7.85	6.86	6.86
9	609 液态密封胶	米色	干性	有	$(0.5\sim1.0)\times10^4$	1.1	37	8.83	8.34	7.35	7.35
10	LG-31 高分子液态密封胶	浅灰色	半干	有	$(1.0\sim1.5)\times10^4$	1.2	41	8.83	7.85	6.86	7.35
11	WS-Ⅰ不干性密封胶	黄褐色	非干	无	$(2.5\sim3.0)\times10^4$	1.1	80	8.83	7.35	6.37	5.88
12	WS-Ⅱ不干性密封胶	棕褐色	非干	无	$(2.0\sim3.0)\times10^4$	1.0	97	8.83	7.35	5.88	5.88
13	1104 液体密封胶(+)	黄褐色	干性	有	$(5.0\sim10)\times10^3$	1.2	40	8.83	7.85	6.86	7.35
14	MF-84 耐油防锈密封胶	黄褐色	半干	有	$(0.7\sim1.0)\times10^4$	1.2	38	8.83	7.85	6.86	6.86
15	DM-1 油空功能性密封胶	深灰色	非干	无	$(2.5\sim3.0)\times10^5$	1.2	98	9.32	8.83	7.35	6.86
16	MF-1 非干性密封胶	灰红色	非干	无	$(2.0\sim2.5)\times10^5$	1.4	95	8.83	7.85	6.86	6.37
17	MF-2 非干性密封胶	浅黄色	非干	无	$(2.0\sim2.5)\times10^6$	1.5	98	9.32	8.82	7.35	7.85
18	MF-3 半干性密封胶	浅灰色	半干	有	$(0.7\sim1.2)\times10^4$	1.3	48	8.83	7.85	6.86	7.35
19	MF-4 厌氧性液态密封胶	浅棕色	厌氧	无	$(0.6\sim1.0)\times10^4$	1.1	99	>12	>12	≥10	≥10
20	MF-6 干性密封胶	褐色	干性	有	$(0.5\sim1.4)\times10^4$	1.1	45	8.83	7.85	7.35	7.35
21	MF-G11 硅酮密封胶	暗灰色	半干	有	$(0.5\sim1.4)\times10^4$	1.1	98	12	12	12	12
22	MF-G12 硅酮密封胶	白色	半干	有	$(0.7\sim1.0)\times10^4$	1.1	99	12	12	12	12
23	MF-G13 硅酮密封胶	灰色	半干	有	$(0.6\sim0.9)\times10^5$	1.2	99	12	12	12	12

序号	液态密封胶名称	耐介质性(%)			可拆性	垂直流动性/cm·min^{-1}	热分解温度/℃	使用温度范围/℃	参考生产单位
		水	全损耗系统用油	70 号汽油					
1	M-3-1 密封胶	-3.49	-0.24	+0.36	易	0.4	322	-40~200	黑龙江省化工研究院
2	M-3-3 密封胶	-13.7	-0.76	+1.02	易	0.8	324	-40~200	
3	M-1 密封胶(液体尼龙密封垫料)	-9.05	-3.01	-2.19	较易	16.0	316	-50~150	
4	CMF 耐油密封胶	-9.47	-2.88	-4.24	较难	2.5	310	-40~150	
5	601 液态密封胶	-1.17	+0.39	+1.45	较易	1.5	315	-40~150	上海新光化有限公司
6	603 液态密封胶	-1.41	-2.09	<-15	易	3.9	220	-40~140	
7	604 液态密封胶	-0.61	<-15	<-15	易	4.5	324	-30~250	
8	605 液态密封胶	<-15	+1.59	<-15	易	2.4	195	-30~150	
9	609 液态密封胶	-2.98	+3.39	+1.75	较难	4.7	319	-40~180	
10	LG-31 高分子液体密封胶	-0.65	-4.45	-119	较难	6.2	316	-40~150	湖北省襄樊胶粘技术研究所
11	WS-Ⅰ不干性密封胶	-3.16	+0.04	<-15	较易	10.1	283	-40~150	
12	WS-Ⅱ不干性密封胶	-6.32	-6.88	<-15	易	12.1	306	-40~150	
13	1104 液体密封胶(+)	-0.95	+4.11	-6.76	较难	5.3	315	-40~150	
14	MF-84 耐油防锈密封胶	-0.38	+1.02	+1.36	较易	12.4	310	-40~150	大连橡胶二厂 河北阜城友谊化工厂
15	DM-1 功能性密封胶	-1.11	+0.52	<-15	较易	0.3	230	-40~150	浙江奉化胶粘剂厂
16	MF-1 非干性密封胶	+4.79	+6.96	<-15	易	3.2	230	-30~120	广州机械科学研究院
17	MF-2 非干性密封胶	+2.87	+4.76	<-15	易	1.6	270	-40~150	广州机床研究所、黄岩萤光化学有限公司 广州机械科学研究院
18	MF-3 半干性密封胶	-0.35	-3.49	-11.6	较难	10.1	265	-40~150	广州机械科学研究院
19	MF-4 厌氧性液态密封胶				较难	20	300	-40~150	广州机械科学研究院
20	MF-6 干性密封胶	-1.44	-1.51	-4.15	较易	6.8	315	-40~180	广州机械科学研究院
21	MF-G11 硅铜密封胶	+0.07	+3.58	-6.29	较难	0~7.0	340	-60~250	无锡胶粘剂厂 广州机械科学研究院
22	MF-G12 硅酮密封胶	+0.09	+7.18	-6.92	较难	0.2	325	-60~250	广州机械科学研究院
23	MF-G13 硅酮密封胶	+0.08	+4.70	-5.70	较易	0~0.2	340	-60~250	

6 厌氧胶

厌氧胶是单组分室温固化密封胶，它在室温下为黏稠液体，流动性很好。使用时只需把胶液滴到需要密封的表面上，它就能渗入机械零件的细小缝隙中，黏合密封面，使之隔绝空气。在室温下不需要加入任何固化剂，胶液会自行固化。它广泛地用于螺纹连接孔密封，管螺纹密封，法兰面、机械箱体接合面等的密封。常用厌氧胶的性能及使用条件见表 20.3-8。表 20.3-9 列出了厌氧胶与液态密封胶的使用性能的比较。

表 20.3-8　常用厌氧胶的性能及使用条件

牌　号	基本组成	特　　性	工作温度/℃	室温静抗剪强度/MPa	室温破坏转矩/N·m	参考生产单位
Y-82	双甲基丙烯酸多缩乙二醇酯	为茶色液体,属中强度厌氧胶,较易拆卸	<100	9.0（对钢）	12.75（M10 钢螺栓）	大连第二有机化工厂
Y-150	双甲基丙烯酸多缩乙二醇酯	用于振动条件下螺纹紧固防松和密封防漏	-55~150	15（对钢）	20.0（M10 钢螺栓）	大连第二有机化工厂
GY-168	聚氨酯型甲基丙烯酸酯、催化剂、增稠剂、填料	为紫色或茶色膏状物,耐大气老化、耐水和耐油,用于平面结合面密封,可取代垫片	-55~120	6.47	8.73	大连第二有机化工厂
GY-210	双甲基丙烯酸多缩乙二醇酯	为紫色膏状物,属低强度级,适用于螺纹件(M12 以下)的紧固与密封防漏	-55~120	5.6（对钢）	5.5~11.5	
GY-230	双甲基丙烯酸多缩乙二醇酯	为茶色或蓝色膏状物,属中强度级	-55~120	10.0（对钢）	10.0~22.5	
GY-240	双甲基丙烯酸多缩乙二醇酯	为茶色或蓝色膏状物,属中强度级,适用于 M36 以下螺纹件的紧固与密封,紧固后可用力拆开	-55~120	8.5	10.0~22.55（M10 钢螺栓）	大连第二有机化工厂
GY-250	双甲基丙烯酸多缩乙二醇酯	为红色膏状物,属高强度级	-55~120	16.7	20.0~30.0	
GY-260	双甲基丙烯酸多缩乙二醇酯	为红色膏状物,属高强度级,适用于 M56 以下螺纹件的紧固与密封,需费大力或加热至 200℃ 下才能拆开	-55~120	19.0	20.0~40.0（M10 钢螺栓）	大连第二有机化工厂
GY-280	双甲基丙烯酸多缩乙二醇酯	为绿色透明液体,低黏度渗入型胶,适用于 0.125mm 以下间隙或孔隙的渗入填充,也可作为铸件、焊缝、砂眼和气孔的填充,以及平面和螺纹件的固定	-55~150	12.0	2.5~11.5	大连第二有机化工厂
GY-340	双甲基丙烯酸多缩乙二醇酯	为茶色或绿色液体,适用于各种轴上零件(如轴承、键及工艺孔等)的装配,也可用于不常拆卸的螺纹件(M20 以下)的紧固与密封	-55~150	15.7	>23.5	大连第二有机化工厂
HH-Y-5	E-51 环氧树脂甲基丙烯酸酯、聚氨酯树脂甲基丙烯酸羟丙酯、过氧化物、促进剂和稳定剂	为红色液体,属高强度型胶,适用于螺纹连接的紧固和密封、管材的套接胶接和板材的搭接胶接	-55~150	19.6~23.9（20 号单搭接）	34.0~42.0（松动）	黄河机器制造厂

表 20.3-9　厌氧胶与液态密封胶的使用性能比较

项　　目	胶　　种	
	厌氧胶	液态密封胶
结合强度	较大,拆卸较困难	较小,拆卸方便
耐压性	适用于中压或高压	适用于低压或中压
使用部位	螺纹、管接头、轴承	平面法兰
间隙	≤0.3mm(有些胶<0.1mm)	≤0.1mm(大于 0.1mm 时要与垫片结合)
价格	较高	较低

7　热熔型密封胶

热熔型密封胶广泛用于各种机械设备接合部位的密封，尤其适用于造船、机床、汽车及工程机械等行业零部件的密封。

热熔型密封胶具有优异的耐压性和一定的可拆

性，便于施工操作。

热熔型密封胶使用时需加热熔融后涂敷，并经冷却固化后达到密封效果。熔融及涂敷可用手工操作或采用各类专用熔融涂敷机械完成。常用热熔型密封胶的类型及性能见表 20.3-10。

表 20.3-10　常用热熔型密封胶的类型及性能

类型	软化点/℃	熔点/℃	抗拉强度/MPa	伸长率(%)	抗剪强度/MPa	剥离强度/MPa
乙烯-醋酸乙烯共聚物(EVA)	40	95	15.9	800		0.016
乙烯-丙烯酸乙酯共聚物(EEA)	60	93	11.0	700		0.072
乙烯-丙烯酸共聚物(EAA)	70		17.4	600	10	0.02
EAA 衍生物	75		23.2	450		0.02
聚酰胺树脂	100		11.6	300	5.6	
聚酯树脂		260	26.1	500		0.08
聚乙烯树脂	77~98	136	11.6	450		0.032
聚醋酸乙烯酯	65~195		29.0	10		
聚乙烯醇缩丁醛			37.8	100		

8　密封胶的应用

根据具体使用要求选用密封胶类型，液态密封胶可单独使用或与固体垫片并用（密封面间隙大于 0.1mm 时）。

厌氧胶的选用主要根据使用条件、密封介质特性、密封面的状态、密封件的材料及涂敷工艺等要求综合考虑。一般情况下，在承受冲击载荷的场合，应选用强度较高的胶；当温差变化很大时，应选用韧性好的胶；用于密封气体时，可选用成膜性好的胶；用于密封液体时，要注意胶与介质两者不得互相溶解；当间隙较大或表面粗糙时，选用黏度较大的胶；当密封面积大或表面光滑时，选用黏度较小的胶；当密封件材料为非金属时，可选用低强度胶，金属材料则选用高强度胶。

使用胶密封时，应仔细清除密封面上的水、油污、灰尘、铁锈和漆皮等。清洗剂可选用煤油、丙酮、醋酸正戊酯、醋酸乙酯、碳酸钠、偏硅酸钠和稀氢氧化钠溶液等，还可采用三氯乙烯蒸气清理密封面。

两个密封面必须彼此贴合，间隙维持在 0.1~0.2mm，最大不超过 0.8mm。

密封胶需涂刷均匀，不得有漏涂之处。

固化型密封胶在室温固化，通常需要 24h。加热固化，缩短为 1~3h。对于厌氧胶，需进行 24h 室温固化。若在厌氧胶内加入固化促进剂，则在数分钟内可固化。

对多组分密封胶，需按规定配比，现用现配，在规定期内用完。

密封胶不得作为承受载荷之处的连接手段。凡有载荷之处，需另外配备连接紧固件。

第4章 填料密封

填料密封是用填料堵塞泄漏通道，阻止泄漏的一种古老的密封形式。填料密封主要用于动密封，也可用于静密封。它广泛地用于离心泵、真空泵、压缩机、搅拌机、活塞泵和制冷机等的往复运动件的动密封，以及各种阀门、阀杆的旋转密封。

1 软填料密封

1.1 软填料的结构型式和材料选用

软填料常制成圆形、长方形和楔形等多种形状。典型软填料的密封结构如图 20.4-1 所示。

软填料密封在材料上可分为金属材料、纤维织物填料、橡胶与塑料填料及复合材料四大类型。各种工作条件用软填料密封材料见表 20.4-1。

从填料与被密封流体的适应性来选择填料时，可参考表 20.4-1。

从填料的使用工况（工作压力、工作温度和转速等）选择填料时，可参考表 20.4-2 和图 20.4-2。

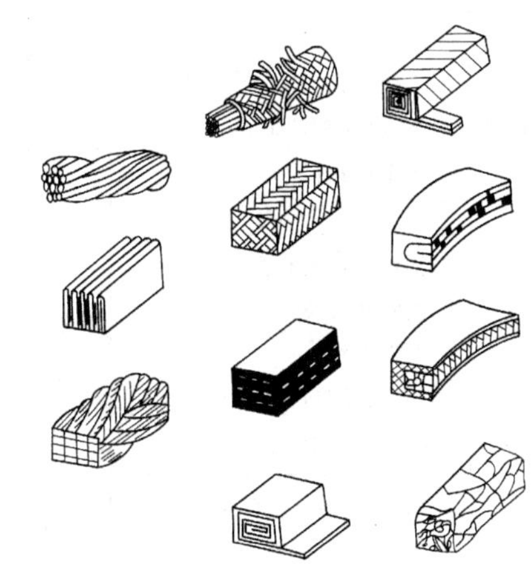

图 20.4-1 典型软填料的密封结构

表 20.4-1 各种工作条件用软填料密封材料

流体介质	工作条件			
	往复运动轴	旋转轴	活塞式气缸	阀杆
酸和碱	油浸石棉及聚四氟乙烯石棉 金属盘根 塑料(柔韧的带、绳) 半金属盘根 PTFE(聚四氟乙烯) 树脂和线绳	油浸石棉及聚四氟乙烯石棉 塑料(柔韧的带、绳) 半金属盘根 TFE 氟碳化合物 树脂和线绳 石棉绳	PTFE 树脂	油浸石棉及聚四氟乙烯石棉 塑料(柔韧的带、绳) 半金属盘根及金属盘根 PTFE 树脂和线绳 石棉绳
空气	油浸石棉及聚四氟乙烯石棉 金属盘根 塑料(柔韧) 半金属盘根	油浸石棉及聚四氟乙烯石棉 塑料(柔韧) 半金属盘根 PTFE	皮革 金属盘根 PTFE	油浸石棉及石墨石棉 塑料(柔韧) 半金属盘根 PTFE
氢气	帆布和橡胶 金属盘根 半金属盘根	石棉 半金属盘根	帆布和橡胶 PTFE	石棉 帆布和橡胶 半金属盘根
其他气体	油浸石棉及聚四氟乙烯石棉 金属盘根 半金属盘根	油浸石棉及聚四氟乙烯石棉 半金属盘根 PTFE	皮革 金属盘根 PTFE	油浸石棉及聚四氟乙烯石棉 半金属盘根 PTFE

（续）

流体介质	工作条件			
	往复运动轴	旋转轴	活塞式气缸	阀 杆
冷汽油和油	油浸石棉及石墨石棉 塑料（柔韧的带、绳） 半金属盘根 PTFE	油浸石棉及石墨石棉 塑料（柔韧的带、绳） 半金属盘根 PTFE	皮革 PTFE	油浸石棉及石墨石棉 塑料（柔韧的带、绳） 半金属盘根 PTFE
热汽油和油	石墨石棉 塑料（柔韧的带、绳） 半金属盘根	石墨石棉 塑料（柔韧的带、绳） 半金属盘根 石棉绳	石墨石棉 塑料（柔韧的带、绳） 半金属盘根 石棉绳	石墨石棉 塑料（柔韧的带、绳） 半金属盘根 石棉绳
低压蒸汽	油浸石棉及石墨石棉 帆布和橡胶 金属盘根 塑料（柔韧的带、绳） 半金属盘根	油浸石棉及石墨石棉 金属盘根 塑料（柔韧的带、绳） 半金属盘根	轻帆布和橡胶 金属盘根 PTFE	油浸石棉和石墨石棉 帆布和橡胶 塑料（柔韧的带、绳） 半金属盘根
高压蒸汽	石墨石棉及聚四氟乙烯石棉 金属盘根 塑料（柔韧的带、绳） 半金属盘根	油浸石棉及石墨石棉 金属盘根 塑料（柔韧的带、绳） 半金属盘根	金属盘根 PTFE	石墨石棉 金属盘根 塑料（柔韧的带、绳） 半金属盘根
冷水	帆布和橡胶 油麻、亚麻和大麻 油浸石棉及石墨石棉 PTFE	油浸石棉及石墨石棉 棉花和人造纤维 大麻、亚麻或黄麻 PTFE	帆布和橡胶 PTFE	油浸石棉及 帆布和橡胶 油麻和棉花 塑料（柔韧的带、绳） PTFE

表 20.4-2 根据 pv 值选择填料

压力 p /MPa		转速 /r·min^{-1}		pv 值① /MPa·m·s^{-1}		工作温度 /℃	棉填料	麻填料	塑性填料③	白石棉填料	蓝石棉填料	铅填料	铝填料	聚四氟乙烯浸渍石棉填料	聚四氟乙烯浸渍蓝石棉填料	铜填料	铅塑性填料	铝塑性填料	铜塑性填料 铜石棉填料	聚四氟乙烯纤维填料	石棉塑性填料	碳纤维填料
下限	上限	下限	上限	下限	上限																	
0	3.5	100	1750	0	16.4	20~65	△	△	△	△	△	△	△	△	△	△	△	△	△	△	△	△
						65~260			△	△		△	△	△	△	△				△		△
						260~330②			△	△			△			△						△
						330~400②			△	△			△			△						△
3.5	7	1750	3600	17	67	20~65	△	△	△	△	△	△	△	△	△	△	△			△		△
						65~260			△	△		△	△	△	△	△	△			△		△
						260~330②				△			△			△			△			△
						330~400②				△			△			△		△	△		△	
7	12.2	1750	3600	33	117	26~65			△	△	△	△	△	△	△	△	△				△	△
						65~260				△		△		△	△		△				△	△
						260~330②				△												△
						330~400②				△			△									

（续）

压力 p /MPa		转速 /r·min⁻¹		pv 值[①] /MPa·m·s⁻¹		工作温度 /℃	棉填料	麻填料	塑性填料[③]	白石棉填料	蓝石棉填料	铅填料	铝填料	聚四氟乙烯浸渍石棉填料	聚四氟乙烯浸渍蓝石棉填料	铜填料	铅塑性填料	铝塑性填料	铜塑性填料 铜石棉填料	聚四氟乙烯纤维填料	石棉塑性填料	碳纤维填料
下限	上限	下限	上限	下限	上限																	
12.2	17.6	1750	3600	57	168	26~65			△	△	△	△		△	△		△			△		△
						65~260				△		△		△	△		△			△		△
						260~330[②]							△			△						
						330~400[②]							△			△						

注：△为可选用材料。

① 取 ϕ50mm 的轴计算圆周线速度 v，p 为填料腔中的压力（一般以出口压力的 2/3 计算）。

② 亦可满足 15MPa、3600r/min 和 260℃ 以上的使用条件。

③ 塑料填料指一般意义上的非金属塑性填料。

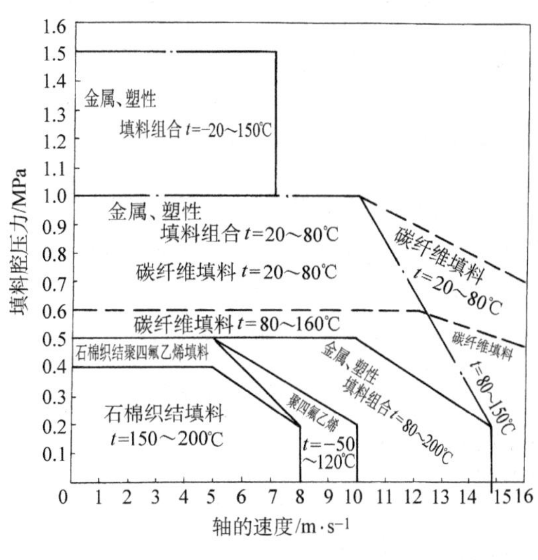

图 20.4-2　填料选用图

1.2　填料腔结构设计

1.2.1　常用填料腔的结构

常用填料腔的结构见表 20.4-3。

1.2.2　填料腔尺寸的确定

填料腔的宽度尺寸选择如图 20.4-3 所示，密封填料根数的选择见表 20.4-4，其他各部分尺寸见表 20.4-5。

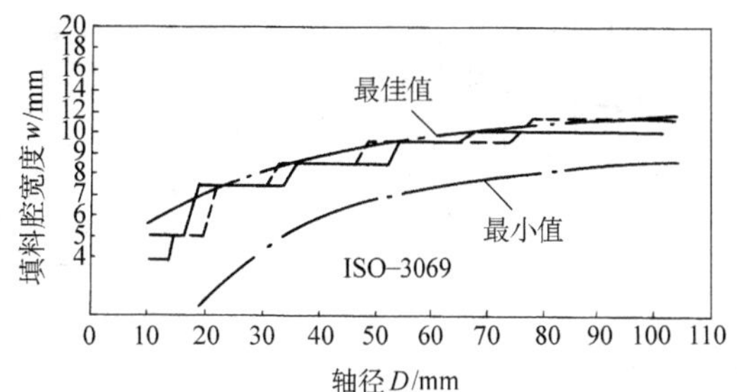

图 20.4-3　填料腔的宽度尺寸选择

表 20.4-3　常用填料腔的结构

类　型	简　图	特点与应用
简单的填料腔		无液封环，无冷却室，仅用于转速不高、结构最简单及介质腐蚀性不大的常温泵类、阀门和搅拌机等
有液封环的填料腔		设有液封环，在腔壁上对应设有注液孔，或注入润滑油，或与机械本身的高压介质相连通。当介质中含有纤维物和沉淀物时，则与洁净的冲洗液相连通 适用于常温介质，尤其适用于各种离心泵

（续）

类 型	简 图	特点与应用
有冷却室的填料腔		设有冷却室，腔外有冷却液进行循环，为了防止热量通过轴传入轴承，填料压盖也进行冷却 适用于高温介质的密封，在热油泵、锅炉给水泵和搅拌机中最常见
复杂填料腔		填料部位用注冷却液进行冷却和循环，不允许有泄漏的液体或气体 适用于高温高压介质，以泵、压缩机和搅拌机中应用为最多

表 20.4-4 密封填料根数的选择

密封类型	介质压力/MPa	填料的根数	密封类型	介质压力/MPa	填料的根数
旋转轴密封	1~5 5~10 10~40 40~64 64~105	3~4 4~5 6 7 8	往复轴密封	10以下 10~35 35~70 70~100 100以上	3~4 4~5 5~6 6~7 7~8

表 20.4-5 填料腔尺寸的确定

简 图	各部分尺寸的计算			
	填料腔宽度 w	填料腔内径 D	填料总宽度 L	填料腔深度 L_1
(1~2)w w L L_1 D	见图 20.4-3	$D=d+2w$ （d 为轴径）	$L=nw$ （n 为填料根数）	无封液时： $L_1=nw+5\sim10\text{mm}$ 或 $L_1=1.2nw$ 有封液时： $L_1=(n+2)w+5\sim10\text{mm}$
	填料腔内壁的表面粗糙度 $Ra=6.3\sim3.2\mu\text{m}$ 与压盖配合取 H11/d11 或 H8/f9			

2 硬填料密封

以金属、石墨等非弹性体制成的硬填料，具有较弹塑性体更高的耐热、耐压和高速性能，广泛应用于压缩机、高压釜等的往复密封和旋转密封。

硬填料密封多制成能补偿磨损和追随轴的跳动的分瓣环、开口环或唇形环的结构型式。分瓣环是以不同的方式将环剖切开，环内圆磨损后各片可以沿切口滑移，使内孔收缩。分瓣环对轴是浮动装配的，轴向、径向均有间隙，预紧力由弹簧提供，自紧力决定于压差，其结构型式见表 20.4-6。开口环借环本身的弹性变形补偿磨损，其结构型式见表 20.4-7。金属唇形密封环的补偿能力较小，其结构型式见表 20.4-8。硬填料密封的应用范围见表 20.4-9。

表 20.4-6 分瓣环的结构型式

名 称	结构简图	特 点
三瓣斜口密封环	弹簧 气流方向 1 2 1 2	坚固，工艺性好，结构简单，适用于低压压缩机

（续）

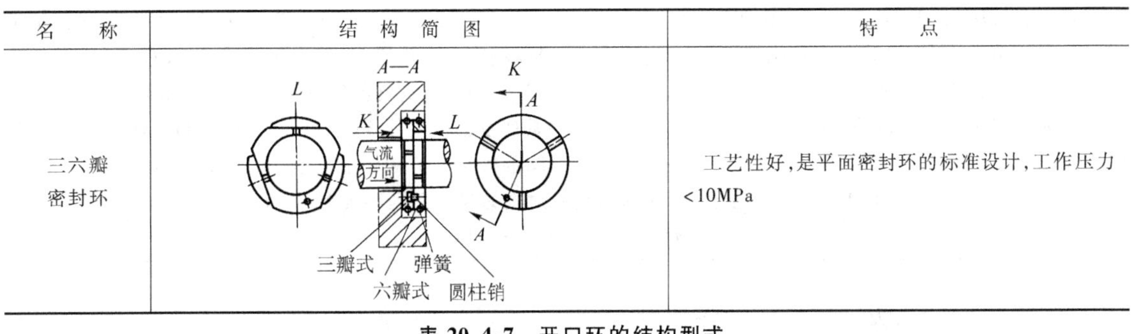

名　　称	结 构 简 图	特　　点
三六瓣密封环		工艺性好，是平面密封环的标准设计，工作压力 <10MPa

表 20.4-7　开口环的结构型式

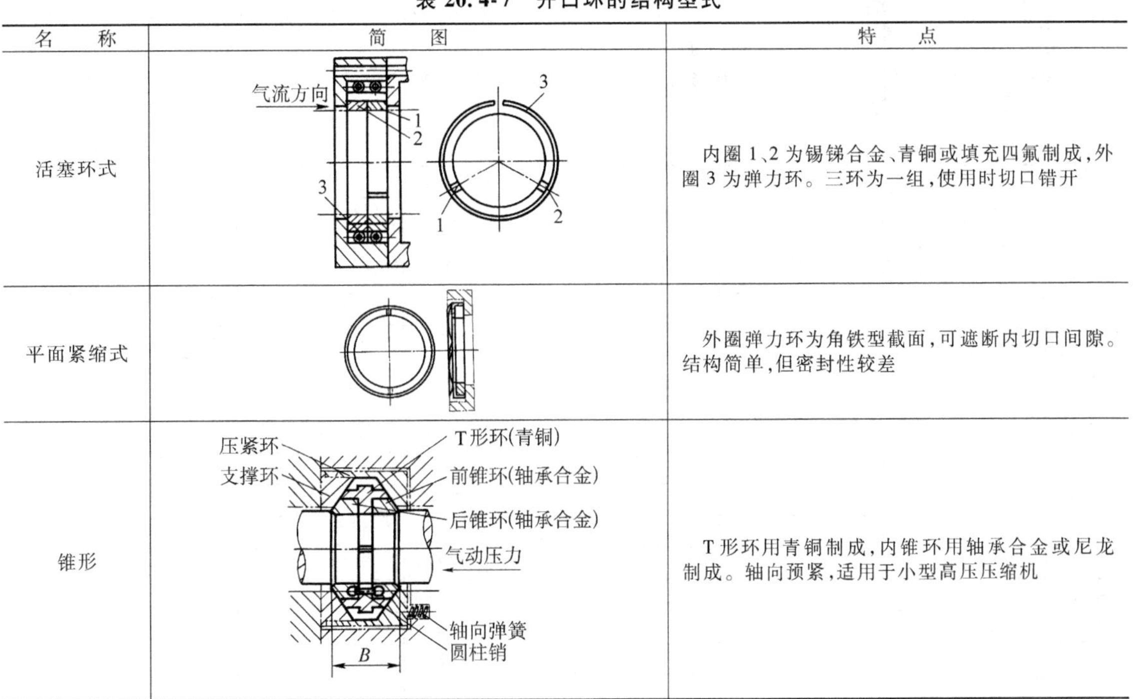

名　　称	简　　图	特　　点
活塞环式		内圈 1、2 为锡锑合金、青铜或填充四氟制成，外圈 3 为弹力环。三环为一组，使用时切口错开
平面紧缩式		外圈弹力环为角铁型截面，可遮断内切口间隙。结构简单，但密封性较差
锥形		T 形环用青铜制成，内锥环用轴承合金或尼龙制成。轴向预紧，适用于小型高压压缩机

表 20.4-8　金属唇形密封环的结构型式

名称	简　　图	特　　点
三角形环		用轴承合金、青铜等制作 主要用于机械搅拌式高压釜和高压泵
U 形环		蓄油能力和补偿能力较好，密封性优于三角形环。用途、材料同三角形环

表 20.4-9　硬填料密封的应用范围

填料类型	压力/MPa	温度/℃	速度/m·s⁻¹	润滑方式	应　　用
金属平面填料	50	200	5	滴注	活塞式压缩机
填充四瓣开口环	15	100	3	无油	氧气压缩机
金属三角形填料	3	400	3	热油	热油泵
石墨圆周密封	1	350	110	少油	航空发动机
金属 U 形填料	20	200	1	压力供油	搅拌釜

3　成型填料密封

成型填料密封泛指用橡胶、塑料、皮革及金属材料经模压或车削加工成型的环状密封圈，又称密封件。

成型填料密封是靠填料本身在机械压紧力或介质压力的自紧作用下产生弹塑性变形而堵塞流体泄漏通道的。其结构简单紧凑，密封性能良好，品种规格多，工作参数范围广，是往复运动密封及静密封的主要结构型式之一。

成型填料密封按工作原理分为挤压密封圈及唇形密封圈两类；按材质分为橡胶类、塑料类、皮革类和金属类。

3.1　O 形橡胶密封圈

O 形橡胶密封圈有良好的密封性，它是一种压缩性密封圈，同时又具有自封能力，所以使用范围很宽，密封压力从1.33×10^{-5}Pa到400MPa的高压（动密封可达35MPa）。如果材料选择适当，温度范围为-60~200℃。O形橡胶密封圈结构简单，成本低廉，使用方便，密封性不受运动方向的影响，因此得到了广泛应用。

1）GB/T 3452.1—2005《液压气动用O形橡胶密封圈　第1部分：尺寸系列及公差》中一般应用的O形橡胶密封圈的尺寸系列及公差（G系列）见表20.4-10，航空及类似应用的O形橡胶密封圈的尺寸系列及公差（A系列）见表20.4-11。O形橡胶密封圈的规格及应用范围见表20.4-12。

表20.4-10　一般应用的O形橡胶密封圈的尺寸系列和公差（G系列）

（摘自GB/T 3452.1—2005）　　（mm）

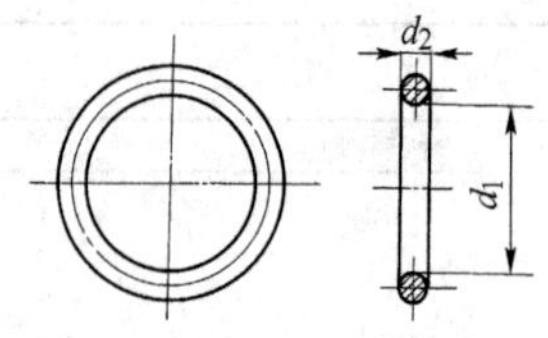

标记示例：

$d_1=7.5$mm，$d_2=1.8$mm，一般应用O形橡胶密封圈（G系列），等级代号①为S，其标记为：

O形圈 7.5×1.8-G-S-GB/T 3452.1—2005

d_1		d_2					d_1		d_2				
尺寸	偏差±	1.8±0.08	2.65±0.09	3.55±0.10	5.3±0.13	7±0.15	尺寸	偏差±	1.8±0.08	2.65±0.09	3.55±0.10	5.3±0.13	7±0.15
1.8	0.13	×					11.8	0.19	×	×			
2	0.13	×					12.1	0.21	×	×			
2.24	0.13	×					12.5	0.21	×	×			
2.5	0.13	×					12.8	0.21	×	×			
2.8	0.13	×					13.2	0.21	×	×			
3.15	0.14	×					14	0.22	×	×			
3.55	0.14	×					14.5	0.22	×	×			
3.75	0.14	×					15	0.22	×	×			
4	0.14	×					15.5	0.23	×	×			
4.5	0.15	×					16	0.23	×	×			
4.75	0.15	×					17	0.24	×	×			
4.87	0.15	×					18	0.25	×	×	×		
5	0.15	×					19	0.25	×	×	×		
5.15	0.15	×					20	0.26	×	×	×		
5.3	0.15	×					20.6	0.26	×	×	×		
5.6	0.16	×					21.2	0.27	×	×	×		
6	0.16	×					22.4	0.28	×	×	×		
6.3	0.16	×					23	0.29	×	×	×		
6.7	0.16	×					23.6	0.29	×	×	×		
6.9	0.16	×					24.3	0.30	×	×	×		
7.1	0.16	×					25	0.30	×	×	×		
7.5	0.17	×					25.8	0.31	×	×	×		
8	0.17	×					26.5	0.31	×	×	×		
8.5	0.17	×					27.3	0.32	×	×	×		
8.75	0.18	×					28	0.32	×	×	×		
9	0.18	×					29	0.33	×	×	×		
9.5	0.18	×					30	0.34	×	×	×		
9.75	0.18	×					31.5	0.35	×	×	×		
10	0.19	×					32.5	0.36	×	×	×		
10.6	0.19	×	×				33.5	0.36	×	×	×		
11.2	0.20	×	×				34.5	0.37	×	×	×		
11.6	0.20	×	×				35.5	0.38	×	×	×		

（续）

d_1		d_2					d_1		d_2				
尺寸	偏差±	1.8±0.08	2.65±0.09	3.55±0.10	5.3±0.13	7±0.15	尺寸	偏差±	1.8±0.08	2.65±0.09	3.55±0.10	5.3±0.13	7±0.15
36.5	0.38	×	×	×			140	1.09		×	×	×	×
37.5	0.39	×	×	×			142.5	1.11		×	×	×	×
38.7	0.40	×	×	×			145	1.13		×	×	×	×
40	0.41	×	×	×	×		147.5	1.14		×	×	×	×
41.2	0.42	×	×	×	×		150	1.16		×	×	×	×
42.5	0.43	×	×	×	×		152.5	1.18			×	×	×
43.7	0.44	×	×	×	×		155	1.19			×	×	×
45	0.44	×	×	×	×		157.5	1.21			×	×	×
46.2	0.45	×	×	×	×		160	1.23			×	×	
47.5	0.46	×	×	×	×		162.5	1.24			×	×	×
48.7	0.47	×	×	×	×		165	1.26			×	×	×
50	0.48	×	×	×	×		167.5	1.28			×	×	×
51.5	0.49		×	×	×		170	1.29			×	×	×
53	0.50		×	×	×		172.5	1.31			×	×	×
54.5	0.51		×	×	×		175	1.33			×	×	×
56	0.52		×	×	×		177.5	1.34			×	×	×
58	0.54		×	×	×		180	1.36			×	×	×
60	0.55		×	×	×		182.5	1.38			×	×	×
61.5	0.56		×	×	×		185	1.39			×	×	×
63	0.57		×	×	×		187.5	1.41			×	×	×
65	0.58		×	×	×		190	1.43			×	×	×
67	0.60		×	×	×		195	1.46			×	×	×
69	0.61		×	×	×		200	1.49			×	×	×
71	0.63		×	×	×		203	1.51				×	×
73	0.64		×	×	×		206	1.53				×	×
75	0.65		×	×	×		212	1.57				×	×
77.5	0.67		×	×	×		218	1.61				×	×
80	0.69		×	×	×		224	1.65				×	×
82.5	0.71		×	×	×		227	1.67				×	×
85	0.72		×	×	×		230	1.69				×	×
87.5	0.74		×	×	×		236	1.73				×	×
90	0.76		×	×	×		239	1.75				×	×
92.5	0.77		×	×	×		243	1.77				×	×
95	0.79		×	×	×		250	1.82				×	×
97.5	0.81		×	×	×		254	1.84				×	×
100	0.82		×	×	×		258	1.87				×	×
103	0.85		×	×	×		261	1.89				×	×
106	0.87		×	×	×		265	1.91				×	×
109	0.89		×	×	×	×	268	1.92				×	×
112	0.91		×	×	×	×	272	1.96				×	×
115	0.93		×	×	×	×	276	1.98				×	×
118	0.95		×	×	×	×	280	2.01				×	×
122	0.97		×	×	×	×	283	2.03				×	×
125	0.99		×	×	×	×	286	2.05				×	×
128	1.01		×	×	×	×	290	2.08				×	×
132	1.04		×	×	×	×	295	2.11				×	×
136	1.07		×	×	×	×	300	2.14				×	×

（续）

d_1		d_2					d_1		d_2				
尺寸	偏差 ±	1.8±0.08	2.65±0.09	3.55±0.10	5.3±0.13	7±0.15	尺寸	偏差 ±	1.8±0.08	2.65±0.09	3.55±0.10	5.3±0.13	7±0.15
303	2.16				×	×	456	3.13					×
307	2.19				×	×	462	3.17					×
311	2.21				×	×	466	3.19					×
315	2.24				×	×	470	3.22					×
320	2.27				×	×	475	3.25					×
325	2.30				×	×	479	3.28					×
330	2.33				×	×	483	3.30					×
335	2.36				×	×	487	3.33					×
340	2.40				×	×	493	3.36					×
345	2.43				×	×	500	3.41					×
350	2.46				×	×	508	3.46					×
355	2.49				×	×	515	3.50					×
360	2.52				×	×	523	3.55					×
365	2.56				×	×	530	3.60					×
370	2.59				×	×	538	3.65					×
375	2.62				×	×	545	3.69					×
379	2.64				×	×	553	3.74					×
383	2.67				×	×	560	3.78					×
387	2.70				×	×	570	3.85					×
391	2.72				×	×	580	3.91					×
395	2.75				×	×	590	3.97					×
400	2.78				×	×	600	4.03					×
406	2.82					×	608	4.08					×
412	2.85					×	615	4.12					×
418	2.89					×	623	4.17					×
425	2.93					×	630	4.22					×
429	2.96					×	640	4.28					×
433	2.99					×	650	4.34					×
437	3.01					×	660	4.40					×
443	3.05					×	670	4.47					×
450	3.09					×							

注：表中“×”表示包括的规格。

① 等级代号定义见 GB/T 3452.2。

表 20.4-11 航空及类似应用的 O 形橡胶密封圈的尺寸系列和公差（A 系列） （mm）

d_1		d_2					d_1		d_2				
尺寸	偏差 ±	1.8±0.08	2.65±0.09	3.55±0.10	5.3±0.13	7±0.15	尺寸	偏差 ±	1.8±0.08	2.65±0.09	3.55±0.10	5.3±0.13	7±0.15
1.8	0.10	×					5	0.12	×				
2	0.10	×					5.15	0.12	×				
2.24	0.11	×					5.3	0.12	×	×			
2.5	0.11	×					5.6	0.13	×				
2.8	0.11	×					6	0.13	×	×			
3.15	0.11	×					6.3	0.13	×				
3.55	0.11	×					6.7	0.13	×				
3.75	0.11	×					6.9	0.13	×	×			
4	0.12	×					7.1	0.14	×				
4.5	0.12	×	×				7.5	0.14	×				
4.87	0.12	×					8	0.14	×	×			

（续）

d_1 尺寸	d_1 偏差 ±	d_2 1.8±0.08	d_2 2.65±0.09	d_2 3.55±0.10	d_2 5.3±0.13	d_2 7±0.15
8.5	0.14	×				
8.75	0.15	×				
9	0.15	×	×			
9.5	0.15	×	×			
10	0.15	×	×			
10.6	0.16	×	×			
11.2	0.16	×	×			
11.8	0.16	×	×			
12.5	0.17	×	×			
13.2	0.17	×	×			
14	0.18	×	×	×		
15	0.18	×	×	×		
16	0.19	×	×	×		
17	0.20	×	×	×		
18	0.20	×	×	×		
19	0.21	×	×	×		
20	0.21	×	×	×		
21.2	0.22	×	×	×		
22.4	0.23	×	×	×		
23.6	0.24	×	×	×		
25	0.24	×	×	×		
25.8	0.25		×	×		
26.5	0.25	×	×	×		
28	0.26	×	×	×		
30	0.27	×	×	×		
31.5	0.28	×	×	×		
32.5	0.29	×	×	×		
33.5	0.29	×	×	×		
34.5	0.30	×	×	×		
35.5	0.31	×	×	×		
36.5	0.31	×	×	×		
37.5	0.32	×	×	×	×	
38.7	0.32	×	×	×	×	
40	0.33	×	×	×	×	
41.2	0.34	×	×	×	×	
42.5	0.35	×	×	×	×	
43.7	0.35	×	×	×	×	
45	0.36	×	×	×	×	
46.2	0.37		×	×	×	
47.5	0.37	×	×	×	×	
48.7	0.38		×	×	×	
50	0.39	×	×	×	×	
51.5	0.40		×	×	×	
53	0.41	×	×	×	×	
54.5	0.42		×	×	×	
56	0.42	×	×	×	×	
58	0.44		×	×	×	
60	0.45	×	×	×	×	
61.5	0.46		×	×	×	
63	0.46	×	×	×	×	
65	0.48		×	×	×	
67	0.49	×	×	×	×	
69	0.50		×	×	×	
71	0.51	×	×	×	×	
73	0.52		×	×	×	
75	0.53	×	×	×	×	
77.5	0.55			×	×	
80	0.56	×	×	×	×	
82.5	0.57			×	×	
85	0.59	×	×	×	×	
87.5	0.60			×	×	
90	0.62	×	×	×	×	
92.5	0.63			×	×	
95	0.64	×	×	×	×	
97.5	0.66			×	×	
100	0.67	×	×	×	×	
103	0.69			×	×	
106	0.71	×	×	×	×	
109	0.72			×	×	×
112	0.74	×	×	×	×	×
115	0.76			×	×	×
118	0.77	×	×	×	×	×
122	0.80			×	×	×
125	0.81	×	×	×	×	×
128	0.83			×	×	×
132	0.85		×	×	×	×
136	0.87			×	×	×
140	0.89		×	×	×	×
145	0.92		×	×	×	×
150	0.95		×	×	×	×
155	0.98		×	×	×	×
160	1.00		×	×	×	×
165	1.03		×	×	×	×
170	1.06		×	×	×	×
175	1.09		×	×	×	×
180	1.11		×	×	×	×
185	1.14		×	×	×	×
190	1.17		×	×	×	×
195	1.20		×	×	×	×
200	1.22		×	×	×	×
206	1.26				×	×
212	1.29		×		×	×
218	1.32		×		×	×
224	1.35		×		×	×

（续）

d_1		d_2					d_1		d_2				
尺寸	偏差 ±	1.8± 0.08	2.65± 0.09	3.55± 0.10	5.3± 0.13	7± 0.15	尺寸	偏差 ±	1.8± 0.08	2.65± 0.09	3.55± 0.10	5.3± 0.13	7± 0.15
230	1.39		×		×	×	307	1.80		×		×	×
236	1.42		×		×	×	315	1.84		×		×	×
243	1.46				×	×	325	1.90				×	×
250	1.49		×		×	×	335	1.95		×		×	×
258	1.54		×		×	×	345	2.00				×	×
265	1.57		×		×	×	355	2.05		×		×	×
272	1.61				×	×	365	2.11				×	×
280	1.65		×		×	×	375	2.16				×	×
290	1.71		×		×	×	387	2.22				×	×
300	1.76		×		×	×	400	2.29				×	×

注：表中“×”表示包括的规格。O 形橡胶密封圈的标记方式同表 20.4-10。

表 20.4-12　O 形橡胶密封圈的规格及应用范围

尺寸/mm		应用范围					
		活塞密封			活塞杆密封		
d_2	d_1	液压动密封	气动动密封	静密封	液压动密封	气动动密封	静密封
1.80	3.75~4.50				▲	▲	▲
	4.87		▲		▲	▲	▲
	5.00~13.2	▲	▲	▲	▲	▲	▲
	14.0~50.0			▲			▲
2.65	10.6~22.4	▲	▲	▲	▲	▲	▲
	23.6~150			▲			▲
3.55	18.0~41.2	▲	▲	▲	▲	▲	▲
	42.5~200			▲			▲
5.30	40.0~115	▲	▲	▲	▲	▲	▲
	118~400			▲			▲
7.00	109~250	▲	▲	▲	▲	▲	▲
	258~670			▲			▲

注：“▲”为推荐使用密封形式。

2）气动用 O 形橡胶密封圈。根据气动机械设备的气体工作介质易泄漏、速度快及易产生噪声等特点，对密封质量要求更高。为了保证气动机械的密封质量，特设计了气动机械专用密封圈，并制定了标准。

气动用 O 形橡胶密封圈的尺寸系列和公差见表 20.4-13，气动用 O 形橡胶密封圈的规格及适用范围见表 20.4-14。

表 20.4-13　气动用 O 形橡胶密封圈的尺寸系列和公差（摘自 JB/T 6659—2007）　（mm）

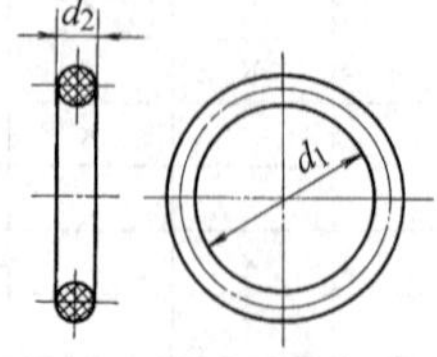

标记示例：

d_1 = 7.5mm，d_2 = 1.8mm，气动用 O 形橡胶密封圈（G 系列），等级代号为 S，其标记为：

O 形圈 7.5×1.8-G-S-JB/T 6659—2007

（续）

d_1		d_2					
内径	极限偏差	1.00±0.05	1.22±0.06	1.50±0.06	1.80±0.06	2.00±0.08	2.65±0.09
1.50		*	*	*	*		
1.80		*	*	*	*		
2.00		*	*	*	*		
2.24		*	*	*	*		
2.50		*	*	*	*		
2.80	±0.10	*	*	*	*		
3.00		*	*	*	*		
3.15		*	*	*	*		
3.55		*	*	*	*		
3.75		*	*	*	*		
4.00		*	*	*	*		
4.50		*	*	*	*	*	
4.87		*	*	*	*	*	
5.00		*	*	*	*	*	
5.15	±0.13	*	*	*	*	*	
5.30		*	*	*	*	*	
5.60		*	*	*	*	*	
6.00		*	*	*	*	*	
6.30		*	*	*	*	*	
6.70		*	*	*	*	*	
6.90		*	*	*	*	*	
7.10		*	*	*	*	*	*
7.50		*	*	*	*	*	*
8.00	±0.14	*	*	*	*	*	*
8.50		*	*	*	*	*	*
8.75		*	*	*	*	*	*
9.00		*	*	*	*	*	*
9.50		*	*	*	*	*	*
10.0		*	*	*	*	*	*
10.6		*	*	*	*	*	*
11.2		*	*	*	*	*	*
11.8		*	*	*	*	*	*
12.5		*	*	*	*	*	*
13.2		*	*	*	*	*	*
14.0	±0.17	*	*	*	*	*	*
15.0		*	*	*	*	*	*
16.0		*	*	*	*	*	*
17.0		*	*	*	*	*	*
18.0		*	*	*	*	*	*
19.0		*	*	*	*	*	*
20.0		*	*	*	*	*	*
21.2		*	*	*	*	*	*
22.4		*	*	*	*	*	*
23.0		*	*	*	*	*	*
23.6	±0.22			*	*	*	*
25.0				*	*	*	*
25.8				*	*	*	*
26.5				*	*	*	*
28.0				*	*	*	*
30.0				*	*	*	*
31.5				*	*	*	*
32.5				*	*	*	*
33.5				*	*	*	*
34.5				*	*	*	*
35.5	±0.30			*	*	*	*
36.5				*	*	*	*
37.5				*	*	*	*
38.7				*	*	*	*
40.0				*	*	*	*
41.2				*	*	*	*
42.5				*	*	*	*
43.7				*	*	*	*
45.0	±0.30			*	*	*	*
46.2				*	*	*	*
47.5				*	*	*	*
48.7				*	*	*	*
50.0				*	*	*	*
51.5						*	*
53.0						*	*
54.5						*	*
56.0						*	*
58.0						*	*
60.0						*	*
61.5						*	*
63.0	±0.45					*	*
65.0						*	*
67.0						*	*
69.0						*	*
71.0						*	*
73.0						*	*
75.0						*	*
77.5							
80.0							*
82.5							
85.0							*
87.5							
90.0							*
92.5							
95.5							*
97.5	±0.65						
100							*
103							
106							*
109							
112							*
115							
118							*
122							
125							*
128							
132							*
136							
140							*
145	±0.90						
150							*
155							
160							*
165							
170							*
175							
180							*

注：“*”为推荐使用O形橡胶密封圈的截面直径。

表 20.4-14　气动用 O 形橡胶密封圈的规格及适用范围

（摘自 JB/T 6658—2007）

尺寸/mm		应用				尺寸/mm		应用			
		活塞密封		活塞杆密封				活塞密封		活塞杆密封	
d_2	d_1	动密封	静密封	动密封	静密封	d_2	d_1	动密封	静密封	动密封	静密封
1.00	1.50~23		▲		▲	1.80	5.00~13.2	▲	▲	▲	▲
1.22	1.50~23		▲		▲		14.0~50.0		▲		▲
1.50	1.50~23		▲		▲	2.00	4.5~18.0		▲		▲
	23.6~50		▲		▲		19.0~75		▲		▲
1.80	3.75~4.50		▲	▲	▲	2.65	7.10~22.4	▲	▲	▲	▲
	4.87	▲	▲	▲	▲		23.6~180		▲		▲

注："▲"为推荐使用的密封形式。在可以选用几种截面 O 形橡胶密封圈的情况下，应优先选用较大截面的 O 形橡胶密封圈。

3）液压气动用 O 形橡胶密封圈的沟槽形式及尺寸计算见表 20.4-15。沟槽和配合偶件的表面粗糙度按表 20.4-16 选取。径向和轴向密封沟槽尺寸及公差分别见表 20.4-17 和表 20.4-18。

表 20.4-15　液压气动用 O 形橡胶密封圈的沟槽形式及尺寸计算（摘自 GB/T 3452.3—2005）

密封类别		沟槽形式	尺寸计算
径向密封	活塞密封沟槽	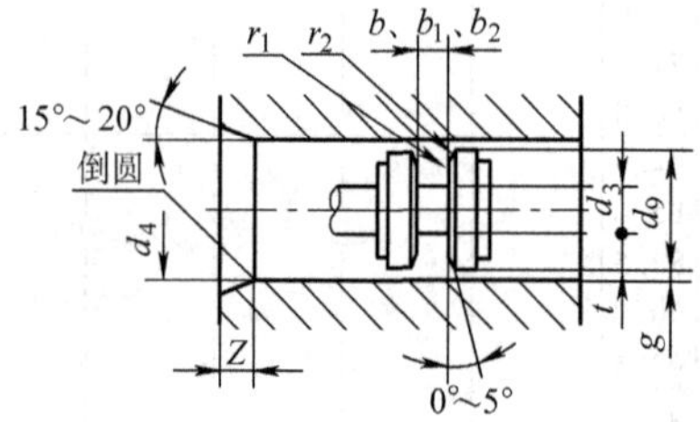	$d_{3\max}=d_{4\min}-2t$ 式中　$d_{3\max}$—d_3 的公称尺寸+上极限偏差(mm) $d_{4\min}$—d_4 的公称尺寸+下极限偏差(mm) 注:根据 d_4 的公称尺寸($d_4 \leqslant d_1+2d_2$)查表 20.4-10 和表 20.4-11 得到适用的 O 形橡胶密封圈规格
	活塞杆密封沟槽	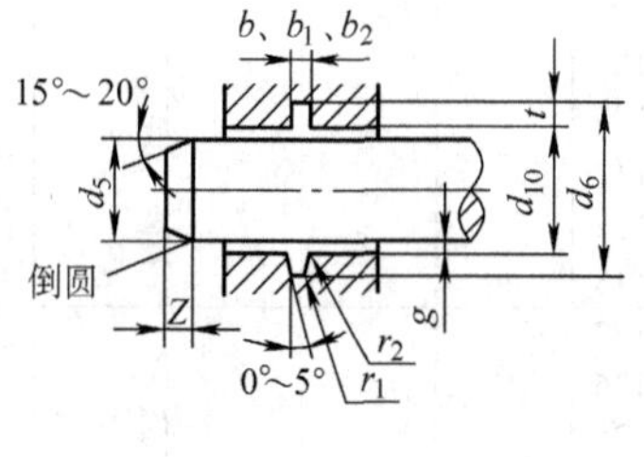	$d_{6\min}=d_{5\max}+2t$ 式中　$d_{6\min}$—d_6 的公称尺寸+下极限偏差(mm) $d_{5\max}$—d_5 的公称尺寸+上极限偏差(mm) 注:根据 d_5 的公称尺寸($d_5 \geqslant d_1$)查表 20.4-10～表 20.4-14得到适用的 O 形橡胶密封圈规格;查表 20.4-17 确定 t,再按公式计算 $d_{6\min}$
	带挡圈的沟槽	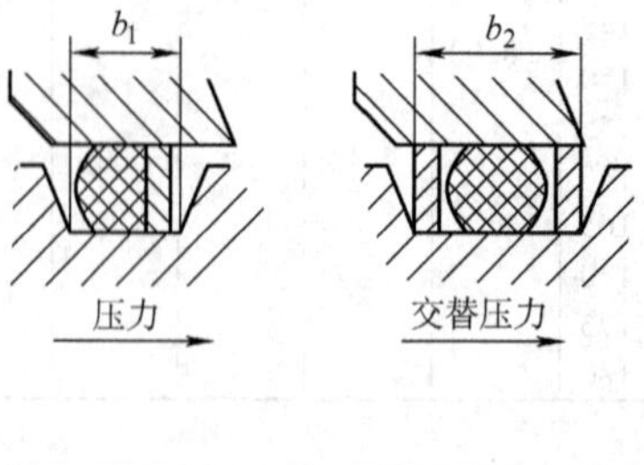	工作压力大于 10MPa 时,需采用带挡圈的结构型式 径向密封沟槽尺寸应符合表 20.4-17 的规定

（续）

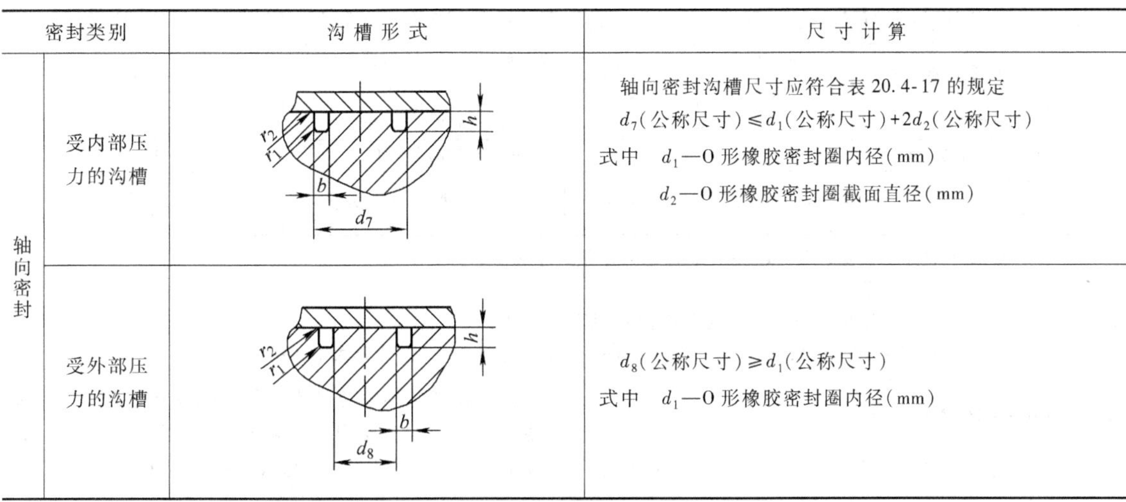

密封类别		沟槽形式	尺寸计算
轴向密封	受内部压力的沟槽		轴向密封沟槽尺寸应符合表 20.4-17 的规定 d_7（公称尺寸）≤d_1（公称尺寸）+2d_2（公称尺寸） 式中 d_1—O 形橡胶密封圈内径（mm） d_2—O 形橡胶密封圈截面直径（mm）
	受外部压力的沟槽		d_8（公称尺寸）≥d_1（公称尺寸） 式中 d_1—O 形橡胶密封圈内径（mm）

表 20.4-16 沟槽和配合偶件的表面粗糙度

（摘自 GB/T 3452.3—2005） （μm）

表面	应用情况	压力状况	表面粗糙度	
			Ra	*Rz*
沟槽的底面和侧面	静密封	无交变、无脉冲	3.2(1.6)	12.5(6.3)
		交变或脉冲	1.6	6.3
	动密封		1.6(0.8)	6.3(3.2)
配合表面	静密封	无交变、无脉冲	1.6(0.8)	6.3(3.2)
		交变或脉冲	0.8	3.2
	动密封		0.4	1.6
导角表面			3.2	12.5

注：括号内的数值适用于精度要求较高的场合。

表 20.4-17 径向和轴向密封沟槽尺寸（摘自 GB/T 3452.3—2005） （mm）

O 形圈截面直径 d_2			1.80		2.65		3.55		5.30		7.00	
			径向	轴向	径向	轴向	径向	轴向	径向	轴向	径向	轴向
沟槽宽度	气动动密封		2.2	2.6	3.4	3.8	4.6	5.0	6.9	7.3	9.3	9.7
	液压动密封或静密封	b	2.4		3.6		4.8		7.1		9.5	
		b_1	3.8		5.0		6.2		9.0		12.3	
		b_2	5.2		6.4		7.6		10.9		15.1	
沟槽深度 $t(h)$	活塞密封（计算 d_3 用）	液压动密封	1.35	1.28	2.10	1.97	2.85	2.75	4.35	4.24	5.85	5.72
		气动动密封	1.4		2.15		2.95		4.5		6.1	
		静密封	1.32		2.0		2.9		4.31		5.85	
	活塞杆密封（计算 d_6 用）	液压动密封	1.35		2.10		2.85		4.35		5.85	
		气动动密封	1.4		2.15		2.95		4.5		6.1	
		静密封	1.32		2.0		2.9		4.31		5.85	
最小导角长度 Z_{min}			1.1	—	1.5	—	1.8	—	2.7	—	3.6	—
槽底圆角半径 r_1			0.2~0.4				0.4~0.8				0.8~1.2	
槽棱圆角半径 r_2			0.1~0.3									

注：t 值考虑了 O 形橡胶密封圈的压缩率，允许活塞或活塞杆密封沟槽深度值按实际需要选定。

表 20.4-18 径向和轴向密封沟槽尺寸公差（摘自 GB/T 3452.3—2005） （mm）

O 形橡胶密封圈的截面直径 d_2	1.8	2.65	3.55	5.30	7.00
轴向密封时沟槽深度 h	$^{+0.05}_{0}$			$^{+0.10}_{0}$	
缸内径 d_4	H8				
沟槽槽底直径（活塞密封）d_3	h9				
活塞直径 d_9	f7				
活塞杆直径 d_5	f7				

O 形橡胶密封圈的截面直径 d_2	1.8	2.65	3.55	5.30	7.00
沟槽槽底直径（活塞杆密封）d_6	H9				
活塞杆配合孔直径 d_{10}	H8				
轴向密封时沟槽外径 d_7	H11				
轴向密封时沟槽内径 d_8	H11				
O 形圈沟槽宽度 b、b_1、b_2	$^{+0.25}_{0}$				

注：1. 为适应特殊应用需要，d_3、d_4、d_5 和 d_6 的公差范围可以改变。

2. 沟槽的同轴度公差。

直径 d_{10} 和 d_6、d_9 和 d_3 之间的同轴度公差应满足下列要求：

直径小于或等于 50mm 时，不得大于 ϕ0.025mm；直径大于 50mm 时，不得大于 ϕ0.050mm。

3.2 V_D 形橡胶密封圈

V_D 形橡胶密封圈适用于工作介质为油、水和空气，回转轴圆周线速度不大于 19m/s 的机械设备，起端面密封和防尘作用。密封圈的形式分 S 型和 A 型。其形式和尺寸分别见表 20.4-19 和表 20.4-20。

表 20.4-19 S 型橡胶密封圈的形式和尺寸（摘自 JB/T 6994—2007） （mm）

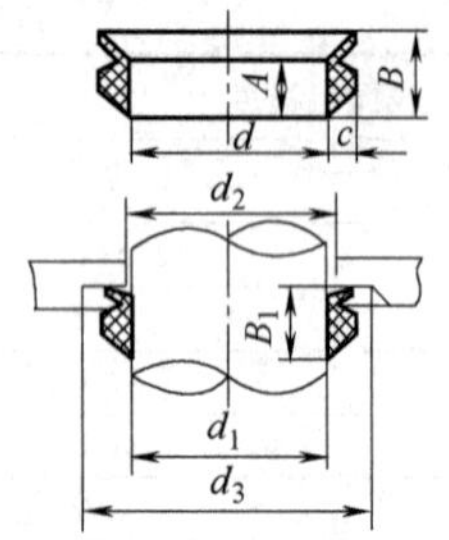

标记示例：

公称轴径为 110mm，密封圈内径 d=99mm 的 S 型密封圈，其标记为：

密封圈 V_D110S JB/T 6994—2007

密封圈代号	公称轴径	轴径 d_1	d	c	A	B	$d_{2\max}$	$d_{3\min}$	安装宽度 B_1
V_D5S	5	4.5~5.5	4	2	3.9	5.2	d_1+1	d_1+6	4.5±0.4
V_D6S	6	5.5~6.5	5						
V_D7S	7	6.5~8.0	6						
V_D8S	8	8.0~9.5	7						
V_D10S	10	9.5~11.5	9	3	5.6	7.7	d_1+2	d_1+9	6.7±0.6
V_D12S	12	11.5~13.5	10.5						
V_D14S	14	13.5~15.5	12.5						
V_D16S	16	15.5~17.5	14						
V_D18S	18	17.5~19.0	16						
V_D20S	20	19~21	18	4	7.9	10.5		d_1+12	9.0±0.8
V_D22S	22	21~24	20						
V_D25S	25	24~27	22						
V_D28S	28	27~29	25				d_1+3		
V_D30S	30	29~31	27						
V_D32S	32	31~33	29						
V_D36S	36	33~36	31						
V_D38S	38	36~38	34						
V_D40S	40	38~43	36	5	9.5	13.0		d_1+15	11.0±1.0
V_D45S	45	43~48	40						
V_D50S	50	48~53	45						
V_D56S	56	53~58	49						
V_D60S	60	58~63	54						
V_D63S	63	63~68	58						

（续）

密封圈代号	公称轴径	轴径 d_1	d	c	A	B	$d_{2\max}$	$d_{3\min}$	安装宽度 B_1
V_D71S	71	68～73	63	6	11.3	15.5	d_1+4	d_1+18	13.5±1.2
V_D75S	75	73～78	67						
V_D80S	80	78～83	72						
V_D85S	85	83～88	76						
V_D90S	90	88～93	81						
V_D95S	95	93～98	85						
V_D100S	100	98～105	90						
V_D110S	110	105～115	99	7	13.1	18.0		d_1+21	15.5±1.5
V_D120S	120	115～125	108						
V_D130S	130	125～135	117						
V_D140S	140	135～145	126						
V_D150S	150	145～155	135						
V_D160S	160	155～165	144	8	15.0	20.5	d_1+5	d_1+24	18.0±1.8
V_D170S	170	165～175	153						
V_D180S	180	175～185	162						
V_D190S	190	185～195	171						
V_D200S	200	195～210	180						

表 20.4-20　A 型橡胶密封圈的形式和尺寸（摘自 JB/T 6994—2007）　　（mm）

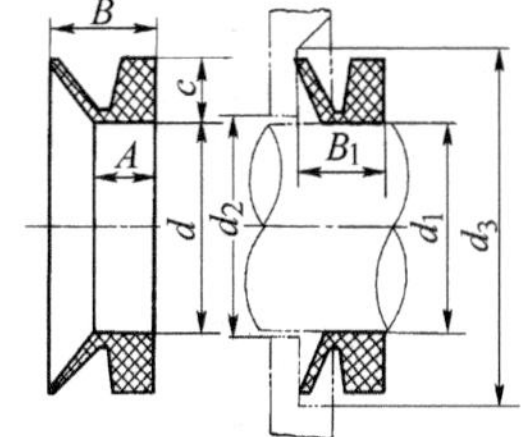

标记示例：

公称轴径为 120mm，密封圈内径 $d=108$mm 的 A 型密封圈，标记为：

密封圈 V_D120A　JB/T 6994—2007

密封圈代号	公称轴径	轴径 d_1	d	c	A	B	$d_{2\max}$	$d_{3\min}$	安装宽度 B_1
V_D3A	3	2.7～3.5	2.5	1.5	2.1	3.0	d_1+1	d_1+4	2.5±0.3
V_D4A	4	3.5～4.5	3.2	2	2.4	3.7		d_1+6	3.0±0.4
V_D5A	5	4.5～5.5	4						
V_D6A	6	5.5～6.5	5						
V_D7A	7	6.5～8.0	6						
V_D8A	8	8.0～9.5	7						
V_D10A	10	9.5～11.5	9	3	3.4	5.5	d_1+2	d_1+9	4.5±0.6
V_D12A	12	11.5～12.5	10.5						
V_D13A	13	12.5～13.5	11.7						
V_D14A	14	13.5～15.5	12.5						
V_D16A	16	15.5～17.5	14						
V_D18A	18	17.5～19	16						
V_D20A	20	19～21	18	4	4.7	7.5		d_1+12	6.0±0.8
V_D22A	22	21～24	20						
V_D25A	25	24～27	22						
V_D28A	28	27～29	25				d_1+3		
V_D30A	30	29～31	27						
V_D32A	32	31～33	29						
V_D36A	36	33～36	31						
V_D38A	38	36～38	34						
V_D40A	40	38～43	36	5	5.5	9.0		d_1+15	7.0±1.0
V_D45A	45	43～48	40						
V_D50A	50	48～53	45						
V_D56A	56	53～58	49						
V_D60A	60	58～63	54						
V_D63A	63	63～68	58						

（续）

密封圈代号	公称轴径	轴径 d_1	d	c	A	B	d_{2max}	d_{3min}	安装宽度 B_1
V_D71A	71	68~73	63	6	6.8	11.0	d_1+4	d_1+18	9.0±1.2
V_D75A	75	73~78	67						
V_D80A	80	78~83	72						
V_D85A	85	83~88	76						
V_D90A	90	88~93	81						
V_D95A	95	93~98	85						
V_D100A	100	98~105	90						
V_D110A	110	105~115	99	7	7.9	12.8		d_1+21	10.5±1.5
V_D120A	120	115~125	108						
V_D130A	130	125~135	117						
V_D140A	140	135~145	126						
V_D150A	150	145~155	135						
V_D160A	160	155~165	144	8	9.0	14.5	d_1+5	d_1+24	12.0±1.8
V_D170A	170	165~175	153						
V_D180A	180	175~185	162						
V_D190A	190	185~195	171						
V_D200A	200	195~210	180	15	14.3	25	d_1+10	d_1+45	20.0±4.0
V_D224A	224	210~235	198						
V_D250A	250	235~265	225						
V_D280A	280	265~290	247						
V_D300A	300	290~310	270						
V_D320A	320	310~335	292						
V_D355A	355	335~365	315						
V_D375A	375	365~390	337						
V_D400A	400	390~430	360						
V_D450A	450	430~480	405						
V_D500A	500	480~530	450						
V_D560A	560	530~580	495						
V_D600A	600	580~630	540						
V_D630A	630	630~665	600						
V_D670A	670	665~705	630						
V_D710A	710	705~745	670						
V_D750A	750	745~785	705						
V_D800A	800	785~830	745						
V_D850A	850	830~875	785						
V_D900A	900	875~920	825						
V_D950A	950	920~965	865						
V_D1000A	1000	965~1015	910						
V_D1060A	1060	1015~1065	955						
V_D1100A	(1100)	1065~1115	1000						
V_D1120A	1120	1115~1165	1045						
V_D1200A	(1200)	1165~1215	1090						
V_D1250A	1250	1215~1270	1135						
V_D1320A	1320	1270~1320	1180						
V_D1350A	(1350)	1320~1370	1225						
V_D1400A	1400	1370~1420	1270						
V_D1450A	(1450)	1420~1470	1315						
V_D1500A	1500	1470~1520	1360						
V_D1550A	(1550)	1520~1570	1405						
V_D1600A	1600	1570~1620	1450						
V_D1650A	(1650)	1620~1670	1495						
V_D1700A	1700	1670~1720	1540						
V_D1750A	(1750)	1720~1770	1585						
V_D1800A	1800	1770~1820	1630						
V_D1850A	(1850)	1820~1870	1675						
V_D1900A	1900	1870~1920	1720						
V_D1950A	(1950)	1920~1970	1765						
V_D2000A	2000	1970~2020	1810						

注：带（ ）的尺寸为非标准尺寸，尽量不采用。

与 V_D 形橡胶密封圈唇口接触的金属件表面粗糙度 Ra 值为 1.6μm。当工作温度为 -40~100℃时，密封圈材料应采用 HG/T 2811—1996 中 A 类丁腈橡胶，胶料代号为 XA7453；当工作温度大于 100~200℃时，密封圈材料应采用 HG/T 2811—1996 中 D 类氟橡胶，胶料代号为 XD7433。

3.3 往复运动用密封圈

往复运动用密封圈又称径向唇形密封圈，密封圈受压面呈唇状，使唇缘与密封面充分接触产生密封作用，用于液压缸活塞和活塞杆的动密封。

（1）单向密封橡胶密封圈（摘自 GB/T 10708.1—2000）

单向密封橡胶密封圈的使用条件见表 20.4-21。密封沟槽用 Y 形橡胶密封圈的结构型式和尺寸见表 20.4-22~表 20.4-27。

（2）双向密封橡胶密封圈（摘自 GB/T 10708.2—2000）

该密封圈适用于安装在液压缸活塞上起双向密封作用。

1）双向密封橡胶密封圈的使用条件见表 20.4-28。

2）鼓形圈和山形圈的结构型式和尺寸见表 20.4-29。

表 20.4-21 单向密封橡胶圈的使用条件

密封圈结构型式	往复运动速度 /m·s^{-1}	间隙 f/mm	工作压力范围 /MPa	说明
Y 形橡胶密封圈	0.5	0.2	0~15	适用于安装在液压缸活塞和活塞杆上，起单向密封作用 材料见 HG/T 2810—2008
		0.1	0~20	
	0.15	0.2		
		0.1	0~25	
蕾形橡胶密封圈	0.5	0.3		
		0.1	0~45	
	0.15	0.3	0~30	
		0.1	0~50	
V 形组合密封圈	0.5	0.3	0~20	
		0.1	0~40	
	0.15	0.3	0~25	
		0.1	0~60	

注：1. 活塞用密封圈的标记方法以"密封圈代号、$D \times d \times L_1$（L_2、L_3）、制造厂代号"表示。
密封沟槽外径（D）为 80mm，密封沟槽内径（d）为 65mm，密封沟槽轴向长度（L_1）为 9.5mm 的活塞用 Y 形圈，标记为
Y80×65×9.5 ×× GB/T 10708.1—2000
2. 活塞杆用密封圈的标记方法以"密封圈代号、$d \times D \times L_1$（L_2、L_3）、制造厂代号"表示。
密封沟槽外径（d）为 70mm，密封沟槽外径（D）为 85mm，密封沟槽轴向长度（L_1）为 9.5mm 的活塞杆用 Y 形圈，标记为
Y70×85×9.5 ×× GB/T 10708.1—2000

表 20.4-22 活塞 L_1 密封沟槽用 Y 形橡胶密封圈的结构型式和尺寸 （mm）

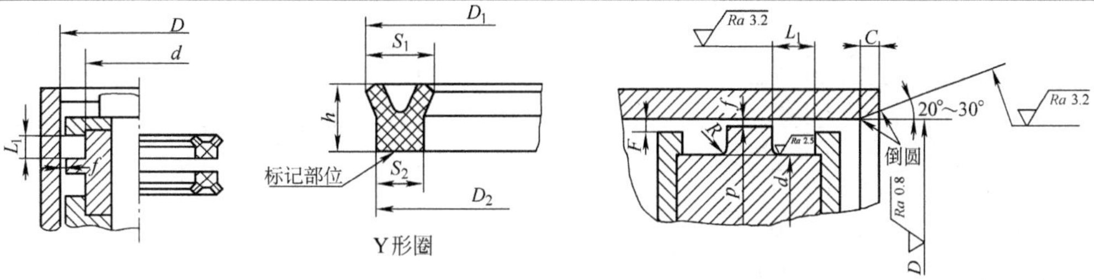

Y形圈

尺寸 f 及标记方法见表 20.4-21 注，尺寸 $p=D-2f$

D	d	$L_1{}^{+0.25}_{\ 0}$	外径			宽度			高度		C ≥	R ≤	F
			D_1	D_2	极限偏差	S_1	S_2	极限偏差	h	极限偏差			
12	4	5	13	11.5	±0.20	5	3.5	±0.15	4.4	±0.20	2	0.3	0.5
16	8		17	15.5									
20	12		21.1	19.4	±0.25								
25	17		26.1	24.4									
32	24		33.1	31.4									
40	32		41.1	39.4									
20	10	6.3	21.2	19.4		6.2	4.4		5.6		2.5	0.3	0.5
25	15		26.2	24.4									
32	22		33.2	31.4									
40	30		41.2	39.4									
50	40		51.2	49.4	±0.35								
56	46		57.5	55.4									
63	53		64.2	62.4									
50	35	9.5	51.5	49.2							4	0.4	1
56	41		57.5	55.2		9	6.7		8.5				
63	48		64.5	62.2									

（续）

D	d	$L_1{}^{+0.25}_{0}$	外径			宽度			高度		C	R	F
			D_1	D_2	极限偏差	S_1	S_2	极限偏差	h	极限偏差	≥	≤	
70	55		71.5	69.2									
80	65		81.5	79.2									
90	75	9.5	91.5	89.2		9	6.7		8.5		4	0.4	1
100	85		101.5	99.2									
110	95		111.5	109.2									
70	50		71.8	69	±0.35								
80	60		81.8	79									
90	70		91.8	89									
100	80		101.8	99									
110	90	12.5	111.8	109		11.8	9		11.3		5	0.6	1
125	105		126.8	124				±0.15		±0.20			
140	120		141.8	139	±0.45								
160	140		161.8	159									
180	160		181.8	179	±0.60								
125	100		127.2	123.8									
140	115		142.2	138.8	±0.45								
160	135		162.2	158.8									
180	155	16	182.2	178.8		14.7	11.3		14.8		6.5	0.8	1.5
200	175		202.2	198.8									
220	195		222.2	218.8									
250	225		252.2	248.8	±0.60								
200	170		202.8	198.5									
220	190		222.8	218.5									
250	220	20	252.8	248.5		17.8	13.5		18.5		7.5	0.8	1.5
280	250		282.8	278.5									
320	290		322.8	318.5	±0.90			±0.20		±0.25			
360	330		362.8	358.5									
400	360		403.5	398									
450	410	25	453.5	448	±1.40	23.3	18		23		10	1.0	2
500	460		503.5	498									

注：滑动面公差配合推荐 H9/f8，但在液压缸使用条件不苛刻的情况下，滑动面公差配合也可采用 H10/f9。

表 20.4-23　活塞杆 L_1 密封沟槽用 Y 形橡胶密封圈的结构型式和尺寸　（mm）

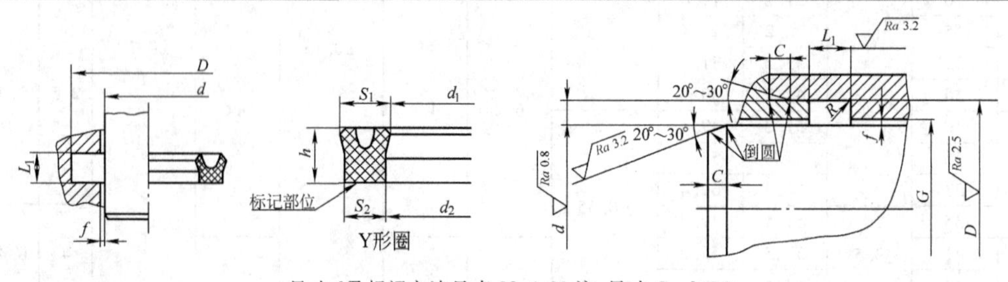

尺寸 f 及标记方法见表 20.4-21 注，尺寸 $G=d+2f$

（续）

d	D	$L_1{}^{+0.25}_{0}$	内径			宽度			高度		C ≥	R≤
			d_1	d_2	极限偏差	S_1	S_2	极限偏差	h	极限偏差		
6	14	5	5	6.5	±0.20	5	3.5	±0.15	4.6	±0.20	2	0.3
8	16		7	8.5								
10	18		9	10.5								
12	20		11	12.5								
14	22		13	14.5								
16	24		15	16.5	±0.25							
18	26		17	18.5								
20	28		19	20.5								
22	30		21	22.5								
25	33		24	25.5								
28	38	6.3	26.8	28.6		6.2	4.4		5.6		2.5	0.3
32	42		30.8	32.6								
36	46		34.8	36.6								
40	50		38.8	40.6								
45	55		43.8	45.6								
50	60		48.8	50.6								
56	71	9.5	54.5	56.8		9	6.7		8.5		4	0.4
63	78		61.5	63.8								
70	85		68.5	70.8	±0.35							
80	95		78.5	80.8								
90	105		88.5	90.8								
100	120	12.5	98.2	101		11.8	9		11.3		5	0.6
110	130		108.2	111	±0.45							
125	145		123.2	126								
140	160		138.2	141								
160	185	16	157.8	161.2		14.7	11.3		14.8		6.5	0.8
180	205		177.8	181.2	±0.60							
200	225		197.8	201.2								
220	250	20	217.2	221.5		17.8	13.5		18.5		7.5	0.8
250	280		247.2	251.5								
280	310		277.2	281.5	±0.90							
320	360	25	316.7	322		23.3	18	±0.20	23	±0.25	10	1.0
360	400		356.7	362								

注：滑动面公差配合推荐 H9/f8，但在液压缸使用条件不苛刻的情况下，滑动面公差配合也可采用 H10/f9。

表 20.4-24　活塞 L_2 密封沟槽密封的结构型式及 Y 形圈、蕾形圈的尺寸　（mm）

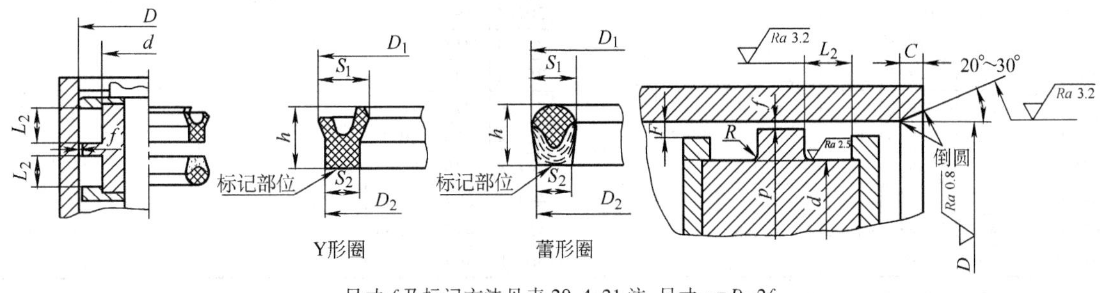

尺寸 f 及标记方法见表 20.4-21 注，尺寸 $p=D-2f$

（续）

D	d	L_2 $^{+0.25}_{0}$	Y形圈								蕾形圈								C ≥	R ≤	F
			外径			宽度			高度		外径			宽度			高度				
			D_1	D_2	极限偏差	S_1	S_2	极限偏差	h	极限偏差	D_1	D_2	极限偏差	S_1	S_2	极限偏差	h	极限偏差			
12	4	6.3	13	11.5	±0.20	5	3.5	±0.15	5.8	±0.20	12.7	11.5	±0.18	4.7	3.5	±0.15	5.6	±0.20	2	0.3	0.5
16	8		17	15.5							16.7	15.5									
20	12		21	19.5	±0.25						20.7	19.5	±0.22								
25	17		26	24.5							25.7	24.5									
32	24		33	31.5							32.7	31.5									
40	32		41	39.5							40.7	39.5									
20	10	8	21.2	19.4		6.2	4.4		7.3		20.8	19.4		5.8	4.4		7		2.5	0.3	0.5
25	15		26.2	24.4							25.8	24.4									
32	22		33.2	31.4							32.8	31.4									
46	30		41.2	39.4							40.8	39.4									
50	40		51.2	49.4							50.8	49.4									
56	46		57.2	55.4							56.8	55.4									
63	53		64.2	62.4							63.8	62.4									
50	35	12.5	51.5	49.2		9	6.7		11.5		51	49.1		8.5	6.6		11.3		4	0.4	1
56	41		57.5	55.2							57	55.1									
63	48		64.5	62.2							64	62.1									
70	55		71.5	69.2	±0.35						71	69.1	±0.28								
80	65		81.5	79.2							81	79.1									
90	75		91.5	89.2							91	89.1									
100	85		101.5	99.2							101	99.1									
110	95		111.5	109.2	±0.45						111	109.1	±0.35								
70	50	16	71.8	69	±0.35	11.8	9		15		71.2	68.6	±0.28	11.2	8.6		14.5		5	0.6	1
80	60		81.8	79							81.2	78.6									
90	70		91.8	89							91.2	88.6									
100	80		101.8	99							101.2	98.6									
110	90		111.8	109	±0.45						111.2	108.6	±0.35								
125	105		126.8	124							126.2	123.6									
140	120		141.8	139							141.2	138.6									
160	140		161.8	159							161.2	158.6									
180	160		181.8	179	±0.60						181.2	178.6	±0.45								
125	100	20	127.2	123.8	±0.45	14.7	11.3		18.5		126.3	123.2	±0.35	13.8	10.7		18		6.5	0.8	1.5
140	115		142.2	138.8							141.3	138.2									
160	135		162.2	158.8							161.3	158.2									
180	155		182.2	178.8	±0.60						181.3	178.2	±0.45								
200	175		202.2	198.8							201.3	198.2									
220	195		222.2	218.8							221.3	218.2									
250	225		252.2	248.8							251.3	248.2									
200	170	25	202.8	198.5		17.8	13.5	±0.20	23	±0.25	201.4	198		16.4	12.7	±0.20	22.5	±0.25	7.5	0.8	1.5
220	190		222.8	218.5							221.4	218									
250	220		252.8	248.5							251.4	248									
280	250		282.8	278.5	±0.90						281.4	278	±0.60								
320	290		322.8	318.5							321.4	318									
360	330		362.8	358.5							361.4	358									
400	360	32	403.3	398	±1.40	23.3	18		29		401.8	397	±0.90	21.8	17		28.5		10	1.0	2
450	410		453.3	448							451.8	447									
500	460		503.3	498							501.8	497									

注：滑动面公差配合推荐 H9/f8，但在液压缸使用条件不苛刻的情况下，滑动面公差配合也可采用 H10/f9。

表 20.4-25　活塞杆 L_2 密封沟槽的结构型式及 Y 形圈、蕾形圈的尺寸　(mm)

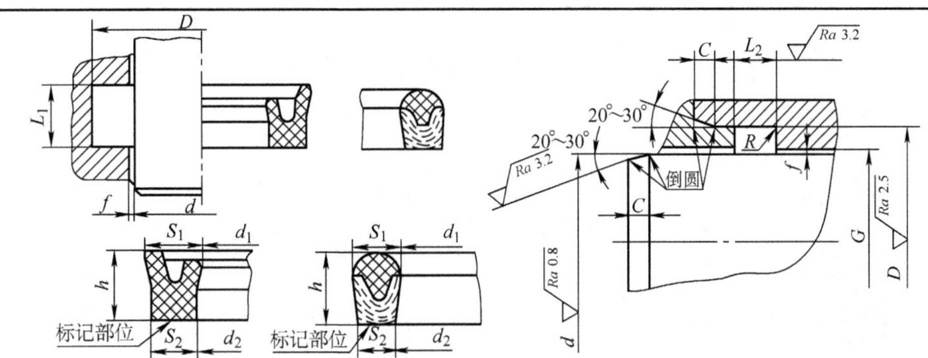

Y形圈　　蕾形圈

尺寸 f 及标记方法见表 20.4-21 注，尺寸 $G=d+2f$

d	D	$L_2{}^{+0.25}_{0}$	Y形圈								蕾形圈								C	R
			内径			宽度			高度		内径			宽度			高度		≥	≤
			d_1	d_2	极限偏差	S_1	S_2	极限偏差	h	极限偏差	d_1	d_2	极限偏差	S_1	S_2	极限偏差	h	极限偏差		
6	14	6.3	5	6.5	±0.20	5	3.5	±0.15	5.8	±0.20	5.3	6.5	±0.18	4.7	3.5	±0.15	5.5	±0.20	2	0.3
8	16		7	8.5							7.3	8.5								
10	18		9	10.5							9.3	10.5								
12	20		11	12.5							11.3	12.5								
14	22		13	14.5							13.3	14.5								
16	24		15	16.5							15.3	16.5								
18	26		17	18.5							17.3	18.5								
20	28		19	20.5							19.3	20.5								
22	30		21	22.5	±0.25						21.3	22.5	±0.22							
25	33		24	25.5							24.3	25.5								
10	20	8	8.8	10.6	±0.20	6.2	4.4		7.3		9.2	10.6	±0.18	5.8	4.4		7		2.5	0.3
12	22		10.8	12.6							11.2	12.6								
14	24		12.8	14.6							13.2	14.6								
16	26		14.8	16.6							15.2	16.6								
18	28		16.8	18.6							17.2	18.6								
20	30		18.8	20.6							19.2	20.6								
22	32		20.8	22.6	±0.25						21.2	22.6	±0.22							
25	35		23.8	25.6							24.2	25.6								
28	38		26.8	28.6							27.2	28.6								
32	42		30.8	32.6							31.2	32.6								
36	46		34.8	36.6							35.2	36.6								
40	50		38.8	40.6							39.2	40.6								
45	55		43.8	45.6							44.2	45.6								
50	60		48.8	50.6							49.2	50.6								
28	43	12.5	26.5	28.8		9	6.7		11.5		27	28.9		8.5	6.6		11.3		4	0.4
32	47		30.5	32.8							31	32.9								
36	51		34.5	36.8							35	36.9								
40	55		38.5	40.8							39	40.9								
45	60		43.5	45.8							44	45.9								
50	65		48.5	50.8							49	50.9								
56	71		54.5	56.8							55	56.9								
63	78		61.5	63.8	±0.35						62	63.9	±0.28							
70	85		68.5	70.8							69	70.9								
80	95		78.5	80.8							79	80.9								
90	105		88.5	90.8							89	90.9								
56	76	16	54.2	57	±0.25	11.8	9		15		54.8	57.4	±0.22	11.2	8.6		14.5		5	0.6
63	83		61.2	64							61.8	64.4								
70	90		68.2	71	±0.35						68.8	71.4	±0.28							
80	100		78.2	81							78.8	81.4								
90	110		88.2	91							88.8	91.4								
100	120		98.2	101							98.8	101.4								
110	130		108.2	111	±0.45						108.8	111.4	±0.35							
125	145		123.2	126							123.8	126.4								

（续）

d	D	$L_2{}^{+0.25}_{0}$	Y 形圈								蕾形圈								C	R
			内径			宽度			高度		内径			宽度			高度			
			d_1	d_2	极限偏差	S_1	S_2	极限偏差	h	极限偏差	d_1	d_2	极限偏差	S_1	S_2	极限偏差	h	极限偏差	≥	≤
140	160	16	138.2	141		11.8	9		15		138.8	141.4		11.2	8.6		14.5		5	0.6
100	125	20	97.8	101.2	±0.45	14.7	11.3	±0.15	18.5	±0.20	98.7	101.8	±0.35	13.8	10.7	±0.15	18	±0.20	6.5	0.8
110	135		107.8	111.2							108.7	111.8								
125	150		122.8	126.2							123.7	126.8								
140	165		137.8	141.2							138.7	141.8								
160	185		157.8	161.2							158.7	161.8								
180	205		177.8	181.2	±0.60						178.7	181.8	±0.45							
200	225		197.8	201.2							198.7	201.8								
160	190	25	157.2	161.5		18.5	13.5	±0.20	23	±0.25	158.6	162		16.4	13	±0.20	22.5	±0.25	7.5	0.8
180	210		177.2	181.5							178.6	182								
200	230		197.2	201.5							198.6	202								
220	250		217.2	221.5							218.6	222								
250	280		247.2	251.5							248.6	252								
280	310		277.2	281.5							278.6	282	±0.60							
320	360	32	317.7	322	±0.90	23.3	18		29		318.2	323		21.8	17		28.5		10	1.0
360	400		357.7	362							358.2	363								

注：滑动面公差配合推荐 H9/f8，但在液压缸使用条件不苛刻的情况下，滑动面公差配合也可采用 H10/f9。

表 20.4-26 活塞 L_3 密封沟槽用 V 形组合密封圈的结构型式和尺寸 （mm）

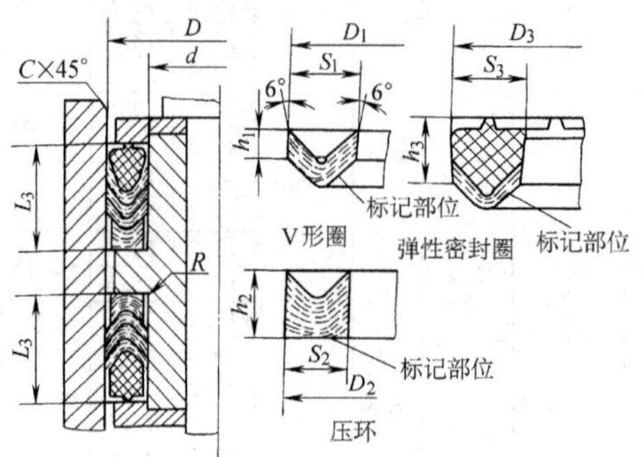

标记方法见表 20.4-21 注

D	d	$L_3{}^{+0.25}_{0}$	外径				宽度				高度				V 形圈数量	R ≤	C ≥
			D_1	D_2	D_3	极限偏差	S_1	S_2	S_3	极限偏差	h_1	h_2	h_3	极限偏差			
20	10	16	20.6	19.7	20.8	±0.22	5.6	4.7	5.8	±0.15	3	6	6.5	±0.20	1	0.3	2.5
25	15		25.6	24.7	25.8												
32	22		32.6	31.7	32.8												
40	30		40.6	39.7	40.8												
50	40		50.6	49.7	50.8												
56	46		56.6	55.7	56.8												
63	53		63.6	62.7	63.8												
50	35	25	50.7	49.5	51.1		8.2	7	8.6		4.5	7.5	8		2	0.4	4
56	41		56.7	55.5	57.1												
63	48		63.7	62.5	64.1												
70	55		70.7	69.5	71.1	±0.28											
80	65		80.7	79.5	81.1												
90	75		90.7	89.5	91.1												
100	85		100.7	99.5	101.1												
110	95		110.7	109.5	111.1												

（续）

D	d	$L_3{}^{+0.25}_{\ 0}$	外径				宽度				高度				V 形圈数量	R ≤	C ≥
			D_1	D_2	D_3	极限偏差	S_1	S_2	S_3	极限偏差	h_1	h_2	h_3	极限偏差			
70	50		70.8	69.4	71.3												
80	60		80.8	79.4	81.3	±0.28											
90	70		90.8	89.4	91.3												
100	80		100.8	99.4	101.3												
110	90	32	110.8	109.4	111.3		10.8	9.4	11.3		5	10	11			0.6	5
125	105		125.8	124.4	126.3												
140	120		140.8	139.4	141.3												
160	140		160.8	159.4	161.3												
180	160		180.8	179.4	181.3	±0.35									2		
125	100		126	124.4	126.6												
140	115		141	139.4	141.6					±0.15				±0.20			
160	135		161	169.4	161.6												
180	155	40	181	179.4	181.6		13.5	11.9	14.1		6		15			0.8	6.5
200	175		201	199.4	201.6												
220	195		221	219.4	221.6												
250	225		251	249.4	251.6	±0.45						12					
200	170		201.3	199.2	201.9												
220	190		221.3	219.2	221.9												
250	220		251.3	249.2	251.9		16.3	14.2	16.8		6.5		17.5			0.8	7.5
280	250	50	281.3	279.2	281.9												
320	290		321.3	319.2	321.9	±0.60									3		
360	330		361.3	359.2	361.9												
400	360		401.6	399	402.1												
450	410	63	451.6	449	452.1	±0.90	21.6	19	22.1	±0.20	7	14	26.5	±0.25		1.0	10
500	460		501.6	499	502.1												

注：滑动面公差配合推荐 H9/f8，但液压缸使用条件不苛刻的情况下，滑动面公差配合也可采用 H10/f9。

表 20.4-27　活塞杆 L_3 密封沟槽的结构型式及 V 形圈、压环、支承环的尺寸　（mm）

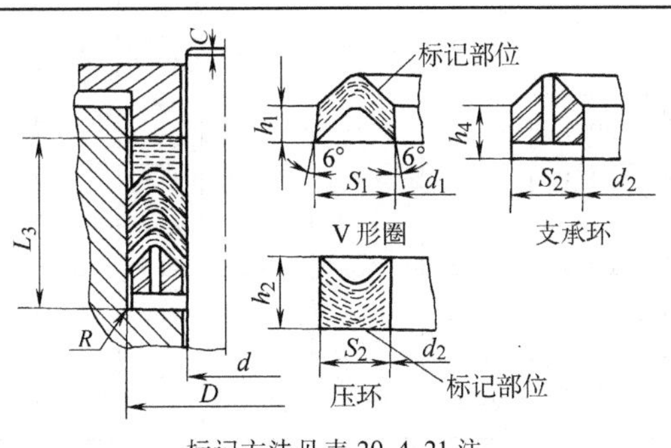

标记方法见表 20.4-21 注

（续）

d	D	$L_{3\,0}^{+0.25}$	内径			宽度			高度				V形圈数量	R ≤	C ≥
			d_1	d_2	极限偏差	S_1	S_2	极限偏差	h_1	h_2	h_4	极限偏差			
6	14	14.5	5.5	6.3	±0.18	4.5	3.7	±0.15	2.5	6	3	±0.20	2	0.3	2
8	16		7.5	8.3											
10	18		9.5	10.3											
12	20		11.5	12.3											
14	22		13.5	14.3											
16	24		15.5	16.3											
18	26		17.5	18.3	±0.22										
20	28		19.5	20.3											
22	30		21.5	22.3											
25	33		24.5	25.3											
10	20	16	9.4	10.3		5.6	4.7		3	6.5				0.3	2.5
12	22		11.4	12.3											
14	24		13.4	14.3											
16	26		15.4	16.3											
18	28		17.4	18.3											
20	30		19.4	20.3											
22	32		21.4	22.3											
25	35		24.4	25.3											
28	38		27.4	28.3											
32	42		31.4	32.3											
36	46		35.4	36.3											
40	50		39.4	40.3											
45	55		44.4	45.3											
50	60		49.4	50.3											
28	43	25	27.3	28.5		8.2	7		4.5	8			3	0.4	4
32	47		31.3	32.5											
36	51		35.3	36.5											
40	55		39.3	40.5											
45	60		44.3	45.5											
50	65		49.3	50.5											
56	71		55.3	56.6											
63	78		62.3	63.6											
70	85		69.3	70.5	±0.28										
80	95		79.3	80.5											
90	105		89.3	90.5											
56	76	32	55.2	56.6	±0.22	10.8	9.4		6	10				0.6	5
63	83		62.2	63.6											
70	90		69.2	70.6	±0.28										
80	100		79.2	80.6											
90	110		89.2	90.6											
100	120		99.2	100.6											
110	130		109.2	110.6											
125	145		124.2	125.6	±0.35										
140	160		139.2	140.6											
100	125	40	99	100.6		13.5	11.9			12			4	0.8	6.5
110	135		109	110.6											
125	150		124	125.6											
140	165		139	140.6											
160	185		159	160.6											
180	205		179	180.6	±0.45										
200	225		199	200.6											
160	190	50	158.8	160.8	±0.35	16.2	14.2	±0.20	6.5	14		±0.25	5	0.8	7.5
180	210		178.8	180.8	±0.45										
200	230		198.8	200.8											
220	250		218.8	220.8											
250	280		248.8	250.8											
280	310		278.8	280.8	±0.60										
320	360	63	318.4	321		21.6	19	±0.25	7	15.5	4		6	1.0	10
360	400		358.4	361											

注：滑动面公差配合推荐 H9/f8，但在液压缸使用条件不苛刻的情况下，滑动面公差配合也可采用 H10/f9。

表 20.4-28 双向密封橡胶密封圈的使用条件

密封圈结构型式	往复运动速度/$m \cdot s^{-1}$	工作压力范围/MPa	密封圈结构型式	往复运动速度/$m \cdot s^{-1}$	工作压力范围/MPa
鼓形橡胶密封圈	0.5	0.10~40	山形橡胶密封圈	0.5	0~20
	0.15	0.10~70		0.15	0~35

表 20.4-29 鼓形圈和山形圈的结构型式和尺寸 (mm)

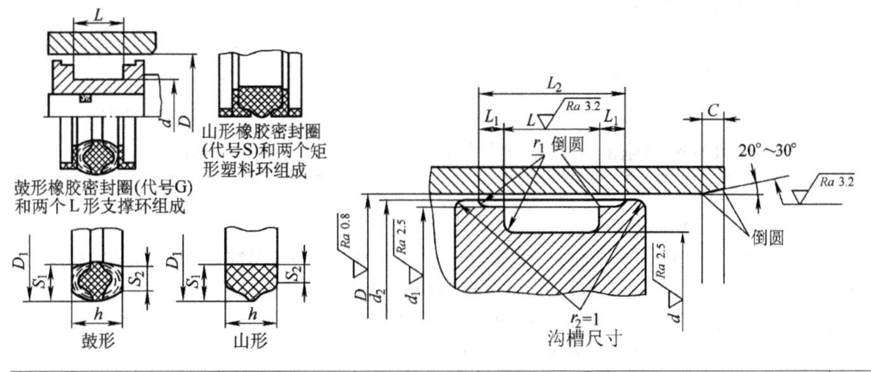

标记示例：

示例1：D = 100mm，d = 85mm，L = 20mm 的鼓形橡胶密封圈，标记为

密封圈 G100×85×20××（××为制造厂代号）GB/T 10708.2—2000

示例2：D = 180mm，d = 155mm，L = 32mm 的山形橡胶密封圈，标记为

密封圈 S180×155×32×× GB/T 10708.2—2000

D H9	d h9	$L^{+0.35}_{+0.10}$	外径 D_1	外径 极限偏差	高度 h	高度 极限偏差	宽度 鼓形 S_1	鼓形 S_2	鼓形 极限偏差	宽度 山形 S_1	山形 S_2	山形 极限偏差	$L_{1\ 0}^{+0.1}$	L_2	d_1 h9	d_2 h11	r_1	C ≥
25	17	10	25.6	±0.22	6.5	±0.20	4.6	3.4	±0.15	4.7	2.5	±0.15	4	18	22	24	0.4	2
32	24		32.6												29	31		
40	32		40.6												37	39		
25	15	12.5	25.7		8.5		5.7	4.2		5.8	3.2		4	20.5	22	24	0.4	2.5
32	22		32.7												29	31		
40	30		40.7												37	39		
50	40		50.7												47	49		
56	46		56.7												53	55		
63	53		63.7												60	62		
50	35	20	50.9	±0.28	14.5		8.4	6.5		8.5	4.5		5	30	46	48.5	0.4	4
56	41		56.9												52	54.5		
63	48		63.9												59	61.5		
70	55		70.9												66	68.5		
80	65		80.9												76	78.5		
90	75		90.9												86	88.5		
100	85		100.9												96	98.5		
110	95		110.9												106	108.5		
80	60	25	81		18		11	8.7		11.2	5.5		6.3	37.6	75	78	0.8	5
90	70		91												85	88		
100	80		101												95	98		
110	90		111	±0.35											105	108		
125	105		126												120	123		
140	120		141												135	138		
160	140		161												155	158		
180	160		181	±0.45											175	178		
125	100	32	126.3		24		13.7	10.8		13.9	7		10	52	119	123	0.8	6.5
140	115		141.3												134	138		
160	135		161.3												154	158		
180	155		181.3												174	178		
200	170	36	201.5		28	±0.25	16.5	12.9	±0.20	16.7	8.6	±0.20	12.5	61	192	197	0.8	7.5
220	190		221.5												212	217		
250	220		251.5												242	247		
280	250		281.5	±0.60											272	277		
320	290		321.5												312	317		
360	330		361.5												352	357		
400	360	50	401.8	±0.90	40		21.8	17.5		22	12		16	82	392	397	1.2	10
450	410		451.8												442	447		
500	460		501.8												492	497		

注：塑料支撑环（J形环、矩形环和L形环）的尺寸见参考文献［6］。

3.4 U形内骨架橡胶密封圈

U形内骨架橡胶密封圈适用于工作压力小于4MPa管路系统法兰连接结构中的密封。该密封圈用胶料为丁腈橡胶和氟橡胶，不同胶料的特性与工作条件见表20.4-30，密封圈的尺寸系列和偏差见表20.4-31。

U形内骨架橡胶密封圈在对焊法兰中的安装示例及沟槽尺寸见表20.4-32。

表20.4-30 U形内骨架橡胶密封圈用胶料的特性与工作条件（摘自JB/T 6997—2007）

胶料材质	胶料特性	工作压力/MPa	工作温度/℃	工作介质
XA7453	耐油	≤4	-40~100	矿物油、水-乙二醇、空气、水
XD7433	耐油、耐高温		-25~200	空气、水、矿物油

表20.4-31 U形内骨架橡胶密封圈的尺寸系列和偏差（摘自JB/T 6997—2007） （mm）

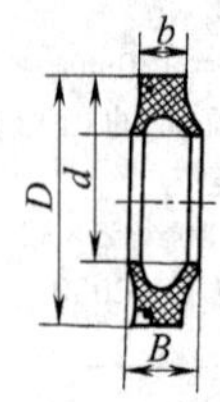

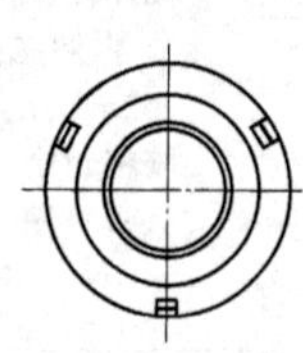

标记示例：

示例1：内径 d=25mm，材质为XA7453橡胶的U形内骨架橡胶密封圈标记为：
密封圈 UN50 XA7453 JB/T 6997—2007

示例2：内径 d=100mm，材质为XD7433橡胶的U形内骨架橡胶密封圈标记为：
密封圈 UN100 XD7433 JB/T 6997—2007

形式代号	公称通径	d 公称尺寸	d 极限偏差	D 公称尺寸	D 极限偏差	b 公称尺寸	b 极限偏差	B 公称尺寸	B 极限偏差	质量 kg/100件
UN25	25	25	+0.30 +0.10	50	+0.30 +0.15	9.5	0 -0.20	14.5	0 -0.30	2.7
UN32	32	32		57	+0.35 +0.20					3.0
UN40	40	40		65						3.5
UN50	50	50		75						4.1
UN65	65	65		90						4.9
UN80	80	80	+0.40 +0.15	105	+0.30 +0.15					7.6
UN100	100	100		125	+0.45 +0.25					9.2
UN125	125	125		150						11.1
UN150	150	150		175						13.1
UN175	175	175		200						15.0
UN200	200	200	+0.50 +0.20	225						17.0
UN225	225	225		250						18.9
UN250	250	250		275	+0.55 +0.30					20.9
UN300	300	300		325						24.8

表20.4-32 U形内骨架橡胶密封圈在对焊法兰中的安装示例及沟槽尺寸（摘自JB/T 6997—2007） （mm）

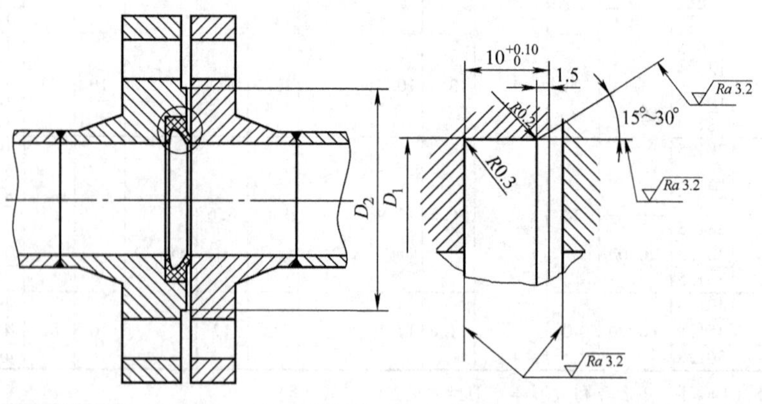

（续）

形式代号	公称通径	D_1H8		D_2
		公称尺寸	极限偏差	
UN25	25	50	$^{+0.039}_{0}$	65
UN32	32	57	$^{+0.046}_{0}$	76
UN40	40	65		84
UN50	50	75		99
UN65	65	90	$^{+0.054}_{0}$	118
UN80	80	105		132
UN100	100	125	$^{+0.063}_{0}$	156
UN125	125	150		184
UN150	150	175		211
UN200	200	225	$^{+0.072}_{0}$	284
UN250	250	275		345
UN300	300	325	$^{+0.089}_{0}$	409

U形内骨架橡胶密封圈在平焊法兰中的安装，根据法兰通径和凸台 D_2 尺寸选择大一档的密封圈，其安装示例及沟槽尺寸见表20.4-33。

表20.4-33 U形内骨架橡胶密封圈在平焊法兰中的安装示例及沟槽尺寸（根据 D_2）

（摘自JB/T 6997—2007） （mm）

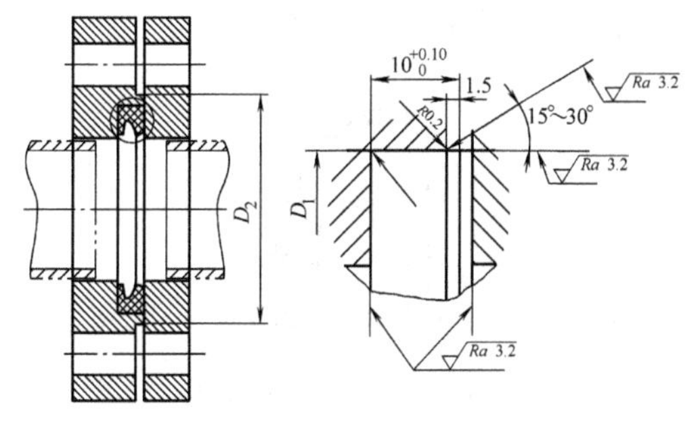

型式代号	公称通径	D_1H8		D_2
		公称尺寸	极限偏差	
UN50	40	65	$^{+0.046}_{0}$	84
UN65	50	75		99
UN80	65	90	$^{+0.054}_{0}$	118
UN100	80	105		132
UN125	100	125	$^{+0.063}_{0}$	156
UN150	125	150		184
UN175	150	175		211
UN225	200	225	$^{+0.072}_{0}$	284
UN300	250	275		345

此外，还有各种组合、复合的唇形密封应用于各种场合。例如，同轴密封件又称橡塑组合滑环密封圈，是以O形橡胶密封圈或其他截面形式的橡胶或塑料密封圈为弹性体，与填充聚四氟乙烯塑料环组合而成。目前，进口设备应用较多的格来圈（Glyd-Ring）、斯特封（Stepseal）等就是属于这一类型的产品。典型组合唇形密封见图20.4-4。

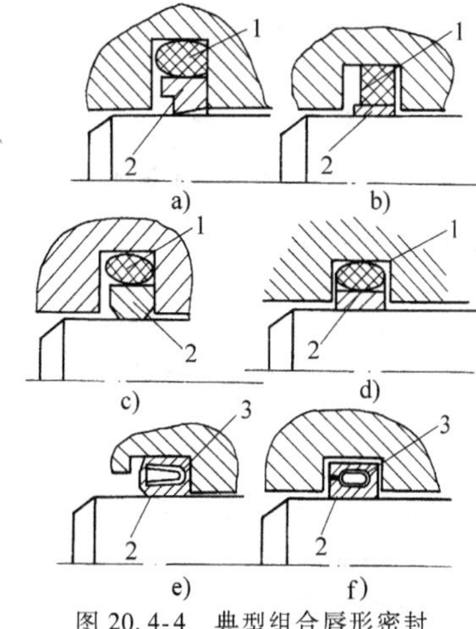

图20.4-4 典型组合唇形密封

a）Stepseal（斯特封） b）、c）、d）Glyd-Ring（格来圈） e）、f）Variseal（泛塞）

1—加力弹性体 2—聚四氟乙烯密封件 3—不锈钢加力弹簧

3.5 聚四氟乙烯密封圈

该密封圈的分类、特点和应用见表20.4-34。

表20.4-34 聚四氟乙烯密封圈的分类、特点和应用

名称	材料	特点和应用
J形、L形密封圈	PTFE添加石墨、玻璃纤维、青铜、二硫化钼和各种氧化物	摩擦力小，能承受干摩擦；唇口和轴表面的磨损率低；温度适用范围为-50~200℃；耐油、耐蚀；密封性良好 J形密封圈用于活塞杆的密封；L形密封圈可做单向或双向运动的活塞密封
U形密封圈	以PTFE为基料再添加填料	U形密封是平衡型密封，即在内径和外径上都有密封，并配有支承环来保护密封，以防在压力作用下，被压扁或扭曲
V形密封圈	用PTFE添加玻璃粉、石墨或二硫化钼	V形圈以多个圈成组安装，可提高密封效果和使用寿命。V形圈组件中装有波形弹簧，可起到预加载荷目的，并自动补偿V形圈磨损

3.6　皮革密封圈

皮革密封圈具有优良的耐磨、耐压性能，可用于润滑条件较差、轴或缸比较粗糙的液压和气压设备密封中。

皮革密封圈典型形式为唇形圈。一般采用丹宁革、铬革或混合革等材质制成，为增强回弹性，必要时采用菊花形板簧、钢丝圈簧和橡胶垫等补充弹力。表 20.4-35 列出了皮革唇形密封圈的主要类型、工作条件及应用特点。

表 20.4-35　皮革唇形密封圈的主要类型、工作条件及应用特点

种类	简　　图	工作条件				应用特点
		公称尺寸/mm		工作压力/MPa	工作温度/℃	
		内径	外径			
L 形圈		—	12～800	≤100①	-70～100	可用于油、水和空气等介质中
J 形圈		16～130	—			
V 形圈		8～950	24～1000			
U 形圈		12～500	28≤550			

① 系列化的皮革制品工作压力不超过 50MPa。

4　油封与防尘密封

油封和防尘密封也是一种唇形密封，并具有明显的特点，品种规格繁多，且大都已经标准化。

4.1　油封

油封，即润滑油密封。它主要用于各种机械的轴承处，特别是滚动轴承部位。其功能在于把油腔和外界隔离，对内封油，对外封尘。

油封的工作范围如下：工作压力小于 0.3MPa；密封面线速度，低速型小于 4m/s，高速型为 4～15m/s；工作温度为-60～150℃（与橡胶种类有关）；适用介质：油、水及弱腐蚀性液体，寿命 500～2000h。

4.1.1　油封的结构

油封的典型结构如图 20.4-5 所示。油封的结构型式、简图及特点见表 20.4-36。

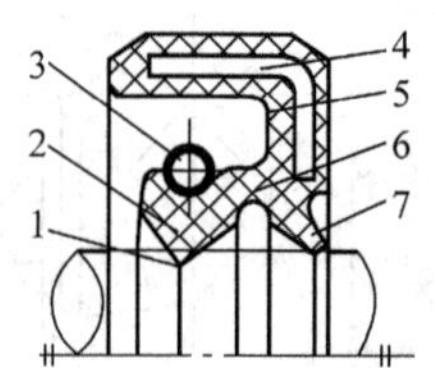

图 20.4-5　油封的典型结构
1—唇口　2—冠部　3—弹簧　4—骨架
5—底部　6—腰部　7—副唇

表 20.4-36　油封的结构型式、简图及特点

结构型式	简　　图	特　　点
黏结结构		橡胶部分和金属骨架可以分别加工制造，再用胶黏结在一起成为外露骨架型。制造简单，价格便宜。美、日两国多采用这种结构
装配结构		它是把橡胶唇部、金属骨架和弹簧圈三者装配起来而组成油封。它由内外骨架把橡胶唇部夹紧。通常还有一挡板，以防弹簧脱出
橡胶包骨架结构		它是把冲压好的金属骨架包在橡胶之中成为内包骨架型。其制造工艺较为复杂些，但刚度好，易装配，且对钢板材料要求不高
全胶结构		油封无骨架，有的甚至无弹簧，整体由橡胶模压而成形。其刚度差，易产生塑性变形。但是它可以切口使用，这对于不能从轴端装入而又必须用油封的部位是仅有的一种形式

4.1.2　油封的材料

用作油封的橡胶主要是丁腈橡胶、丙烯酸酯橡胶和聚氨酯橡胶，特殊情况会用到硅橡胶、氟橡胶和聚四氟乙烯树脂。当考虑转速及温度的影响时，对油封材料的选择可参考表 20.4-37。

表 20.4-37　考虑转速及温度的油封材料选择

转速	温度/℃：-45 ~ -15	-15 ~ 65	65 ~ 150	150 ~ 170
低速	硅橡胶	丁腈橡胶、硅橡胶	丁腈橡胶（至约 95）；丙烯酸酯橡胶、硅橡胶	硅橡胶、氟橡胶
中速	硅橡胶	丁腈橡胶、硅橡胶	丙烯酸酯橡胶、硅橡胶	硅橡胶、氟橡胶
高速	硅橡胶	硅橡胶	丙烯酸酯橡胶、硅橡胶	硅橡胶、氟橡胶

4.1.3　油封密封的设计

（1）主要特征参数的确定

1）唇口线比压 q_1。唇口线比压 q_1 表示在单位圆周上的油封唇对轴杆的箍紧力，其常用数值见表 20.4-38。

表 20.4-38　油封唇口线比压 q_1 值

油封形式	q_1/N · mm^{-1}
低速型	150 ~ 220
高速型	95 ~ 130

2）摩擦力矩 M。油封摩擦力矩 M 由下式确定

$$M = 2\pi r^2 \mu q_1 \qquad (20.4\text{-}1)$$

式中　r——轴半径（mm）；

μ——油封唇口与轴杆摩擦因数见表 20.4-39；

q_1——唇口线比压（N · mm^{-1}）。

表 20.4-39　油封唇口与轴杆摩擦因数

介质	摩擦因数 μ 最低	摩擦因数 μ 最高
润滑脂	0.3	0.8
锭子油	0.2	0.45
内燃机油	0.3	1.0
气缸油	0.4	1.0

注：表中 μ 值系 ϕ40mm 油封的数值。随轴径增加，μ 将与轴径的 1/3 次方成比例上升。

3）过盈量。过盈量是指在自由状态（未装弹簧）时唇口直径与轴径之差，通常为 0.2 ~ 0.5mm，见表 20.4-40。

表 20.4-40　油封的过盈量公差（mm）

轴径 d_0	唇口直径 d 低速型	唇口直径 d 高速型	唇口直径 d 无弹簧型
<30	$(d_0-1)\pm0.13$		$(d_0-1.5)\pm0.3$
30 ~ 80	$(d_0-1)\pm0.5$	$d_0{}^{\ 0}_{-1.0}$	$(d_0-1.5)\pm0.5$
80 ~ 180	$(d_0-1)^{-1.0}_{\ 0}$	$d_0{}^{-0.5}_{-1.5}$	$(d_0-1.5)^{-1.0}_{\ 0}$
>180	$(d_0-1)^{-1.5}_{\ 0}$	$d_0{}^{-1.0}_{-1.5}$	$(d_0-1.5)^{-1.0}_{\ 0}$

（2）影响油封密封因素对设计的要求

影响油封密封因素对设计的要求见表 20.4-41。

表 20.4-41　影响油封密封因素对设计的要求

影响因素	对设计要求
橡胶品种	油封橡胶收缩过大使唇口与轴的过盈量减小，使随动性下降。如果油封橡胶膨胀过大，会使其力学性能及尺寸发生变化，以致油封不能使用。一般情况下，油封的橡胶材料应以稍微有些膨胀为宜
润滑油	润滑油不同，油封的润滑状态不同，摩擦热也有差异。右图为润滑脂、齿轮油和发动机油的比较，其中以发动机油为最好。从图中还可看出，润滑油完全把轴淹没时油封的发热要比只淹没 25% 轴径时大，所以设计油量以淹没 50% 轴径为限度 旋转频率/3000r · min^{-1}；唇口温升/℃；轴径/mm 几种润滑油的比较 1—润滑脂　2—齿轮油（淹没全轴）　3—发动机油（淹没全轴）　4—齿轮油（淹没轴径 25%）　5—发动机油（淹没轴径 25%）
润滑油添加剂	在各种润滑油中加入添加剂可以提高润滑性能，但对油封的密封性带来不利影响。其中尤以硫、磷和氯等成分影响最大，它们能与橡胶的不饱和双链相交联，使橡胶硬化，造成油封失去弹性而泄漏。此外，加入添加剂的油，长时间使用会变黑，产生油泥；时间长了，油泥会积聚在油封唇部，会使唇口失效而泄漏。因此，要将油温控制得低一些
轴表面粗糙度	表面粗糙度推荐数值为 0.8 ~ 3.2μm，对于要长时间维持油封的密封状态，除表面粗糙度合适以外，还必须排除螺旋线的走刀痕迹，并禁止用砂纸打光轴的油封部位。对于往复运动用油封，加工痕迹并无影响
轴的振动量	振动对油封的影响，主要是使油膜处于紊乱状态，密封性能下降。油封许用振动幅值见右图 轴的振幅/mm；旋转频率/r · min^{-1} 轴的允许振动量

（续）

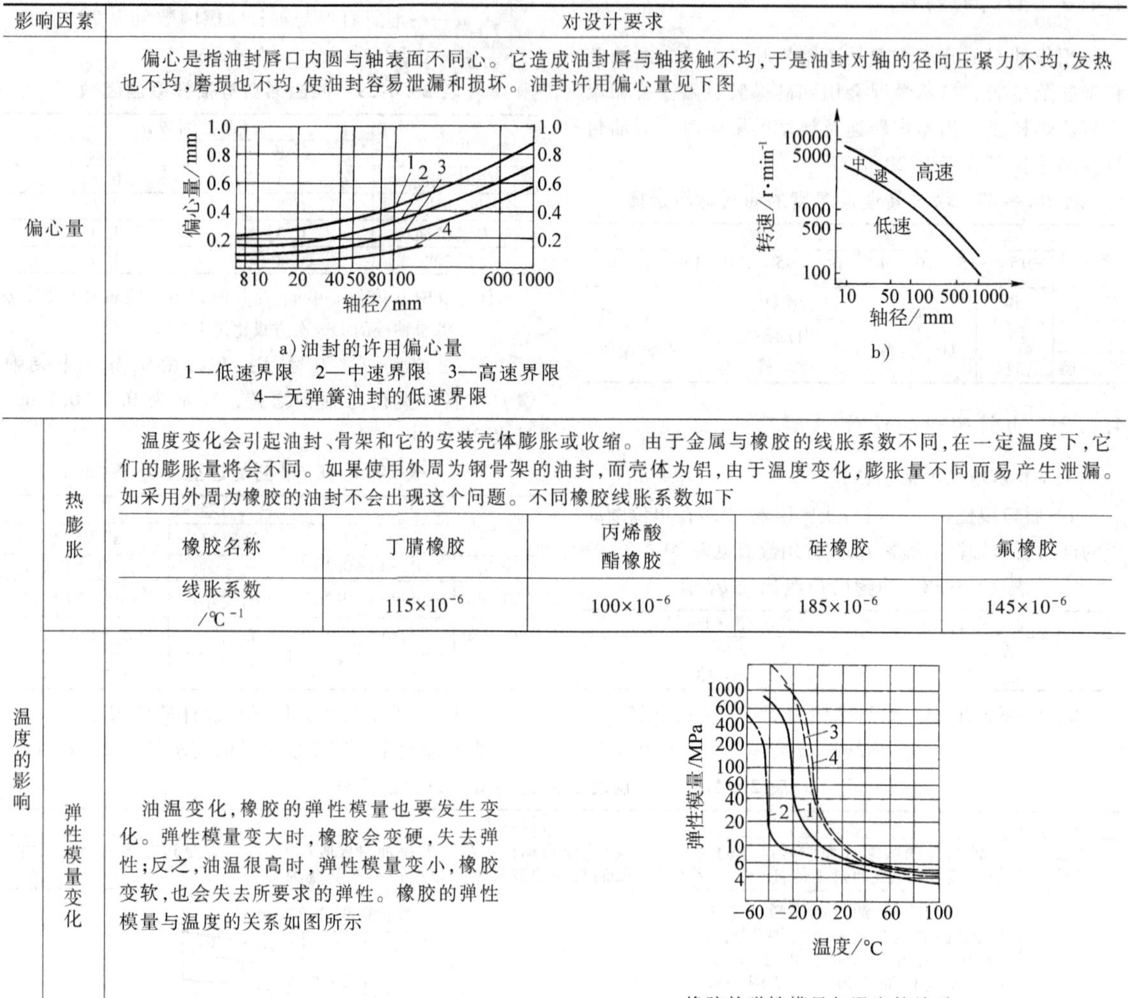

<table>
<tr><th colspan="2">影响因素</th><th>对设计要求</th></tr>
<tr><td colspan="2">偏心量</td><td>偏心是指油封唇口内圆与轴表面不同心。它造成油封唇与轴接触不均，于是油封对轴的径向压紧力不均，发热也不均，磨损也不均，使油封容易泄漏和损坏。油封许用偏心量见下图
a）油封的许用偏心量
1—低速界限　2—中速界限　3—高速界限
4—无弹簧油封的低速界限
b）</td></tr>
<tr><td rowspan="2">温度的影响</td><td>热膨胀</td><td>温度变化会引起油封、骨架和它的安装壳体膨胀或收缩。由于金属与橡胶的线胀系数不同，在一定温度下，它们的膨胀量将会不同。如果使用外周为钢骨架的油封，而壳体为铝，由于温度变化，膨胀量不同而易产生泄漏。如采用外周为橡胶的油封不会出现这个问题。不同橡胶线胀系数如下
<table>
<tr><td>橡胶名称</td><td>丁腈橡胶</td><td>丙烯酸酯橡胶</td><td>硅橡胶</td><td>氟橡胶</td></tr>
<tr><td>线胀系数/℃⁻¹</td><td>115×10^{-6}</td><td>100×10^{-6}</td><td>185×10^{-6}</td><td>145×10^{-6}</td></tr>
</table></td></tr>
<tr><td>弹性模量变化</td><td>油温变化，橡胶的弹性模量也要发生变化。弹性模量变大时，橡胶会变硬，失去弹性；反之，油温很高时，弹性模量变小，橡胶变软，也会失去所要求的弹性。橡胶的弹性模量与温度的关系如图所示
橡胶的弹性模量与温度的关系
1—丁腈橡胶　2—硅橡胶　3—丙烯酸酯橡胶　4—氟橡胶</td></tr>
</table>

4.1.4 用作油封的旋转轴唇形密封圈

用作油封的旋转轴唇形密封圈的分类及特点见表20.4-42。旋转轴唇形密封圈的类型和公称尺寸见表20.4-43。其他结构和尺寸可查阅标准GB/T 9877—2008。

表20.4-42 旋转轴唇形密封圈的分类及特点

分类	特　点
内包骨架	该密封圈应用广泛，但在定位准确性和同轴度、骨架散热性方面不如外露骨架旋转轴唇形密封圈。该密封圈的结构型式有无副唇形（B型）和有副唇形（FB型）两种。适用于安装在设备的旋转轴端，在压力不超过0.05MPa的条件下，对流体和润滑脂起密封作用
外露骨架	外露骨架密封圈的结构型式有无副唇形（W型）和有副唇形（FW型）两种。该密封圈定位准确，同轴度高，安装方便，骨架散热性好。适用于安装在设备的旋转轴端，在压力不超过0.05MPa的条件下，对流体和润滑脂起密封作用
装配式	装配式密封圈的结构型式有无副唇（Z型）和有副唇（FZ型）两种。该密封圈适用于安装在大型、精密设备中的旋转轴端，在压差不超过0.3MPa的条件下，对流体及润滑脂起密封作用

表 20.4-43　旋转轴唇形密封圈的类型和公称尺寸（摘自 GB/T 13871.1—2007）　（mm）

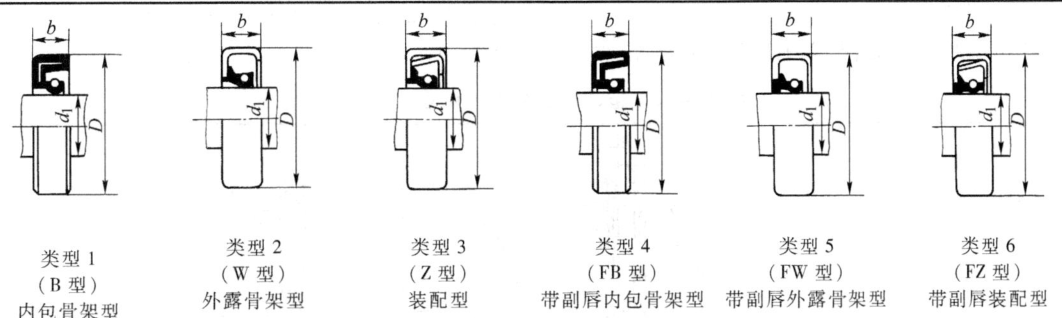

类型 1 （B 型） 内包骨架型	类型 2 （W 型） 外露骨架型	类型 3 （Z 型） 装配型	类型 4 （FB 型） 带副唇内包骨架型	类型 5 （FW 型） 带副唇外露骨架型	类型 6 （FZ 型） 带副唇装配型

注：由于密封圈由不同的制造商生产或是在设计细节上的某些变化，所示结构仅仅是作为 6 种基本类型代表示例

d_1	D	b	d_1	D	b	d_1	D	b	d_1	D	b
6	16	7	25	47	7	50	68	8	120	150	12
6	22	7	25	52	7	50①	70	8	130	160	12
7	22	7	28	40	7	50	72	8	140	170	15
8	22	7	28	47	7	55	72	8	150	180	15
8	24	7	28	52	7	55①	75	8	160	190	15
9	22	7	30	42	7	55	80	8	170	200	15
10	22	7	30	47	7	60	80	8	180	210	15
10	25	7	30①	50	7	60	85	8	190	220	15
12	24	7	30	52	7	65	85	10	200	230	15
12	25	7	32	45	8	65	90	10	220	250	15
12	30	7	32	47	8	70	90	10	240	270	15
15	26	7	32	52	8	70	95	10	250	290	15
15	30	7	35	50	8	75	95	10	260	300	20
15	35	7	35	52	8	75	100	10	280	320	20
16	30	7	35	55	8	80	100	10	300	340	20
16①	35	7	38	55	8	80	110	10	320	360	20
18	30	7	38	58	8	85	110	12	340	380	20
18	35	7	38	62	8	85	120	12	360	400	20
20	35	7	40	55	8	90①	115	12	380	420	20
20	40	7	40①	60	8	90	120	12	400	440	20
20①	45	7	40	62	8	95	120	12			
22	35	7	42	55	8	100	125	12			
22	40	7	42	62	8	105①	130	12			
22	47	7	45	62	8	110	140	12			
25	40	7	45	65	8						

① 为国内用到而 ISO 6194-1：1982 中没有的规格。

与密封圈配合的旋转轴的轴端的导入倒角见表 20.4-44，并且倒角上不应有飞边、尖角和粗糙的机械加工痕迹。轴的直径公差按 GB/T 1800.2—2009 的要求，不得超过 h11。与密封圈唇口接触的轴表面应磨削加工至符合 GB/T 1031—2009 的表面粗糙度 $Ra=0.2\sim0.63\mu m$，$Rz=0.8\sim2.5\mu m$，且不应有机械加工的痕迹。在某些要求较低的场合，表面粗糙度要求可适当放宽。

表 20.4-44　轴端的导入倒角（mm）

30°_{max}

轴直径 d_1	$d_1-d_2$①	轴直径 d_1	$d_1-d_2$①
$d_1\leqslant10$	1.5	$50<d_1\leqslant70$	4.0
$10<d_1\leqslant20$	2.0	$70<d_1\leqslant95$	4.5
$20<d_1\leqslant30$	2.5	$95<d_1\leqslant130$	5.5
$30<d_1\leqslant40$	3.0	$130<d_1\leqslant240$	7.0
$40<d_1\leqslant50$	3.5	$240<d_1\leqslant400$	11.0

① 若轴端采用倒圆倒入导角，则倒圆的圆角半径不小于表中 d_1-d_2 的值。

安装密封圈的腔体内孔应有倒角，不允许有飞边，腔体内孔的尺寸见表 20.4-45。当腔体内孔用黑色金属整体加工成刚性件时，其尺寸公差按 GB/T 1800.2—2009 的规定，不应超过 H8。腔体内孔的表面粗糙度按 GB/T 1031—2009 的规定，$Ra=1.6\sim3.2\mu m$，$Rz=6.3\sim12.5\mu m$。当采用外露骨架型密封圈时，内孔表面粗糙度可考虑采用更低的数值。

表 20.4-45　腔体内孔的尺寸（mm）

25°(max)　15°(min)　圆角半径　倒角长度　孔深

密封圈公称总宽度 b	腔体内孔深度	倒角长度	腔体内孔最大圆角半径
≤10	b+0.9	0.70~1.00	0.50
>10	b+1.2	1.20~1.50	0.75

4.2　毡圈油封

毡圈的材料为带状半粗羊毛毡和细羊毛毡，倾斜结合而成，适用速度 $v<5\mathrm{m/s}$，温度低于 90℃，工作压力小于 0.1MPa 的场合。毡圈油封和沟槽尺寸见表 20.4-46。

表 20.4-46　毡圈油封和沟槽尺寸　（mm）

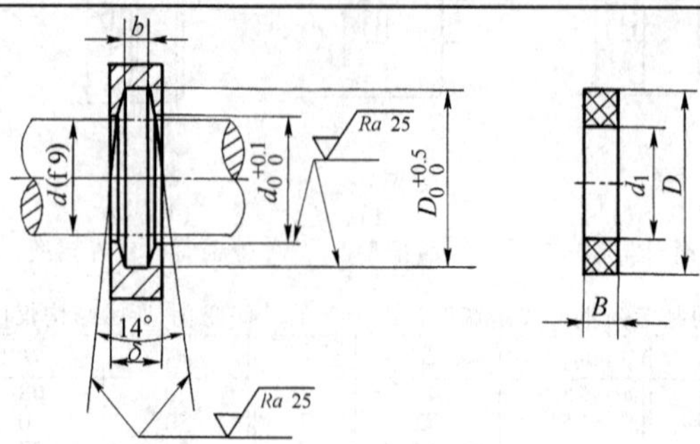

标记示例：
轴径 $d=40\mathrm{mm}$ 的毡圈记为：毡圈 40

d 公称轴径	毡圈 D	毡圈 d_1	毡圈 B	毡圈 质量/kg	沟槽 D_0	沟槽 d_0	沟槽 b	沟槽 δ_{min} 用于钢	沟槽 δ_{min} 用于铸铁
15	29	14	6	0.0010	28	16	5	10	12
20	33	19		0.0012	32	21			
25	39	24	7	0.0018	38	26	6	12	15
30	45	29		0.0023	44	31			
35	49	34		0.0023	48	36			
40	53	39		0.0026	52	41			
45	61	44	8	0.0040	60	46	7		
50	69	49		0.0054	68	51			
55	74	53		0.0060	72	56			
60	80	58		0.0069	78	61			
65	84	63		0.0070	82	66			
70	90	68		0.0079	88	71			
75	94	73		0.0080	92	77			
80	102	78	9	0.011	100	82	8	15	18
85	107	83		0.012	105	87			
90	112	88		0.012	110	92			
95	117	93	10	0.014	115	97			
100	122	98		0.015	120	102			
105	127	103		0.016	125	107			
110	132	108		0.017	130	112			
115	137	113		0.018	135	117			
120	142	118	10	0.018	140	122	8	15	18
125	147	123		0.018	145	127			
130	152	128	12	0.030	150	132	10	18	20
135	157	133		0.030	155	137			
140	162	138		0.032	160	143			
145	167	143		0.033	165	148			
150	172	148		0.034	170	153			
155	177	153		0.035	175	158			
160	182	158		0.035	180	163			
165	187	163		0.037	185	168			
170	192	168		0.038	190	173			
175	197	173		0.038	195	178			
180	202	178		0.038	200	183			
185	207	183		0.039	205	188			
190	212	188		0.039	210	193			
195	217	193	14	0.041	215	198	12	20	22
200	222	198		0.042	220	203			
210	232	208		0.044	230	213			
220	242	213		0.046	240	223			
230	252	223		0.048	250	233			
240	262	238		0.051	260	243			

注：粗毛毡适用于速度 $v\leqslant 3\mathrm{m/s}$，优质细毛毡适用于 $v\leqslant 10\mathrm{m/s}$。

4.3　防尘密封

油封可以作为防尘密封件使用，但是在粉尘严重或为了保护其他密封件时，常常使用专门的防尘密封。

4.3.1　非标准橡胶和金属防尘密封

液压机械的防尘密封多用橡胶；气压机械多用毛毡（方形或梯形）；飞机和寒带工作的液压缸为了对付活塞杆外部结冰而用金属；化工部门为了防止活塞杆上的黏着物也用金属。详见图 20.4-6。

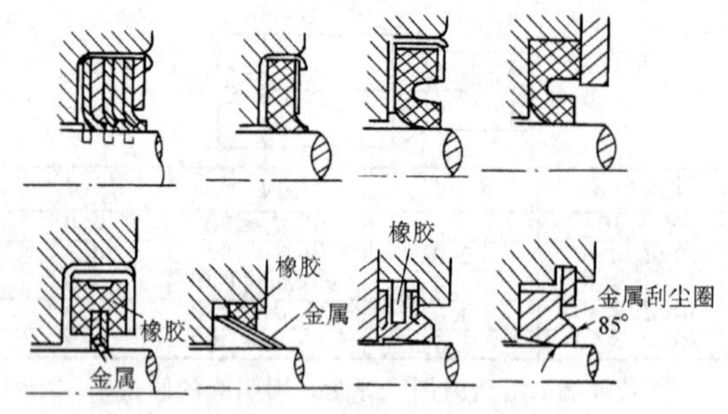

图 20.4-6　非标准橡胶和金属防尘密封

4.3.2　防尘密封圈的形式和尺寸系列（摘自 GB/T 10708.3—2000）

该密封圈适用于安装在液压缸活塞杆导向套上起防尘密封作用。

（1）密封圈的分类

密封圈的分类见表 20.4-47。

表 20.4-47　密封圈的分类

类型	特点与应用
A	单唇无骨架橡胶密封圈，适于在 A 型密封结构型式内安装，起防尘作用
B	单唇带骨架橡胶密封圈，适于在 B 型密封结构型式内安装，起防尘作用
C	双唇密封垫圈，适于在 C 型密封结构型式内安装，起防尘作用

（2）防尘圈的形式与尺寸

防尘圈的形式与尺寸见表 20.4-48～表 20.4-50。

表 20.4-48　A 型防尘圈的形式和尺寸　　（mm）

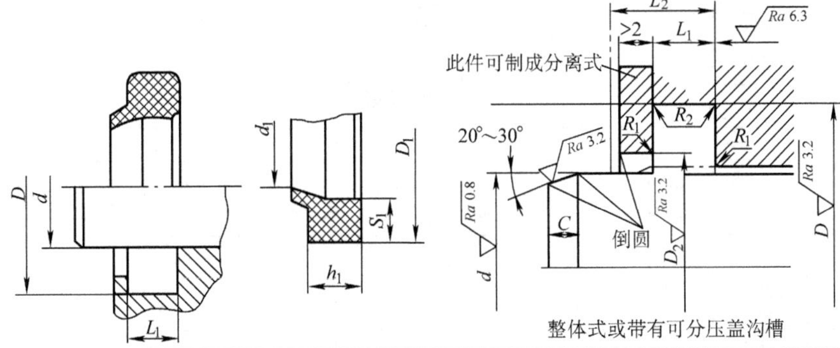

标记示例：

A 型防尘密封圈、密封腔体，内径为 100mm，外径为 115mm，密封腔体轴向长度为 9.5mm，标记为：

防尘密封圈　FA100×115×9.5　××（制造厂代号）GB/T 10708.3—2000

B 型防尘密封圈用 FB 表示；C 型防尘密封圈用 FC 表示

d	D		L_1		d_1		D_1		S_1		h_1		D_2		L_2 ≤	R_1 ≤	R_2 ≤	C ≥
	公称尺寸	极限偏差	公称尺寸	极限偏差	公称尺寸	极限偏差	公称尺寸	极限偏差	公称尺寸	极限偏差	公称尺寸	极限偏差	公称尺寸	极限偏差				
6	14	+0.110 0	5	+0.2 0	4.6	±0.15	14	±0.15	3.5	±0.15	5	0 -0.30	11.5	+0.110 0	8	0.3	0.5	2
8	16				6.6		16						13.5					
10	18				8.6		18						15.5					
12	20				10.6		20						17.5					
14	22	+0.130 0			12.5	±0.25	22						19.5	+0.130 0				
16	24				14.5		24						21.5					
18	26				16.5		26						23.5					
20	28				18.5		28						25.5					
22	30				20.5		30						27.5					
25	33	+0.160 0			23.5		33						30.5	+0.160 0				
28	36				26.5		36						33.5					
32	40				30.5		40						37.5					
36	44				34.5		44						41.5					
40	48				38.5		48						45.5					
45	53	+0.190 0			43.5		53						50.5	+0.190 0				
50	58				48.5		58						55.5					
56	66		6.3		53		66	±0.35	4.3		6.3		63					
60	70				58		70						67		10	0.4		2.5
63	73				61		73						70					
70	80				68	±0.35	80						77					
80	90	+0.220 0			78		90						87	+0.220 0				
90	100				88		100						97					
100	115		9.5	+0.3 0	97.5	±0.45	115	±0.45	6.5		9.5		110		14	0.6		4
110	125				107.5		125						120					
125	140	+0.250 0			122.5		140						135	+0.250 0				
140	155				137.5		155						150					
160	175				157.5		175						170					
180	195	+0.290 0			167.5	±0.60	195	±0.60					190	+0.290 0				
200	215				197.5		215						210					
220	240		12.5		217		240		8.7		12.5		233.5		18	0.8	0.9	5
250	270	+0.320 0			247		270						263.5	+0.320 0				
280	300				277	±0.90	300	±0.90					293.5					
320	340	+0.360 0			317		340						333.5	+0.360 0				
360	380				357		380						373.5					

表 20.4-49　B型防尘圈的形式和尺寸　(mm)

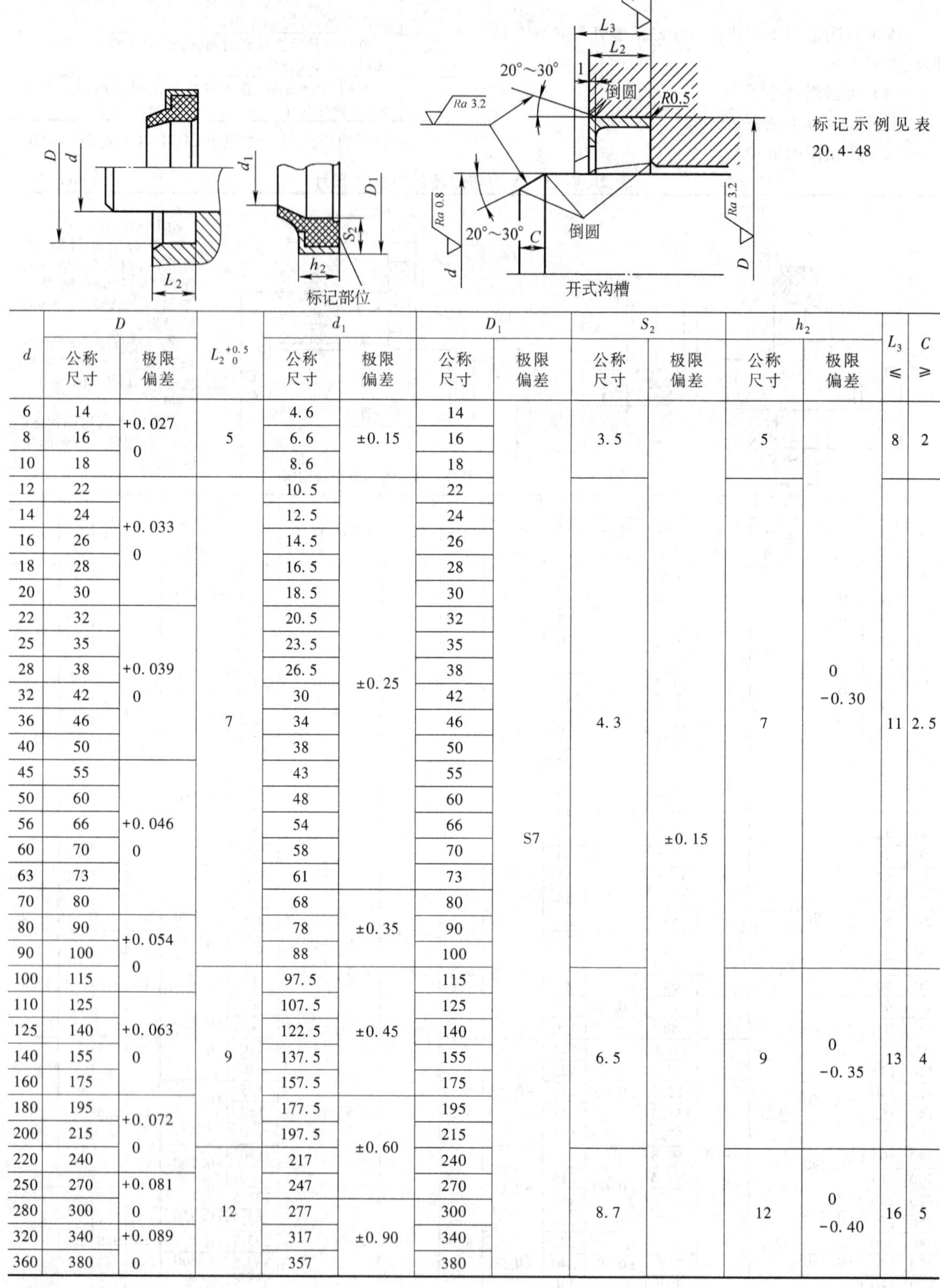

标记示例见表20.4-48

d	D 公称尺寸	D 极限偏差	$L_2{}^{+0.5}_{0}$	d_1 公称尺寸	d_1 极限偏差	D_1 公称尺寸	D_1 极限偏差	S_2 公称尺寸	S_2 极限偏差	h_2 公称尺寸	h_2 极限偏差	L_3 ≤	C ≥
6	14	+0.027 0	5	4.6	±0.15	14	S7	3.5	±0.15	5	0 -0.30	8	2
8	16			6.6		16							
10	18			8.6		18							
12	22	+0.033 0	7	10.5	±0.25	22		4.3		7		11	2.5
14	24			12.5		24							
16	26			14.5		26							
18	28			16.5		28							
20	30			18.5		30							
22	32	+0.039 0		20.5		32							
25	35			23.5		35							
28	38			26.5		38							
32	42			30		42							
36	46			34		46							
40	50			38		50							
45	55	+0.046 0		43		55							
50	60			48		60							
56	66			54		66							
60	70			58		70							
63	73			61		73							
70	80			68	±0.35	80							
80	90	+0.054 0		78		90							
90	100			88		100							
100	115		9	97.5	±0.45	115		6.5		9	0 -0.35	13	4
110	125	+0.063 0		107.5		125							
125	140			122.5		140							
140	155			137.5		155							
160	175			157.5		175							
180	195	+0.072 0		177.5	±0.60	195							
200	215			197.5		215							
220	240		12	217		240		8.7		12	0 -0.40	16	5
250	270	+0.081 0		247	±0.90	270							
280	300			277		300							
320	340	+0.089 0		317		340							
360	380			357		380							

表 20.4-50 C 型防尘圈的型式和尺寸 (mm)

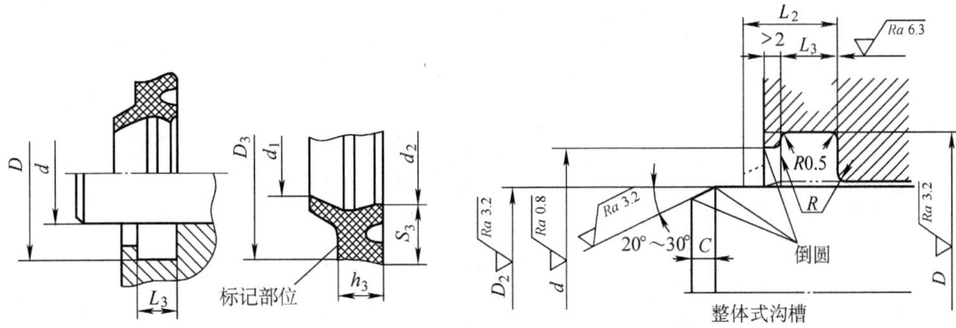

标记示例见表 20.4-48

d	D		L_3		d_1 和 d_2			D_3		S_3		h_3		D_2		L_2 ≤	R ≤	C ≥
	公称尺寸	极限偏差	公称尺寸	极限偏差	d_1	d_2	极限偏差	公称尺寸	极限偏差	公称尺寸	极限偏差	公称尺寸	极限偏差	公称尺寸	极限偏差			
6	12	+0.110 0	4	+0.2 0	4.8	5.2	±0.20	12	+0.10 −0.25	4.2	±0.15	4	0 −0.30	8.5	+0.090 0	7	0.3	2
8	14				6.8	7.2		14						10.5	+0.110 0			
10	16				8.8	9.2		16						12.5				
12	18				10.8	11.2		18						14.5				
14	20	+0.130 0			12.8	13.2		20						16.5				
16	22				14.8	15.2		22						18.5	+0.130 0			
18	24				16.8	17.2		24						20.5				
20	26				18.8	19.2		26						22.5				
22	28				20.8	21.2		28						24.5				
25	33	+0.160 0	5		23.5	24	±0.25	33	+0.10 −0.35	5.5		5		28		8		2.5
28	36				26.5	27		36						31	+0.160 0			
32	40				30.5	31		40						35				
36	44				34.5	35		44						39				
40	48				38.5	39		48						43				
45	53	+0.190 0			43.5	44		53						48	+0.190 0			
50	58				48.5	49		58						53				
56	66		6		54.2	54.8		66		6.8		6		59		9.7		
60	70				58.2	58.8		70						63				
63	73				61.2	61.8		73						66				
70	80				68.2	68.8	±0.35	80	+0.10 −0.40					73				
80	90	+0.220 0			78.2	78.8		90						83	+0.220 0			
90	100				88.2	88.8		100						93				

（续）

d	D 公称尺寸	D 极限偏差	L_3 公称尺寸	L_3 极限偏差	d_1	d_2	d_1 和 d_2 极限偏差	D_3 公称尺寸	D_3 极限偏差	S_3 公称尺寸	S_3 极限偏差	h_3 公称尺寸	h_3 极限偏差	D_2 公称尺寸	D_2 极限偏差	L_2 ≤	R ≤	C ≥
100	115	+0.220 0	8.5	+0.3 0	97.8	98.4	±0.45	115	+0.10 -0.50	9.8	±0.15	8.5	0 -0.30	104	+0.220 0	13	0.4	4
110	125				107.8	108.4		125						114				
125	140	+0.250 0			122.8	123.4		140						129	+0.250 0			
140	155				137.8	138.4		155						144				
160	175				157.8	158.4		175						164				
180	195	+0.290 0			177.8	178.4	±0.60	195	+0.10 -0.65					184	+0.290 0			
200	215				197.8	198.4		215						204				
220	240		11		217.4	218.2		240		13.2		11		225		16.5	0.5	5
250	270	+0.320 0			247.4	248.2		270						255	+0.320 0			
280	300				277.4	278.2	±0.90	300	+0.20 -0.90					285				
320	340	+0.360 0			317.4	318.2		340						325	+0.360 0			
360	380				357.4	358.2		380						365				

5　真空动密封

真空动密封通常分为高真空（1.33×10^{-11}～1.33×10^{-8}MPa）密封和超高真空（10^{-16}～10^{-12}MPa）密封。

高真空动密封的结构及密封件的形式见表20.4-51。

表20.4-51　高真空动密封的结构及密封件的形式

名称	J形真空用橡胶密封圈(垫)	JO形真空用橡胶密封垫圈	骨架形真空用橡胶密封垫圈	O形真空用橡胶密封垫圈
密封件的形式和尺寸	见表20.4-52～表20.4-54	见表20.4-55～表20.4-57	见表20.4-58	见表20.4-59～表20.4-61
装配结构简图	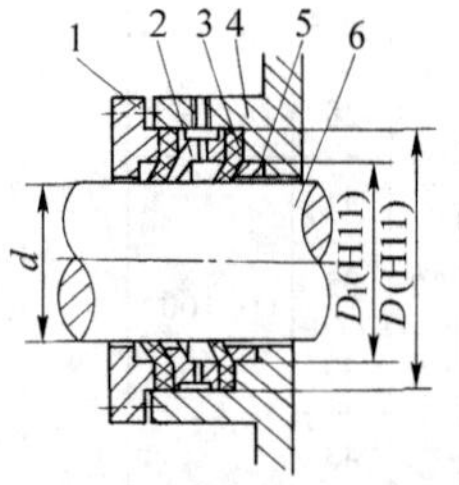 1 2 3 4 5 6 d D_1(H11) D(H11) J形密封圈的安装 1—压紧法兰　2—压套　3—J形密封圈　4—密封座　5—垫圈　6—传动轴	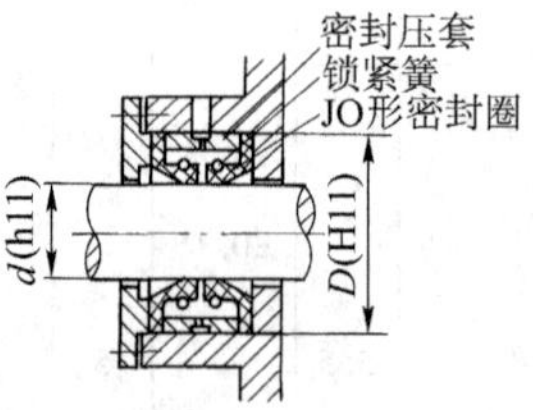 密封压套 锁紧簧 JO形密封圈 d(h11) D(H11) JO形密封圈的安装结构	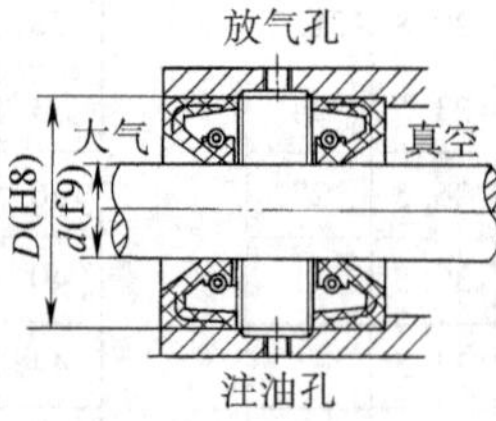 放气孔 大气 真空 D(H8) d(f9) 注油孔 骨架形真空用橡胶密封圈的安装结构	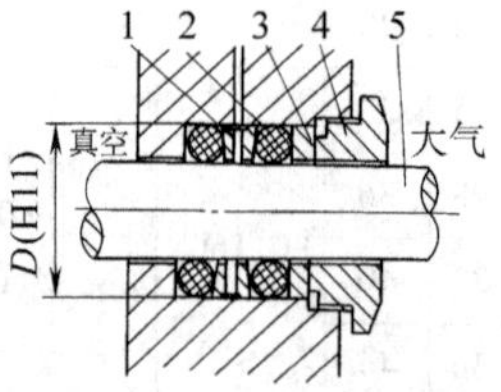 1 2 3 4 5 真空 大气 D(H11) 密封圈的安装结构 1—压套　2—O形密封圈　3—平垫圈　4—螺母　5—传动轴
使用条件	适用于外部为大气压力，真空室压力高于1×10^{-4}Pa的旋转真空机械设备的密封，在规定温度下，旋转线速度<2m/s，转速<2000r/min	同左		适用于外部为大气压力，真空室压力高于1×10^{-4}Pa的往复运动真空机械设备密封，在规定温度下，往复运动速度<0.2m/s

表 20.4-52　J形真空用橡胶密封圈的形式和尺寸（摘自 JB 1090—1991）　（mm）

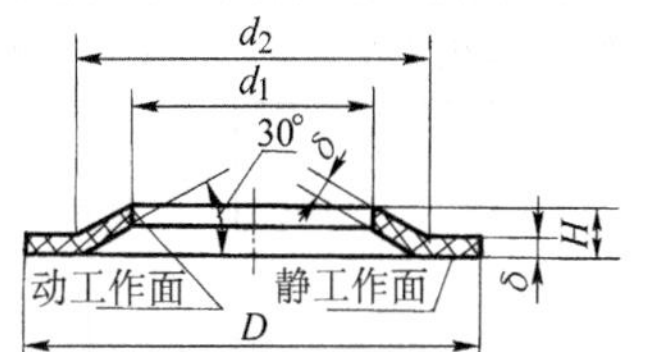

标记示例：

J形真空用橡胶密封圈公称直径 d=50mm，标记为：

J形密封圈 d50 JB 1090

公称直径 d	d_1	d_2	D	H	δ	公称直径 d	d_1	d_2	D	H	δ
6	5.5	13	22	4.2	2	55	53	67	82	7.0	3
8	7.5	15	24			60	58	74	90	7.6	
10	9.5	17	25			65	63	79	95		
12	11.5	19	27			70	68	84	100		
14	13	23	33	4.9		75	73	89	105		
15	14	24	34			80	78	94	112		
16	15	25	35			85	82	98	116	8.6	4
18	17	27	38			90	87	103	122		
20	19	29	40	5.4	2.5	100	97	113	130		
22	21	31	42			110	106	125	144	9.7	
25	23.5	34	44	5.5		120	116	136	154		
28	26.5	37	48			130	126	146	165		
30	28.5	40	52	5.8		140	136	156	175		
32	30	42	54	6.0		150	145	168	190		
35	33	45	56			160	155	178	200	10.6	
40	38	52	66	7.0	3	180	175	198	220		
45	43	57	72			220	195	218	240		
50	48	62	76								

表 20.4-53　J形密封压套的形式和尺寸（摘自 JB 1090—1991）　（mm）

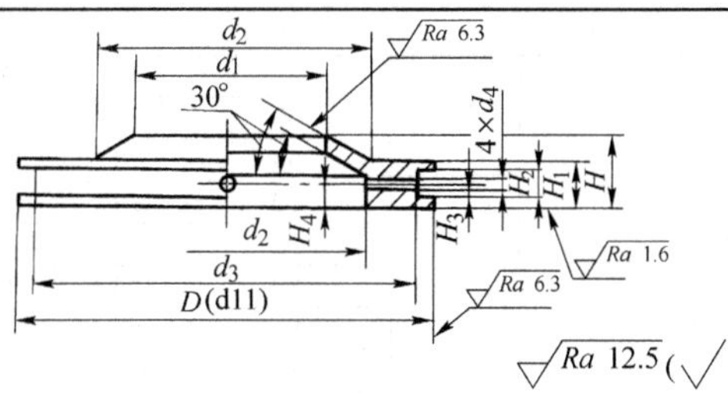

公称直径 d	D	d_1	d_2	d_1、d_2 极限偏差	d_3	d_4	H_1	H_2	H_3	H_4	H 尺寸	H 极限偏差
6	22	6.5	13	-0.1	20	2	4	2	2	3	5.9	±0.06
8	24	8.5	15		21							
10	25	11	17		23							
12	27	13	19		25						5.8	
14	33	15	23	-0.12	31		5	3	2.5	3.5		
15	34	16	24		32						7.3	
16	35	17	25		33							
18	38	19	27		36							
20	40	21	29		38							
22	42	23	31		40							
25	44	26	34		42							
28	48	29	37		46							
30	52	31	40		50						7.8	
32	54	33	42		52							
35	56	36	45		54							
40	66	41	52		64						8.2	±0.08
45	72	46	57		70							
50	76	51	62		74							
55	82	56	67		80							
60	90	61	74	-0.16	88	2.5	6	4	3	4.5	9.8	
65	95	66	79		93							
70	100	71	84		98							

（续）

名义直径 d	D	d_1	d_2	d_1、d_2 极限偏差	d_3	d_4	H_1	H_2	H_3	H_4	H 尺寸	H 极限偏差
75	105	76	89	−0.16	103	2.5	6	4	3	4.5	9.8	±0.08
80	112	81	94		109							
85	116	86	98		114						9.5	
90	122	91	103		119							
100	130	101	113		127							
110	144	112	126		141						10	
120	154	122	136		151							
130	165	132	146		162							
140	175	142	156		172							
150	190	152	168		187						10.6	
160	200	162	178		197							
180	220	182	198		217							
200	240	202	218		237							

注：1. 表内 d_3、d_4、H_1、H_2、H_3 及 H_4 等极限偏差，按未注公差执行。

2. 密封压套材料为 Q235A 或 H62。

表 20.4-54 J形密封圈垫的形式和尺寸（摘自 JB 1090—1991） （mm）

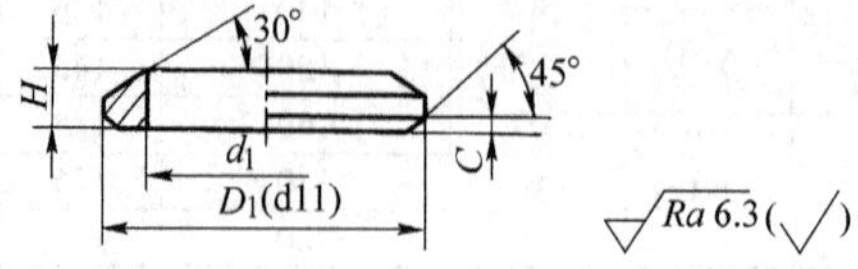

公称直径 d	D_1	d_1	H 尺寸	H 极限偏差	C
6	13	6.5	3	−0.10	0.5
8	15	8.5	3		
10	17	11	3.5		1.0
12	19	13	3.5		
14	23	15	3.5		
15	24	16	3.5		
16	25	17	3.5		
18	27	19	3.5		
20	29	21	3.5		
22	31	23	3.5		
25	34	26	3.5		
28	37	29	3.5		
30	40	31	4		
32	42	33	4		
35	45	36	4		
40	52	41	4		
45	57	46	4		
50	62	51	4		

公称直径 d	D_1	d_1	H 尺寸	H 极限偏差	C
55	67	56	4	−0.10	1.0
60	74	61	4	−0.15	
65	79	66	4		
70	84	71	4		
75	89	76	5		
80	94	81	5		
85	98	86	5		
90	103	91	5		
100	113	101	5		
110	126	112	5		
120	136	122	5		
130	146	132	5		
140	156	142	5		
150	169	152	5		
160	178	162	5		
180	198	182	5		
200	218	202	5		

注：如因结构改变，H 可以改变，垫圈材料为 Q235A 或 H62。表内 d_1 及 C 的极限偏差，按未注公差执行。

表 20.4-55 JO形真空用橡胶密封圈的形式和尺寸（摘自 JB 1091—1991） （mm）

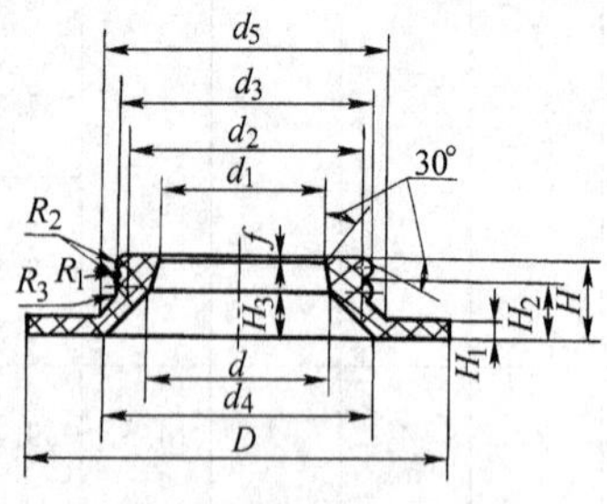

标记示例：

JO 形真空用橡胶密封圈公称直径 d = 50mm，标记为：JO 形密封圈 d50 JB 1091

（续）

公称直径 d	D	d_1	d_2	d_3	d_4	d_5	H	H_1	H_2	H_3	R_1	R_2	R_3	f
6	25	5.5	9	12	13	15	10	2.5	7.5	6	1.2	0.5	0.3	0.5
8	26	7.5	11	14	15	17								
10	28	9.5	14	17	18	20								
12	30	11.5	16	19	20	22	12	3	9	7		0.6	0.4	
14	32	13.5	18	21	22	24								
15	33	14.5	19	22	24	25	13		10	8				
16	34	15.5	20	23	25	27								
18	38	17.5	22	25	27	29								
20	42	19.5	24	27	29	31								
22	45	21.5	26	29	32	34	14	4	11					
25	48	24.5	29	32	35	37								
28	52	27.5	32	35	38	40	15		12	9	1.4	0.9	0.5	1.0
30	54	29.5	34	37	40	42								
32	56	31	36	40	44	46								
35	60	34	39	43	47	49								
40	66	39	44	48	52	54								
45	72	44	49	53	57	59	17		13	10				
50	76	49	54	58	62	64								
55	82	54	59	63	63	70								
60	90	59	64	68	73	75								
65	95	64	69	73	79	80								
70	100	69	74	78	83	85								
75	105	74	79	83	89	90	19	5	15	12	1.5	1.0		
80	110	79	84	89	94	95								
85	115	84	89	94	99	100								
90	120	89	94	99	104	105								
100	130	99	105	110	117	118								
110	144	108	115	120	127	128							0.6	1.5
120	154	118	125	130	137	139	20		16	13				
130	165	128	135	140	148	149					1.6	1.1		
140	175	138	145	150	158	160								
150	190	148	155	160	168	170								
160	200	158	165	170	178	180	21	6	17	14				
180	220	178	185	180	198	190								
200	240	198	205	210	218	220								

表 20.4-56　JO 形密封圈锁紧簧的形式和尺寸（摘自 JB 1091—1991）　　（mm）

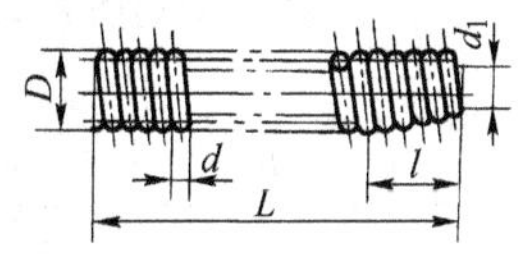

（将弹簧的圆锥端拧入圆柱端）

公称直径	螺旋圈数	展开长度	自由长度 L	锥部长度 l	弹簧外径 D	锥部外径 d_1	钢丝直径 d
6	89	475	27	2.5	2	1.0	0.3
8	112	596	34				
10	142	756	43				0.4
12	121	606	49	3			
14	136	682	55				
15	145	725	58				
16	151	758	61				
18	166	833	67				
20	184	920	74				
22	199	998	80				
25	221	1110	89				
28	244	1220	98				
30	261	1311	105				0.5
32	221	1302	111	4	2.5	1.2	
35	239	1495	120				
40	271	1696	136				
45	303	1897	152				
50	335	2098	168				
55	365	2286	183	4	2.5	1.2	0.5
60	397	2487	199				
65	429	2688	215				
70	459	2877	230				
75	491	3078	246				
80	373	2940	262	5	3.2	1.6	0.7
85	395	3080	277				
90	418	3235	293				
100	468	3630	328				
110	400	2830	360	8	3.2	2	0.9
120	433	3160	390				
130	469	3380	422				
140	503	3660	453				
150	537	3870	484				
160	573	4130	516				
180	644	4640	580				
200	713	5150	642				

注：弹簧的材料及热处理条件等应符合 YB 248 的规定。

表 20.4-57 JO 形密封圈压套的形式和尺寸（摘自 JB 1091—1991） (mm)

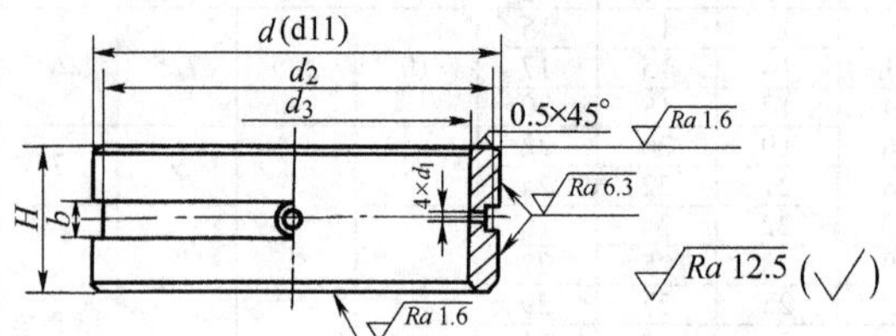

公称直径	d	d_2	d_3	H	b	d_1
6	25	24	19	19	5	2
8	26	25	20			
10	28	27	22			
12	30	28	24	23		
14	32	30	26			
15	33	32	27			
16	34	33	28			
18	38	36	31			
20	42	40	35			
22	45	13	37	25		
25	48	16	40			
28	52	50	44			
30	54	52	46			
32	56	54	48			
35	60	58	52			
40	66	64	58			
45	72	70	64	30		
50	76	74	68			

公称直径	d	d_2	d_3	H	b	d_1
55	82	80	74	30	7	3
60	90	88	80			
65	95	93	85			
70	100	98	90	32		
75	105	103	95			
80	110	108	100			
85	115	113	105			
90	120	118	110			
100	130	128	120			
110	144	142	132			
120	154	152	142	34		
130	165	163	153			
140	175	173	163			
150	190	188	174			
160	200	198	184			
180	220	218	204			
200	240	238	224			

注：压套的材料为 Q235A。

表 20.4-58 骨架形真空用橡胶密封圈的形式和尺寸（摘自 JB 1091—1991） (mm)

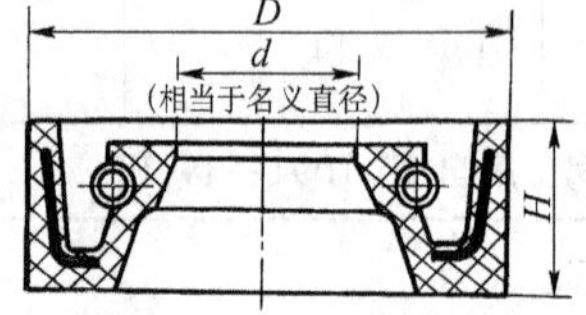

标记示例：

代号为 PD，d = 22mm，D = 40mm，H = 10mm 的骨架型真空用橡胶密封圈，标记为：

骨架型密封圈 PD22×40×10 JB 1091

内径 d	外径 D	高度 H	内径 d	外径 D	高度 H	内径 d	外径 D	高度 H
6	22	8	35	56	12	95	125	12
8	22	8	38	56	12	100	125	12
10	22	8	40	62	12	105	130	14
12	25	10	42	62	12	110	140	14
14	30	10	45	62	12	115	140	14
15	30	10	50	72	12	120	150	14
16	30	10	52	72	12	125	150	15
17	35	10	55	75	12	130	160	15
18	35	10	60	80	12	140	170	16
20	35	10	65	90	12	150	180	16
22	40	10	70	90	12	160	190	16
25	40	10	75	100	12	170	200	16
28	50	10	80	100	12	180	220	18
30	50	10	85	110	12	190	240	18
32	52	12	90	110	12	200	240	18

表 20.4-59 O 形真空用橡胶密封圈的形式和尺寸（摘自 JB 1092—1991） (mm)

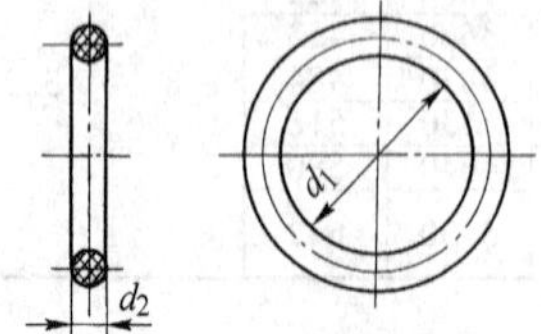

标记示例

内径 d_1 = 48.7mm，截面直径 d_2 = 5.30mm 的 O 形真空用橡胶密封圈，标记为：

O 形密封圈 48.7×5.30 JB 1092

（续）

公称直径 d	内径 d_1 尺寸	内径 d_1 极限偏差	截面直径 d_2 1.80±0.08	2.65±0.09	3.55±0.10	5.30±0.13	7.00±0.15	公称直径 d	内径 d_1 尺寸	内径 d_1 极限偏差	截面直径 d_2 1.80±0.08	2.65±0.09	3.55±0.10	5.30±0.13	7.00±0.15
3	2.50	±0.13	*					45	43.7	±0.30	*	*	*	*	
4	3.55		*					50	48.7		*	*	*	*	
5	4.50	±0.14	*					55	53.0	±0.45		*	*	*	
6	5.30		*					60	58.0			*	*	*	
8	7.50	±0.17	*	*				65	63.0			*	*	*	
10	9.50		*	*				70	69.0			*	*	*	
12	11.2		*	*				75	73.0			*	*	*	
14	13.2		*	*				80	77.5				*	*	
15	14.0		*	*				85	82.5	±0.65			*	*	
16	15.0	±0.22	*	*				90	87.5				*	*	
18	17.0		*	*				100	97.5				*	*	
20	19.0		*	*	*			110	109				*	*	*
22	21.2		*	*	*			120	118			*	*	*	*
25	23.6		*	*	*			130	128	±0.90			*	*	*
28	26.5	±0.30	*	*	*			140	136				*	*	*
30	28.0		*	*	*			150	145				*	*	*
32	31.5		*	*	*			160	155				*	*	*
35	33.5		*	*	*			180	175				*	*	*
40	38.7		*	*	*			200	195	±1.20			*	*	*

注：* 表示适用。

表 20.4-60　O 形密封圈密封压套的形式和尺寸（摘自 JB 1092—1991）　　（mm）

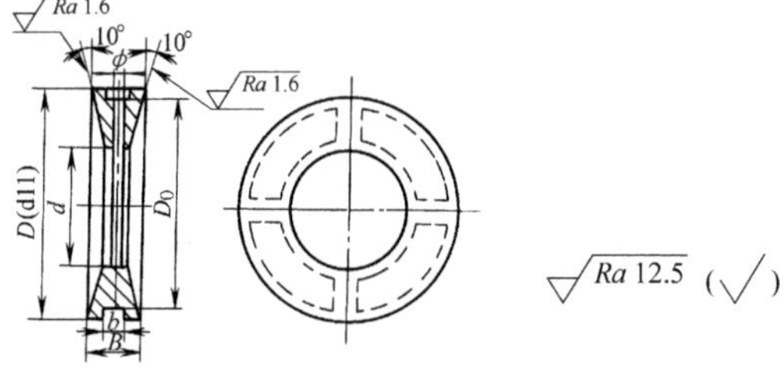

公称直径	d	B	b	ϕ	r	公称直径	d	B	b	ϕ	r	公称直径	d	B	b	ϕ	r
3	3.5	4	2	1	0.5	25	26	6	3	1.5	0.6	80	81	8	4	2	0.7
4	4.5					28	29					85	86				
5	5.5					30	31					90	91				
6	6.5					32	33					100	101				
8	8.5					35	36					110	112	10	5	2.5	0.9
10	10.5					40	41					120	122				
12	12.5	6	3	1.5	0.6	45	46	6	3	1.5	0.5	130	132				
14	15					50	51	8	4	2	0.7	140	142				
15	16					55	56					150	152				
16	17					60	61					160	162				
18	19					65	66					180	182				
20	21					70	71					200	202				
22	23					75	76										

注：1. 密封压套的材料为 Q235A 或 H62。
2. D 及 D_0 尺寸按所选密封圈尺寸相应取值。

表 20.4-61　O 形密封圈平垫的形式和尺寸（摘自 JB 1092—1991）　　（mm）

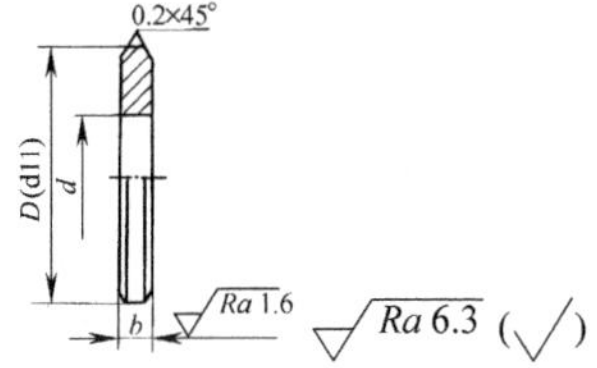

（续）

<table>
<tr><th>轴径</th><th>d</th><th>b</th><th>轴径</th><th>d</th><th>b</th><th>轴径</th><th>d</th><th>b</th><th>轴径</th><th>d</th><th>b</th><th>轴径</th><th>d</th><th>b</th></tr>
<tr><td>3</td><td>3.5</td><td rowspan="6">1.5</td><td>15</td><td>16</td><td rowspan="4">2</td><td>32</td><td>33</td><td rowspan="4">2.5</td><td>70</td><td>71</td><td rowspan="6">3</td><td>130</td><td>132</td><td rowspan="8">3.5</td></tr>
<tr><td>4</td><td>4.5</td><td>16</td><td>17</td><td>35</td><td>36</td><td>75</td><td>76</td><td>140</td><td>142</td></tr>
<tr><td>5</td><td>5.5</td><td>18</td><td>19</td><td>40</td><td>41</td><td>80</td><td>81</td><td>150</td><td>152</td></tr>
<tr><td>6</td><td>6.5</td><td>20</td><td>21</td><td>45</td><td>46</td><td>85</td><td>86</td><td>160</td><td>162</td></tr>
<tr><td>8</td><td>8.5</td><td>22</td><td>23</td><td rowspan="4">2.5</td><td>50</td><td>51</td><td rowspan="4">3</td><td>90</td><td>91</td><td>180</td><td>182</td></tr>
<tr><td>10</td><td>10.5</td><td>25</td><td>26</td><td>55</td><td>56</td><td>100</td><td>101</td><td>200</td><td>202</td></tr>
<tr><td>12</td><td>12.5</td><td rowspan="2">2</td><td>28</td><td>29</td><td>60</td><td>61</td><td>110</td><td>112</td><td rowspan="2">3.5</td><td></td><td></td></tr>
<tr><td>14</td><td>15</td><td>30</td><td>31</td><td>65</td><td>66</td><td>120</td><td>122</td><td></td><td></td></tr>
</table>

注：1. 平垫的材料为Q235A或H62。

2. D尺寸按所选密封圈尺寸相应取值。

第5章　机械密封

机械密封是一种依靠弹性元件对静、动环端面密封副的预紧和介质压力与弹性元件压力的压紧，而达到密封的轴向端面密封装置（见图 20.5-1），故又称端面密封。

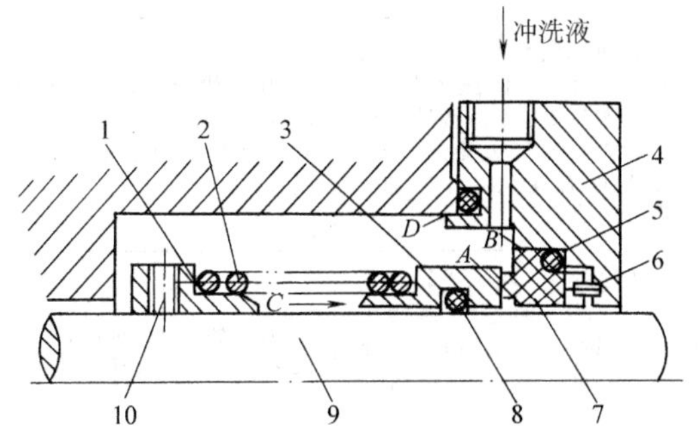

图 20.5-1　机械密封结构原理

1—弹簧座　2—弹簧　3—旋转环（动环）　4—压盖　5—静环密封圈　6—防转销　7—静环　8—动环密封圈　9—轴（或轴套）　10—紧定螺钉　*A*、*B*、*C*、*D*—密封部位（通道）

当轴 9 旋转时，通过紧定螺钉 10 和弹簧 2 带动旋转环 3 旋转。防转销 6 固定在静止的压盖 4 上，防止静环 7 转动。当密封端面磨损时，动环 3 连同动环密封圈 8 在弹簧 2 推动下，沿轴向产生微小移动，达到一定的补偿能力，所以称补偿环。静环不具有补偿能力，所以称非补偿环。通过不同的结构设计，补偿环可由动环来承担，也可由静环承担。由补偿环、弹性元件和副密封等构成的组件称补偿环组件。

机械密封有 4 个密封部位（通道），如图 20.5-1 中所示的 *A*、*B*、*C* 和 *D*。*A* 处为端面密封，又称主密封；*B* 处为静环 7 与压盖 4 端面之间的密封；*C* 处为动环 3 与轴（或轴套）9 配合面之间的密封，因能随补偿环沿轴向移动并起密封作用，所以又称副密封；*D* 处为压盖与泵壳端面之间的密封。*B*、*D* 和 *C* 三处是静止密封，一般不易泄漏；*A* 处为端面相对旋转密封，只要设计合理即可达到减少泄漏的目的。

1　机械密封的分类及应用范围（见表 20.5-1）

表 20.5-1　机械密封的分类及应用范围

分类依据	分　类	结构简图	特　　点	应用范围
摩擦副数目及布置	单端面		仅有一对摩擦副，结构简单，装拆方便	应用广泛
	双端面		有两对摩擦副，能引入密封液进行封堵、润滑冲洗和冷却。密封液压力应比介质工作压力大 0.05 ~0.15MPa	适用于强腐蚀、高温、带悬浮颗粒及纤维介质、气体介质，易燃易爆、易挥发和低黏度介质。高真空密封
	串联多端面		两级或更多级串联安装，使每级密封承受的介质压力递减	适用于高压密封
弹簧是否与介质接触	内装式		弹簧置于密封介质之中，受力条件较好，泄漏量小，冷却与润滑好	常用于介质既无强腐蚀性，又不影响弹簧性能的情况
	外装式		弹簧置于密封介质之外，受力条件较差。泄漏量较大。因大部分零件不与介质接触，且暴露在设备外，故便于观察、安装和维修	用于强腐蚀性、高黏度、结晶性介质，用于压力低、安装要求较低的情况

（续）

分类依据	分 类	结构简图	特 点	应用范围
介质在端面引起卸载的程度	不卸载的（非平衡型）	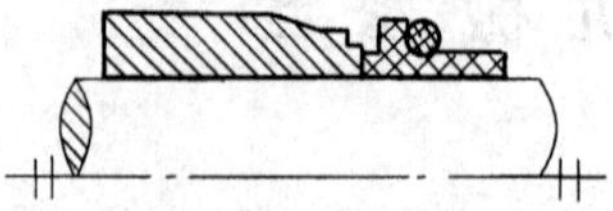	介质压力在密封端面上不引起卸载的为非平衡型。$K>1$，K为载荷系数，表示动环的轴向受压面积与端面贴合面积之比	一般情况介质压力<0.7MPa时采用。但对于黏度较小，润滑性能较差的介质，压力在0.3～0.5MPa时不用非平衡型
	卸载的（平衡型）	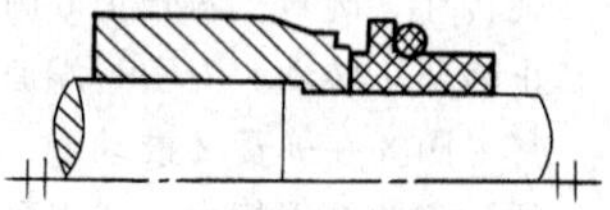	介质压力在密封端面上引起卸载的为平衡型。载荷系数$0<K<1$	用于中、高压条件，通常在0.5MPa以上。平衡型成本高于非平衡型，应多用非平衡型
弹簧的数目	单弹簧	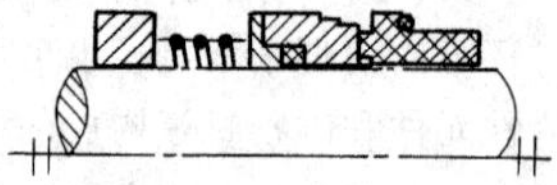	耐蚀，脏物结晶对弹簧性能影响小，但比压不均匀，轴径大时更突出；转速大时离心力引起弹簧变形，轴向尺寸大，径向尺寸小。加工要求较高	用于载荷较小、轴径较小（一般不超过80～150mm），有腐蚀性介质的情况
	多弹簧	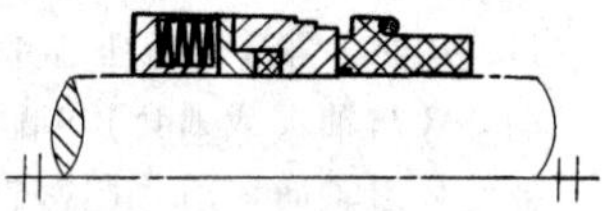	比压均匀，且不受轴径影响，弹簧变形受转速影响小，耐蚀差，对脏物结晶敏感，径向尺寸大，轴向尺寸小	用于较大的轴径，较重的载荷条件下，易于制造
辅助密封圈型式	成型填料	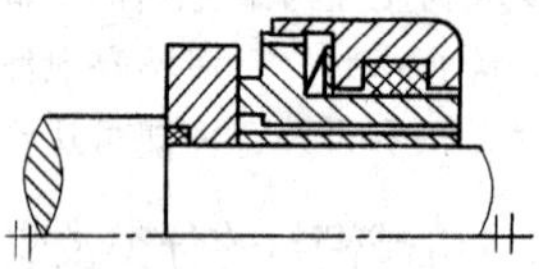	价廉，耐温-50～250℃	应用广泛
	波纹管	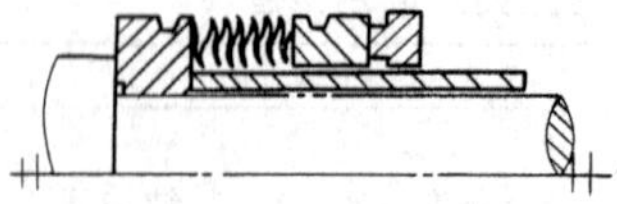	耐温-200～+650℃	用于高、低温条件
介质泄漏方向	内流式（向心方向）	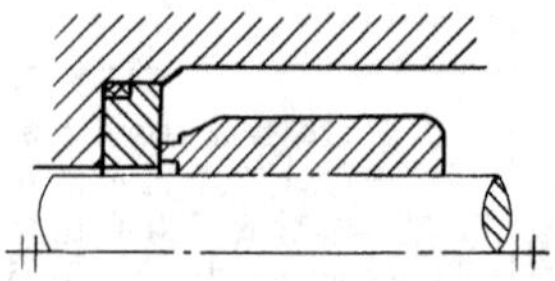	泄漏方向与离心力方向相反，泄漏量较小	应用广泛，尤其适用于含有固体悬浮颗粒介质的情况
	外流式（离心方向）	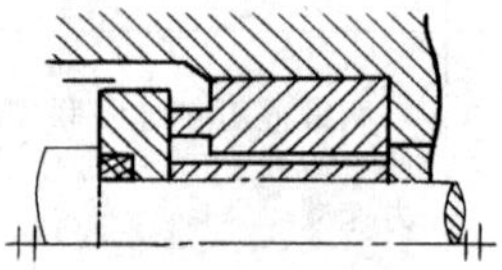	泄漏方向与离心力方向相同，故泄漏量较大	多用于外装式
端面摩擦工况	边界摩擦或半液摩擦	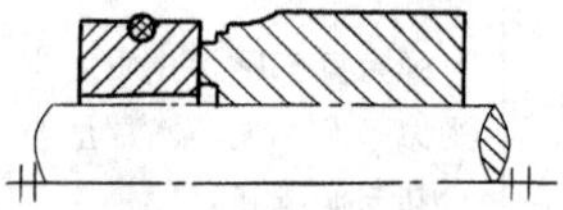	结构简单，泄漏量小	应用广泛
	全液摩擦	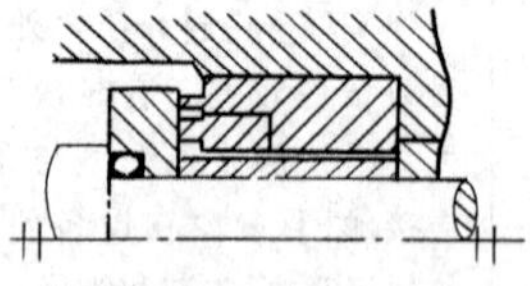	泄漏量较大，结构较复杂，有时需附加封液循环系统	用于高温、高压条件

2　机械密封结构的选用

常用机械密封结构的选用见表 20.5-2。

对于石油化工用机械密封，除了应根据其压力、速度、温度和介质性质与用途考虑选用机械密封形式外，还必须根据其特点考虑，详见表 20.5-3~表 20.5-5。

表 20.5-2　机械密封结构的选用

使用条件		结构选型	使用条件		结构选型
据 p、v 数值	介质黏度高，润滑性能好，$p\leqslant0.8$MPa；或低黏度，润滑性差，$p\leqslant0.5$MPa	非平衡式结构	介质特性	弱腐蚀性介质	内装式结构
	p 超过上述数值	平衡式结构		强腐蚀性介质	外装式或聚四氟乙烯波纹管式结构
	$v<20\sim30$m/s	弹簧旋转式结构		易结晶、易凝固和高黏度介质	大弹簧旋转式结构
	v 更高	弹簧静止式结构		易燃、易爆、有毒介质	有封液的双端面结构

表 20.5-3　不同工作条件下机械密封的工作特点、要求和措施

工作条件			特　点	对轴封要求	采取措施
温度	高温	塔底热油泵、热载体泵和油浆泵等轴封	材料强度低，介质汽化、固化和结晶，密封环变形，密封圈变质，弹簧失效，橡胶老化，组合环配合松脱等	材料要求耐热、耐高温（密封环与辅助密封件），要注意保温与冷却，要保证动环高温下的滑动性	考虑采用金属波纹管密封、浸金属碳石墨环和耐高温材料的辅助密封件；加强保温与冷却，采用蒸汽背冷、辅助压盖或衬套等
	低温	液氨泵等轴封	温升导致介质汽化和干摩擦；低温下动环滑动性差（大气中水分进入密封造成结冰）	要求填料材料和硬质材料面低温，石墨环在低温中的滑动性，要保冷且防止结冰	考虑采用金属波纹管密封和耐低温材料，如采用低温石墨（或纯石墨、浸轴承合金和青铜等），填料压盖和衬套引入干燥气体，封油、耐低温
压力	带压	由于轴封处于泵的入口压力下，压力不高，但液化气等泵的压力稍高	密封环受压变形或碎裂；密封圈容易被挤出；p_cv 值高，摩擦条件恶化	密封环要求有足够强度和刚度，结构上考虑防变形；要避免密封圈被挤出，注意填料结构和形状；要求材料组合的允许 p_cv 值高，密封面存在流体膜，使润滑条件良好	采用高强度石墨和防变形结构（如中间环密封，断面刚性好），使填料间隙小或加垫环；采用高 p_cv 值材料组合（如 WC-C），采用多级密封、流体动力密封等，加强冷却和润滑
	真空（负压）	减压蒸馏系统泵和真空压缩机的轴封	漏入空气形成干摩擦，泄漏量大	要求防止外界空气被吸入，保持必要的真空度，避免密封面分开，保证负压工作	考虑采用金属波纹管密封、带衬套和冲洗的单端面密封；增强弹簧压力，防止负压下动环与静环分开，加防转销；提高密封压力，变负压为正压
旋转	高速	$v>20\sim30$m/s 的催化气压机、焦化气压机、加氢循环压缩机和氨压缩机等轴封	动环旋转时弹簧受离心力影响，介质受搅拌影响，摩擦热高、磨损快及高速向下振动（零件的动平衡问题），p_cv 值高	要求端面材料的允许 p_cv 值高；要考虑离心力和搅拌的影响，零件要经过动平衡校正，防止振动，要求冷却和润滑措施适应高速条件下运转	采用高 p_cv 值材料组合（如 WC-C、SiC-C 等）和静止型结构，提高零件精度，使冷却和润滑充分；采用平衡型或流体动压型密封
	正反转	开停频繁和正反转	弹簧旋向有影响，零件受冲击，密封面摩擦条件恶劣	要求零件耐磨性和耐冲击性高，注意强度设计和加强防转机构，要注意弹簧的旋向	组装套采用牙嵌式结构，驱动间隙要小，静环用防转零件；金属波纹管密封较适应或用多点布小弹簧结构

表 20.5-4 不同介质的性质、工作特点对机械密封的要求和措施

介质		性质	特点	对轴封要求	采取措施
易汽化	液化气、液态烃、液氨、乙醛、异丁烷和丙烯等	沸点低蒸气压高	摩擦热使密封面间液膜汽化,容易干运转	要求材料摩擦因数低;充分冷却;防止泄漏引起密封面结冰(靠大气侧)	采用平衡型密封或两道密封,摩擦副材料用 WC-C 或 SiC-C 组合,加强冷却、冲洗和相应的背冷
易凝固	石蜡、蜡油、渣油、沥青、尿素、熔融硫黄、煤焦油、酚醛树脂和增塑剂等	凝固点高	温度变化会引起介质固化,妨碍动环滑动	注意保温;要求冲洗,避免凝固	加强保温措施,采用蒸汽背冷(t>150℃)

表 20.5-5 炼油厂某些工艺装置泵用轴封的工作特点和措施

工艺装置	典型机泵	特点	辅助措施
常减压蒸馏	初底泵、常底泵和减底泵	塔底重油温度(300~370℃)和渣油温度(370~400℃)较高,易凝固,使动环动作不良;减底泵轴封处于负压,浆液易分解,塔底容易有脏物	采用自冲洗或外冲洗,采用冷却器,冲洗液过滤,备用泵压盖蒸汽保温,保持蒸汽流动,防止凝固;热态找正;采用 WC-WC 或金属波纹管密封。减底泵轴封处保持正压,开工时外冲洗,运转时自冲洗,冲洗管注意保温
	碱泵	结晶析出(靠大气侧),动环动作不良	采用硬面材料,清水背冷防结晶物析出
催化裂化	油浆泵、回炼油泵	含催化剂(固体颗粒)浆液,浆液温度高,动环动作不良,具有塔底泵的特点	采用外冲洗(因为浆渣多),注意热态找正,采用金属波纹管密封,备用泵压盖蒸汽保温,保持蒸汽流动,冲洗管注意保温

3 常用机械密封材料

在石油、化工和许多行业中，由于机泵的工作介质繁多和工作条件苛刻，所以在使用机械密封时，除了密封结构和密封系统以外，必须对机械密封用材料加以重视，而且必须根据具体的用途、介质性质和工作条件，采用不同的密封材料。因此，必须正确选用机械密封用材料。通常是根据被密封介质的性质、工况和用途来选择的。

3.1 摩擦副材料及选择

摩擦副材料对密封性能影响很大，正确选择摩擦副材料是保证机械密封正常工作的关键。选择时一般应考虑材料的耐磨性能、耐蚀性能、耐热性能、导热性能、自润滑性和可加工性能，并希望其线胀系数尽可能小，以便减小摩擦副材料的热变形。常用摩擦副材料、特性及适用范围见表 20.5-6。

3.2 辅助密封圈材料（见表 20.5-7）

3.3 弹簧和波纹管材料及选择（见表 20.5-8、表 20.5-9）

3.4 金属构件材料及选择（见表 20.5-10）

表 20.5-6 常用摩擦副材料、特性及适用范围

材料名称		特性及适用范围
纯石墨		优良的耐蚀性,很高的化学稳定性,在空气中低于400℃时,除强氧化性介质如王水、铬酸、浓硫酸及卤素外,可耐其他酸、碱、盐类及一切有机化合物的腐蚀。有极好的自润滑性、低的摩擦因数、高的热导率,良好的热稳定性,耐热、耐寒和耐热冲击性好,因此是用量最大,使用范围广的材料之一。但抗拉强度低,无延展性,硬度低
浸渍树脂石墨(包括浸酚醛石墨、浸环氧树脂石墨和浸呋喃树脂石墨)		适用 t<170℃,具有良好的耐蚀性,酚醛树脂耐酸性好,环氧树脂耐碱性好,呋喃树脂既耐酸又耐碱。因此,呋喃树脂石墨使用最广泛
浸渍金属石墨		适用于 t>170℃,浸渍金属耐高温性能较好,但耐蚀性差
陶瓷	氧化铝陶瓷(Al_2O_3)	应用较广,较为理想的陶瓷材料有很高的硬度、耐磨性,且耐蚀性好。除氢氟酸、氟硅酸及浓碱外,几乎耐各种介质的腐蚀。有良好的导热性,原料来源广,加工方便,价格便宜
	氮化硅陶瓷(Si_3N_4)	氮化硅陶瓷是国内新型材料,强度、硬度高,且摩擦因数低,自润滑性较好,有一定的耐磨性,较好的抗温度骤变性
	碳化硅陶瓷(SiC)	新型材料,摩擦因数低,硬度高,耐磨性好。适用于含颗粒的介质
WC-Co 硬质合金		极高的硬度和强度,良好的耐磨性及颗粒冲刷性。适用重载荷或用在颗粒、固体及结晶介质的场合。能耐一般温度下的硫酸和氢氟酸,以及沸点下的苛性钠等腐蚀,不耐盐酸和硝酸,冲击韧度低而脆性较高,加工困难

（续）

材料名称	特性及适用范围
铸铁、碳钢	球墨铸铁具有铸铁的特性，也具有钢的高强度、耐磨性、抗氧化性及减振性，同时还可经过热处理提高强度。适用于油类和中性介质 常用碳钢材料有 45 钢和 50 钢，适用于化学中性介质
高硅铸铁	优良的耐酸材料。适用于各种浓度的硫酸、硝酸、有机酸和酸性盐等介质，不适用氢氟酸、强碱、盐酸和热的三氯化铁溶液，质脆而硬，加工困难，耐温度剧变性差
铬钢、铬镍钢	常用铬钢材料有 30Cr13、40Cr13、95Cr18，淬火后有较高的硬度、耐蚀性，适用弱腐蚀性介质 常用铬镍钢有 12Cr18Ni9、06Cr18Ni11Ti、06Cr17Ni12Mo2Ti，具有良好的耐蚀性，适用于强腐蚀性介质。韧性大、硬度低，耐磨性不高
青铜	常用青铜材料有 ZCuSn5Pb5Zn5、ZCuSn10P1 等，其弹性模量大，具有良好的导热性、耐磨性和加工性，但质软、耐蚀性较差，适用于海水、油等中性介质
表面堆焊硬质合金	在金属表面堆焊硬质合金可以有效地改善耐磨性能和耐蚀性。目前广泛采用上焊 69A 铬基焊条 堆焊硬质合金环的制造工艺比较复杂，易产生气孔、夹渣和表面硬度不均等缺陷，有时出现龟裂，实际使用不甚理想

表 20.5-7 常用辅助密封圈的材料、特性及适用范围

材料名称	特　性	使用温度/℃		适　用　范　围
		补偿环	非补偿环	
丁腈橡胶	耐油性好，具有耐磨性、抗撕裂性，压缩永久变形小，耐寒性差	-20~80	-30~100	石油基油类、硅油、双酯基润滑油、黄油、动植物油、乙二醇、二硫化碳、四氟化碳、丁二烯和水等
氟橡胶	较高的拉伸强度、耐热性能好，对日光、臭氧作用稳定，弹性及耐寒性差	-20~80	-30~100	热油、硅油、双酯基润滑油、卤化烃内磷酸酯、浓硫酸、稀硝酸、苯、汽油、四氯化碳、乙醇和丁醇等
乙丙橡胶	耐候性好，抗臭氧和各种极性化学药品与溶剂，冲击弹性好，但耐油性差	-20~130	-40~150	丙酮、二甲基甲酮、苯酚、戊烷、异丙醇、甲基乙基酮、糠醛、磷酸酯液压油、硅油、汽车制动液压油、动植物油、中等浓度酸、碱和蒸汽
硅橡胶	最宽的工作温度，强的耐臭氧老化、光老化，无毒无味，对许多材料不粘，透气率大，但耐磨性差	40~180	-60~200	高苯胺点油类、氯化苯类、浓磷酸、浓醋酸、氢氧化钠、氨水、浓氨水、乙醇和干热空气
氯醇橡胶	优异的耐油性、耐臭氧等综合性能，耐辐射性能差	-20~120	-30~130	氟利昂、石油基油类
聚四氟乙烯	较大的使用温度范围，极低的摩擦因数和自润滑性，表面不黏结，化学稳定性好，但易产生蠕变，超过 340℃时，会分解产生毒烟	-150~250		氯化物、三氟化硼和高沸点溶剂，酮、酯、醚、沸腾的硝酸、王水、氢氧化钠和氢氟酸
金属（碳钢、铜、铝、不锈钢、蒙乃尔）	常用碳钢、铜、铝、不锈钢和蒙乃尔合金等，高强度、耐蚀性好，但加工较复杂，要求精度高，同时要求对偶件的配合精度也很高			用于高温

表 20.5-8 常用螺旋弹簧的材料、力学性能及适用范围

材料牌号	力学性能			弹簧工作温度范围/℃	特性及适用范围
	扭转极限应力 τ/MPa	许用扭转应力 $[\tau]$/MPa	切变模量 G/MPa		
60Mn	490	392	78.4	-40~120	淬火后易生裂缝和热脆
60Si2Mn	735	588		-40~200	可淬性高，易脱碳、易石墨化
50CrVA	588	441		-40~210	稳定变形，高力学性能
40Cr13	441	352	39.2	-40~400	一般用于制造耐蚀、耐高低温的弹簧
06Cr18Ni11Ti	392	323	78.4	-100~250	
06Cr17Ni12Mo2Ti	765.31	403.34	71.5	-250~250	
07Cr17Ni7Al	944.58	496.42	73.5	≤300	耐蚀、耐低温、耐高温不失弹性，又可热处理
07Cr15Ni7Mo2Al	625	470			
QSi3-1	$0.5R_m$	$0.4R_m$	40	-40~200	耐蚀性和防磁性好
QSn4-3	$0.4R_m$	$0.3R_m$			
Ni66Cu3Fe(Monel)	627.42	485	65.5	288	适用于强腐蚀性介质
Ni76Cr16Fe8(Inconel)	861.84	510	75.8	≤371	耐高温和强腐蚀

表 20.5-9 波纹管常用材料及其特性

材料	密度 /g·cm^{-3}	热导率 /W·cm^{-1}·℃$^{-1}$	线胀系数 /10^{-6}℃$^{-1}$	弹性模量 /10^4MPa	抗拉强度 /MPa	特点与应用
黄铜 (H80)	8.8	141	19.1	10.5	270	塑性、工艺性能好，弹性差。所制作的波纹管常与弹簧联合使用
不锈钢 (06Cr18Ni11Ti)	8.03		5.2 (0~100℃)	19	750 (半冷作硬化)	力学性能、耐蚀性好。应用广泛，常用厚度为 0.05~0.45mm 之间
铍铜 (QBe2)	8.3		5.2 (21℃)	13.1 (21℃)	1220	工艺性好，弹性、塑性较好，耐蚀性好，疲劳极限高，用于 180℃以下要求较高的场合
哈氏合金 C	8.94		3.9 (21~316℃)	20.5 (20℃)	885 (21℃)	耐蚀、抗氧化性能好，能耐多种酸(包括盐酸)及碱的腐蚀
聚四氟乙烯	2.2~2.35	0.0026	8~25		14~25	耐蚀、耐热、耐低温、耐水和韧性好，但导热性差，线胀系数大，冷流性大，需与弹簧组合使用

表 20.5-10 金属构件材料及选择

种类	材料名称	牌号	主要用途
铸铁	高硅铸铁	HTSSi15R	全浓度硝酸、硫酸及较强的腐蚀液
	高铬铸铁	Cr28	浓硝酸、高温等
	高镍铸铁	NiCr202	烧碱等
	高镍铸铁	NiCr303	烧碱等
铅	硬铅	PbSb10-12	全浓度硫酸等
常用不锈钢	铬钢	12Cr13	石油及石油化工
		20Cr13	石油及石油化工
	304 型铬镍钢	06Cr19Ni10	稀硝酸、有机酸等
	321 型	06Cr18Ni11Ti	稀硝酸、有机酸等
	304L 型	022Cr19Ni10	稀硝酸、有机酸等抗晶间腐蚀
	316 型铬镍钼钢	06Cr17Ni12Mo2Ti	稀硫酸、磷酸、有机酸等
	316L 型	022Cr17Ni12Mo2	稀硝酸、有机酸等抗晶间腐蚀
常用合金	高镍铜合金 Monel	Ni65Cu28	氢氟酸、硅氟酸等
	耐蚀高温镍铬合金 Hastelloy C-276	Ni53Mo17	全浓度盐酸等
	高镍铬钢 Carpenter 42	4J42	
	17-7PH 析出硬化不锈钢	05Cr17Ni4Cu4Nb	
其他耐蚀材料	320 型铬镍钼钢 804 型	NS1401	烧碱蒸发及高浓度硫酸等强腐蚀性场合
	825 型	NS1402	
	20#高镍铬合金	NS1403	稀硫酸等
	K Monel	NiCu30Al	
	Monel 400		
	Monel 500		
	Hastelloy B-2	Ni65Mo28	全浓度盐酸等
	涂覆 PTFE 的 316 钢		
	填充玻璃纤维 PTFE		纯碱、海水等
	钛合金	TA2,TA3,TA4	

4 机械密封的设计和计算

4.1 设计顺序

根据设计要求和条件，大概可以按下列顺序进行设计：

1）设计方案的确定。包括使用要求、条件、结构型式的选择和材料的确定，辅助装置和密封件主要尺寸的确定和现有系列产品的选择与比较。其中结构型式原则上应尽可能选择标准系列的密封，如不能满足时再另行设计。

2）主要构件的设计和计算。主要是密封副、辅助密封、弹性元件和紧固件的设计和计算。

3）辅助装置的设计和计算。主要是辅助装置中辅助措施的方案比较和具体参数的计算。

4）主要构件的材料和制造工艺的选择和确定。

5）整套图样的技术条件。

4.2 主要零件结构型式的确定

（1）动环和静环的结构型式

动环和静环的结构型式见表 20.5-11。

（2）动环的传动形式

动环需要随轴一起旋转，考虑动环具有一定的浮动性，一般它不直接固定在转轴上，通常在动环和轴之间，需要有一个力传递机构，带动动环旋转，并克服动环和静环间的摩擦力矩。表 20.5-12 为几种典型的机械密封传动防转机构。

（3）支承方式

动环与静环的支承方式，根据不同的机器结构可以采取不同的方式，常用的静环支承方式见表 20.5-13。

表 20.5-11　动环和静环的结构型式

结构型式		简图	特点及应用
动环	压配（平衡型）	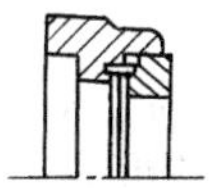	该环硬面采用压配装在环上，并用O形圈密封。这种结构适用于高压状态，其变形量小，但在温度作用下，配合处容易松动，通常用销钉防转
	堆焊、喷涂覆层（平衡型）	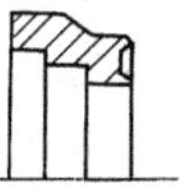	该环为覆层结构，耐磨性好，易加工，但覆层与基体结合强度不够，会掉皮
	镶嵌、热装（平衡型）	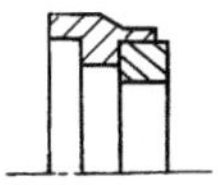	该环为镶嵌、热装结构，加工方便，但配合不合适，高温时易脱落
	整体（平衡型）	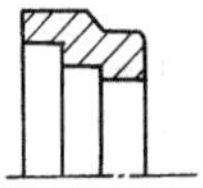	该环为整体结构，可以避免上述几种缺点，但全部用硬质合金加工较困难，且价格较贵
	整体（非平衡型）		
静环	O形圈浮动型	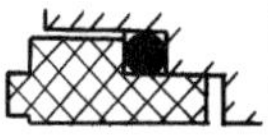	常用结构
	O形密封圈浮动型	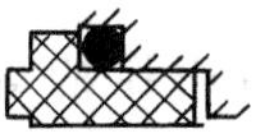	环具有补偿能力
	压配型	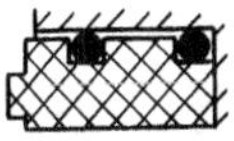	两密封圈之间可供静环冷却
	夹持结构		即可供静环冷却，又可以减小变形，一个端面磨完后，掉过来还可以用另一个端面
	压盖上固定型	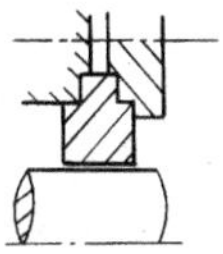	静环分别固定在压盖上或轴肩上。此外，双O形圈夹持结构做成浮动型，可用于振摆较大的搅拌器轴封
	轴肩上固定型	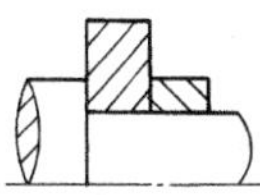	

表 20.5-12　机械密封传动防转机构

名称	简　图	特　点
柱销机构	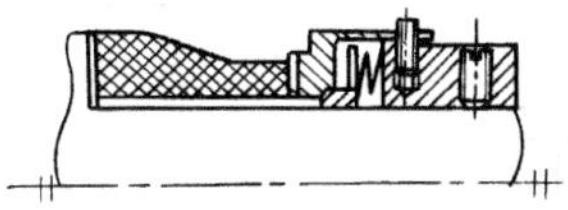	用于动环和静环的传动或防转。在传动、防转中仅存在切向力，是较理想结构
并圈弹簧机构	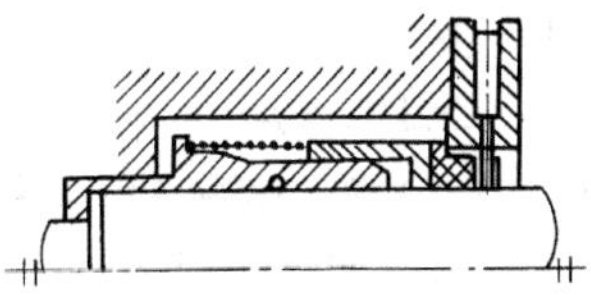	用于旋转式动环的传动，其旋转方向与弹簧旋向有关，应使弹簧越旋越紧
带钩弹簧机构	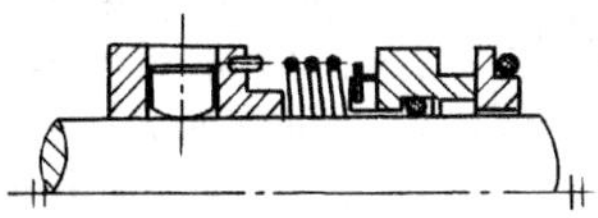	将弹簧两端的钢丝头部弯成与弹簧轴线平行或垂直的钩子，一头钩在弹簧座上，另一头钩在动环上。此结构比较紧凑，用于旋转式动环上
拨叉机构	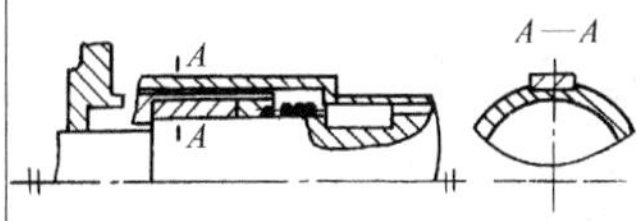 A—A	这是金属与金属的凹凸传动形式，特别适用于复杂结构，能够保证传动的可靠性
传动套机构	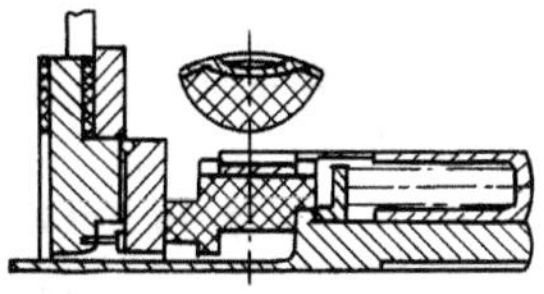	用于动环的传动或防转，在弹簧座上"延伸"出一薄壁圆筒（即传动套），借此圆筒来传递转矩。此结构工作稳定可靠，装拆方便，但耗费材料多，在含有悬浮颗粒的介质中使用，可能出现堵塞现象
波纹管机构	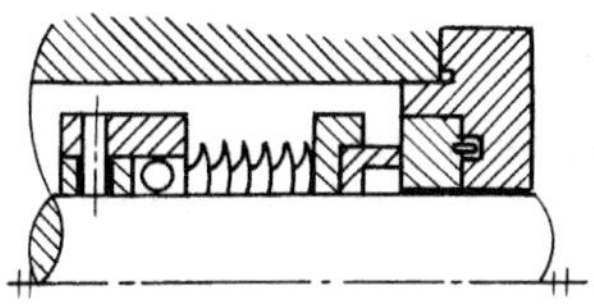	为波纹管直接传动，常用于金属波纹管结构
传动螺钉机构	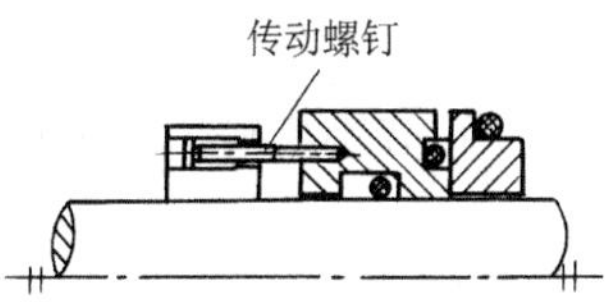 传动螺钉	利用螺钉传动，常用于多弹簧结构中

表 20.5-13 静环的支承方式

支承方式	结构简图	特 点
浮动式	a) b) c) d) e) f)	静环靠柔性件（如 O 形圈）的压缩变形支承在密封腔体上，并允许轴向、径向略有浮动，见图 a、b、c。当密封要求严格时，可采用双重密封，见图 d。高压、高速及高黏度介质条件下可采用防转销结构，见图 e、f 结构简单，便于拆装，防振性好，但不利于热传导
紧固式		靠机械方法支承。结构简单，传热性好，但不利于吸收腔体振动
镶装式		静环过盈配合在腔体上。配合部位要求加工精度高，结构简单，传热性好。不易吸收腔体的振动，端面磨损后不易更换
轴向定位式	a) b) c)	静环靠腔体定位，由柔性件压缩变形支承，见图 a。要求密封严格时，可安装两道密封，见图 b。高压、高速和高黏度介质条件下设置防转销，见图 c 结构简单、便于拆装，传热条件好，但吸振性差

4.3 主要零件尺寸的确定

机械密封主要零件尺寸的确定见表 20.5-14 和表 20.5-15。

4.4 弹簧比压和端面比压的选择（见表 20.5-16）

表 20.5-14 机械密封主要零件尺寸的确定

项目	确定原则	数 值
端面宽度 b 与高度 h	1. 密封端面由动环、静环两零件组成，其端面做成一宽一窄。软材料作窄环，硬材料作宽环，软材料端面宽度为密封端面宽度。两环端面也可以都做成窄环，并取相同的端面宽度 b 2. 端面宽度 b 尽可能取小值 3. 窄环高度 h 值主要由材料的强度、刚度以及耐磨损能力确定	见表 20.5-15
间隙	1. 指内径为 D 静环与直径为 d 轴的间隙，即 $D-d$，一般取 1～3mm 2. 动环与轴间隙也不宜过大，一般取 0.5～1mm 3. 无论是动环还是静环，为保证间隙合理，在高温时要进行核算	"泵用机械密封"标准中规定如下 (mm) 材料 \ 直径：石墨、青铜、填充聚四氟乙烯 / 硬质合金 16～100：1 / 2 110～120：2 / 3
密封端面直径 d_1	由平衡系数 B、密封端面宽度 b 和动、静环内径与轴间隙计算而得	1. 内装式机械密封 $d_1=\dfrac{-4b(1-B)+\sqrt{4d^2b-16b^2B(1-B)}}{2}$ 2. 外装式机械密封 $d_1=\dfrac{-4bB+\sqrt{4d^2b-16b^2B(1-B)}}{2}$

（续）

项目	确定原则	数值			
密封圈尺寸	密封圈的内径及断面公称尺寸是由密封部位的相关尺寸来确定的	密封圈断面尺寸及压缩率如下（mm）			
		名称	内径公称尺寸>		
			16~28	30~80	85~120
		断面尺寸 a_1	4	5	6
		压缩率（%）	6~10	6~9	6~3.5
弹簧的确定	要求弹簧力数值下降量不超过10%~20%，弹簧尽量短，节距大，圈数少	轴径 d<65mm，选单弹簧结构 轴径 d>65mm，选多弹簧结构			

表 20.5-15　不同材料窄环的端面宽度 b 和高度 h　（mm）

名称			轴径 d																						
			16	18	20	22	25	28	30	35	40	45	50	55	60	65	70	75	80	85	90	95	100	110	120
非平衡型	石墨	b	3						4			5				5.5		6							
		h	3						3			3				3		3							
	硬质合金	b	2						2.5								3							3.5	
		h	2						2								2							2	
	填充聚四氟乙烯	b	3						4			5				5.5									
		h	3						3			3				3									
	青铜	b	2						2.5								3							3.5	
		h	3						3								3							3	
平衡型	硬质合金	b	2						2.5			2.75						3							
		h	2						2			2						2							
	石墨	b	2.5				3			4							5			5.5				6	
		h	3				3			3							3			3				3	
	青铜	b	2						2.5			2.75						3							
		h	3						3			3						3							

表 20.5-16　弹簧比压和端面比压的选择

项目	选择原则	数值		
弹簧比压 p_s	1. 低压时弹簧比压选低值；高压时弹簧比压选高值 2. 采用橡胶材料作辅助密封的结构，弹簧比压可选低些；而采用聚四氟乙烯作辅助密封的结构，弹簧比压选高些 3. 机械密封端面平均线速度不同，弹簧比压不同	机械密封弹簧比压的选择		
		机械密封类型	端面平均线速度/m·s^{-1}	弹簧比压 p_s
		高速机械密封	>30	0.05~0.2MPa
		中速机械密封	10~30	0.15~0.3MPa
		低速机械密封	<10	0.15~0.6MPa
端面比压 p_c	1. 端面比压一定为正值，即 p_c>0 2. 端面比压 p_c 一定要大于物料在密封端面上的蒸汽压 3. 端面比压 p_c 一般不宜过大，以避免液膜蒸发，磨损加剧，也不宜过小	内装机械密封	0.3~0.6MPa	
		外装机械密封	0.15~0.4MPa	
		黏度大、润滑性好的介质	0.5~0.7MPa	
		易挥发、润滑性差的介质	0.3~0.45MPa	

端面比压的计算和弹簧的设计可查阅参考文献［6］。

5　机械密封的辅助系统

5.1　冲洗（直接冷却）

冲洗是一种控制温度、延长机械密封寿命的最有效措施。冲洗的目的在于带走热量，降低轴封箱温度，防止液膜汽化，改善润滑条件，防止干运转、杂质集积和气囊形成。机械密封常用冲洗方式见表20.5-17。

表 20.5-17　机械密封常用冲洗方式

冲洗方式	简图	特点及应用	冲洗方式	简图	特点及应用
外冲洗		利用外来冲洗液注入密封室内进行冲洗。冲洗液应是与被密封介质相容的洁净液体，冲洗液的压力应比轴箱内压力大0.05~0.1MPa。这种方法适用于腐蚀性强和含固体颗粒的液体	反冲洗		从轴封箱引出密封介质返回泵内压力较低处（通常是泵入口处），利用密封介质自身循环冲洗轴封箱。这种内冲洗又叫逆冲洗。这种方法常用于轴封箱压力与排出压力差极小的场合下
正冲洗		利用泵内部压力较高处（通常是泵出口）的液体作为冲洗液来冲洗密封箱。这种内冲洗又叫自冲洗，因为自身冲洗成封闭系统，又叫闭路冲洗。为了控制冲洗量，要求轴封箱有底套，管路上装有孔板。这是最常用的冲洗方法	全冲洗		从泵高压侧（泵出口）引入密封介质，又从轴封箱引出密封介质返回泵的低压侧进行循环冲洗。这种内冲洗又叫贯通冲洗。对于低沸点液体，要求在轴封箱内装底套，节流控制并维持轴封箱压力

（续）

冲洗方式	简图	特点及应用	冲洗方式	简图	特点及应用
综合冲洗	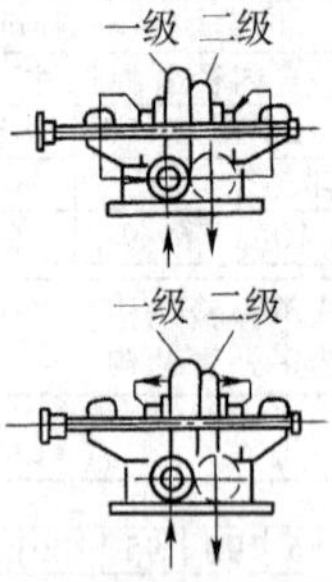 一级 二级 一级 二级	从图中看出，左侧是一级入口与一级轴封箱连接的一级反冲洗；右侧是二级出口与二级轴封箱连接的二级正冲洗。另一台两级泵的左侧是一级出口与一级轴封箱连接的一级正冲洗；右侧是二级出口与二级轴封箱连接的二级正冲洗。此外，还可以有其他不同的综合冲洗	叶轮循环冲洗	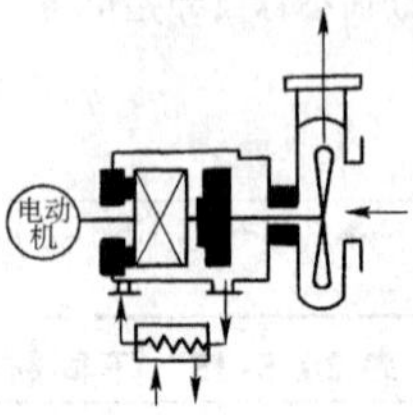 电动机	轴封箱内密封环上做成或另外加一叶轮与外接换热器形成叶轮局部循环冲洗。这种方法常用于泵进、出口压差很小的场合，靠叶轮来产生液体循环所需压差。一般热水泵采用这种方式，可以降低轴封箱和轴封的温度

5.2 几种冷却方式

冷却的目的就是去热降温，冷却的方式有直接冷却（冲洗）和间接冷却，见表 20.5-18。

表 20.5-18 机械密封的各种冷却方式

冷却方式	简图	特点及应用
间接冷却	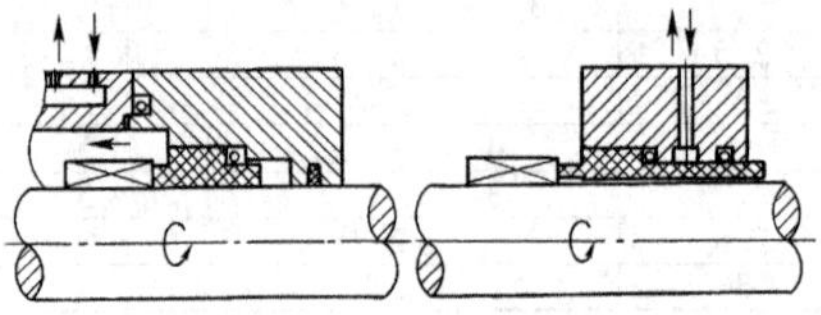	对动环部分，当介质温度较高时，通冷却水；当介质温度较低时，则可通蒸汽。为提高冷却速度，一般把静环尾部加长 应用比较广泛
翅片空冷式	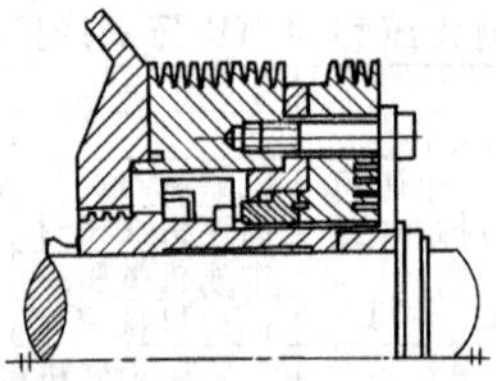	采用空冷结构，没有其他冷却系统，使用温度低于 200℃，结构简单
蛇管冷却	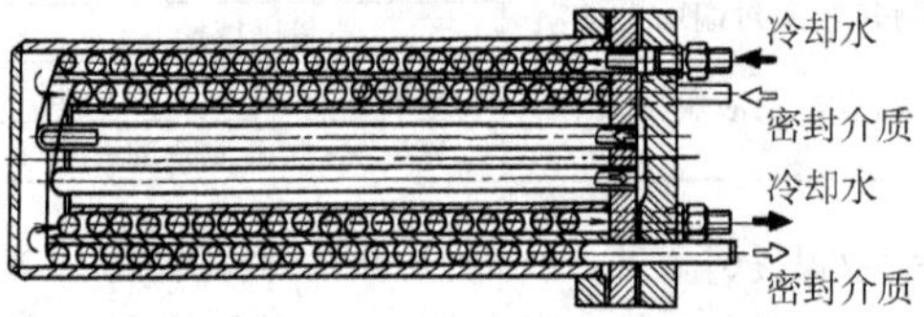 冷却水 密封介质 冷却水 密封介质	密封介质通过内盘管转入外盘管，冷却到要求温度后引出冷却器去轴封箱。冷却水先沿外壁空间进入，然后由中间空间引出 常用的传热介质是水、蒸汽和空气
背冷（急冷）	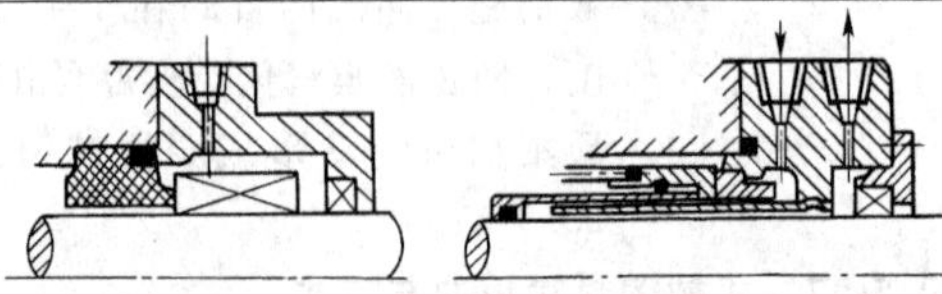 a)　b)	图 a 为外装式机械密封背冷方式，它不仅起到对密封面的冷却作用，同时又起到水封作用，防止液体外漏 图 b 为带折流套管的背冷方式，在密封压盖上加一套管作为折流用，它可以使冷却剂与密封件充分接触，背冷效果更为显著
循环冷却	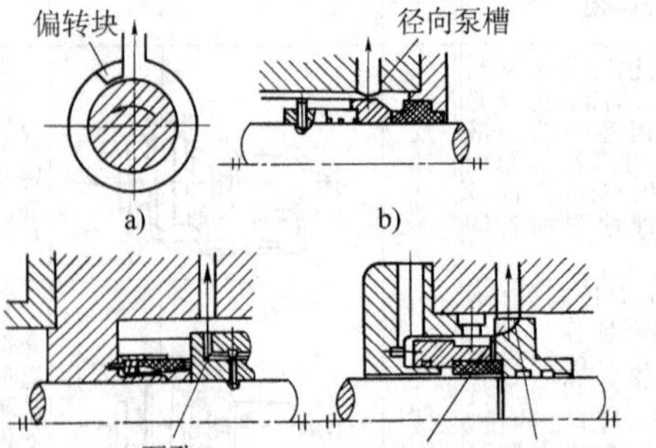 偏转块　径向泵槽 a)　b) 泵孔　斜凹槽　偏心压力室 c)　d)	图 a 为带有一个偏转导流突台的最简单循环方式，只适用于单向旋转轴用 图 b 为旋转密封环外圆铣出径向直叶（半圆形槽），类似旋涡泵叶轮，起泵送作用 图 c 为钻有轴向和连通的、径向孔的多孔叶轮，由轴向进入径向排出，起泵送作用 图 d 为铣出径向-轴向混合叶片的叶轮，其效果较好

5.3　杂质清除方式

密封介质中往往会由于介质本身（如浆液、油浆等）含有固体颗粒和易结晶、结焦等杂质，在一定工作条件下出现固体颗粒，还有一些特殊用途泵的密封（如塔底泵、釜底泵的密封）在系统中有残渣、铁锈，甚至于安装时有残留杂物，都会给机械密封带来困难。因此，必须设法清除密封介质中的杂质。表 20.5-19 所列为各种不同的杂质清除方式。

表 20.5-19　各种不同的杂质清除方式

清除方式	简　图	特点及应用
磁性过滤器	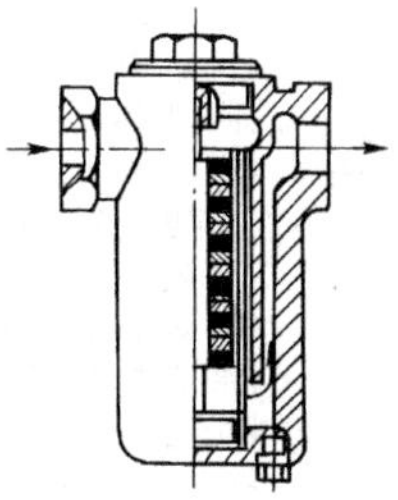	在管路上安装磁性过滤器
陶瓷过滤器	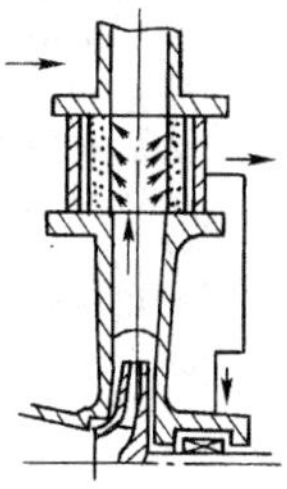	此设备为自清洗用多孔性陶瓷过滤器
外接旋流分离器	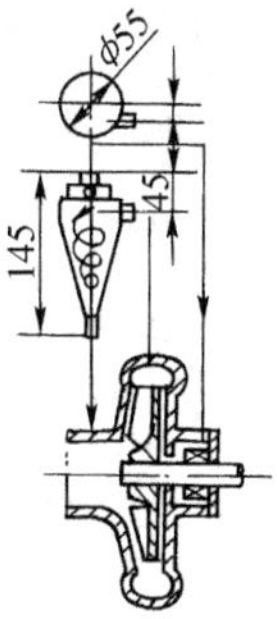	通常用于开工时清除杂质
分离室	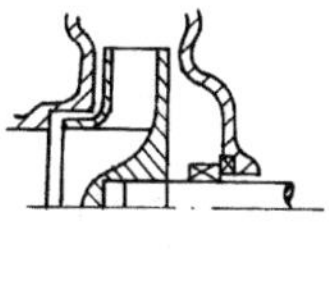	泵后盖处设置容积较大的分离室，靠旋转流动分离出较重的固体杂质，洁净液体流到轴封箱，而静止的固体杂质沉降下来
背叶片	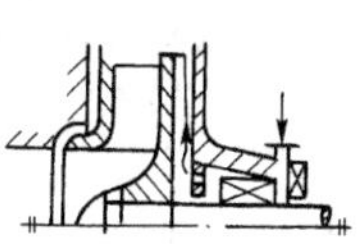	离心泵叶轮背面安置背叶片，固体颗粒在开式叶片作用下被甩到叶轮出口蜗壳内，同时将洁净冲洗液一起抽到蜗壳内，保持轴封箱内洁净
带保护罩分离装置	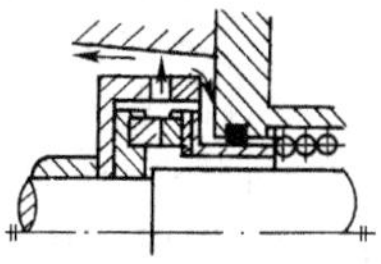	动环带保护罩的分离装置，带孔的保护罩围住动环和静环，间隙仅几毫米，随动环旋转，固体颗粒进入间隙内，被甩向周边，通过孔分离出去
多孔形环	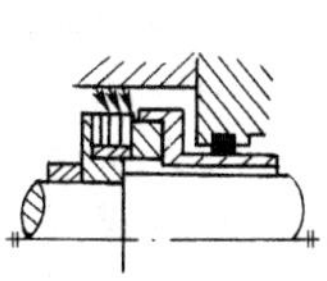	其装在动环上与静环摩擦面平齐，此环用金属陶瓷或矿物陶瓷做成。由于此过滤环分离和阻挡的结果，磨粒进不到摩擦副的间隙内。滤清液进入间隙内，冷却和润滑摩擦副
橡胶保护罩	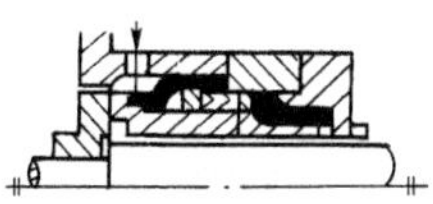	静环与轴封箱间装有橡胶保护罩，固体颗粒不致进入弹簧和辅助密封处，避免堵塞
泵送孔	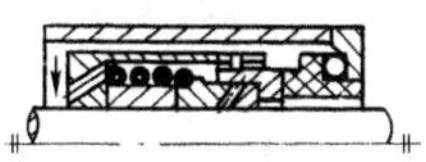	组装套后部开泵送孔，可将密封液抽入冲洗弹簧处，避免固体杂质沉积
保温套	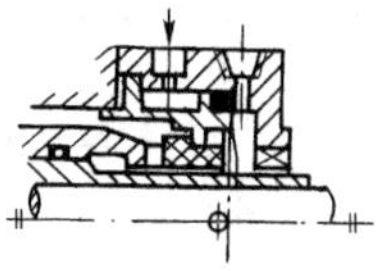	摩擦副周围装保温夹套，可以加热该处液体或冷却该处液体，不使密封介质结晶、叠合和分解
蓄油室	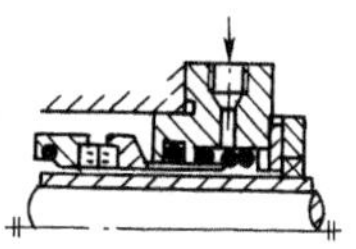	静环辅助密封和弹簧处为一蓄油室，其中放置保温用油，使密封圈与弹簧泡在油中不受磨粒侵入，同时也免受黏胶的黏合影响，因为油起到润滑作用
缝隙密封	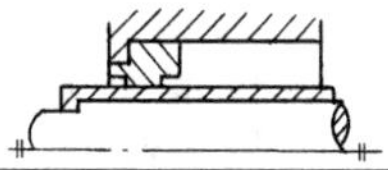	轴封箱底套处装缝隙密封，防止停车时磨粒进入密封室
唇状密封	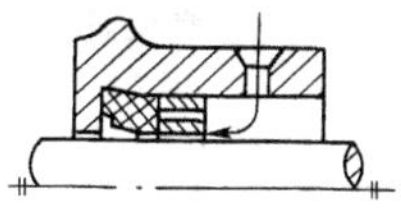	底套处采用单唇的唇状密封
多唇唇状密封	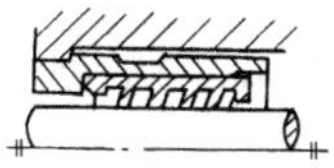	装设多唇的唇状密封来防止磨粒进入密封室

6　特殊工况下的机械密封

特殊工况下的机械密封见表 20.5-20。

表 20.5-20　特殊工况下的机械密封

使用条件	结构简图	结构特点
高温机械密封（工作温度超过80℃）	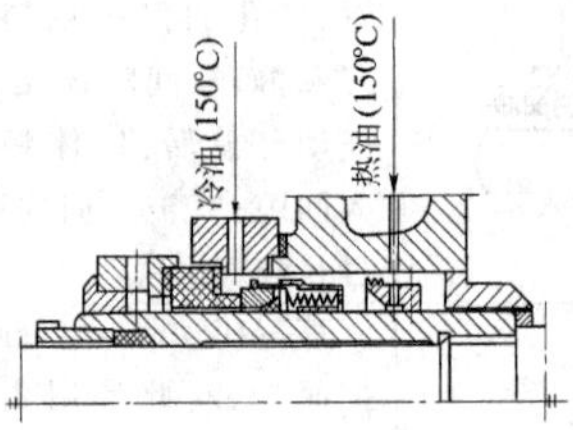	高温使摩擦副的润滑条件恶化，甚至出现端面液膜汽化，可能造成密封材料变质，加剧介质腐蚀。改变各零件的间隙量或过盈量 采取措施：采取有效的冷却措施；选择密封件材料时，注意材料的工作温度上限。密封件的间隙或过盈量按热态时考虑，尽量选用线胀系数相近的材料
高速机械密封（线速度超过25~30m/s）	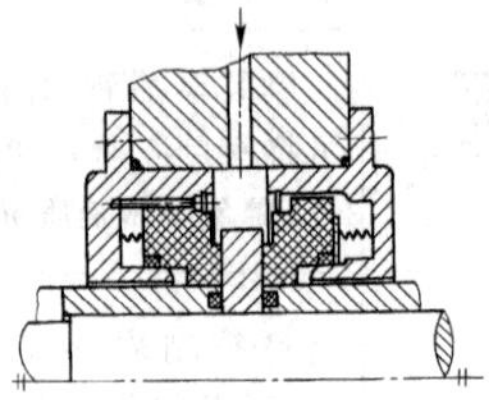	摩擦副的摩擦热量增加和磨损量增大，密封件受到较大的离心力和振动的影响。加强对摩擦副的润滑与冷却，选用 *pv* 值高的摩擦副材料组对，采用静止式结构及控膜机械密封
低温条件下用机械密封(工作温度低于0~-50℃)	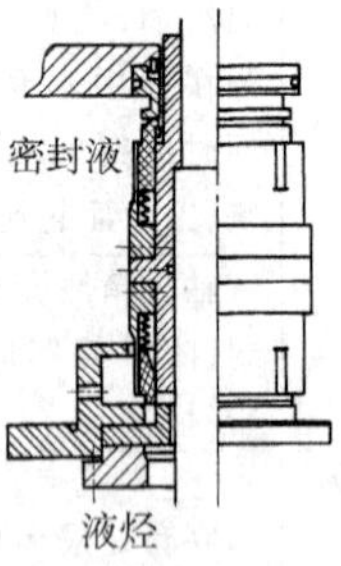	低温条件下，常用材料都会发生冷脆现象 选材需考虑抗拉强度、疲劳强度、冲击韧度和热导率等因素 低温条件下密封面上的液膜汽化显著地改变了其润滑性能，因此要注意保温
高压条件下机械密封（工作压力超过3~4MPa）	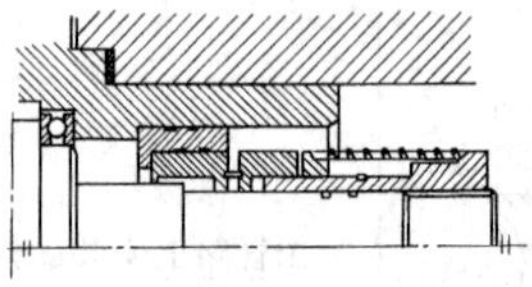	高压条件下，可能使石墨环破裂或出现较大的变形，端面载荷上升，端面可能遭到破坏，加速摩擦磨损。必须选用平衡性结构或全膜（受控膜）机械密封。有时可采用辅助措施（如连接平衡管线等）降低密封腔压力
真空机械密封（工作压力低于大气压力）		真空密封对泄漏量要求严格。真空条件使摩擦副端面液膜较难形成并易受破坏，造成干摩擦磨损。设法改善润滑，引入封液（真空润滑油等）把气相条件转化为液相条件
腐蚀性介质条件用机械密封	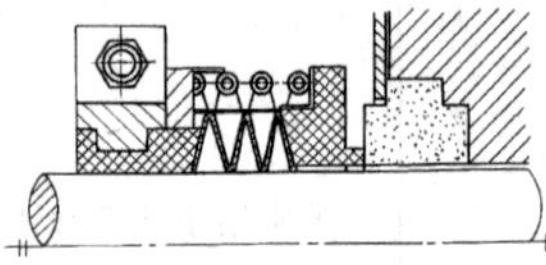	在密封端面上，其腐蚀速度约为无摩擦表面的腐蚀率的10~50倍，因此，摩擦副应选择既耐磨又耐腐蚀的材料。一般采用陶瓷与填充聚四氟乙烯组对较多 辅助密封也要选择耐腐蚀材料，常用聚四氟乙烯波纹管结构 常采用外装结构，对强腐蚀介质密封采用双端面结构
介质含颗粒条件下用机械密封	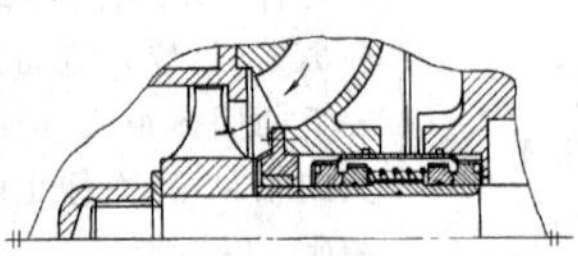	由于介质中含有的粉尘、晶粒等进入摩擦副端面，加大磨损和漏泄量，以致密封失效。因此，必须采取有效的冲洗和净化措施 常用碳化钨组对摩擦副。采用开式传动和大弹簧结构。附加成型填料或甩砂环等辅助密封

7　机械密封与其他密封的组合密封

随着各项工业的发展，对密封的要求越来越高。为了满足这些日益提高的密封要求，往往利用几种密封组合在一起，各自发挥其优势，达到密封要求。

组合式密封的形式很多，归纳起来，不外乎是非接触式密封与接触式密封混合组合和接触式密封与接触式密封组合的两大类机械密封组合密封。常用组合密封见表 20.5-21。

表 20.5-21　常用组合密封

名称	简　图	特点与应用
机械密封-浮环组合密封		这是一种接触式密封与非接触式密封混合组合。两密封之间采用强制循环润滑和冷却。浮环密封用作外密封无接触磨损。弹簧是静置安装。其密封面较窄 $b=3mm$，面积较小 $B=0.52$。静环外面加箍增强，防止磨损 密封转速 $n=10720r/min$，周向速度 $v=72m/s$，其特点是靠机内介质侧采用机械密封（接触式密封），靠大气侧采用浮环密封（非接触式密封）。适用于高速情况，使用寿命长，为合成氨厂原料气压缩机采用
机械密封-螺旋组合密封	A放大 1.8 A 1.8 8 5°6′(螺旋角) φ95$^{+0.5}_{+0.4}$ φ95$^{+0.02}_{0}$ φ90 65 6 20 138(加长)	机械密封-螺旋组合密封使密封腔介质压力大大降低，延长了热油泵运转寿命，密封压盖垫片不易撕坏；冲洗油如果中断，热油不易窜到密封腔；可用不平衡型机械密封代替安装困难的平衡型密封 目前已推广在二套常减压装置的常减压塔底热油泵上使用，效果很好
机械密封-迷宫螺旋组合密封	a)　b)	摩擦副的摩擦表面开有流体动压循环槽，降低了摩擦因数；对于使用中所有条件，包括起动到快速闭合转数，都能造成较大流量，有利于冷却和润滑；设置导流器，可将摩擦面摩擦产生的热量与可能存在的气泡和脏物带走；在很高温度下采用使用温度为 200℃ 的乙丙橡胶，制造特殊的 O 形圈，提高了机械密封的可靠性；在循环系统中，安置成双可切换的磁性过滤器和换热器，靠辅助的热虹吸作用对密封进行冷却

8　机械密封的尺寸系列

GB/T 6556—2016 对离心泵及类似机械旋转轴密封做了规定。

机械密封的结构型式见表 20.5-22，表中给出的是使用 O 形圈作为静环辅助密封圈的示例，其他截面形状的密封圈也可作为静环辅助密封圈。结构可以有所不同，但应当遵循给定的尺寸。未注明的尺寸公差按 GB/T 1804 中 f 级的规定。

机械密封静环周向和轴向限位结构及尺寸应遵循表 20.5-23 的规定。

密封腔和机械密封的主要尺寸见表 20.5-24。

表 20.5-22 机械密封的结构型式

名称		结构简图	备注
单端面	非平衡式单端面机械密封（U 型）		主要尺寸见表 20.5-24
	平衡式单端面机械密封（B 型）		主要尺寸见表 20.5-24
双端面	两端均为非平衡式结构的双端面机械密封（UU 型）		主要尺寸标注见本表 U 型图，主要尺寸见表 20.5-24
	两端均为平衡式结构的双端面机械密封（BB 型）		主要尺寸标注见本表 B 型结构图 主要尺寸选取见表 20.5-24
	大气端为平衡式结构介质端为非平衡式结构的双端面机械密封（UB 型）		主要尺寸标注分别见本表 U 型及 B 型结构图 主要尺寸选取见表 20.5-24

表 20.5-23　静环限位结构尺寸

名称		结构简图	说明
静环防转结构	径向位置销钉结构		静环防转结构适用于平衡式和非平衡式机械密封。静环设计既可选用径向位置销钉结构，也可选用轴向位置销钉结构。其他静环防转结构由制造厂自行设计
	轴向位置销钉结构		
静环轴向限位结构	非平衡式机械密封静环轴向限位结构		静环轴向限位结构适用于单端面机械密封、双端面机械密封的介质侧 图示的两种结构可供设计时选用。其他静环轴向限位结构由制造厂自行设计 为了保证限位环的可靠安装，静环的轴向限位应注意使密封腔内径 d_4 至少比限位环的外径 d_9 小 2mm
	平衡式机械密封静环轴向限位结构		

表 20.5-24　密封腔和机械密封的主要尺寸　(mm)

公称直径 d_1 (U 型 h6 / B 型)	d_2 h6	最大尺寸 d_3 U 型	最大尺寸 d_3 B 型	最小尺寸 d_4 U 型	最小尺寸 d_4 B 型	d_5 h8	d_6 h11	d_7 h8	d_8	d_9 U 型 H8	d_9 B 型 H8	e	最大尺寸 L_1 N 型设计 U 型 ±0.5	最大尺寸 L_1 N 型设计 B 型 ±0.5	最大尺寸 L_1 K 型设计 U 型 ±0.5	最大尺寸 L_1 K 型设计 B 型 ±0.5	L_2 ±0.5	L_3	L_4	L_5	L_6
10	14	20	24	22	26	此尺寸不做规定,各制造厂可以根据有关资料选取	17	21	3	26	30	4	40	50	32.5	40	18	此尺寸不做规定,各制造厂可以根据有关资料选取	1.5	4	8.5
12	16	22	26	24	28		19	23		28	32										
14	18	24	32	26	34		21	25		30	38			55	35	42.5					
16	20	26	34	28	36		23	27		32	40										
18	22	32	36	34	38		27	33		38	42		45		37.5	45	20		2	5	9
20	24	34	38	36	40		29	35		40	44			60							
22	26	36	40	38	42		31	37		42	46										
24	28	38	42	40	44		33	39		44	48		50		40	47.5					
25	30	39	44	41	46		34	40		45	50										
28	33	42	47	44	49		37	43		48	53			65	42.5	50					
30	35	44	49	46	51		39	45		50	55										

（续）

公称直径 d_1 U型 h6	公称直径 d_1 B型	d_2 h6	最大尺寸 d_3 U型	最大尺寸 d_3 B型	最小尺寸 d_4 U型	最小尺寸 d_4 B型	d_5 h8	d_6 h11	d_7 h8	d_8	d_9 U型 H8	d_9 B型 H8	e	最大尺寸 L_1 N型设计 U型 ±0.5	最大尺寸 L_1 N型设计 B型 ±0.5	最大尺寸 L_1 K型设计 U型 ±0.5	最大尺寸 L_1 K型设计 B型 ±0.5	L_2 ±0.5	L_3	L_4	L_5	L_6
32		38	46	54	48	58	此尺寸不做规定，各制造厂可以根据有关资料选取	42	48	3	52	62	4	55	65	42.5	50	20	此尺寸不做规定，各制造厂可以根据有关资料选取	2	5	9
33		38	47	54	49	58		42	48		53	62										
35		40	49	56	51	60		44	50		56	65										
38		43	54	59	58	63		49	56	4	63	68	6		75	45	52.5	23			6	
40		45	56	61	60	65		51	58		65	70										
43		48	59	64	63	68		54	61		68	73		60								
45		50	61	66	65	70		56	63		70	75										
48		53	64	69	68	73		59	66		73	78			85							
50		55	66	71	70	75		62	70		75	80				47.5	57.5	25		2.5		
53		58	69	78	73	83		65	73		78	88		70								
55		60	71	80	75	85		67	75		80	90										
58		63	78	83	83	88		70	78		88	93				52.5	62.5					
60		65	80	85	85	90		72	80		90	95										
63		68	83	88	88	93		75	83		93	98			95							
65		70	85	90	90	95		77	85		95	100		80								
68		75	88	95	93	100		81	90		98	105						28			7	
70		75	90	99	95	104		83	92		100	109				60	70					
75		80	99	104	104	109		88	97		110	115			105							
80		85	104	109	109	114		95	105		115	120		90						3		
85		90	109	114	114	119		100	110		120	125					75					
90		95	114	119	119	124		105	115		125	130				65						
95		100	119	124	124	129		110	120		130	135										
100		105	124	129	129	134		115	125		135	140										
110		115	138	143	144	149		125	136		150	155										
120		125	148	153	154	159		135	146		160	165										

注：1. 为了保证旋转环与密封腔体之间有一个安全间隙，推荐 d_3 为最大尺寸，d_4 为最小尺寸。

2. 轴向尺寸 L_1 有标准型 N 和短型 K 之分。K 型主要用于双端面机械密封，制造厂可提供比 L_1 更短的机械密封。

9 机械密封的有关标准

国内已颁布的机械密封技术标准目录见表20.5-25。

机械密封技术条件见表20.5-26。

表 20.5-25 国内机械密封标准

标准编号	标准名称	标准编号	标准名称
GB/T 5894—2015	机械密封名词术语	JB/T 6619.1—1999	轻型机械密封 技术条件
GB/T 6556—2016	机械密封的型式、主要尺寸、材料和识别标志	JB/T 6629—2015	机械密封循环保护系统及辅助装置
GB/T 10444—2016	机械密封产品型号编制方法	JB/T 7369—2011	机械密封端面平面度检验方法
GB/T 14211—2010	机械密封试验方法	JB/T 7371—2011	耐碱泵用机械密封
JB/T 1472—2011	泵用机械密封	JB/T 7372—2011	耐酸泵用机械密封
JB/T 4127.1—2013	机械密封 第1部分：技术条件	JB/T 11107—2011	机械密封用圆柱螺旋弹簧
JB/T 4127.2—2013	机械密封 第2部分：分类方法	JB/T 7757.2—2006	机械密封用O形橡胶圈
JB/T 4127.3—2013	机械密封 第3部分：产品验收技术条件	JB/T 8723—2008	焊接金属波纹管机械密封
JB/T 5966—2012	潜水电泵用机械密封	JB/T 8724—2011	机械密封用反应烧结氮化硅密封环
JB/T 8723—2008	焊接金属波纹管机械密封	JB/T 8726—2011	机械密封腔尺寸
JB/T 6374—2006	机械密封用碳化硅密封环 技术条件	JB/T 8871—2002	机械密封用硬质合金密封环毛坯
JB/T 6616—2011	橡胶波纹管机械密封技术条件	JB/T 8872—2016	机械密封用碳石墨密封环技术条件
JB/T 6619—1993	轻型机械密封 试验方法	JB/T 8873—2011	机械密封用填充聚四氟乙烯和聚四氟乙烯毛坯技术条件

表 20.5-26 机械密封技术条件

<table>
<tr><th colspan="2">名 称</th><th>项 目</th><th colspan="2">技 术 条 件</th></tr>
<tr><td colspan="2" rowspan="5">标准适用范围</td><td>工作压力</td><td colspan="2">0~10MPa(密封腔内实际压力)</td></tr>
<tr><td>工作温度</td><td colspan="2">-20~150℃(密封腔内实际温度)</td></tr>
<tr><td>轴(或轴套)外径</td><td colspan="2">10~120mm</td></tr>
<tr><td>线速度</td><td colspan="2">不大于 30m/s</td></tr>
<tr><td>介质</td><td colspan="2">清水、油类和一般腐蚀性液体</td></tr>
<tr><td rowspan="12">主要零件技术要求</td><td rowspan="6">密封环</td><td>密封端面平面度</td><td colspan="2">不大于 0.0009mm</td></tr>
<tr><td>密封端面粗糙度</td><td colspan="2">硬质材料:Ra0.2μm
软质材料:Ra0.4μm</td></tr>
<tr><td>密封端面与辅助密封圈接触端面平行度</td><td colspan="2">按 GB/T 1184—1996 中的 7 级公差</td></tr>
<tr><td>静环和旋转环与辅助密封圈接触部位的表面粗糙度</td><td colspan="2">Ra 不大于 1.6μm,外圆或内孔尺寸公差为 h8 或 H8</td></tr>
<tr><td>密封环端面与辅助密封圈接触外圆的垂直度</td><td colspan="2">按 GB/T 1184—1996 中的 7 级公差</td></tr>
<tr><td>石墨环,填充聚四氟乙烯环,组装的动、静环的水压试验</td><td colspan="2">试验压力为工作压力的 1.25 倍,持续 10min,不应有渗漏</td></tr>
<tr><td rowspan="2">弹簧</td><td>弹簧外径、内径
弹簧自由高度
弹簧工作压力
弹簧中心线与两端面垂直度</td><td colspan="2">其公差值按 JB/T 11107 中的规定</td></tr>
<tr><td>同一套机械密封中多弹簧时各弹簧之间的自由高度差</td><td colspan="2">不大于 0.5mm</td></tr>
<tr><td rowspan="2">弹簧座
传动座</td><td>内孔尺寸公差</td><td colspan="2">E8</td></tr>
<tr><td>内孔表面粗糙度</td><td colspan="2">不大于 3.2μm</td></tr>
<tr><td>辅助密封</td><td>O 形密封圈</td><td colspan="2">参照 JB/T 7757.2—2006《机械密封用 O 形橡胶圈》</td></tr>
<tr><td colspan="2" rowspan="4">性能要求</td><td>平均泄漏量(密封液体时)</td><td colspan="2">轴(或轴套)外径大于 50mm 小于 120mm 时,平均泄漏量小于或等于 5mL/h
轴(或轴套)外径小于等于 50mm 时,平均泄漏量小于或等于 3mL/h</td></tr>
<tr><td>磨损量</td><td colspan="2">以清水为试验介质,运转 100h,软质材料的密封环磨损量小于或等于 0.02mm</td></tr>
<tr><td>使用期限</td><td colspan="2">被密封介质为清水、油类时,使用期限不小于 8000h
被密封介质有腐蚀性时,使用期限一般为 4000~8000h
使用条件苛刻时不受此限</td></tr>
<tr><td>静压试验压力</td><td colspan="2">产品必须按 GB/T 14211 进行型式试验,产品出厂前按 GB/T 14211进行静压试验和运转试验</td></tr>
<tr><td rowspan="3">安装要求</td><td rowspan="3">轴或轴套</td><td rowspan="3">径向圆跳动公差/mm</td><td>轴(或轴套)外径</td><td>径向圆跳动公差</td></tr>
<tr><td>10~50</td><td>0.04</td></tr>
<tr><td>>50~120</td><td>0.06</td></tr>
</table>

（续）

<table>
<tr><th colspan="2">名 称</th><th>项 目</th><th colspan="3">技 术 条 件</th></tr>
<tr><td rowspan="5">安
装
要
求</td><td rowspan="3">轴
或
轴
套</td><td>外径尺寸公差及表面粗糙度</td><td colspan="3">h6，Ra 不大于 3.2μm</td></tr>
<tr><td>安装辅助密封圈的轴（或轴套）的端部</td><td colspan="3">10° 圆滑连接 R1.6 3</td></tr>
<tr><td>转子轴向窜动量</td><td colspan="3">小于等于 0.3mm</td></tr>
<tr><td rowspan="2">密
封
端
盖</td><td rowspan="2">安装辅助密封圈的端盖（或壳体）的孔的端部</td><td rowspan="2">20° 圆滑连接 Ra 3.2 Ra 6.3 c</td><td>轴（或轴套）外径/mm</td><td>c/mm</td></tr>
<tr><td>10～16
>16～48
>48～75
>75～120</td><td>1.5
2
2.5
3</td></tr>
</table>

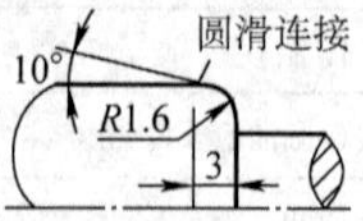

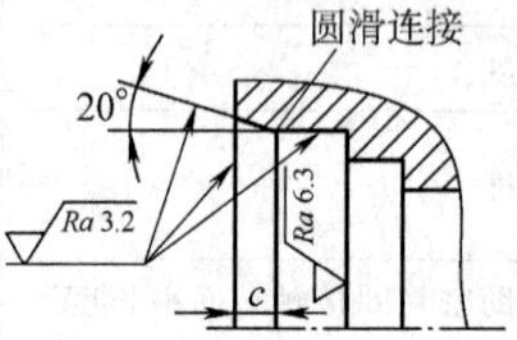

注：本书编入的具体密封产品或密封技术因所依据的标准或资料来源不同，有些技术要求数据也可能有所不同。参考时请核对具体条件。

第6章　非接触式密封

1　迷宫密封

迷宫密封是指在旋转部件与静止部件之间设置迷宫间隙，利用流体流经环形密封齿与轴形成的一系列节流间隙与膨胀空腔，产生节流效应而达到阻漏目的。

迷宫密封具有结构简单、无磨损、功耗少、使用寿命长、不需润滑和维修方便等优点。迷宫密封可用于高温、高压、高转速和大尺寸条件下的气体密封，亦可用于液体密封。广泛用于汽轮机、离心压缩机、鼓风机和涡轮膨胀机等机器的轴端和级间密封。

迷宫的缺点是加工精度要求高，难于装配，间隙过小，机器长期运转，磨损后使密封性能大大下降，但是其优点是其他密封难以取代的。它与机械密封的比较见表20.6-1。

1.1　迷宫气体密封

迷宫密封主要用于密封气体。转子和机壳间存在迷宫间隙，两者在相对运动中无接触，故称为非接触密封。其维修简单，寿命长。适用于高温、高压和高转速的场合。

（1）结构型式

迷宫气体密封的结构型式有密封片和密封环两大类，见表20.6-2。密封齿的形式、特点及用途见表20.6-3。

表20.6-1　迷宫密封与机械密封的比较

密封类型	机能			适用条件					其他					
	泄漏量	摩擦	润滑	介质的种类	压力	温度	周速	耐振能力	设置场所	装配	调整	寿命	价格	对灰尘杂质的适应性
迷宫密封	较多	无	不需要	不限	不限	不限	不限	好	不限	易	不需要	长	低	良好
机械密封	几乎无	有	需要	有选择	高压不适	高温不适	有限	差	有限	严格	需要	较长	高	不适

表20.6-2　迷宫气体密封的结构型式

名称	简图	结构说明	主要特点
密封片	机壳 转子 a)	密封片用不锈钢丝嵌在转子上的狭槽中	结构紧凑；相碰时密封片能向两旁弯折，减少摩擦；拆换方便；装配不好，有时会被气流吹倒 图b密封效果比图a好，但转子上密封片有时会被惯性离心力甩出
	机壳 转子 b)	转子和机壳上都装有密封片	
密封环	弹簧片 密封环 机壳 转子 c)	密封环由6~8块扇形块组成，装入机壳的槽子中，用弹簧片将每块环压紧在机壳上，弹簧压紧力约为60~100N	轴与齿环相碰时，齿环自行弹开，避免摩擦；结构尺寸较大，加工复杂；齿磨损后要将整块密封环调换，应用没有密封片结构广泛

表 20.6-3 密封齿的形式、特点及用途

序号	简 图	尺寸/mm	特点及用途
1	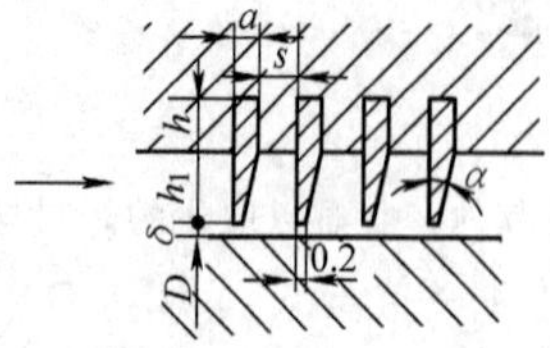	$s=4$ $\alpha=20°$ $a=2$ $h=5$ $h_1=5$	平齿结构，其结构简单，密封效果较差。常用于低压场合，如压缩机、鼓风机级间密封
2	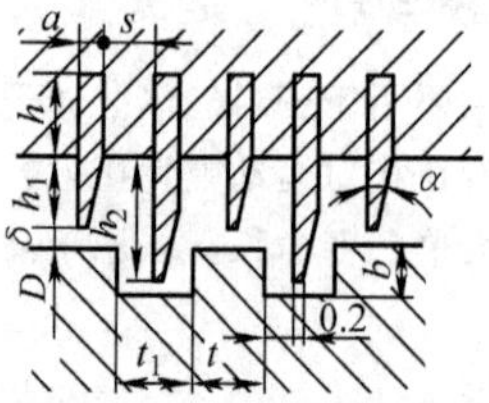	$s=5.5$ $\alpha=20°$ $a=2$ $t=7.5$ $h=8$ $t_1=7.5$ $h_1=7\sim10$ $b=5$ $h_2=12\sim15$	高低齿结构，可强制改变气流方向，节流效果好 适用于压缩机、鼓风机平衡盘轴端密封
3	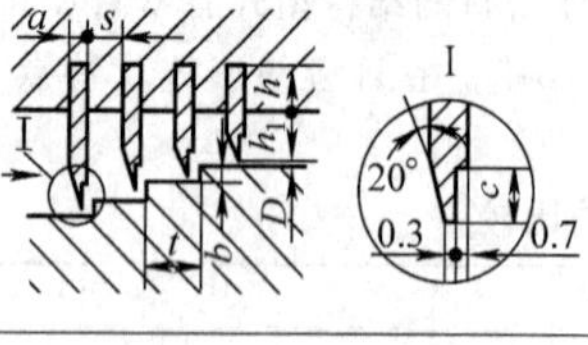	$s=4$ $c=3$ $a=2$ $\alpha=20°$ $h=5$ $t=6$ $h_1=5$ $b=1.5$	阶梯形齿结构，便于安装，密封效果较平齿好，但径向尺寸大。适用压缩机，鼓风机轮盖密封
4	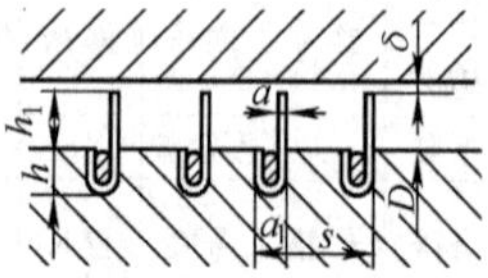	$s=5$ $h_1=3.6$ $a=0.2$ $a_1=1.4$ $h=2.5$	适用于压力不大的场合，如汽轮机低压轴端密封，压缩机、鼓风机级间密封
5	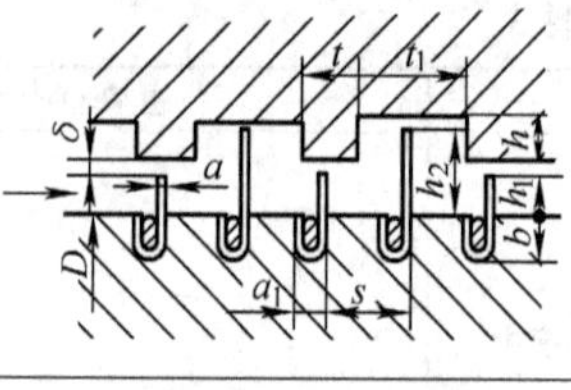	$s=4.5,5$ $h_2=4,8$ $a=0.2$ $t=4.5,5$ $a_1=1.4$ $t_1=4.5,5$ $h=2.8,4$ $b=2$ $h_1=2,4$	可强制改变气流方向，节流效果好。适用于汽轮机中压轴端密封，压缩机、鼓风机轴端密封
6	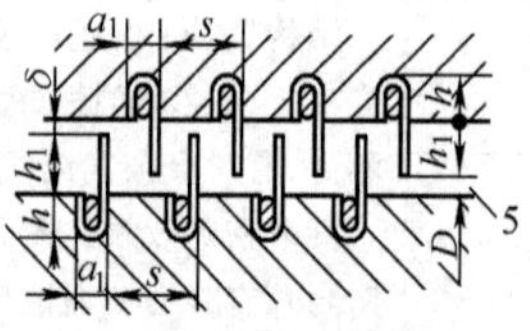	$s=7$ $a=0.5$ $a_1=3$ $h=3.5$ $h_1=5$	密封效果好。常用于高压汽轮机轴端密封
7	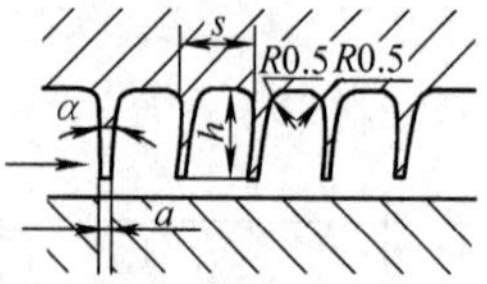	$s=3,4.5$ $a=0.2$ $h=3,5$ $\alpha=20°$	平齿结构，密封效果较差。常用于低压场合，适用于压缩机、鼓风机平衡盘级间密封
8	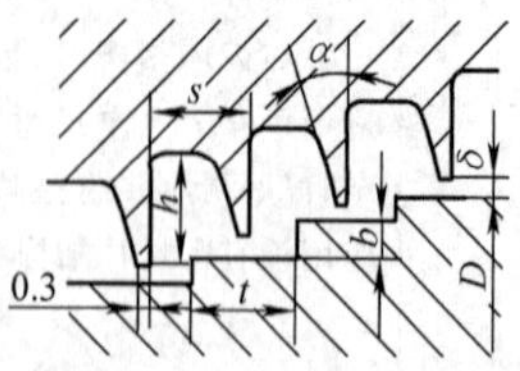	$s=6$ $\alpha=20°$ $h=6$ $t=6$ $b=1.5$	阶梯形齿结构，密封效果较平齿好，但径向尺寸大。适用于压缩机、鼓风机轮盖密封

(2) 密封片数目及径向间隙（见表 20.6-4）

(3) 密封齿材料

迷宫密封的密封齿材料主要根据密封的工作温度和介质选择，表 20.6-5 为汽轮机用迷宫密封齿材料。

表 20.6-4　迷宫密封片数目及径向间隙

项　目	符号	参数选取	备　注
迷宫密封片数目	Z	一般情况下 $Z=7\sim12$ 叶轮轮盖密封片 $Z=4\sim6$	密封片数目过多占有较长的轴向尺寸，对泄漏量的进一步降低作用不大；但太少又达不到密封的效果，密封片数目一般不超过 35 片
迷宫密封最小径向间隙	δ/mm	按下式作初步估算 $\delta=0.2+(0.3\sim0.6)\dfrac{D}{1000}$ 式中　D—密封直径/mm	一般汽轮机密封间隙要大些，涡轮压缩机与水轮机密封间隙要小些。在采用软质材料涂层时，径向间隙可取小些。常用涂层材料为锡锑、铅锑合金、石墨和聚四氟乙烯

表 20.6-5　密封齿常用材料（以汽轮机为例）

用途	使用温度/℃	材料牌号
密封片	<500	06Cr18Ni11Ti
	<250	T2 或 2A16
	<150	2A12 或 8A06
密封环	<540	Cr11MoV
	<450	12Cr13
	<300	ZCuSn6Zn6Pb3
	<250	2A80、ZAlSi5Cu1Mg、ZAlSi12Cu1Mg1Ni1

1.2　迷宫液体密封

迷宫液体密封可用于各种回转机器中润滑油或润滑脂的密封，如齿轮传动装置、轴承等密封。它与毡圈式油封相比具有密封零件不易损坏、要求保养条件不高及轴的圆周速度不受限制等优点，常见的迷宫液体密封结构型式及尺寸见表 20.6-6~表 20.6-8。轴向迷宫密封在因热而伸长的轴上一般不能使用，可用在负载较重的轴承密封上。

迷宫密封与其他密封联合使用时，密封效果更为可靠。在重载以及对密封要求高的工作条件下，常用联合式密封装置，见表 20.6-8。

表 20.6-6　迷宫式密封槽的结构型式及尺寸　　(mm)

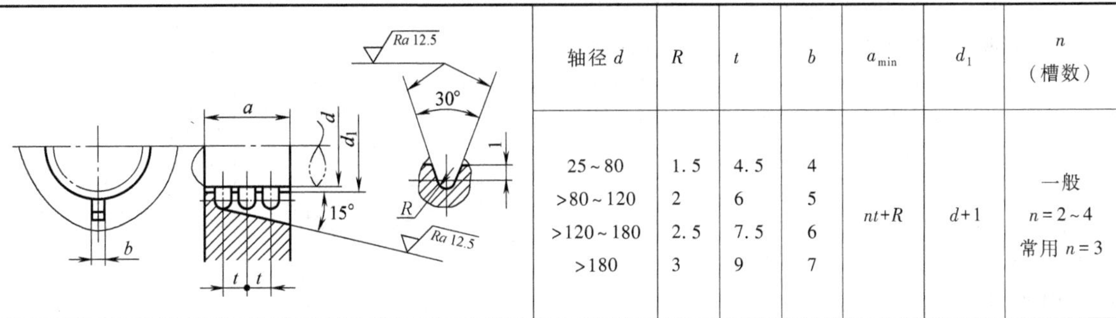

轴径 d	R	t	b	a_{min}	d_1	n（槽数）
25~80	1.5	4.5	4	$nt+R$	$d+1$	一般 $n=2\sim4$ 常用 $n=3$
>80~120	2	6	5			
>120~180	2.5	7.5	6			
>180	3	9	7			

注：在个别情况下，R，t，b 可不按轴径选用。

表 20.6-7　径向密封槽的结构型式及尺寸　　(mm)

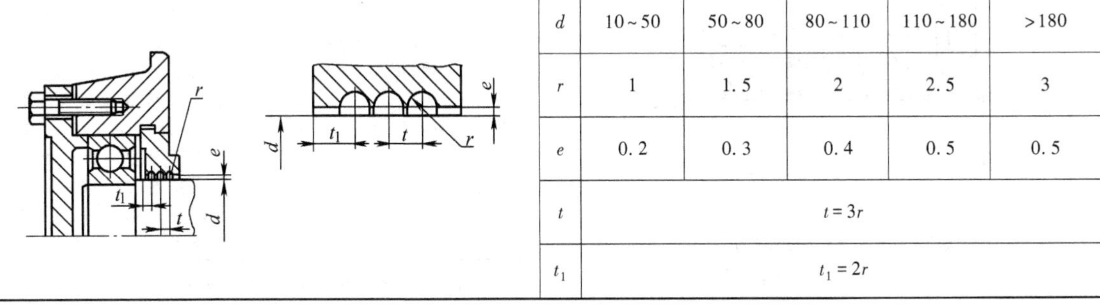

d	10~50	50~80	80~110	110~180	>180
r	1	1.5	2	2.5	3
e	0.2	0.3	0.4	0.5	0.5
t	$t=3r$				
t_1	$t_1=2r$				

表 20.6-8 轴向密封槽及联合式迷宫密封的结构型式和尺寸 (mm)

d	e	f_1	f_2
10~50	0.2	1	1.5
>50~80	0.3	1.5	2.5
>80~110	0.4	2	3
>110~180	0.5	2.5	3.5

2 浮环密封

浮环密封属于转子与密封环之间保持有一定装配间隙的非接触动密封。无机械磨损，使用可靠，寿命长。这是中压和高压离心压气机常用的密封方式之一。

2.1 工作原理

当轴旋转时，在浮动环与轴之间的密封液形成液膜。由于液体动力作用，这种液膜具有支承力 R。当它足以克服环与端面的摩擦力 F 和环的自重 G 时，环就被密封液托起。其结果是环与轴自动同心，它们之间形成一道“刚度”极大的膜，起阻止介质泄漏的作用。

浮环密封的结构如图 20.6-1 所示。图中浮环 1、3、4 在自动对中作用下浮起，与轴的径向保持极小的间隙，故能起到较大的节流密封作用。为了提高密封效果，实际结构常将高于气体压力的密封油由注油孔 2 注入，使密封油充满轴与浮环之间的间隙，借压力油封住泄漏的气体介质。密封油注入压力一般控制在比气体压力高出 0.05~0.1MPa，密封油进入浮环间隙后，一方面向高压侧泄漏，其密封油与气体接触，变为污油；另一方面向大气侧泄漏的油没有污染，可以直接回到油箱继续使用。

浮环密封多使用在离心式压缩机上，轴的线速度一般小于 90m/s，压力达 30MPa。使用温度受润滑油的凝固点和闪点的限制。使用寿命可达一年以上。

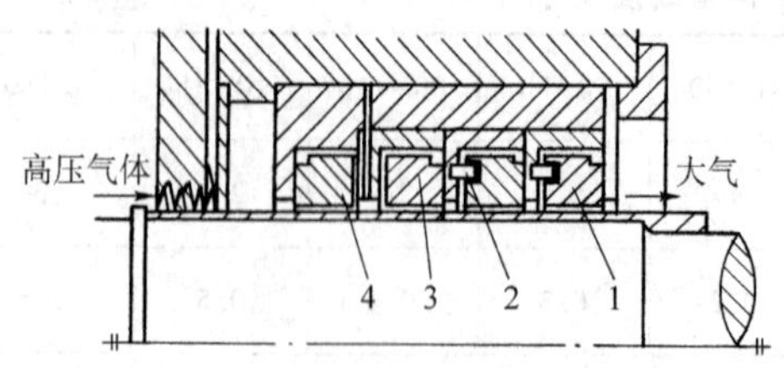

图 20.6-1 浮环密封的结构
1、3、4—浮环 2—注油孔

2.2 浮环密封装置的结构型式(见表 20.6-9)

表 20.6-9 浮环密封装置的结构型式

名称	结构简图	特 点
宽环		宽环即环的宽度与轴直径之比 l/D = 0.4 ~ 0.6。其特点是流体动力大,但不需用对正中心的附件。在一定的压差和泄漏量之下,环的数目可以比窄环少。结构简单,便于装拆和维修 端面接触面摩擦阻力大,浮动困难
窄环		宽度 l 与轴直径 D 之比为 0.1 ~ 0.2。窄环与轴的间隙较小,形成的流体动力较小,大多数用 O 形橡胶圈或弹簧来帮助对正中心。环的一端加工成斜面或倒角,便于安装。在浮环上钻有卸荷孔。较之宽环泄漏量小,容易浮动
光滑环与开槽环	注入压力油 p_1 压气侧 大气侧 槽型环 光滑环	光滑环内孔为光孔,高速时泄漏量小。适用高速转动密封用 开槽环内孔加工有许多道环形槽,泄漏量小,高速时几乎完全不漏,密封效果好。转速过高时,封严不漏并不理想
多层浮环	密封液 垫片 液封环 波形弹簧 隔离环 轴 止动销 浮动环 轴套	由几个乃至十几个光滑浮环并列组合而成。对于有润滑性介质,浮环材料多用金属(铜或铜合金);对有腐蚀性介质,则用耐蚀金属材料。石墨既耐腐蚀又耐热,但较脆,为了防止断裂,将石墨环用冷缩方法套入金属环内,然后加工内孔,密封效果良好。可用于高达 400℃ 的气体密封

浮环密封设计计算参见文献［7］。

3　螺旋密封

3.1　普通螺旋密封

螺旋密封是利用螺杆送回工作介质的一种动密封，又称螺纹密封。通常在密封部位的轴上加工螺纹，使用时液体充满螺纹和外壳之间所含的空间，形成一个流体螺母。当螺旋转动时，流体螺母受到壳体摩擦阻力作用而不与螺杆一起转动，但产生轴向运动，使流体不断返回机壳内。如泄漏量小于螺杆送回的流量，则可达到密封的目的。

螺旋密封属于非接触式密封，无固体摩擦零件，如果设计合理，寿命可达数年。当密封压差不大时，螺旋密封功耗与发热都很小，用冷却水套散热已经足够了，无须封液的强制循环，系统简单，在低压下应用优于浮环密封。如果用于高压差（达 2.5MPa）下，为了解决散热困难，需要封液强制循环冷却，和浮动密封比较不再具有优越性。用于高速（730m/s）时，将受到封液乳液的限制。螺旋密封往往需辅以停车密封，这使其结构复杂化，并加大了尺寸，使控制复杂。所有这些都限制了它的广泛应用。目前螺旋密封应用不广，主要用于核技术和宇航技术，如气冷堆压缩机密封、增殖堆钠泵密封等。有时也用于减速机高速轴密封。

3.1.1　螺旋密封的结构分类（见表 20.6-10）

表 20.6-10　螺旋密封的结构分类

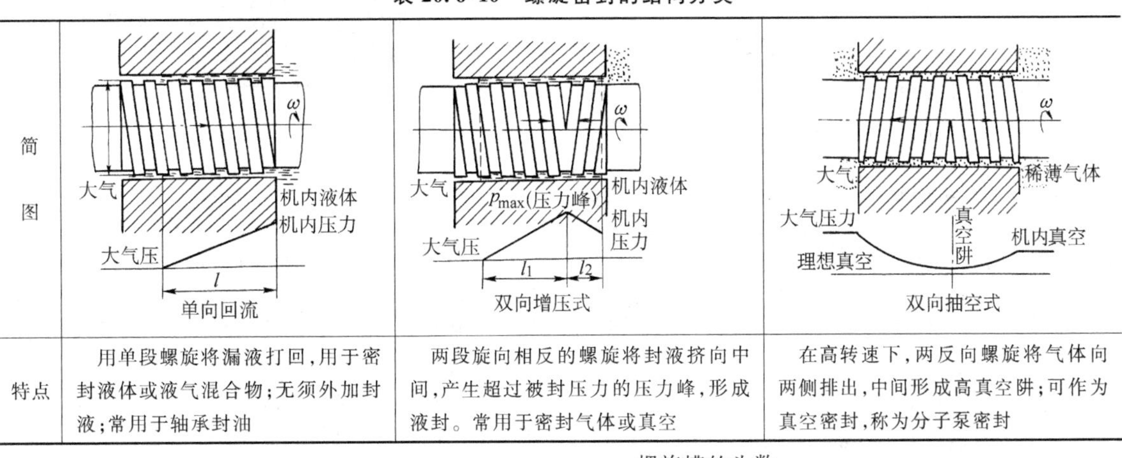

	单向回流	双向增压式	双向抽空式
特点	用单段螺旋将漏液打回，用于密封液体或液气混合物；无须外加封液；常用于轴承封油	两段旋向相反的螺旋将封液挤向中间，产生超过被封压力的压力峰，形成液封。常用于密封气体或真空	在高转速下，两反向螺旋将气体向两侧排出，中间形成高真空阱；可作为真空密封，称为分子泵密封

3.1.2　螺旋密封的设计计算

（1）螺旋槽形状的选择

螺旋槽可做成矩形、三角形、梯形、方形、扇形和燕尾形等。从密封效果比较，三角形最好，梯形较次，方形最差。从输油量比较，梯形最好，三角形次之，方形最差。一般常用矩形，其加工方便，应用广泛。

（2）间隙

根据试验得知，间隙越小，密封效果越好。但考虑到轴的振动、摩擦以及安装偏差等因素，要选择适当，一般常用间隙 $s=(0.6/1000\sim2.6/1000)D$。

（3）螺旋槽的几何尺寸

当间隙 s 确定后，再选择螺旋角 ϕ，一般 ϕ 在 7°～15°之间。当 ϕ 决定后，螺距 L 为

$$L=\pi D\tan\phi \qquad (20.6\text{-}1)$$

实际应取车床螺距值作为选定的 L 值，则螺旋角 ϕ 为

$$\phi=\arctan\frac{L}{\pi D} \qquad (20.6\text{-}2)$$

螺旋槽的头数

$$i=L/h \qquad (20.6\text{-}3)$$

取相近的整数后，实际的螺旋槽导程为

$$h=L/i \qquad (20.6\text{-}4)$$

国外资料推荐的最佳几何参数见表 20.6-11。

表 20.6-11　国外资料推荐的最佳几何参数

序号	国别	s/a	$\frac{a+s}{a}$	$\frac{a}{c}$	$\frac{h-L'}{a}$	$\frac{h}{c}$	$\frac{h-L'}{h}$	ϕ
1	俄	0.32	(4.12)	0.08		1.635		14°30′
2	德	(0.77)	3.6533				0.5	15°40′
3	德							8°～14°
4	德							8°42′
5	德	(0.25)	5					
6	日	0.1～0.2	(11～6)					10°～20°
7	日	0.2	(6)		5～10		0.5	10°～11°
8	日	0.205	(5.88)	0.031	5～20		0.5	6°5′30″
9	英							7°～25°

注：序号 6 有待进一步研究，用润滑脂做试验。

a—槽深　c—端向槽宽　h—螺旋槽导程　L'—齿宽　s—螺杆外径与套之间的间隙　ϕ—螺旋角

（4）密封介质

在相同条件下，密封介质黏度越高，密封效果越好。当采用有密封介质的密封结构时，应选用黏度高且黏度随温度变化较小的油作为密封介质。

（5）密封压力

密封介质的油压一般应比被密封介质高0.1MPa以上。

（6）工作长度

实际选用工作长度时，应比计算值大1倍。对于旋转速度为可变的情况，应按最低工作转速计算工作长度。

（7）消耗功率

当槽形按最佳数据决定时，密封所消耗的功率按下式估算

$$N = 0.6795\pi p'\omega D^2 s \tag{20.6-5}$$

式中 ω——角速度（s^{-1}），$\omega = 2\pi n$；

p'——密封压力（Pa），$p' = \dfrac{p}{9.81}$；

D——螺杆外径（m）；

s——螺杆外径与套之间的间隙（m）。

（8）散热

密封介质产生的热量（在无其他热源和未有冷却装置的条件下），有1/3由轴传出，2/3由轴套传出，密封介质的温升用下式估算

$$Q = \frac{1}{3}c_0\frac{p'\omega bs}{\lambda} \tag{20.6-6}$$

式中 ω——角速度（s^{-1}）；

b——工作长度（m）；

λ——轴的热导率［$W \cdot (m \cdot K)^{-1}$］；

c_0——由几何形状所决定的常数；

p'——密封压力（Pa）。

当估算出的密封介质温度高于选定的密封介质的允许最高温度时，就必须采取制冷措施。

（9）扩散渗漏

指工作腔内的工作介质经过充满密封介质的轴与套之间的间隙向外扩散，其扩散渗漏量可用下式估算

$$\phi_m = D'\pi Ds\frac{k'}{b\left(1 - \dfrac{h - L'}{h} + \dfrac{h - L'}{h} \times \dfrac{s}{a + s}\right)} \tag{20.6-7}$$

式中 k'——被密封介质的浓度差；

D'——工作介质对密封介质的扩散系数；

其他同前。

（10）轴和套的材料

实际上，由于轴相对于套的振动，安装的偏心以及在运转过程中可能出现故障，会导致轴和套的接触，产生摩擦。为了防止胶合、咬死的发生，轴表面采用淬火处理，以提高其硬度；套采用铜基合金或铝基合金。

以上内容的讨论都是假定在螺旋槽中液体的流动为层流，其他流动形式计算方法不同，在这里不再进行讨论。

3.2 螺旋迷宫密封

螺旋迷宫密封也称为复合直通形螺旋密封，如图20.6-2所示。在轴表面和套内壁面分别加工有方向相反的多头螺纹，内外螺纹的齿隔着间隙交叉着。当轴转动时，流体在旋向相反的螺旋间发生涡流摩擦，产生压头克服泄漏。转速越高，泄漏量越少。

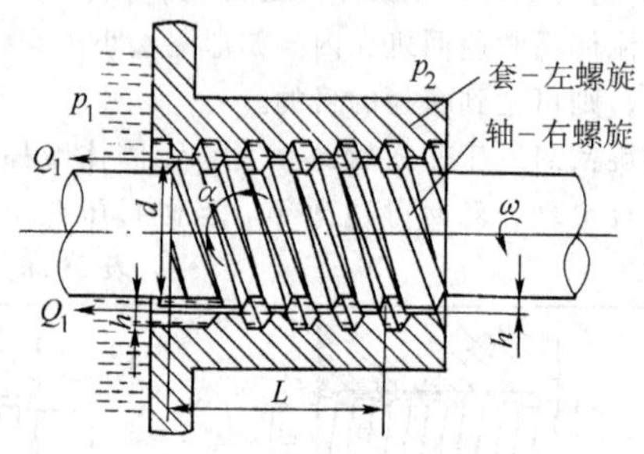

图20.6-2 螺旋迷宫密封

此外，泄漏量还与螺纹形状、螺纹间隙有关。在密封的直径与工作长度相同时，矩形、梯形和三角形3种断面的螺纹所产生的压头，以三角形断面最高，梯形较高，矩形最低；但三角形断面的螺纹产生的压头与间隙大小呈反比，而其他两种断面的螺纹产生的压头随间隙变化较小。

螺旋迷宫密封适用于低黏度流体。对气体，因为密度小，黏性小，密封效果较差。

螺旋迷宫密封的计算方法比较复杂，有的情况可按螺杆旋涡泵的公式计算，在这里不加以讨论，仅介绍一种简单的功耗计算公式

$$N_t = \Delta p_t F\cot\beta\frac{v_1}{2} \tag{20.6-8}$$

式中 Δp_t——全长上所产生的压差（Pa）；

F——间隙面积（m^2）；

v_1——间隙处的转速（m/s）；

β——螺旋角（°）。

进行螺旋迷宫密封设计时，注意合理地确定螺旋的旋向和旋转方向。在转速较低的情况下，最好选用多头螺旋。螺旋迷宫密封在停车时，要增加辅助装置，否则起不到密封作用。

4 离心密封

4.1 离心密封的类型

离心密封是利用转子旋转，带动流体产生惯性离心力以克服泄漏的密封装置。离心密封装置的主要类型见图20.6-3。

离心密封允许有较大的密封间隙，因此可以密封含有固相杂质的介质，可以做到零泄漏、无磨损和寿命长。但只适应低压差，消耗功率大，并需要辅以停车密封的场合。

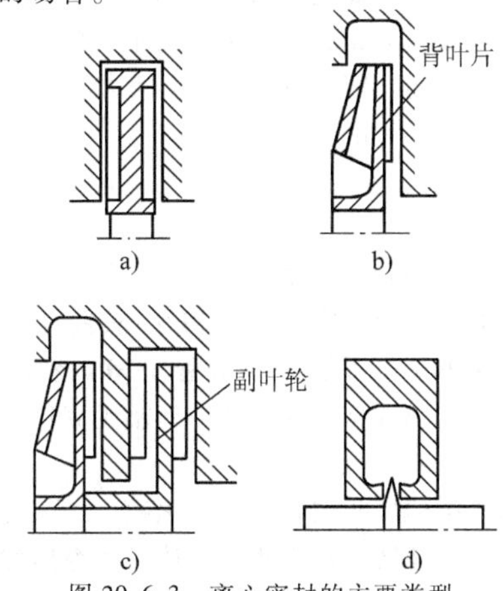

图 20.6-3　离心密封的主要类型

a）光滑离心轮　b）背叶片　c）副叶轮　d）甩油环

4.2　离心密封的典型结构

图 20.6-4 所示为矿浆泵用副叶轮离心密封结构。用水银、低熔点合金作为密封液，适用于高真空和较高温度条件的场合。

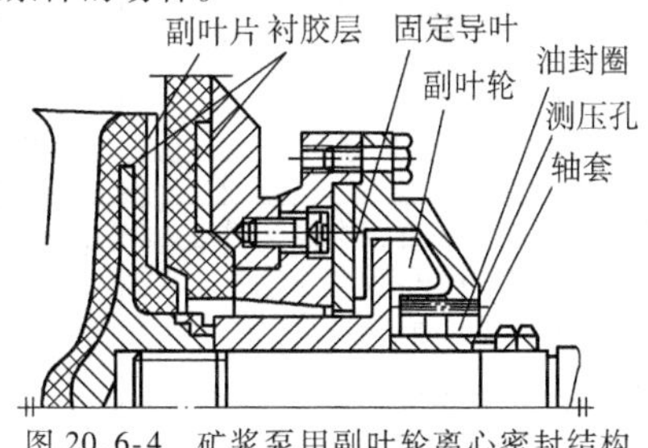

图 20.6-4　矿浆泵用副叶轮离心密封结构

4.3　离心密封的结构设计(见表 20.6-12)

表 20.6-12　离心密封的结构设计

项　目	参数选择	说　　明
叶片数	8~12 片	副叶轮及背叶片常用径向直叶片,结构简单,制造方便
叶片高度	8~15mm	必要时可增大至 25mm,以提高副叶轮承压能力
轴向间隙	0.8~1.2mm	轴向间隙过大,使副叶轮承压能力下降;间隙过小,安装调整困难。在介质颗粒的碾研干扰作用下,磨损加剧,并容易出现气体夹带现象
径向间隙	2mm	
副叶轮外径和内径	结构允许条件下尽量取小值	外径可适当大些,提高承压能力,但使功耗增大
固定导叶高度	5~8mm	在泵后盖上制出 8~12 片径向固定导叶,提高副叶轮的承压能力

4.4　离心密封的承压能力

参照图 20.6-5 计算离心密封所能克服的压力差

$$p_1 - p_2 = \frac{\rho\omega'^2}{2}\left(\frac{d_0^2 - d_i^2}{4}\right) \qquad (20.6\text{-}9)$$

式中　d_0、d_i——分别为液体自由表面直径，其最大限度为 $d_0 \to D$，$d_i \to d$（m）；

ρ——密度（kg/m^3）；

ω'——密封液的平均角速度（rad/s）。

对于光滑的离心轮，$\omega' \approx 0.5\omega$，即约为转子角速度的一半；对于有轮缘和叶片的离心轮，$\omega' = (0.7 \sim 0.8)\omega$。

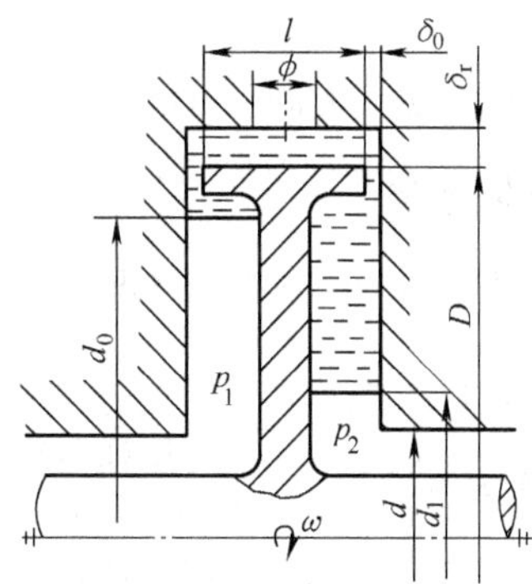

图 20.6-5　离心密封计算简图

4.5　离心密封的功率消耗

以水为封液的光滑叶轮离心密封，其功率消耗可按下式计算

$$P = 110\left(\frac{n}{1000}\right)^3 D^5\left[2 - \left(\frac{d_i}{D}\right)^5 - \left(\frac{d_0}{D}\right)^5\right] + 440\left(\frac{n}{1000}\right)^3 D^4 l \qquad (20.6\text{-}10)$$

式中　n——转速（r/min）；

D、d_0、d_i、l——尺寸（m）。

如考虑轴向与径向间隙以及叶片的影响，可按下式计算

$$N = \psi[\alpha - (\alpha - 1)p_k] \times \left\{130\frac{l}{d} + 35.3\left[1 - \left(\frac{d_0}{D}\right)^5\right]\right\} \times \left(\frac{n}{1000}\right)^3 D^5 \qquad (20.6\text{-}11)$$

式中　ψ——与离心轮有无叶片有关的系数（试验值 1.12~1.6 之间）；

α——间隙系数。

间隙系数 α 受间隙尺寸 δ_0、δ_r 的影响，并且与

外径处的进水孔直径 ϕ 关系很大，如图 20.6-6 所示。

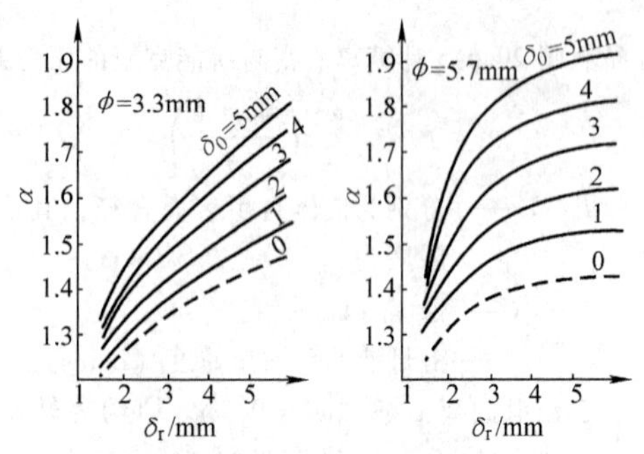

图 20.6-6　侧隙 δ_0、顶隙 δ_r 和进水孔径 ϕ 对系数 α 的影响

此式适用于冷凝压力 $p \leqslant 0.01$MPa（绝）的条件。

5　磁流体密封

磁流体密封是由外加磁场在磁极与导磁轴或导磁轴套之间，形成一个强磁场回路。在磁极与导磁轴的间隙内，加注一种铁磁性流体作为密封剂。铁磁流体在磁场的约束下，在间隙内形成一个液态 O 形圈，将间隙填塞住，从而达到密封目的。

磁流体在真空密封、防尘密封中有广泛应用。密封压力为 $1.33\times10^{-6}\sim10^{6}$Pa，轴径为 1.6～250mm，转速可达 15000r/min。

5.1　磁流体

磁流体是一种可流动的液体磁性材料，具有超顺磁特性。它由铁磁性微粒（固相）、载液（液相）和分散剂（液相）组成。磁微粒被分散剂和载液分隔开而不聚胶，仍保持液体特性，对轴无固体摩擦，见表 20.6-13。

磁微粒由四氧化三铁、γ 氧化铁、二氧化铬、纯铁、锰锌铁、锰铁、镍、钴、钆和钐钴等用球磨法或胶溶法制成。粒度在 3×10^{-6}m 甚至 10^{-6}m 以下。

表 20.6-13　磁流体的类型、性能

磁流体类型	W-35	HC-50	DEA-40	DES-40	NS-35	L-25	FX-10
外观	黑色液态	黑褐色液态	黑色液态	黑色液态	黑色液态	黑色液态	黑色液态
饱和磁化强度 ($4\pi M$)/T	0.036±0.002	0.042±0.002	0.040±0.002	0.040±0.002	0.030±0.002	0.018±0.002	0.010±0.002
密度/g·cm^{-3}	1.35	1.30	1.40	1.40	1.27	1.10	1.24
黏度(25℃)/Pa·s	0.03±0.006	0.03±0.006	0.02±0.004	0.03±0.006	1.0±0.2	0.3±0.06	—
沸点/℃ (0.1013MPa)	100	180～212	335	377			240～260 (266.64Pa)
流动点/℃	0	-27.5	-72.5	-62	-35	-55	-35
着火点/℃		65	192	215	225	244	233
蒸汽压/Pa			333.31 (200℃时)	66.66 (200℃时)	0.33×10^{-8} (200℃时) 0.666 (150℃时)		
载液	水	煤油	二酯	二酯	醇酸萘	合成油	磷酸二酯

载液可用水、汽油、碳氢化合物、氟油、硅油和聚苯醚等。也可用水银、镓、铟和锡等液态金属。载液需根据被密封介质的特征来选择，载液应有尽可能小的挥发性，以免干涸。

分散剂是一种表面活性剂，是具有亲液性和憎液性的极性物质。它的憎液极与磁微粒亲和，并形成一层单分子包附层；它的亲液极与载液亲和。包附层使磁微粒不会彼此亲和而聚胶成絮状沉降。分散剂是磁流体长期维持性能不减的关键组分，常用油酸、氟醚酸、琥珀酸衍生物、聚全氟环氧丙烯衍生物和 12 碳原子以上的有机酸等。

对磁流体的基本性能要求是：软磁性、低挥发度、长期不聚胶沉降、适当的黏度、高磁饱和强度及较好的耐热和耐蚀性，如图 20.6-7 所示。

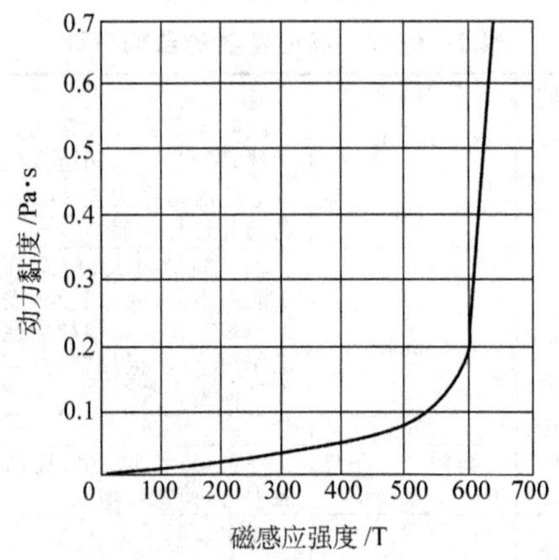

图 20.6-7　铁磁流体的黏磁曲线

磁流体的耐温性能有限，它存在冰点，低温下会转变成固态而丧失流动性；在温度接近或超过100℃时，大多数磁流体出现聚胶沉降。磁流体的耐蚀性能也有限，应考察与介质的相容性。

5.2 磁流体密封结构

磁流体密封的结构组成包括：

1）磁流体。

2）外加磁场。由永磁材料或电磁铁制成。永磁材料有马氏体钢（碳钢、铬钢和钴钢等）、铝镍钴、铁氧体和稀土钴等磁性材料。外加磁场越强，密封能力越高。

3）磁极。起导磁作用，用软磁材料如铁硅合金、铁镍合金和软钢等。

磁极内孔与轴或轴套构成密封副。磁极内孔加工成多个凹凸槽。一个凸台构成一级，从而构成多级密封，如图20.6-8所示。

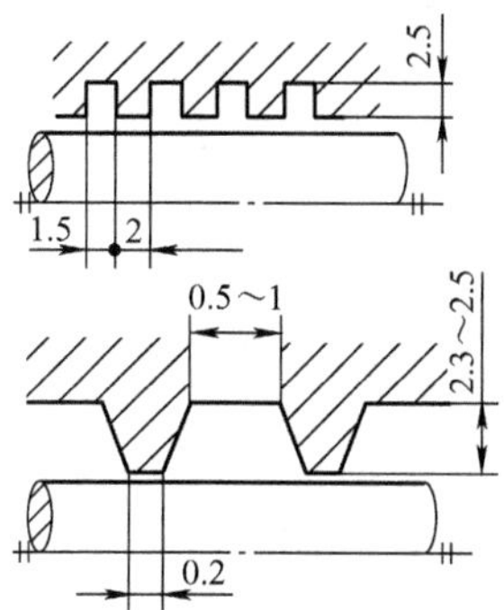

图20.6-8 磁极结构

4）轴或轴套。导磁轴或导磁轴套组成磁路的一个环节，这时可以采用平环形磁极。若轴或轴套是非导磁的，则需采用L形磁极，如图20.6-9所示。

5）非导磁外壳。保护、连接和固定有关零件，减少磁能损失。

6）冷却夹套。当温度较高时采用。

7）磁流体补加孔开设在壳体上。

8）其他零件。包括辅助密封圈、紧固件等。

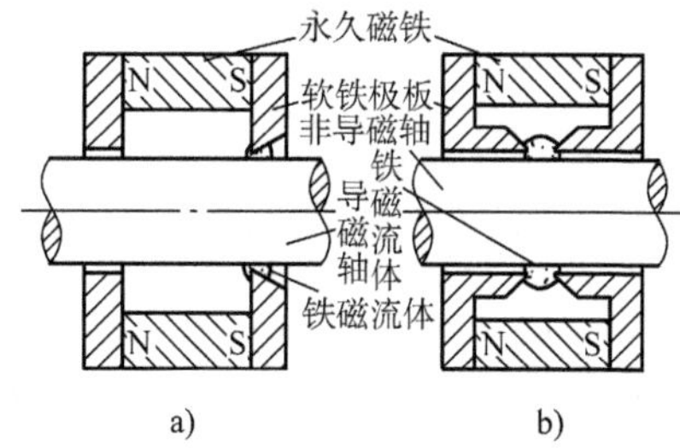

图20.6-9 铁磁流体密封的基本形式
a）磁通经过轴 b）磁通不经过轴

5.3 磁流体密封性能

5.3.1 密封能力

每一级磁流体所形成的液态O形圈能承受的压差Δp，与磁场力及其表面张力有关。其中主要与磁场力有关，并由下式确定

$$\Delta p = \frac{25BH}{\pi} \qquad (20.6\text{-}12)$$

式中 B——密封间隙内的磁感应强度（T）；

H——密封间隙内的磁场强度（A/m）。

上述公式在H值不大于磁流体的磁饱和强度H_0值时才有效，即只有磁流体具有相当高的磁饱和强度的前提下，才能依靠提高外加磁场强度的办法，来提高密封承受压差的能力。

对小直径的密封（<50mm），半径间隙可取为0.05～0.125mm；对大直径的或跳动量较大的轴，半径间隙可达0.25mm。

采用强永久磁铁，并用高导磁材料的极板聚焦，可使间隙中的磁场强度达150～200A/m。此时，磁流体一般均达到磁饱和。如果饱和磁感应强度达到0.05T，可承受0.05MPa压差。实际使用的压差每级不超过0.035MPa。对小直径的密封，每级距离约1mm，在25mm以内可以承受0.7MPa压差。

级数增多，密封的承受压差能力并非成正比增加，因为密封间隙内的磁场强度随级数增多而下降。

当介质压力超过磁流体密封各级所能承受压差之和时，磁流体液态O形圈将被吹破，介质漏泄，如图20.6-10所示。当介质压力波动到低于各级承受压差之和时，磁流体液态O形圈能自动愈合，恢复密封能力。但若介质压力波动过快或过猛，都会将磁流体吹跑，丧失自愈合能力。

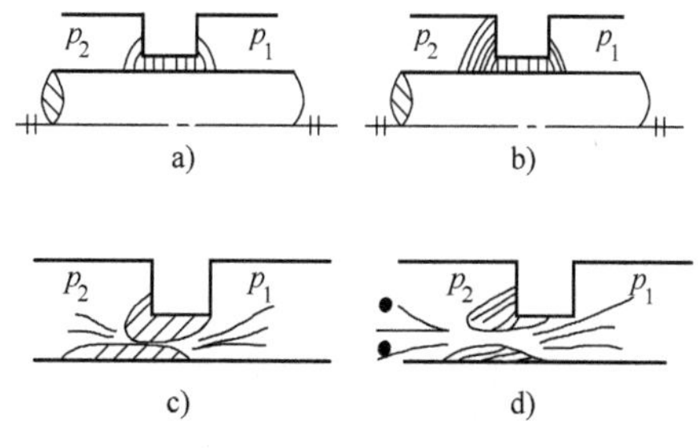

图20.6-10 磁流体密封承受压差能力

5.3.2 功率损耗

磁流体密封功率损耗用下式确定

$$P = 8.6\times10^{-3}(L_t/L_g)D^3n^2Z\eta \qquad (20.6\text{-}13)$$

式中 L_t——单级磁流体与轴的接触长度（m）；

L_g——径向间隙（m）；

D——轴直径（m）；

n——轴转速（r/min）；

Z——密封级数；

η——磁流体动力黏度（Pa·s）。

一个轴径为100mm，转速为3600r/min，压力为0.1MPa的磁流体密封，消耗功率约330W。

5.3.3 磁流体密封应用

磁流体密封可达到无泄漏、无固体摩擦，不产生磨损；对轴的表面粗糙度要求不高，允许较大的密封间隙；不需要复杂的外润滑系统。适于高真空、高速度，无振动、无噪声，静封性好，不需要停车密封，寿命长。采用二酯润滑剂作为载液的磁流体密封，可满足 1.3×10^{-7} Pa 超高真空的要求，如图 20.6-11 所示。

但是，磁流体密封不耐高压差，不耐高温，现有的铁磁流体能耐受的介质种类有限。对高温条件的应用采用冷却措施，带有冷却水套的磁流体密封，可在环境温度低于93℃连续使用。为避免在低温时载液凝结，用酯类冰机油作载液的磁流体可在－50℃下应用。对高压条件应将磁流体密封与其他类型密封组合使用。

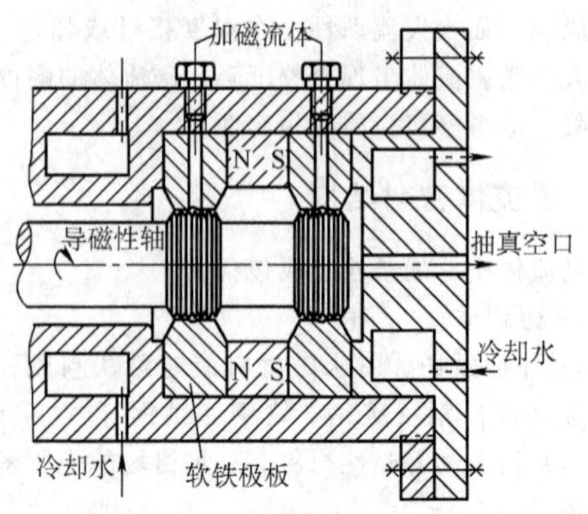

图 20.6-11 铁磁流体密封结构

参考文献

[1] 闻邦椿. 机械设计手册：第 3 卷 [M]. 5 版. 北京：机械工业出版社，2010.

[2] 闻邦椿. 现代机械设计师手册 [M]. 北京：机械工业出版社，2012.

[3] 闻邦椿. 现代机械设计实用手册 [M]. 北京：机械工业出版社，2015.

[4] 徐灏. 密封 [M]. 北京：冶金工业出版社，1999.

[5] 王启义. 中国机械设计大典：第 3 卷 [M]. 南昌：江西科学技术出版社，2002.

[6] 成大先. 机械设计手册：第 3 卷 [M]. 5 版.北京：化学工业出版社，2008.

[7] 机械工程手册、电机工程手册编委会. 机械工程手册：第 5 卷 [M]. 2 版. 北京：机械工业出版社，1997.

[8] 顾永泉. 机械密封实用技术 [M]. 北京：机械工业出版社，2001.

[9] 李继和，蔡纪宁，林学海. 机械密封技术 [M]. 北京：化学工业出版社，1981.

[10] 胡国桢，等. 化工密封技术 [M]. 北京：化学工业出版社，1990.

[11] 吴宗泽. 机械设计师手册 [M]. 北京：机械工业出版社，2009.

[12] 机械工程标准手册编委会. 机械工程标准手册：密封与润滑卷 [M]. 北京：中国标准出版社，2003.

[13] 肖开学. 实用设备润滑与密封技术问答[M]. 北京：机械工业出版社，2000.

[14] 机械工程标准手册编委会. 机械工程标准手册：管路附件卷 [M]. 北京：中国标准出版社，2003.

[15] 迈尔. 机械密封[M].5 版. 姚兆生，等译. 北京：化学工业出版社，1981.